教育部高等学校航空航天类专业教学指导委员会推荐教材

科学出版社"十四五"普通高等教育本科规划教材

航空宇航科学与技术教材出版工程

气动热力学基础

李　军　主编

科 学 出 版 社

北　京

内 容 简 介

本书主要介绍了以航空发动机和燃气轮机为应用背景的气动热力学基础知识。以气体的一维定常管道流动分析为目标，重点研究了热力学的基本概念及主要定律、膨胀波与激波、一维定常流动基本方程与滞止参数、一维定常管道流动规律等基础知识与应用方法。

本书可作为高等学校航空航天类和动力工程类相关专业的教学用书，尤其适用于40~50学时的课程教学选用。同时也可作为相关专业或行业读者的参考用书。

图书在版编目(CIP)数据

气动热力学基础 / 李军主编. —北京：科学出版社，2022.9

科学出版社“十四五”普通高等教育本科规划教材
航空宇航科学与技术教材出版工程
ISBN 978-7-03-073004-6

Ⅰ. ①气… Ⅱ. ①李… Ⅲ. ①气动传热—高等学校—教材 Ⅳ. ①TK124

中国版本图书馆CIP数据核字(2022)第156495号

责任编辑：许 健 / 责任校对：谭宏宇
责任印制：黄晓鸣 / 封面设计：殷 靓

科学出版社 出版
北京东黄城根北街16号
邮政编码：100717
http://www.sciencep.com

南京展望文化发展有限公司排版
广东虎彩云印刷有限公司印刷
科学出版社发行 各地新华书店经销

*

2022年9月第 一 版 开本：787×1092 1/16
2024年7月第三次印刷 印张：16 3/4
字数：380 000

定价：75.00元

(如有印装质量问题，我社负责调换)

航空宇航科学与技术教材出版工程
专家委员会

航空宇航科学与技术教材出版工程
编写委员会

从 书 序

我在清华园中出生,旧航空馆对面北坡静置的一架旧飞机是我童年时流连忘返之处。1973年,我作为一名陕北延安老区的北京知青,怀揣着一张印有西北工业大学航空类专业的入学通知书来到古城西安,开始了延绵46年矢志航宇的研修生涯。1984年底,我在美国布朗大学工学部固体与结构力学学门通过Ph. D的论文答辩,旋即带着在24门力学、材料科学和应用数学方面的修课笔记回到清华大学,开始了一名力学学者的登攀之路。1994年我担任该校工程力学系的系主任。随之不久,清华大学委托我组织一个航天研究中心,并在2004年成为该校航天航空学院的首任执行院长。2006年,我受命到杭州担任浙江大学校长,第二年便在该校组建了航空航天学院。力学学科与航宇学科就像一个交互传递信息的双螺旋,记录下我的学业成长。

以我对这两个学科所用教科书的观察:力学教科书有一个推陈出新的问题,航宇教科书有一个宽窄适度的问题。20世纪80~90年代是我国力学类教科书发展的鼎盛时期,之后便只有局部的推进,未出现整体的推陈出新。力学教科书的现状也确实令人扼腕叹息:近现代的力学新应用还未能有效地融入力学学科的基本教材;在物理、生物、化学中所形成的新认识还没能以学科交叉的形式折射到力学学科;以数据科学、人工智能、深度学习为代表的数据驱动研究方法还没有在力学的知识体系中引起足够的共鸣。

如果说力学学科面临着知识固结的危险,航宇学科却孕育着重新洗牌的机遇。在军民融合发展的教育背景下,随着知识体系的涌动向前,航宇学科出现了重塑架构的可能性。一是知识配置方式的融合。在传统的航宇强校(如哈尔滨工业大学、北京航空航天大学、西北工业大学、国防科技大学等),实行的是航宇学科的密集配置。每门课程专业性强,但知识覆盖面窄,于是必然缺少融会贯通的教科书之作。而2000年后在综合型大学(如清华大学、浙江大学、同济大学等)新成立的航空航天学院,其课程体系与教科书知识面较宽,但不够健全,即宽失于泛、窄不概全,缺乏军民融合、深入浅出的上乘之作。若能够将这两类大学的教育名家聚集于一堂,互相切磋,是有可能纲举目张,塑造出一套横跨航空和宇航领域,体系完备、粒度适中的经典教科书。于是在郑耀教授的热心倡导和推动下,我们聚得22所高校和5个工业部门(航天科技、航天科工、中航、商飞、中航发)的数十位航宇专家为一堂,开启"航空宇航科学与技术教材出版工程"。在科学出版社的大力促进下,为航空与宇航一级学科编纂这套教科书。

考虑到多所高校的航宇学科,或以力学作为理论基础,或由其原有的工程力学系改造而成,所以有必要在教学体系上实行航宇与力学这两个一级学科的共融。美国航宇学科之父冯·卡门先生曾经有一句名言:"科学家发现现存的世界,工程师创造未来的世界……而力学则处在最激动人心的地位,即我们可以两者并举!"因此,我们既希望能够表达航宇学科的无垠、神奇与壮美,也得以表达力学学科的严谨和博大。感谢包为民先生、杜善义先生两位学贯中西的航宇大家的加盟,我们这个由18位专家(多为两院院士)组成的教材建设专家委员会开始使出十八般武艺,推动这一出版工程。

因此,为满足航宇课程建设和不同类型高校之需,在科学出版社盛情邀请下,我们决心编好这套丛书。本套丛书力争实现三个目标:一是全景式地反映航宇学科在当代的知识全貌;二是为不同类型教研机构的航宇学科提供可剪裁组配的教科书体系;三是为若干传统的基础性课程提供其新貌。我们旨在为移动互联网时代,有志于航空和宇航的初学者提供一个全视野和启发性的学科知识平台。

这里要感谢科学出版社上海分社的潘志坚编审和徐杨峰编辑,他们的大胆提议、不断鼓励、精心编辑和精品意识使得本套丛书的出版成为可能。

是为总序。

杨卫

2019年于杭州西湖区求是村、北京海淀区紫竹公寓

前　　言

本教材共计9章。主要内容包括：热力学的基本概念、热力学第一定律与能量方程、热力过程及应用、热力学第二定律与热力循环、气体动力学的基本概念、一维定常流的基本方程、滞止参数与气动函数、膨胀波与激波、一维定常变截面管流等。适用于40~50学时的课程教学选用。

本教材在内容选取、体系架构和讲解分析上，充分考虑了所选课程学生的基础和专业需求特点，以大学物理的热力学基础知识为基础，结合以往的教学实践经验，力求做到由浅入深，循序渐进，简明扼要，重点突出，联系实际，注重应用。在讲清基本概念的基础上，为了加深对教材基本内容的理解，巩固所学内容，锻炼学生分析问题和解决问题的能力，并便于读者自学，教材中各章都编入了一定数量的例题和习题，供读者参考并选用。

本教材经过多年的教学实践，进行了多次编修，其中，第6、7、8、9章及附录由李军编写，第2、4章由贾敏编写，第1、5章由金迪编写，第3章由崔巍编写，梁华参编了第4、9章，张志波参编了第6、7章。最后由李军进行统稿。

教研组的全体同志结合教学应用实践提出了许多宝贵的意见和建议，在此表示衷心的感谢。向本教材参考文献的作者们表示深深的敬意和衷心的感谢。

由于编者的水平有限，不足之处敬请读者批评指正。

编者

2022年5月

目　　录

第1章 工程热力学的基本概念

本章介绍工程热力学的有关基本概念，主要包括热力学体系、热力学状态与状态参数、基本状态参数、完全气体状态方程、热力过程和热力循环的概念、内能、焓和熵的概念、完全气体的比热容等。

学习要点：

(1) 理解热力学体系的定义，掌握描述气体状态的状态参数；

(2) 掌握完全气体状态方程，会用状态方程建模求解问题；

(3) 理解可逆过程的含义，掌握内能、焓和熵的定义。

1.1 概　　述

人类对自然界能源的利用，促进了社会的进步和发展。随着社会生产力和科学技术的发展，人类对能源的需求不断地增长，合理利用能源的水平也在不断地提高。如今，能源开发利用的程度及水平，已经成为衡量社会物质文明和科技进步的重要标志。

能量是人类一切活动的基础，人类一刻也离不开能量。能量也是物质运动的度量，由于物质运动的形式不同，能量有不同形式。例如，宏观物体包括流体定向流动所具有的机械能，分子运动所具有的热能，自由电子有序定向运动产生的电能，约束在分子内形成化学键的电子运动的化学能，等等。自然界中可大量产生动力的能源有风能、水能、太阳能、地热能、燃料化学能、原子能等。目前利用得最多的仍是燃料(石油、煤、天然气等)的化学能，而这些化学能一般是要通过热能才能转化为其他形式的能来利用，而各种形式的能在利用之后都要转为热能，所以热能是能源利用的基础和归宿。

在上述各种能源中，除风能和水能可以直接向人们提供机械能外，其他的各种能源往往只能直接或间接地提供热能。机械能是工程中应用最多的能量形式，绝大多数的能量最终都体现到机械能上，如机器运转、汽车前进、飞机与火箭飞行等都是依赖于机械运动。人们虽可以直接利用热能为生产和生活服务，但热能却更多作为大多数能量转换都必须经过的环节，更大量的还是通过热力机械装置(简称为热机)使这些热能部分地转变为机械能，比如汽车前进、飞机与火箭飞行等的机械运动都是通过发动机由燃料燃烧的热能转换来的。此外，机器运转虽然可以用电机驱动，但大多数电能也是通过火力发电即热能这个环节的，只有很小比例的电能可以不通过热能得到，如水力发电、太阳能电池、风力发电、潮汐能发电等。因此，对热能的性质及其转换规律开展研究，具有十分重要的意义。

1.1.1 热力学的发展简况

为了掌握热能与其他形式能量相互转化的规律，使热能转化机械能及电能的效率更高，诞生了热力学。因此，热力学的基本任务是研究能量转换以及与转换有关的热物性之间的相互关系。从人类对自然的认知来看，人们对自然法则、客观规律以及事物属性的认识能力和水平，都受到一定的历史条件的影响和制约，是随着生产力提高、科技进步及社会发展而发展的。同样，人们对热的本质及现象的认识，也经历了一个漫长的、曲折的探索过程。

1. 对热的认识

在古代，人们就知道热与冷的差别，能够利用摩擦生热、燃烧、传热、爆炸等热现象，来达到一定的目的。例如，中国古代燧人氏的钻木取火、炼丹术和炼金术、火药的发明，以及早期的爆竹、走马灯等。又如，在古希腊就有“火、土、水、气组成世界”的四元素学说，这与我国春秋战国时期提出“水、火、金、木、土为万物之本”的五行学说是类似的。18 世纪以前，这类“热质说”，即认为热也是一种物质组成元素的说法，是占据主导地位的。与之相对立，当时在古希腊也存在着另一种根据摩擦生热的现象而提出来的学说，即热的运动说或能量说。它认为火是一种运动的表现形式，但这一学说被埋没了约二千年之久，到 17 世纪，当实验科学开始发展后，得到了一些哲学家和科学家的支持，例如培根(Francis Bacon,1561~1626)就根据摩擦生热现象认为热是物体微小粒子的运动。因当时科学发展落后，这两个学说到底哪一个是正确的，暂时还不能作出论断。总的来说，人们对热现象的重视由来已久，但因当时生产力的低下，这一时期人们对热现象还没有任何实质性的解释。

温度的定量测定，对于热现象的研究是至关重要的。在 17 世纪，虽然有些科学家对温度的测定及温标的建立，做出了不同程度的贡献，提供了有益的经验和教训。但是，由于没有共同的测温基准，没有一致的分度规则，缺乏测温物质的测温特性资料，以及没有正确的理论指导，因此，在整个 17 世纪中，并没有制作出复现性好、可供正确测量的温度计及温标。在 18 世纪，“测温学”有较大的突破。其中最有价值的是，1714 年华伦海特(Gabriel Daniel Farenheit,1686~1736)所建立的华氏温标，以及 1742 年摄尔修斯(Antlers Celsius,1701~1744)所建立的摄氏温标(即百分温标)。18 世纪，勃拉克借助于温度计的使用，把热量和温度这两个基本概念做出明确的区分。但是上述工作并没有解决热的本质是什么的疑问。随着热学的发展，人们开始提出热的本质是什么。关于这个问题，历来有两种不同的观点。

一种是热的物质说，另一种是热的运动说。主张热的运动说的人认为，热是物质粒子的运动；主张热质说的人则认为，热是一种特殊形态的没有重量的“物质”，当热质进入物质后物体会变热。当时人们对自然的认识还是“实物粒子”的图景，因此热质说很容易被人们接受。

俄国的罗蒙诺索夫(1711~1765)在 1744~1747 年间讨论冷热原因的论文中，比较详细地阐述了热的运动学说，认为热是分子运动的表现。1798 年，拉姆福德（Count Rumford，原名 Benjamin Thompson，1753～1814）通过著名的炮筒镗孔摩擦生热的实验，用实验结果直接驳斥了“热质说”。同年他发表了一篇论文，说明制造枪炮时能不断地产生温度很高的切削碎片，表明热能够不断地产生出来，或者说热可以从机械能转化得到。他还把金属浸在水中钻孔，机械摩擦产生的热可以使水沸腾。因此他认为热不可能是一种热质而只能是一种运动。1799 年，戴维（Humphrey Davy，1778～1829）进一步用实验支持热的运动说。他的冰块摩擦融化实验无法用热质说进行解释，从而有力地批驳了热质说。

热运动说和热质说这两种观点经历了相互更替的曲折的历史演变，热究竟是在各个物体之间流动的一种不可摧毁的物质，还是微观运动的一种表现形式。直到 19 世纪中叶，焦耳计算出热功当量的数值并公布了他的研究结果，此时能量守恒定律才得以真正确立。相应地，热质说也就完全退出了科学的历史舞台。这时关于热的本质才得出了明确的具体的结论：热是微观运动和能量的一种表现形式，并且和能量的其他形式之间可以相互转化。

2. *热力学基本定律的建立*

早在 1842 年初，格罗夫（William Robert Grove，1811～1896）就已经从基本的自然现象及其相互作用中，清楚地认识到它们之间转化和守恒的关系，并独立提出存在“当量”关系。只是他预见到建立当量关系在实验上存在的巨大困难，因此他并未找出其定量的数值。丹麦工程师科尔丁（Ludwig August Colding，1815～1888）受到奥斯特的电转化为磁实验的启发，对机械功与热的相互转化问题进行测量与计算。1843 年他向哥本哈根科学院提交了一份实验报告，阐述了他的能量转化守恒思想，并演示了测定热功当量的实验。他的能量守恒思想比起同时代的其他研究者来说，带有幻想色彩。

上面提到的这些能量守恒定律的早期探索者大多是由于主客观条件的限制，从各种基本自然现象及其相互关系的定性观察和思考中，发展了能量守恒思想。他们之中，也曾有人做过个别的单项实验，有的则是运用已有的发现进行推理和计算，但都没有得出比较明确的具体的结果，只能说是各自孤立地做过一些有益的尝试与探索。因此，他们的工作可以说是对于能量守恒定律的发现铺垫道路。对于能量守恒定律做出关键性贡献的人是迈尔与焦耳。

迈尔（Julius Robert Mayer，1814～1878）首次发表论文阐述了能量守恒定律的内容，他的论文的主导思想是：果必有因，因必有果，因与果是等当的。但是他的论文当时并没有引起物理学界的重视。能量守恒定律得到物理学界公认是在焦耳（James Prescott Joule，1818～1889）的实验工作发表以后。焦耳在证明热功当量的工作过程中，做过多种实验。他的各种精确实验结果的一致性，给予能量转化和守恒定律以无可辩驳的坚实基础，这个时候可以认为热力学第一定律已经完全建立了。但是，关于热力学第一定律的解析式，是 1850 年由克劳修斯（Rudolf Julius Emanuel Clausius，1822～1888）给出的，由此建立了热量、功和内能之间的关系式。

18 世纪下半叶，瓦特（James Watt，1736～1819）改进了蒸汽机，推进蒸汽机为代表的热机在工业上广泛使用，促进了工业的发展，同时推动了整个欧洲的工业革命。工业界对热机效率改进的追求也浮出水面。在这种大背景下，研究热机最大效率的工作已经显得十分必要了。1824 年，卡诺（Sadi Carnot，1796～1832）发表了他一生中唯一的一篇不朽的著作《关于热动力以及热动力机的考察》,系统地探讨了热机工作的本质,在理论上阐明了提高热机效率的根本途径,提出了卡诺定理。指出了热功转换的条件及热效率的最高理论限度,为热力学第二定律的建立奠定了基础。

卡诺去世后第二年,克拉珀龙(B. P. E. Clapeyron,1799~1864)发现并阅读了卡诺的著作,认识到这一工作的重要性。1834 年克拉珀龙发表了《关于热动力备忘录》,转述并总结了卡诺的主要工作,并对卡诺循环进行了描述。克拉珀龙的工作后来被开尔文(Lord Kelvin,原名 William Thomson, 1824~1907)加以发展。1850 年克劳修斯在克拉珀龙和开尔文工作的基础上,把卡诺循环推广到任意循环过程,并建立了克劳修斯不等式,提出了熵的概念。克劳修斯和开尔文分别在 1850 年和 1851 年发表了各自对热力学第二定律的表述,至此,热力学第二定律已经基本建立了。热力学第一定律和热力学第二定律奠定了热力学的理论基础。

3. *热力学的研究方法*

从发展历史也可以看出,热力学是众多科学家、学者智慧的结晶,是热现象的宏观理论。它把物质看作连续体,以宏观的物理量来描述大量粒子的群体行为,并用宏观的唯象方法进行研究。热力学的基础是由大量实验事实总结出来的基本定律,并用严密的逻辑推理及数学论证的方法进一步演绎出热力学的一系列重要结论。因此,热力学理论具有高度的普遍性和可靠性。一方面,其普遍性在于对任何物质系统都适用,不论是气体、液体、固体乃至于辐射场,也不论物质的化学性质如何,它的宏观热性质都遵守热力学的规律,都可用热力学的方法进行研究。另一方面,其可靠性表现在它所得出的结果都能与实验相符。

然而,由于不涉及物质的微观结构和微观粒子的运动情况,热力学理论也有一定的局限性,主要体现为两个方面。一是对具体物质的某些特性不能提供其理论,例如,并不能从热力学理论导出物质的物态方程,也不能导出物质的比热容公式,而是只能由实验来确定,因此对这些性质的本质不能做出深刻的阐述。二是由于物质的宏观性质是微观粒子运动的平均性质,所以对于涨落现象及其规律就完全无能为力。

因此,统计热力学或统计物理学在 19 世纪末从气体动理论的基础上发展起来,其中特别是玻尔兹曼(Ludwig Edward Boltzmann,1844~1906)和吉布斯(Josiah Willard Gibbs,1839~1903)的努力促进了这一发展。统计热力学从物质的微观结构出发,根据有关物质内部微观结构的基本假设,利用量子力学关于微粒运动规律的有关结论以及统计力学的分析方法,来研究物质的热力性质和能量转换的客观规律。由于统计热力学深入到物质内部的微观结构,它可以说明宏观物理量的微观机理,也能够说明热力学基本定律及宏观热力现象的物理本质。但是,由于对微观结构的假设条件的近似性,使统计热力学的结果有时与实际不尽相符。

1.1.2 工程热力学的研究内容和研究方法

在实际应用中,热能转变为机械能必须借助一套设备和某种载能物质。这种设备就是通常所说的热机,而载能物质则是工作介质(简称为工质)。例如,典型的有锅炉-蒸汽轮机、燃气轮机(包括涡轮喷气式和涡轮风扇式航空发动机)或其混合动力设备,其工质常见的就是空气、燃气、水蒸气等。除此之外,还有以消耗机械能来获取其他能量的设备

（称为耗功装置），例如有压缩机（在航空领域常叫作压气机）、风机、泵等流体机械设备，其工质也是以空气、水或其他液体等流体为主。因此，在一定的应用场景下，紧密结合工程应用的实际条件，应用热力学的基本理论来理解、分析和解决工程实践问题，即是工程热力学的主要任务。

因此，工程热力学是研究热能与机械能及其相互转换规律的一门工程科学，其目的就是为了掌握和应用这些规律，充分地合理地利用能量，提高机械能和热能之间相互转换的效率，以消耗最少的热能，获得最多的机械能，或者以花费最少的机械能，获得最多的热能。然而，由于工程实际应用的多样性和复杂性，针对不同的应用背景、不同的热机类型和不同程度的目的要求，对工程热力学研究内容的需求也是不完全相同的。下面，为更好地理解本教材所涉及工程热力学的研究内容，针对本教材所适用专业的航空工程应用背景，简要介绍常见的航空燃气涡轮发动机的工作过程和特点。

1. 航空燃气涡轮发动机工作过程简介

常见的航空燃气涡轮发动机主要有 4 种类型，即：涡轮喷气发动机、涡轮风扇发动机、涡轮螺旋桨发动机和涡轮轴发动机。虽然各种航空燃气涡轮发动机的具体结构有很大的差异，但其共同特点是都有由压气机、燃烧室和涡轮组合而成的燃气发生器（或核心机），并由此来产生可以加以利用的高温、高压燃气。

1）涡轮喷气发动机

涡轮喷气发动机简称为涡喷发动机，图 1.1 为其组成简图。发动机的主要部件是压气机、燃烧室、涡轮、喷管以及前面的进气道（图中未画出），其中，压气机与涡轮通过一根轴相连接。一般地，把压气机、燃烧室和涡轮叫作燃气发生器，也叫作核心机。发动机工作时，外界的空气首先流经专门的进气系统（进气道）而进入发动机，经压气机增压后进入燃烧室，在燃烧室中与供给的燃料混合并燃烧，形成高温高压的燃气。燃气在涡轮中膨胀，推动涡轮旋转，从而驱动压气机旋转工作。燃气发生器后燃气的可用能量全部用于在排气系统中转化为燃气的动能增加，使燃气以很高的速度排出。由牛顿动量定律可知，气流流过发动机时，速度大幅度增加，相当于发动机给这股气流一个向后的作用力。再根据牛顿第三定律，即作用力与反作用力定律，这股气流反过来也会给发动机施加一个向前的反作用力，这也就是发动机所产生的推力，可用于推动飞行器前进。可见，涡喷发动机既是热力机，又是推进器，可直接产生用于推动飞机运动的推进力。它是现代航空燃气涡轮发动机最基本的形式，也是发展其他形式燃气涡轮发动机的基础。

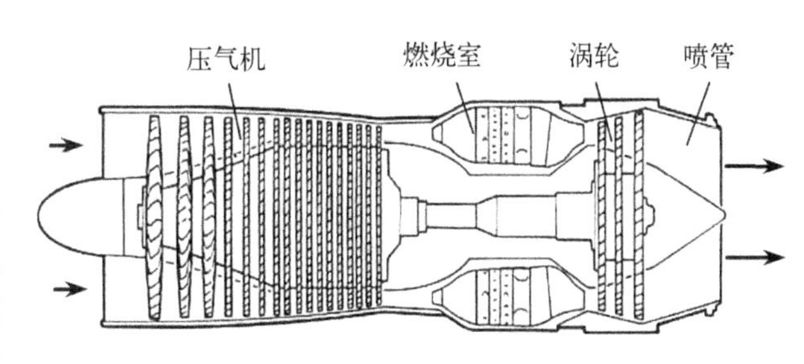

图 1.1　涡轮喷气发动机组成简图

有的发动机为了进一步增大推力，在涡轮后设置了复燃加力燃烧室。在加力燃烧室中，对流过涡轮后的气流再次喷入一定量的燃油，形成稳定的燃烧，从而再次加入可用能量，大幅提高气流的温度，从而增大排气速度，进一步增加推力。这种带有复燃加力燃烧室的涡轮喷气发动机称为复燃加力式涡轮喷气发动机，简称为加力涡喷发动机。根据连接压气机和涡轮的同心轴的数目,涡喷发动机又可分为单转子、双转子或多转子涡喷发动机,图 1.1 所示的涡喷发动机就是单转子涡喷发动机。我国现役机种配装的涡喷-8 系列发动机是不加力单转子涡喷发动机,而涡喷-7、涡喷-13 系列发动机都是双转子涡喷发动机,也都是加力涡喷发动机。

2）涡轮风扇发动机

涡轮风扇发动机简称为涡扇发动机,其组成简图见图 1.2。与涡喷发动机相比,涡扇发动机的特点一是有一个叫作风扇的增压部件,二是发动机内部分成了内、外两个气流通道,分别叫作内涵道和外涵道。当涡扇发动机工作时,外界空气经过进气系统后,首先是经过风扇(有的又称为低压压气机)增压,而后分成内、外两股气流,分别进入内涵道和外涵道。在内涵道中,气流经历与涡喷发动机类似的工作过程。例如:在图 1.2(a)中,气流同样经过了压气机、燃烧室和涡轮,只是内涵中的压气机有两个(依次为中压压气机和高压压气机),涡轮则有三个(依次为高压涡轮、中压涡轮和低压涡轮,其中,高压涡轮驱动高压压气机,中压涡轮驱动中压压气机,低压涡轮驱动整个风扇);而在图 1.2(b)中,内涵中的压气机则只有一个,即高压压气机,涡轮则分为高压涡轮和低压涡轮,分别驱动高压压气机和风扇(低压压气机)。而外涵道气流则不同,基本上是从内涵道外的旁路流过,或直接排出,或者与内涵的气流混合后再排出。

涡扇发动机根据排气方式的不同分为两种类型:一种是内、外涵气流分别从各自的涵道中排出,称为分开排气式涡轮风扇发动机,简称为分排涡扇发动机,如图 1.2(a)所

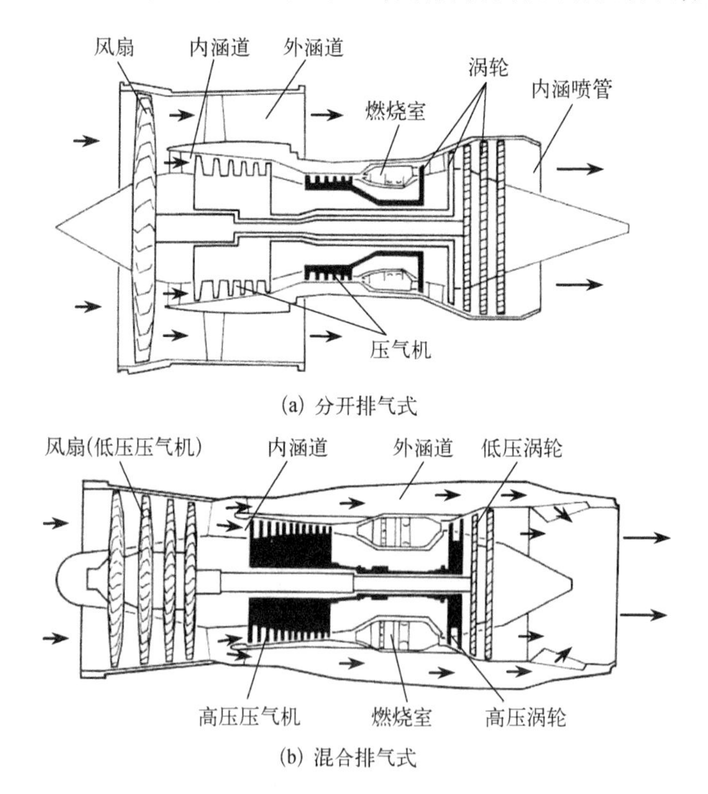

图 1.2　涡轮风扇发动机组成简图

示;另一种是外涵气流与内涵气流在内涵的涡轮后进行混合后再排出,称为混合排气式涡轮风扇发动机,简称为混排涡扇发动机,如图 1.2(b)所示。在混合排气式涡轮风扇发动机中,也可在内外涵气流混合后再设置复燃加力燃烧室,通过加力来进一步增大推力。军用战斗机所配装的一般都是带复燃加力燃烧室的混合排气式涡轮风扇发动机,简称为混排式加力涡扇发动机。

涡扇发动机的涵道比是一个非常重要的循环参数,它定义为流经外涵道的空气质量流量与流经内涵道的空气质量流量之比。根据设计工作状态的涵道比大小,涡扇发动机可分为小涵道比(涵道比小于 2.0)、中涵道比(涵道比 2.0~4.0)和大涵道比(涵道比 4.0 以上)涡扇发动机。其中的小涵道比涡扇发动机一般是混合排气式的,而大涵道比涡扇发动机一般是分开排气式的。

从 20 世纪 60 年代涡轮风扇发动机投入使用以来,随着先进技术的发展与应用,涡轮风扇发动机在民用航空运输和军用战斗机的发展中已占据了主导地位。目前,大涵道比的分开排气式涡扇发动机以其推力大、经济性能好而独占大型客机和运输机的动力装置市场;在军用战斗机的发展中,高性能和高可靠性的小涵道比混合排气式加力涡轮风扇发动机已成为现役先进战斗机的主要动力装置。例如,我国现役三代和四代战斗机配装的涡扇-10 系列发动机,就是我国自主研发并具有完全自主知识产权的先进小涵道比混排加力涡扇发动机。

3）涡轮螺旋桨发动机

涡轮螺旋桨发动机简称为涡桨发动机,其示意图如图 1.3 所示。在涡桨发动机中,燃气发生器的工作过程同涡喷发动机中的基本相同。其明显的区别是在燃气发生器的涡轮后面又设置了一个动力涡轮,燃气发生器后燃气的可用能量的大部分用来驱动该动力涡轮,在驱动低压压气机的同时,还通过减速器的前向输出轴来驱动螺旋桨工作,由螺旋桨产生拉力来推进飞机前进;还有一部分能量在喷管中转化为气流动能的增加,从而产生推力(与涡喷发动机的原理一样)。在有的涡桨发动机上,燃气发生器的涡轮和动力涡轮装在同一根轴上,叫作固定涡轮式或定轴式涡桨发动机。可见,涡桨发动机的拉力(或推力)主要靠螺旋桨产生,而气流所产生的直接反作用推力较小,一般不超过总拉力(或推力)的 5%~10%。

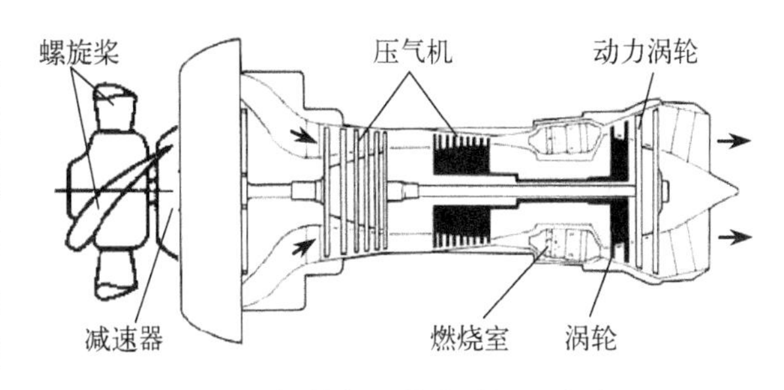

图 1.3　涡轮螺旋桨发动机组成简图

涡桨发动机的优点是在低速飞行时具有较高的推进效率,是中小型军民用亚声速固定翼运输机、轰炸机和通用航空飞机的主要动力装置。例如,我国现役飞机配装的涡桨-5、涡桨-6、涡桨-9 系列发动机。

4）涡轮轴发动机

涡轮轴发动机又简称为涡轴发动机,如图 1.4 所示。该涡轴发动机的压气机有两个,依次为轴流式和离心式压气机;驱动压气机的涡轮也有两个,所以是双转子的燃气发生器。涡轴发动机的工作原理与涡桨发动机基本相同,但其动力涡轮一般叫作自由涡轮,燃

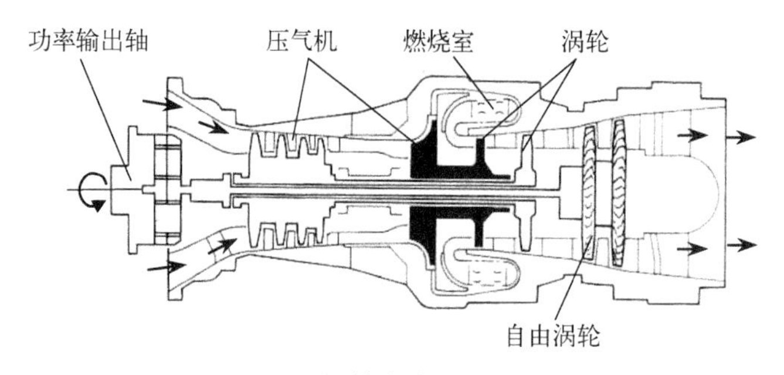

图 1.4　涡轴发动机组成简图

气发生器后的燃气可用能量几乎全部用于驱动该自由涡轮，并通过自由涡轮连接的功率输出轴向外输出机械功率，而喷管的排气速度很小，整台发动机并不直接产生推力。当用在直升机上时，该输出机械功率一般再经过减速器系统（主减速器和尾桨减速器）来驱动直升机的旋翼和尾桨，产生升力和拉力以及平衡力矩。当用于其他动力源时，则作为动力源带动其他装置，例如常见的燃气涡轮起动机，就是一种结构较简单的涡轴发动机，作为大推力涡喷和涡扇发动机起动时的动力源来使用。与涡桨发动机不同的是，涡轴发动机的功率输出轴有前输出形式（图 1.4）和后输出形式。

涡轴发动机自从 20 世纪 50 年代进入直升机动力领域以来，很快就成为主要的动力装置，特别是在大中型直升机上，已全部取代了传统的活塞式发动机。我国现役直升机配装的主要有涡轴-6、涡轴-8、涡轴-9 及涡轴-10 发动机。

2. 工程热力学的研究内容和方法

由航空燃气涡轮发动机工作过程可知，其能量转化方式是将燃料的化学能连续不断地转化为气体的动能和对外输出的功率等形式的机械能。其中既涉及宏观的化学能向热能转化、热能向机械能转化的过程，也要涉及气体的内能与热量、功和动能之间的具体关系，还有空气、燃气等不同工质的性质，更为具体的还有气体在发动机各部件中的流动过程和参数变化关系。

因此，本教材所涉及的工程热力学是以大学物理类通用基础课程（例如《物理学》[1]）有关气体分子热运动和热力学基础知识为起点，紧紧围绕航空燃气涡轮发动机能量转化过程的特点，重点以开口体系为研究对象，主要内容包括：① 明确开口体系热力学平衡状态的条件和描述方法、基本状态参数的工程化应用特点、完全气体的物性参数和状态参数等基本概念；② 以热力学第一定律为基础，建立开口体系的能量关系方程式，并讨论其应用方式；③ 结合航空燃气涡轮发动机工作过程的特点，研究典型热力过程的参数关系和能量转化关系；④ 以热力学第二定律为指导，对比分析布莱顿循环等不同类型动力循环效率和循环功的影响因素，研究讨论改善循环效率和循环功的技术途径。

更进一步，在后续的气体动力学相关内容之中，以工程热力学为基础，继续研究气体在发动机典型部件中的基本运动规律，建立确定气体运动参数、相互作用力和能量转化的关系式，继而为分析发动机的工作过程和性能参数变化奠定基础。

工程热力学的研究方法仍然采用热力学的宏观研究方法。把物质看作连续介质，用连续函数反映物质特性，关注体系的整体状态和分布。因此，需要对热力学的基本概念、基本定律有深透的理解。

值得注意的是，鉴于航空燃气涡轮发动机等热机设备中气体流动和能量转化过程的复杂性，像其他学科一样，在工程热力学中也普遍采用抽象、概括、理想化和适当简化的方法,在一定的条件下略去部分细节,抽出共性,突出主要矛盾。这种科学的抽象,不但不脱离实际,而且更深刻地反映了事物的本质,也是科学研究的重要方法。

1.2 热力学体系

进行任何分析研究,首先必须明确研究对象。在工程热力学中,按照研究任务的要求,选取某一特定范围内的物质作为研究对象,这个具体指定的研究对象就是热力学体系,通常简称为体系,有的又称为热力学系统。在体系以外的、又与体系有关的周围物质统称为外界。体系与外界的分界面,称为界面,有的也称为边界。显然,根据研究问题的不同,界面可以是真实的,也可以是假想的;可以是固定的,也可以是变化的或运动的。在进行工程热力学分析时,既要考虑体系内部的变化,也要考虑体系通过界面与外界发生的作用。体系与外界之间的作用有能量交换(包括热量交换与功交换)和物质交换。

举例来说,对于如图1.1~图1.4所示的发动机,当研究其中某一个部件的工作时,例如需研究压气机的工作过程,就可以选择压气机范围内的所有气体(空气)作为研究对象,这就是一种特定的体系。而其他的部件和外面的大气对于压气机来说就是外界了,外界的部件可以与压气机相关,例如涡轮可以通过转轴给压气机输入功率,作用于压气机中的气体,从而与压气机这一体系相关联。对于压气机这一体系而言,它与外界的界面或边界有真实的和固定的,例如机匣和轮毂,就将压气机内部的气体与外界的大气分开;也有假想的或虚拟的界面或边界,例如压气机的进口截面和出口截面,就是常常用来划分压气机与上游部件(进气道)和下游部件(燃烧室)的界面。因为在这些截面上气流是连续不断的,所以这样的界面就是假想的或虚拟存在的。同样地,当需要研究涡轮、燃烧室、喷管等其他部件时,也是采用相同的处理方法。若要研究整台发动机的工作情形,则需要将整台发动机内部范围的气体作为所要研究的体系,那么,发动机的进、出口截面就成为假想的或虚拟的界面。

明确指定适当的体系是进行研究的首要条件,否则就无法对问题进行准确分析。再以涡喷发动机和涡扇发动机为例,当取整台发动机为体系时,显然体系与外界并没有发生机械功的交换,即发动机并未从外界大气中吸收机械功,也没有向外界大气输出机械功。而当只研究压气机这一体系时,则此时体系是要吸收机械功的。可见,不明确体系则无法得到明确的结论。

根据体系和外界相互作用情况的不同,常见的热力学体系及相关概念包括:

1. 闭口体系

体系与外界无物质交换或传递的称为闭口体系。在闭口体系中,物质的质量是保持恒定的,故又称之为控制质量。例如,在《物理学》[1]中经常所采用的活塞-气缸模型就是比较典型的闭口体系,其中的气体也是控制质量。

2. 开口体系

体系与外界有物质交换或传递的叫作开口体系。在开口体系中,有物质通过界面流进或流出体系,而体系中的物质质量可以是变化的,也可能是不变的,这要根据具体的工作情形而定。例如,在稳定流动工况下,流进的质量等于流出的质量,体系内部的流体不断更替,但其质量的数量却保持不变。可见,区分是闭口体系还是开口体系的依据是有没有质量跨越体系的界面，而并不仅是系统中质量的数量是否变化。

在实际应用中，对于流体机械装置以及大多数的热机装置，一般都是采用开口体系开展研究。例如，航空燃气涡轮发动机的各个部件以及整机都有空气或燃气的流入与流出，所以都定义为开口体系。而且，在此需要特别说明的是，在研究发动机部件和整机的工作过程与参数变化时，往往都是选择各开口体系所占据的空间是确定不变的，气体流入和流出该固定空间，并可以在该空间内形成一定规律的状态和参数分布。因此，也常常把这种开口体系称为控制容积（或控制体），实际上这也是流体力学中常常采用的控制体研究方法（或欧拉方法）。例如研究分析压气机的工作时，如图 1.5 所示[2]，常需确定空气流过压气机过程中所吸收的外界所做轴功的大小，由于在压气机的工作过程中，不断地有空气流入和流出，因而通常并不针对特定的某一部分空气来进行研究，而是取压气机的进口截面 2、出口截面 3 和机匣以内空间区域作为研究分析的对象，将其抽象为如图 1.6 所示的示意简图形式。这时压气机的内部空间就是控制容积，亦称为控制体。

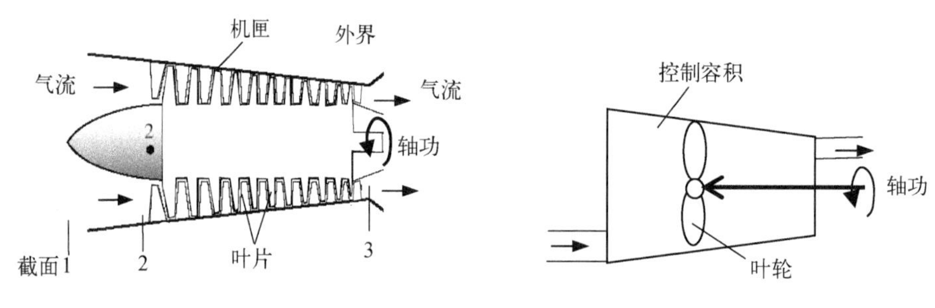

图 1.5　压气机的开口体系　　**图 1.6　压气机开口体系示意图**

若无特殊说明，本教材后续章节中所讨论的开口体系都是这种形式的开口体系，即控制容积或控制体。

3. 绝热体系

绝热体系指的是与外界无热量交换或传递的体系。应注意，绝热在热力学中是个理想化的概念，在实际工程应用中很难做到真正的绝热，只是当所交换或传递的热量与其他形式能量相比足够小而可以忽略不计时，可以认为是“绝热”的。例如，航空燃气涡轮发动机的压气机、涡轮、喷管等部件，实际上是通过机匣等向外界大气环境散热的。不过该散热量并不大，忽略不计时并不会对确定部件的功交换、气体动能的变化等产生大的影响，所以常常假设其是绝热体系。但是，当研究涡轮、燃烧室和喷管的冷却问题时，则不能不考虑与冷却介质间的热量交换，这就需要根据具体的研究内容来确定。

4. 孤立体系

孤立体系与外界无任何相互作用，既没有任何形式的能量交换，也没有质量交换。显然，孤立体系也是一个理想化的概念。

5. 热源

在热力学中常用的有两种特殊的外界：环境和热源。环境是指在与体系发生相互作用的过程中，其本身的压力、温度，以及化学组成等特性都保持不变的庞大而静止的外界物系。例如大气、海洋等均可以抽象地认为是环境。而热源是指热力过程中与体系发生热量交换的外界物质。

对于热源，通常又有定温热源和变温热源之分。定温热源是指那些热容量为无限大的体系，在与所研究体系发生作用时，可以始终保持自身的温度不变，也叫作恒温热源。而变温热源则是指那些质量和热容量都有限的热源。还有，根据体系与热源交换热量时是吸热还是放热，又把供给体系热量的热源叫作高温热源，把接收体系放热热量的热源叫作低温热源，也就是通常所说的从高温热源吸热，向低温热源放热。

6. 工质

工质是热机借以实现热功转换的一种媒介物质。气态物质由于具有良好的膨胀与压缩能力而被广泛应用于各种热力设备中，所以工程热力学所选取的体系往往就是气体工质系统。应当注意的是，工质与体系这两个概念并不完全一致，根据体系的取法可以不同。一般来说，体系可以理解为工质与边界条件的总和。在本教材中，所涉及的工质主要是可压缩气体（空气、燃气），而且体系实际上指的也是工质，例如，以后经常用到的体系的状态参数，实际上就是构成体系的气体工质的热力性质。

7. 连续介质

我们已知，气体（流体）实际上是由大量微小的分子所组成，分子与分子之间存在着间隙，并且所有的分子都在不停地运动着。因此从微观的角度上看，气体（流体）的状态在空间上和时间上都是不连续的。不过分子的尺度非常小，在很小的体积里也会含有大量分子，比如，在一般大气压条件下，10^{-9} mm^3 的体积范围约含有 3×10^7 个分子，数量已足够大到可以较好地描述这个体积范围内的统计特性。所以，在研究热力学和气体动力学问题时，就可以把气体工质看作是连续介质，即认为气体连续地充满整个体系或控制容积的空间，这也就是所谓的连续介质假设。

在这种假设下，所谓的一个空间点实际上是指尺寸足够小的气体（流体）体积，即所谓的气体（流体）微团，而不是指几何尺寸为零的点。每个气体（流体）微团都含有足够大数量的分子，一个微团体积内所包含的分子的统计平均性质代表了该微团体积范围内气体（流体）的宏观性质。在本教材中，所涉及的工质都是连续介质。

1.3　热力学状态与状态参数

1.3.1　热力学状态

热力学状态是热力学体系在指定瞬间所呈现的全部宏观性质的总称，是体系所处的宏观物理状态。

状态是反映体系变化的基础，也是观察和分析能量传递与转化的基础。应当注意的是，体系的状态可以是集总形式的，也可以是分布形式的。对于开口体系或控制容积，体系的状态往往是分布形式的。通常用状态参数来描述体系的状态。

1.3.2　平衡状态

在工程热力学中，常用到热力学平衡状态和稳定动平衡状态这两种平衡状态的概念，而且在开口体系的分析中,更为经常讨论的是后者。

1. 热力学平衡状态

热力学平衡状态是指在不受外界作用的条件下,体系能够长久保持而不会发生变化的一种热力学状态。或者说,在不受外界作用的条件下,体系的宏观热力性质不随时间改变的状态。

要注意热力学平衡状态定义中不受外界作用这一条件。正是在这一条件下,处于平衡状态的气体,如果忽略重力及其他力场影响,则它内部各处的各种性质都是均匀一致的,这给闭口体系的热力学分析带来很大的方便。显然,实现热力学平衡状态的条件可归纳为,体系内部以及体系与外界之间应满足:力平衡,即无压力差;热平衡,即无温度差;物质平衡(成分平衡、相平衡、化学平衡),即无化学势差。

2. 稳定动平衡状态

在工程应用中,尤其是以开口体系为特征的热能转化装置中,经常遇到的是另外一类平衡态,即在受外界稳定影响的条件下,体系的宏观性质处于不随时间改变的状态,称为稳定动平衡状态。

在这种平衡状态下,由于有外界的影响作用,虽然体系的宏观性质不随时间而变化,但是在体系的内部,其各处的各种性质并非都是均匀一致的,而是要呈现出一定的分布规律,以与外界的作用相适应。也可以这样来理解,可以将体系划分为各微元体系(类似于连续介质假设中的微团),只要外界的影响不改变,体系内部的各微元体系总会找到一个合适的状态,并且长时间保持不变。举例来说,当输入的轴功不随时间而变化时,如图1.6所示的压气机开口体系就处于一种稳定动平衡状态。在轴功的作用下,流经压气机的空气被压缩,气体的压力得到提高,温度也升高,形成从进口到出口逐渐升高的压力和温度分布,在出口截面上其压力与下游部件的进口相平衡。所以,除了轴功的影响之外,还有进出口边界条件的作用。可见,压气机这一开口体系内部的气流参数并不是均匀的,而是呈现一定的分布规律。

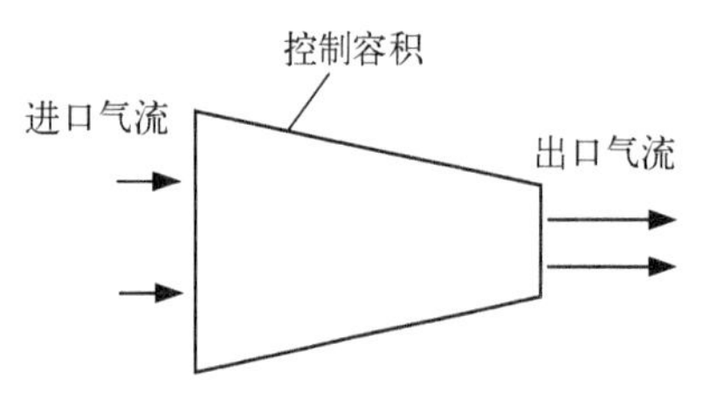

图 1.7 收敛形喷管开口体系示意图

实际上,即使没有外界轴功和热量的作用,对于开口体系来说,由于与外界始终存在气体(流体)质量的交换作用,这一影响条件也可以使得体系处于稳定动平衡状态。例如,涡喷和涡扇发动机的喷管是开口体系,如图1.7所示,在其上游部件和下游外界大气环境的作用下,气体在喷管内部空间中的状态也是不均匀的,气流进口的压力高,在喷管中进行膨胀流动,转化为气体动能。气体的压力逐渐降低,而气流的速度逐渐增大,形成一定的参数分布规律。

1.3.3 状态参数

用来描述体系平衡状态的物理量称为状态参数。对于工质为可压缩气体的体系,工程热力学中常用的状态参数有六个,即压力、比容、温度、内能、焓和熵。

状态参数是体系平衡状态的单值函数,体系的状态一定,状态参数的数值也就一定,而与体系达到此状态所经过的过程无关。

对于开口体系的稳定动平衡状态，因为其各微元体系可认为是处于热力学平衡状态的（即微元体系内达到均匀），所以其状态参数可以取为各微元体系的状态参数，从而也可以确定状态参数在体系内部的分布或变化情形。因此，对于各种平衡状态而言，状态参数均具有相同的意义和性质，所以在后续涉及状态参数的分析中就不再区分热力学平衡状态和稳定动平衡状态，而统一都称为状态参数。

1.4　三个基本状态参数

在常用的状态参数中，比容、压力和温度这三个参数在工程上可以直接测量，也比较直观，所以称其为基本状态参数。

1.4.1　比容和密度

比容定义为单位质量的工质所占有的容积，用符号 v 来表示。依定义，有 $v = V/m$，单位为 m^3/kg。其中 V 是工质所占有的容积。

单位容积内所含有工质的质量，称为密度，用符号 ρ 来表示。有 $\rho = m/V$，单位为 kg/m^3。显然，密度与比容是互为倒数，即 $\rho = 1/v$。

这里需要说明的是，对于开口体系来说，根据连续介质假设条件，在充满连续介质的空间中，容积 V 可以取为一个合适的最小体积 ΔV_0，其中含有足够多的气体分子数量（其总质量为 Δm），能保证平均密度 $\Delta m/\Delta V$ 有确定的数值。那么，把这个最小体积内的平均密度定义为某一点处的密度，即 $\rho = \lim\limits_{\Delta V \to \Delta V_0}(\Delta m/\Delta V)$。这样，体系中一点处的密度 ρ 就是空间坐标 (x, y, z) 的连续函数。这一结论同样也适用于比容 v。

1.4.2　压力

压力是指单位面积上所承受的垂直作用力。

压力即《物理学》[1] 中的压强。压力的国际单位为帕斯卡，简称为帕（Pa），$1\ Pa = 1\ N/m^2$。在实际应用中，由于 Pa 的单位比较小，工程上也常用兆帕（MPa）、巴（bar）和千帕（kPa）等作为压力单位，其换算关系为：$1\ MPa = 10^6\ Pa$，$1\ bar = 10^5\ Pa = 0.1\ MPa$，$1\ kPa = 1\,000\ Pa$。此外，有些应用场合可能还会遇到一些国际单位制外的压力单位，例如毫米水柱、毫米汞柱等，其换算关系列于表 1.1。

表 1.1　常见压力单位的换算关系[3]

单位名称	单位符号	换算关系
巴	bar	$1\ bar = 10^5\ Pa$
标准大气压	atm	$1\ atm = 101\,325\ Pa = 760\ mmHg$
工程大气压	at	$1\ at = 1\ kgf/cm^2 = 98\,066.5\ Pa = 10\ mH_2O$
毫米水柱（4℃）	mmH_2O	$1\ mmH_2O = 9.806\,65\ Pa$
毫米汞柱（0℃）	mmHg	$1\ mmHg = 133.322\ Pa = 13.595\ mmH_2O$

在工程应用中，压力可用不同的方法测量，因而会遇到不同的压力表示方法，如绝对压力、表压、真空度等。有一些通常的测量仪表（如弹簧管式压力表和液柱式压力计）只能测出流体的真实压力与当地环境压力（通常是大气压）的差值。这时，气体（流体）的真实压力称为绝对压力，记为 p_{abs}，它是相对于绝对真空的压力值。设环境压力为 p_0，当绝对压力大于环境压力时（$p_{abs} > p_0$），所用测量该差值的仪表称为（相对）压力表或压力计，并将绝对压力超出环境压力的部分称为表压，记为 p_g。而当绝对压力小于环境压力时（$p_{abs} < p_0$），所用测量该差值的仪表称为真空表或真空计，并将绝对压力低于环境压力的部分称为真空度，记为 p_v。即

表压：$p_g = p_{abs} - p_0$；

真空度：$p_v = p_0 - p_{abs}$。

显然，当已知表压或真空度时，为得到气体（流体）的绝对压力还需要知道环境压力的数值，后者可以利用气压计测出。

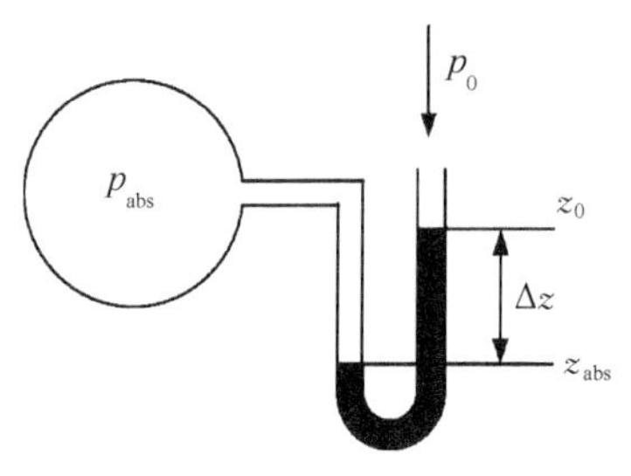

图 1.8　U 形管压力计测量气体的压力

如图 1.8 所示，当用液柱式压力计（U 形管压力计或 U 形管真空计）通过液柱高度差测定表压或真空度时，有 $p_g = \rho_m g(z_0 - z_{abs}) = \rho_m g\Delta z$ 或 $p_v = \rho_m g(z_{abs} - z_0)$，其中 z_0 为与环境连通的液面高度（相对于某一参考面），z_{abs} 为与被测气体连通的液面高度（相对于某一参考面），ρ_m 是液体的密度。显然，如果环境压力发生变化，即使气体（流体）的绝对压力保持不变，表压和真空度的数值也会改变。因此，表压和真空度不是状态参数，而绝对压力才是状态参数。

需要注意的是，若无特殊说明，本教材中所用的压力都是绝对压力。

【例 1.1】　绝对真空的真空度是多少？

解：$p_v = p_0 - p_{abs} = p_0 - 0 = p_0$，即绝对真空的真空度就是当地的环境压力。例如，在标准大气环境下，绝对真空的真空度等于 101 325 Pa 或 760 mmHg。

【例 1.2】　用 U 形管压力计来测量压气机进口处的空气压力时，如图 1.9 所示，汞柱液面比连通大气一侧的液面高出 164 mmHg，已知大气压力为 p_0 = 748 mmHg，求压气机进口处的空气压力。

解：测量一侧的液面比连通大气一侧的液面高，说明此处的压力是低于当地大气压力的，根据定义，高度差 164 mmHg 实际上就是真空度。所以，压气机进口处的空气压力是

$$p_{abs} = p_0 - p_v = 748 - 164 = 584 \text{ mmHg}$$

换算为其他单位：

$$\begin{aligned} p_{abs} &= 584 \text{ mmHg} = 7\,939.5 \text{ mmH}_2\text{O} \\ &= 0.768\,4 \text{ atm} = 0.793\,95 \text{ at} = 77\,860.3 \text{ Pa} \end{aligned}$$

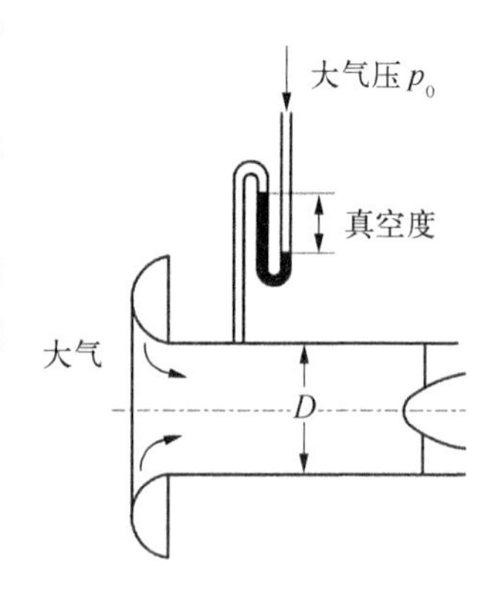

图 1.9　压气机进口压力测量简图

【例 1.3】 工程应用举例：在航空涡喷和涡扇发动机地面台架试车时，常常要测量发动机工艺进气道某一截面上的气流压力来计算确定进入发动机的空气质量流量，其原理也如同图 1.9 所示。

例如，某型涡扇发动机地面试车时测得当地的大气压为 93.78 kPa，该发动机在最大工作状态工作时，进气道测量截面上气流压力的真空度为 13.884 kPa；而该发动机在巡航状态下工作时，真空度则为 6.257 kPa。这也说明发动机在最大工作状态下具有更大的空气流量，使得该测量截面上的气流速度更快，因而绝对压力也更低，表现为真空度更大。

此外，根据国军标（GJB 5543—2006）的规定，航空发动机室内试车台试车间的进气压力降应不大于 490 Pa，这一压力降实际上也就是试车间气流压力的真空度 $p_v = 490$ Pa，折合 49.97 mmH_2O。

【例 1.4】 如图 1.10 所示，X 与 Y 为由刚性壁隔成的两个空间，A、B、C 是三个相对压力测量仪表，其中表 A 和表 B 都用于测量 X 的压力，表 C 用于测量 Y 的压力，表 A 和 C 均放置于环境中，而表 B 则放置于 Y 中。压力表 A 与压力表 B 的读数（表压）分别为 $p_A = 1.25$ bar，$p_B = 1.90$ bar，环境压力为 $p_0 = 0.98$ bar。问 X 与 Y 两个空间内的压力是多少？表 C 是压力表还是真空表？表 C 的读数是多少？

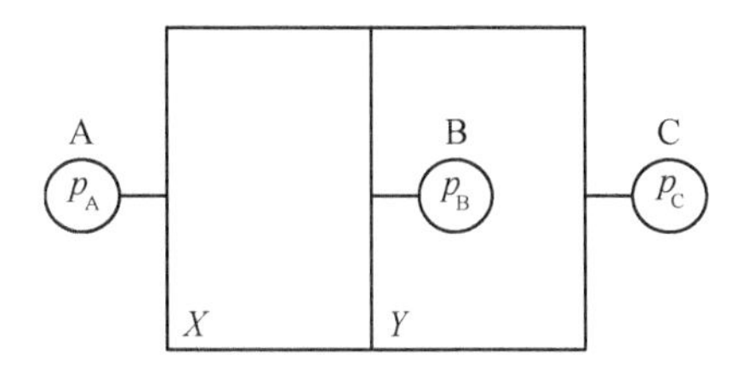

图 1.10　用压力表和真空表测量流体的压力

解： 虽然已知 A 和 B 是表压，但是两者的参考压力并不相同。表 A 的参考压力是环境压力 p_0，而表 B 的参考压力却是待求的空间 Y 的压力。

所以，$p_A = p_{X\text{abs}} - p_0$，$p_B = p_{X\text{abs}} - p_{Y\text{abs}}$

可得

$$p_{X\text{abs}} = p_A + p_0 = 1.25 + 0.98 = 2.23 \text{ bar}$$

$$p_{Y\text{abs}} = p_{X\text{abs}} - p_B = 2.23 - 1.90 = 0.33 \text{ bar}$$

因为 $p_{Y\text{abs}} < p_0$，所以表 C 应为真空表，其读数（真空度）为

$$p_C = p_0 - p_{Y\text{abs}} = 0.98 - 0.33 = 0.65 \text{ bar}$$

1.4.3　温度

温度表示物体的冷热程度。温度是热量传递的推动势，温度差的存在是发生传热这种能量传递现象的原因。

在工程应用中，温度通常要用温度计来测量，处于热平衡的物体具有相同的温度，这是用温度计测量物体温度的依据。当温度计与被测物体达到热平衡时，温度计的温度即等于被测物体的温度。而温度计又是采用一定的温标进行刻度的。温标一般分为热力学温标和经验温标，其中的热力学温标是根据由热力学第二定律原理推导出的普适函数而

制定的，而经验温标则是借助测温物质的某种与温度有关的性质制定的，当温度改变时，物质的某些物理量，如液体的体积、定容下气体的压力、定压下气体的容积、金属导体的电阻、不同金属组成的热电偶的电动势等，都随之发生变化。

国际单位制中采用热力学温标，温度的单位是开尔文，用开(K)表示。热力学温度 T 与常用的摄氏温度 t 的关系如下：

$$T(\mathrm{K}) = t(℃) + 273.15$$

注意，热力学温度 T 总是大于零的。

1.5 状态方程和状态参数坐标图

1.5.1 状态方程

对于与外界只交换热量和机械功的体系，只要给出两个相互独立的状态参数即可以确定它的平衡状态。所谓两个相互独立的状态参数，是指其中一个不能是另一个的函数。例如密度与比容就不是相互独立的状态参数。换言之，对处于平衡状态的体系而言，所有状态参数与其中的任意两个独立状态参数之间存在某种单值的函数关系。这一函数关系称为状态方程。例如，压力、温度与比容之间必定存在如下的形式：

$$f(p, v, T) = 0 \tag{1.1}$$

1.5.2 完全气体状态方程

1. 实际气体和完全气体

气体与液体一样是由大量分子组成的。严格地说，自然界中实际存在的气体均为实际气体，气体分子具有一定的体积，气体分子之间存在有作用力，导致实际气体各状态参数之间的关系非常复杂。

如果气体分子自身体积以及它们之间的作用力可以忽略不计，例如当压力足够低，温度足够高，即比容很大时，其性质趋向理想气体的热力性质，则这样的气体称为完全气体。完全气体在《物理学》[1]中也称为理想气体，它是一种从实际气体中抽象出来的假想气体模型，即认为气体分子间不存在相互作用力，气体的分子是没有体积的完全弹性小球。航空发动机中所用的空气和燃气，一般在压力不太大，温度不太低的条件下工作，基本上符合完全气体的两个假定，所以可把空气和燃气当作完全气体。所以，本教材所涉及的气体均为完全气体。

2. 完全气体状态方程

完全气体的状态方程可以表示为以下三种形式。

1）形式一

$$pV = nR_M T \tag{1.2}$$

式中，V 是气体占据的容积或体积；$R_M = 8.3144\ \mathrm{J/(mol \cdot K)}$，称为通用气体常数，$R_M$ 与气

体种类和状态无关；n 为气体物质的摩尔数或摩尔量，单位是摩尔(mol)；其中的摩尔数 n 与气体的质量 m 和摩尔质量 M 的关系为 $n = m/M$；气体的摩尔质量取决于气体的种类，例如，空气的摩尔质量为 $M_{air} = 28.96 \times 10^{-3}$ kg/mol。

2）形式二

$$pV = mRT \tag{1.3}$$

式中，$R = R_M/M$ 称为(比)气体常数，单位为 J/(kg·K)；R 的数值与气体的种类有关，例如，空气的气体常数为 R=287.06 J/(kg·K)。根据上式，即可在已知 p、V、T 的情况下来计算气体的质量 m。

3）形式三

$$pv = RT \tag{1.4}$$

这是对于单位质量 1 kg 气体的状态方程式，也是最常用的状态方程式。

此外，由式(1.4)取微分并经处理后，可得微分形式的完全气体状态方程为

$$\frac{dp}{p} + \frac{dv}{v} = \frac{dT}{T} \tag{1.5}$$

利用微分形式的状态方程，可以方便地分析各参数的相对变化量之间的关系。

显然，气体的状态方程建立起了气体基本状态参数之间的联系，当已知其中的两个参数时，通过该状态方程(1.4)即可确定另一个参数，因而在求解问题中非常有用。

【例 1.5】 求海平面标准大气条件下的空气密度。

解： 标准大气条件下的空气可以认为是完全气体，海平面标准大气的压力和温度分别为 p_0 = 101 325 Pa、T_0 = 288.15 K。所以，由式(1.4)可得

$$\rho_0 = p_0/(RT_0)$$

故 ρ_0 = 101 325/(287.06 × 288.15) = 1.225 kg/m^3。即海平面标准大气条件下的空气密度为 1.225 kg/m^3。

【例 1.6】 某型高空高速歼击飞机氧气系统中的氧气瓶，在地面大气温度为 10℃时的充气压力标准为 p_1 = 18 MPa。若按照氧气的充气质量不变的要求，按国军标要求，当地面大气温度分别为极低(−50℃)与极高(60℃)时，其充气压力的标准分别是多少?

解： 在所讨论的温度和压力范围内，氧气可认为是完全气体，其气体常数为 R_{O_2}。可利用完全气体状态方程，得到 10℃、−50℃ 和 60℃ 三个大气温度下的氧气比容 v_1、v_2、v_3 分别为

$$v_1 = 18 \times 10^6/(R_{O_2} \times 283.15),\ v_2 = p_2/(R_{O_2} \times 223.15),\ v_3 = p_3/(R_{O_2} \times 333.15)$$

对于容积固定的同一氧气瓶，在氧气的充气质量不变条件下，有 $v_1 = v_2 = v_3$，所以可确定充气压力的标准分别如下：

大气温度为极低−50℃时，充气压力的标准为 p_2 = 14.186 × 10^6 Pa = 14.186 MPa

大气温度为极高 60℃时，充气压力的标准为 $p_3 = 21.179 \times 10^6$ Pa = 21.179 MPa

可见，当温度在极低与极高范围变化时，充气压力的变化可达约 1.5 倍。

【例 1.7】 根据例 1.3 中所列某型涡扇发动机地面试车时的测量参数，确定进气道测量截面上的空气密度是多大？（设大气温度为 10℃，对应于发动机在最大工作状态和巡航工作状态时测量截面上的空气温度分别为-2.72℃和 4.6℃）

解： 已知在例 1.3 中，当地的大气压为 93.78 kPa，发动机在最大工作状态工作时，进气道测量截面上气流压力的真空度为 13.884 kPa；而该发动机在巡航状态下工作时，真空度则为 6.257 kPa。设该测量截面上的参数以下标 1 表示，则

（1）发动机在最大工作状态时：

测量截面上的空气压力为 $p_1 = p_0 - p_v = 93.78 - 13.884 = 79.896$ kPa = 79 896 Pa，空气的温度为 $T_1 = t_1 + 273.15 = -2.72 + 273.15 = 270.43$ K。利用状态方程，可得空气密度为

$$\rho_1 = p_1/(RT_1) = 79\,896/(287.06 \times 270.43) = 1.029 \text{ kg/m}^3$$

（2）发动机在巡航工作状态时：

测量截面上的空气压力为 $p_1 = p_0 - p_v = 93.78 - 6.257 = 87.523$ kPa = 87 523 Pa，空气的温度为 $T_1 = t_1 + 273.15 = 4.6 + 273.15 = 277.75$ K。利用状态方程，可得空气密度为

$$\rho_1 = p_1/(RT_1) = 87\,523/(287.06 \times 277.75) = 1.098 \text{ kg/m}^3$$

根据当地大气的压力和温度，可计算得到大气的密度为 $\rho_0 = 1.154$ kg/m³。可见，在测量截面上的空气密度要小于外界大气的密度。

1.5.3 状态参数坐标图

已知气体的平衡状态可以由两个相互独立的状态参数单值地确定，因此，它可以表示为由任意两个独立的状态参数所构成的平面坐标系中的一个点，把这样的平面坐标图称为状态参数坐标图。例如，常用的有压力-比容图（简称为压-容图，$p-v$ 图）、温-熵图（$T-s$ 图）、焓-熵图（$i-s$ 图）等。在这些平面坐标图上的任意一点代表体系的一个平衡状态，与该点相应的两个坐标，代表该平衡状态下的两个独立的状态参数。图 1.11 所示为压-容图，也叫作 $p-v$ 图，图上的点 1 代表压力为 p_1 和比容为 v_1 的平衡状态，点 2 代表压力为 p_2 和比容为 v_2 的另一个平衡状态。显然，系统处于非平衡状态时，就不能用确定的状态参数来描述，自然也不能用状态参数坐标图上的一个点来表示它的状态了。状态参数坐标图不仅能用点来表示体系的平衡状态，而且还能用曲线或面积，形象地表示出体系所经历的变化过程以及过程中相应的功量和热量。在热力过程和热力循环分析中，状态参数坐标图将起重要的作用。

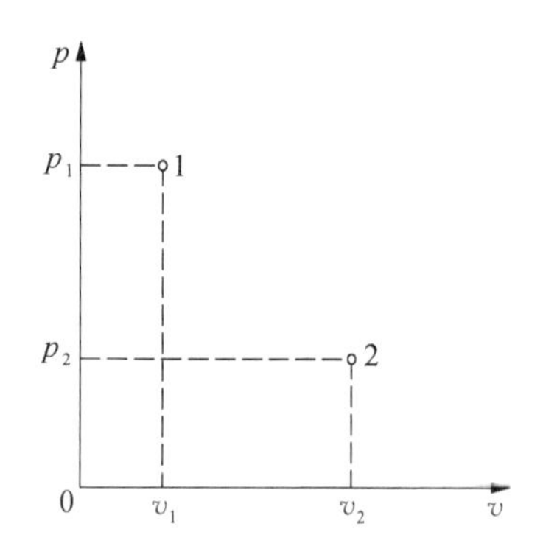

图 1.11 压-容图（$p-v$ 图）

1.6　热力过程和热力循环

1.6.1　热力过程

热力过程是指体系由一个平衡状态变化过渡到另一个平衡状态所经历的全部状态的总和。首先，过程是指体系平衡状态间的转换；其次，对一过程的描述应当包括详细说明其初始和终了的平衡状态、过程所经的路径以及当过程进行时通过体系的边界与外界所发生的相互作用。实际上，在开口体系的控制容积中，气体的流动过程也是一个热力过程，是一个从进口的初始平衡状态变化到出口的另一个平衡状态的过程。

热力过程的路径指的是对体系所经历的一系列状态的具体描述。然而，仅当体系处于平衡状态时才能有确定的状态并用状态参数加以描述。因此，严格说来，只有当体系在过程中经历的全是平衡状态时，才可能对该热力过程进行准确的表达。所以，热力过程实际上是体系在外界的作用下，从平衡状态被打破到重新建立新的平衡状态的过程，其本身就意味着不平衡。因此，严格的平衡过程只能是理想中的，是不可能实现的，在热力学中具有特殊意义的是准静态过程。

1.6.2　准静态过程

将由一系列连续的无限接近于平衡状态的状态所组成的过程定义为准静态过程，也可以称为准平衡过程。

显然，准静态过程也是一个理想的过程模型。因为准静态过程是基于不平衡势差和不平衡现象的存在而进行的理想化，因而它是现实的，是可以实现的。而且，由于不平衡只是无限小，从极限的意义上来说，过程中的所有状态是可以确切地加以描述的，所以准静态过程的参数都能进行计算。此外，还可以进行实际过程的评价和分析，一方面通过实验测定实际的体系与外界的功热交换的效果，另一方面计算与实际过程相同初终态的准静态过程的效果，基于结果的比较从而进行评价和分析。

在本教材中所涉及的热力过程都是准静态过程。

1.6.3　可逆过程与不可逆过程

1. 可逆过程的定义

过程进行后，如果体系能够沿原路径逆向进行，使得体系与外界都恢复到原来的状态，并且不遗留下任何变化，则称此过程为可逆过程；否则，称为不可逆过程。

应当指出，可逆过程是要求完成正、逆过程后体系与外界都能够完全恢复到原来的状态，也就是说，体系经历正、逆过程后，与外界的所有相互作用应当正好一一抵消。体系总是可以恢复到原状态的，而外界却未必能同时恢复到原状态，或者可以恢复到原状态但是却留下了一定的变化。这是热力学可逆过程与其他可逆过程的不同之处。

可逆过程是工程热力学中一个极为重要的基本概念，这个理想化的概念的建立，是科学抽象思维方法的范例。它不仅给出了评价实际过程完善程度的最高理论限度和客观标准,而且使得应用数学工具及热力学分析方法处理实际过程成为可能,其分析结果加以适当的修正即可应用于工程实践。可见,热力学中引入可逆过程的概念,具有重要的理论指导意义和工程实用价值。

2. 热力过程的不可逆因素

实际上,在热力过程中总是存在一些不可逆因素的,因此完全意义上的可逆过程在自然界和工程实践中并不能实现。实际过程的不可逆因素主要有两方面:一是与体系物性有关的耗散损失,例如黏性、电阻、磁阻等会使相应的有序能耗散为无序的热能;二是与体系状态有关的非平衡不可逆损失,例如传热过程中存在的温差、膨胀过程中存在的压力差、传质过程中的化学势差等。

耗散是自然界中普遍存在的一种不可逆因素,例如物体作机械运动时的滑动或滚动摩擦、气体流动时的黏性摩擦就是一类最典型的耗散。摩擦将会使物体和气体运动的一部分机械能变为热能,如果是体系对外界输出功,那么摩擦的耗散将使得外界得到更少的功;而当体系沿逆向恢复原状态时,外界则由于摩擦的存在而必须向体系输入更多的功,这样的结果是外界不可能恢复原来的状态。反过来也是一样。可见,耗散的存在必然导致过程的不可逆性。

不等温传热(有限温差传热)是造成过程不可逆的另一个不可逆因素。热量总是由高温物体传向低温物体,因此,当体系吸收热量时,外界物体(热源)的温度必然高于体系的温度。而当体系向外界放出热量时,外界物体(热源)的温度又必须低于体系的温度。于是当体系经过吸热和放热再恢复到原状态时,外界并不能恢复原状,而是使得热源具有一定的温度差。

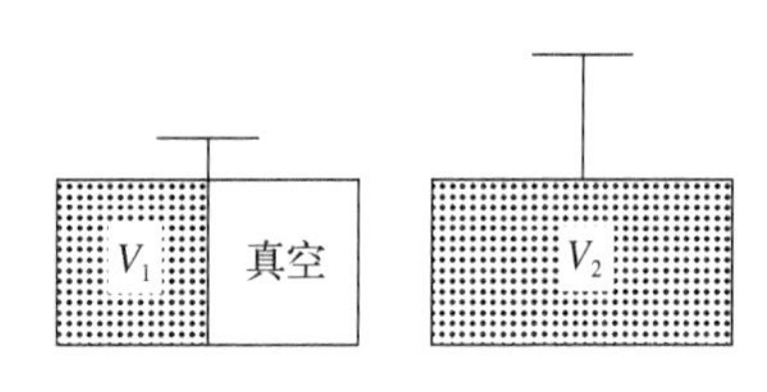

图 1.12 气体的绝对自由膨胀

绝能自由膨胀也是非平衡不可逆损失的一种形式,如图 1.12 所示,气体从 V_1 的初始状态向真空自由膨胀,形成 V_2 的终了状态,在此过程中外界并未获得任何的功。而要将体系逆向恢复到原来的状态时,外界必须对体系做功才能压缩至 V_1 的状态,最后的结果是外界无法恢复原来的状态,因此是一类不可逆因素。

总之,常见的不可逆过程大致有如下几种:非准静态(在有限势差作用下以一定速度进行)的过程,存在温差传热的过程,存在电阻、磁滞现象的过程,存在摩擦、黏滞作用的过程,气体(流体)的自由膨胀(向真空膨胀)过程,气体(流体)的节流过程,不同状态气体(流体)的混合过程,自发的化学反应过程,还有阻尼振动、燃烧过程、非弹性变形、一相溶入另一相的过程等。

所以,准静态过程可以认为没有非平衡不可逆损失,但可以有耗散损失,因此,准静态过程不一定是可逆过程,只要存在着能量耗散效应,过程就一定是不可逆的。而可逆过程中这两类不可逆因素都没有,因此,可逆过程必是准静态过程。

3. 准可逆过程

过程中的不可逆因素只存在于体系与外界之间的作用关系上,而体系内部不存在不可逆因素的过程称为准可逆过程,有的也叫作内部可逆过程。

在有些情况下,利用准可逆过程的概念可以较为方便地计算体系的参数变化。例如,对于气体压缩和膨胀的过程，不论是闭口体系还是开口体系，都可以把摩擦、黏性损失等耗散效应看作是发生于边界之上，而不是在体系的内部。从而就把体系内部耗散效应所产生的热量转移到了外界，认为是外界又给体系加入了这部分等值的热量。这样假设的好处是保持了体系的可逆过程（准可逆），因而可以用可逆过程的参数关系进行相关的计算。

1.6.4　热力循环

体系从初始状态出发，经历一系列中间状态后，又重新回到初始状态，形成一个封闭的路径或热力过程，这种封闭的热力过程就称为热力循环，简称为循环。

循环实际上是由首尾相接的多个过程所组成的，因此，循环的结果是任何状态参数的变化量都是零。但是，体系在循环过程中与外界的相互作用并不是零，而且正是借助于热力循环才能够实现热能向机械能的连续转化，以及热量从低温物体向高温物体的连续转移，这都是外界作用的结果。

循环的分类有多种方式。一是按照组成循环的过程的可逆性来划分。如果组成循环的所有过程均为可逆过程，则该循环称为可逆循环。例如，著名的“卡诺循环”就是经典的可逆循环。若循环中有部分过程或全部过程是不可逆的，则该循环称为不可逆循环。实际上，工程应用中的热力机械和设备的循环都是不可逆循环，必须要进行适当的理想化假设才能利用工程热力学的原理进行分析。二是根据循环的效果及进行的方向来划分。可以把循环分为正向循环和逆向循环。将热能转化为机械能的循环称为正向循环，也叫作动力循环，它使外界得到功；将热量从低温热源传给高温热源的循环称为逆向循环，也叫作制冷循环。一般来说逆向循环要消耗外界的功。

1.7　气体的其他状态参数

1.7.1　内能

内能是指组成体系的大量微观粒子本身所具有的能量。内能又叫作热力学能，一般来说，内能包括热能、化学能、核能等形式。

需要特别注意，内能所指的能量并不包括体系宏观运动的能量和外界力场所作用的能量。在工程热力学中，内能通常只考虑热能，具体又主要包括内动能和内位能。

（1）内动能（分子动能）：分子热运动的动能，它包括分子的移动动能、转动动能及分子中原子的振动动能。气体的温度就是分子动能的体现，温度越高，内动能越大，所以内能是温度的函数。

（2）内位能（分子位能）：由分子间作用力形成的能量。分子位能与分子之间的距离有关，因此内能也是气体比容的函数。

内能用符号 U 表示，单位为焦耳（J）；对应于单位质量物质的内能称为比内能，但也常常简称为内能，用 u 表示，单位为 J/kg。

由上述可知，内能是气体的温度 T 和比容 v 这两个独立状态参数的函数，因此，内能也是一个状态参数,可表示为 $u = u(T, v)$。而对于完全气体,因为不考虑分子间的作用力,所以内能只是温度的函数,即 $u = u(T)$。

应当指出,因为物质的运动是永恒的,不可能找到一个没有运动而内能为绝对零值的基点,所以内能的绝对数值无法确定。实际上也不需要计算它的绝对数值,在工程应用中通常关心的是内能变化量,即 $\Delta U = U_2 - U_1$ 和 $\Delta u = u_2 - u_1$。所以实际上可任意选取某一状态的内能为零值,作为计算基准。

1.7.2 焓

焓的定义如下:

$$I = U + pV \tag{1.6}$$

其单位为焦耳(J)。

对应于单位质量气体的焓称为比焓,但也常常简称为焓,用 i 表示:

$$i = u + pv \tag{1.7}$$

比焓(焓)的单位为 J/kg。

从定义式可以看出,焓也是气体的温度 T 和比容 v 这两个独立状态参数的函数,可表示为 $i = i(T, v)$,因此焓也是一个状态参数。同理,对于完全气体,焓只是温度的函数,即 $i = i(T)$。

同样,焓的绝对数值也是无法确定的,在工程应用中通常关心的也是焓的变化量,即 $\Delta I = I_2 - I_1$ 和 $\Delta i = i_2 - i_1$。所以焓的计算起点也可以任意选取。

至于焓的物理意义和应用将在第 2 章中讨论。

1.7.3 熵

熵是热力学中的重要参数,最早由克劳修斯于 1850 年提出。由于熵的定义中要用到热量,所以下面先讨论有关热量的概念。

1. 热量

热量是体系在热力过程中与外界通过温差所传递的能量。

热量的符号习惯用 Q 来表示,单位为焦耳(J)。对应于单位质量气体的热量,称为比热量,或叫作单位质量热量,记为 q, $q = Q/m$,比热量的单位为 J/kg。

按照定义,热量是一种过程量,而不是状态参数,是能量传递和转化的一种表示方式,其大小与热力过程的路径和性质密切相关。因此,不能说体系在某一状态下具有多少热量,而只能说体系在某一过程中从外界吸收或者向外界放出了多少热量。

同时,热量也带有方向性,并以正负来表示。热量的方向由体系与外界的温度差来决定,当外界的温度高于体系的温度时,外界对体系传热。在工程热力学中习惯把这种外界对体系的传热叫作体系的吸热过程,且其热量取正值;反之,则叫作体系对外界的放热过程,其热量取负值。

为了突出热量是一种过程量的性质,对于微元过程中的热量用 δQ 和 δq 来表示,以示与状态参数微元变化量 dp、dT、dv、du、di 等的区别。

2. 熵

熵的定义是基于熵的变化量引入的，具体为：在微元可逆过程中，体系与外界所交换的热量 δQ 与换热时体系的温度 T 之比，定义为微元熵增（或熵变）dS，即

$$dS = (\delta Q/T)_{re} \tag{1.8}$$

其中，S 表示熵；下标"re"代表的是可逆条件，说明 $\delta Q/T$ 发生于可逆过程之中。根据定义可知，熵 S 的单位为 J/K。

对应于单位质量气体的熵称为比熵，但也常常简称为熵，用 s 表示：

$$ds = (\delta q/T)_{re} \tag{1.9}$$

比熵的单位为 J/(kg · K)。

在物理类的教科书中都已由热力学第二定律证明，熵和比熵也是一个状态参数。而且，即使是对于完全气体，熵也是两个独立状态参数的函数。

因为熵是状态参数，因此，只要过程的起点和终点的状态相同，任意过程（无论是可逆的还是不可逆的）的熵变 $\Delta s = s_2 - s_1$ 就都是相同的。于是，不可逆过程的熵变就可以由具有相同起点和终点状态的可逆过程来进行计算，这也正是计算不可逆过程熵变的一个重要方法。反过来，通过分析过程的熵变，再结合过程的相关条件，可以帮助判断过程是否可逆以及不可逆程度。例如，对于一个绝热过程，体系与外界的热量交换量为零，可以根据过程初始和终了状态的参数计算出该过程的熵增量。如果熵增量为零，那么就说明该过程是可逆的；反之，熵增量大于零，则说明该过程中存在耗散并转化为热而加给了体系，导致熵增加。而且熵的增加量越大，说明该过程的耗散程度越大，不可逆的程度也越强。

1.8　完全气体的比热容

物体温度升高 1 K（1℃）时所需的热量称为该物体的比热容。比热容又常常简称为比热，其定义是：加热单位质量的物质使其温度升高 1 K（1℃）时所需的热量。若用 c_m 表示比热容，则在微元加热的过程中，1 kg 物质温度升高 dT 时的吸热量为 $\delta q = c_m dT$。

影响比热容的因素有：物质的种类、所取的计量单位、热力过程的性质，以及物质的状态（气体的温度）。因此，对于完全气体，根据热力过程的性质，就有比定容热容和比定压热容。

1.8.1　比定容热容

气体的比内能在保持比容不变的条件下对于温度的偏微分称为比定容热容，简称为定容比热，记为 c_v，单位是 J/(kg · K)。

$$c_v = \left(\frac{\partial u}{\partial T}\right)_v \tag{1.10}$$

对于完全气体，气体的内能只是温度的函数，因此有

$$c_v = \frac{\mathrm{d}u}{\mathrm{d}T} \tag{1.11}$$

可见,完全气体的 c_v 只是气体温度的函数,一般可表示为温度的多项式,并且随温度的增加而增加。气体的温度一定,它的定容比热也就一定,而与所进行的过程无关。在有些温度变化范围不是很大的条件下,完全气体的比热可近似取为常数。例如,对于常温空气有: $c_v = 717.7\ \mathrm{J/(kg \cdot K)}$。

可见,当定容比热为常数时,有 $\Delta u = c_v \Delta T$, $u_2 - u_1 = c_v(T_2 - T_1)$。也可以方便地用于计算可逆定容过程的吸热或放热量,即 $q_v = c_v(T_2 - T_1)$。当以零点为参考时,有 $u = c_v T$。

1.8.2 比定压热容

与上述的定容比热类似,气体的比焓在保持压力不变的条件下对于温度的偏微分称为比定压热容,简称为定压比热,记为 c_p,单位是 $\mathrm{J/(kg \cdot K)}$。

$$c_p = \left(\frac{\partial i}{\partial T}\right)_p \tag{1.12}$$

对于完全气体,气体的比焓也只是温度的函数,因此有

$$c_p = \frac{\mathrm{d}i}{\mathrm{d}T} \tag{1.13}$$

同样,完全气体的 c_p 也只是气体温度的函数,并且随温度的增加而增加。在有些温度变化范围不是很大的条件下,为简单起见,完全气体的定压比热也近似取为常数。例如,对于常温空气有: $c_p = 1\,004.5\ \mathrm{J/(kg \cdot K)}$。

同样,当定压比热为常数时,有 $\Delta i = c_p \Delta T$, $i_2 - i_1 = c_p(T_2 - T_1)$。也可以方便地用于计算可逆定压过程的吸热或放热量,即 $q_p = c_p(T_2 - T_1)$。当以零点为参考时,有 $i = c_p T$。

1.8.3 定压热容与定容热容的关系(迈耶关系式)

对于完全气体,由

$$\frac{\mathrm{d}i}{\mathrm{d}T} = \frac{\mathrm{d}u + \mathrm{d}(pv)}{\mathrm{d}T} = \frac{\mathrm{d}u + R\mathrm{d}T}{\mathrm{d}T} = c_v + R$$

可得

$$c_p = c_v + R \tag{1.14}$$

此式称为迈耶关系式,它只适用于完全气体。可见,完全气体的定压比热与定容比热的差值是一个定值,等于气体常数 R。

1.8.4 比热比

气体的定压比热 c_p 与定容比热 c_v 之比称为比热比,记为 γ。

$$\gamma = c_p / c_v \tag{1.15}$$

由式(1.14)与式(1.15)可得 γ 与 c_p 和 c_v 之间的关系为

$$c_v = \frac{1}{\gamma - 1}R \tag{1.16}$$

和

$$c_p = \frac{\gamma}{\gamma - 1}R \tag{1.17}$$

气体的比热比 γ 在后续的内容中应用非常广泛，在不同的应用场景下还被叫作绝热指数、等熵指数、定熵过程指数等。

气体的比热比也是温度的函数，且随温度的增加而降低。同理，在有些温度变化范围不是很大的条件下，为简单起见，将完全气体的比热比 γ 近似取为常数。例如，在燃气涡轮发动机中，经常应用的取值是：对于空气，取 $\gamma = 1.4$；对于燃气，取 $\gamma = 1.33$。

习　　题

习题1.1　如图1.8所示，当用U形管测量容器中气体的压力时，为防止有毒的水银蒸气蒸发到大气中，在通大气的一侧汞柱上加一段水柱。已测得水柱高120 mm，汞柱高500 mm(该高度是通大气一侧的汞液液面高于另一侧液面的高度)，大气压力为755 mmHg。求容器内气体的绝对压力(分别用bar和at表示)。

习题1.2　如图1.10所示，已测得A与B压力表的表压分别为1.10 bar和1.75 bar，大气压力为0.97 bar。试求表C的读数以及 X、Y 两部分中气体的绝对压力。

习题1.3　思考并回答下列问题：

(1) 空气流入真空的瓶子，若以瓶子为研究对象，是开口体系还是闭口体系？怎样选取对象才是闭口体系？

(2) 平衡状态有什么特征？与稳定状态、均匀状态有何区别和联系？

(3) 当用压力表测量某一气瓶中的气体压力时，若瓶中气体的压力没有改变，压力表的读数会改变吗？

(4) 若飞机上冷气瓶内的气体压力保持不变，当飞机高度增加时，压力仪表指示的读数是否会变化？为什么？

习题1.4　空气瓶(外场叫冷气瓶)的容积为0.065 m^3，瓶内压缩空气的初始表压力为116.62 bar，初始温度为27℃。由于瓶的开关不密封，经过一段时间后，测得气瓶的表压力为49 bar。若认为瓶内气体的温度始终保持不变，问有多少气体漏入大气？(设当地大气压为0.98 bar)

习题1.5　有两个刚性透热容器A和B，通过阀门可以联通。已知容器B的容积等于容器A的2倍，联通前容器A和容器B中的绝对压力分别为0.3 MPa和0.2 MPa，现将阀门打开，试计算连通后该完全气体的绝对压力是多少？

习题1.6　判断下列过程哪些可逆、哪些不可逆，并简要说明不可逆的原因。

(1) 给容器内的水加热，使其在恒温下蒸发；

(2) 对刚性容器内的水做功,使其在恒温下蒸发;

(3) 对刚性容器中的空气缓慢加热,使其从 50℃ 升温到 100℃。

习题 1.7 对于 1 kg 的完全气体(例如空气),假设其比热为常数,若分别经历下列两条路径:① 定容加热、② 定压加热,都从 30℃ 加热到 100℃,试确定哪条路径需要较多的热量,为什么?

习题 1.8 已知某完全气体在某一状态下的质量为 1.5 kg,体积(容积)为 3 m^3,温度为 37℃,压力为 0.2 MPa。试确定该气体的气体常数是多少?

习题 1.9 一个 6 m^3 装有氮气的容器,在用去 4 kg 氮气后,容器内的气体压力为 0.3 MPa,温度为 300 K。若容器内氮气的初始温度是 320 K,求容器中氮气的初始质量和压力。

习题 1.10 某型大推力涡扇发动机在起飞状态时 5 个截面上的气体状态参数如下表,试根据这些参数,在压-容图($p-v$ 图)上画出这 5 个截面参数所对应的位置点,并分析比较这 5 个位置点有何特点?注:假设发动机中的气体均为完全气体,空气和燃气的气体常数分别为 287 J/(kg·K)、287.4 J/(kg·K),外界大气压为 97.6 kPa。

截　面	风扇出口	高压压气机出口	高压涡轮进口	低压涡轮出口	喷管出口
压力/kPa	286.2	2 289.2	2 184.7	289.1	97.6
温度/K	415.7	777.9	1 590.5	995.8	611.3

第2章 热力学第一定律与能量方程

本章主要介绍热力学第一定律的实质，以及其在闭口体系和开口体系中的应用形式，并推导出开口体系的能量方程。

学习要点：

(1) 理解热力学第一定律的内涵，掌握其实质；

(2) 会根据开口体系的特点，推导出热力学第一定律的表达式-开口体系能量方程，并理解方程中各项的物理意义；

(3) 理解焓的物理意义；

(4) 理解能量方程在航空发动机中的应用情形。

热力学第一定律是工程热力学的基本定律之一。它给出了热力学体系与外界相互作用过程中，体系的能量变化与其他能量形式之间的定量关系。根据这条定律建立起来的能量方程式，是对复杂工程热力学问题进行能量转换分析和计算的重要基础。通过本章学习，应着重锻炼根据实际问题建立能量关系模型，并应用基本概念及能量方程进行分析计算的能力。

2.1 热力学第一定律的实质

能量转换及守恒定律是19世纪自然科学的三大发现之一，是自然界中的一条重要的基本规律。它指出：自然界一切物质都具有能量，能量既不能被创造，也不能被消灭，而只能从一种形式转换为另一种形式。在转换中，能量的总量恒定不变。这是人类在长期生产实践和大量科学实验的基础上逐步认识到的客观规律，而不是从任何其他的定律导出的。这条基本定律的发现，不仅对生产实践和科学发展起了巨大的推动作用，而且在生产和科研的实践中，它还在不断地得到证实和丰富。

热现象不是一个独立的现象，而热能与所有能量形式都有联系。因此，热力学第一定律可表述为：热能作为一种能量形式，可以与其他形式的能量相互转换，转换中能量的总量不变。在各种形式能量之间的相互转换中，热能和机械能的转换尤为人们所关注，因此热力学第一定律主要是说明机械能和热能在转换时的守恒关系。它可以更具体地表述为：热能可以转换为功，功也可以转换为热能，一定量的热能消失时，必产生一定量的功，消失了一定量的功时，必然产生与之相对应的一定量的热。

热力学第一定律就是能量转换与守恒定律在热力学中的应用，标志着用科学的理论彻底否决了制造不消耗能量而获得动力的“第一类永动机”的种种想法。因此，热力学第一定律也可表述为：第一类永动机是不可能制造成功的。

所以，热力学第一定律的实质也就是能量转换与守恒定律。它是热力学的基本定律，适用于一切工质和一切热力过程。

但是，当用于分析具体问题时，需要将热力学第一定律表述为数学解析式，即根据能量守恒的原则，列出参与过程的各种能量的平衡方程式。对于任何热力学体系，各项能量之间的平衡关系可一般地表示为：进入体系的能量-离开体系的能量=体系储存能量的变化。具体到热能和机械能的转换，可以列写出转化过程中的能量关系，即

$$Q_{12} - L_{12} = E_2 - E_1 \tag{2.1}$$

式中，下标“2”和“1”分别表示过程的终了和起始状态（状态量），下标“12”则表示过程中的过程量，以示与状态量的区别。

Q_{12} 是过程中体系与外界之间交换的热量。热量是过程量，根据取值符号的规定，外界对体系加热或体系吸热，Q_{12} 取正值；反之，体系向外界放热，则 Q_{12} 取负值。

L_{12} 是过程中体系与外界之间交换的功。功也是过程量，根据取值符号的规定，体系对外界做功，L_{12} 取正值；反之，外界对体系做功，则 L_{12} 取负值。

E_1、E_2 分别是体系起始和终了状态的总能量。

对于微元过程，可写成

$$\delta Q = \mathrm{d}E + \delta L \tag{2.2}$$

式(2.1)与式(2.2)叫作热力学第一定律解析式。无论对于完全气体还是实际气体，可逆过程还是不可逆过程，流动的气体还是静止的气体，这个解析式都是适用的。

对于 1 kg 气体而言，热力学第一定律解析式可写成

$$q_{12} = e_2 - e_1 + l_{12} \tag{2.3}$$

$$\delta q = \mathrm{d}e + \delta l \tag{2.4}$$

式中，小写字符均表示单位质量气体的热量、功和总能量。

2.2 闭口体系能量方程式

将热力学第一定律应用于没有宏观运动的闭口体系，即可得到闭口体系的能量方程式。闭口体系的能量方程式与热力学第一定律解析式不同的地方，在于总能量和功在闭口体系中具有其特殊的形式，下面将分别讨论。

2.2.1 闭口体系的总能量

对于静止的闭口体系，当它在状态变化过程中，气体的宏观动能和位能都没有变化，

仅有内能的变化。因此,闭口体系总能量的变化就等于体系内能的变化,即

$$dE = dU \quad 及 \quad E_2 - E_1 = U_2 - U_1 \tag{2.5}$$

或

$$de = du \quad 及 \quad e_2 - e_1 = u_2 - u_1 \tag{2.6}$$

闭口体系的总能量是状态的函数,仅取决于状态,所以体系在两个平衡状态之间总能量的变化量仅由初、终两个状态的内能的差值确定,与中间的过程无关。

2.2.2　闭口体系的热量

闭口体系与外界交换的热量为:Q_{12} 和 q_{12},或对于微元过程为 δQ 和 δq。

正如在1.7.3中所述,热量的大小是与热力过程的路径相关的,要根据具体的过程条件来确定。例如,对于可逆过程1~2,可以利用熵的定义式(1.9)进行积分,得到单位质量气体在可逆过程中与外界所交换的热量为

$$q_{12} = \int_1^2 T\mathrm{d}s \tag{2.7}$$

显然,对于可逆过程,当已知起始和终了的状态参数及过程中温度与熵的关系 $T=f(s)$ 时,就可以通过积分得出热量的数值。$T=f(s)$ 的关系式不同,所求得热量的数值也就不同。这样,可逆过程的热量还可以在温-熵图($T-s$ 图)上来表示,如图2.1所示,显然,过程线1~2与横坐标所围成的面积122′1′1就等于热量。$T=f(s)$ 的过程线不同,该面积也就不同,这也可以说明热量是过程量,而不是状态量。

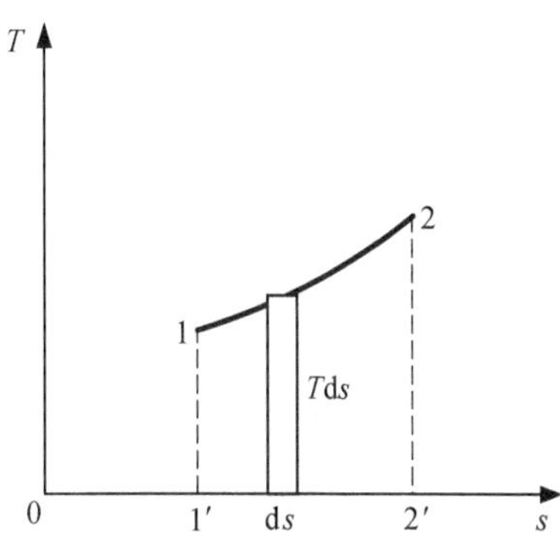

图2.1　可逆过程的热量在温-熵图上的表示

2.2.3　闭口体系的功

闭口体系与外界交换的功主要有容积功和轴功两种形式,而且是以容积功为主。

1. 容积功

容积功是闭口体系与外界交换功的最主要方式,它通过体系容积的变化来实现与外界的功传递,所以称为容积功。在应用中,当气体膨胀而容积增大($dv>0$)时,对外界所做之容积功称为膨胀功,功取为正值;当气体被压缩而容积减小($dv<0$)时,外界对体系所做的容积功称为压缩功,功取为负值。

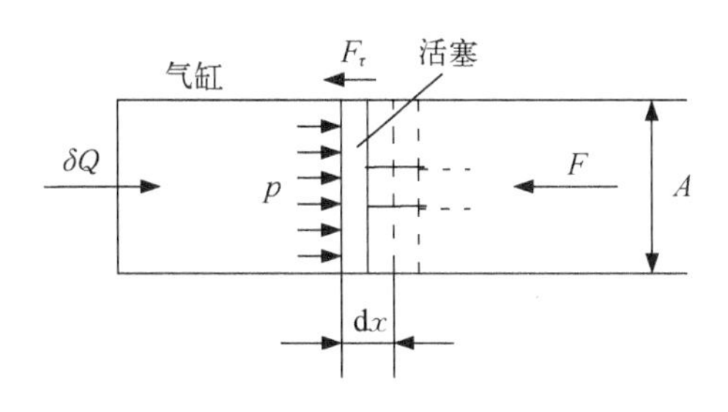

图2.2　容积功计算公式推导示意图

根据参考文献[4],以图2.2所示的典型气缸-活塞系统为例,气缸的截面积为 A,活塞可在气缸内左右运动,取气缸与活塞之间的气体为体系,且气体的状态变化过程是准静态过程。在实际工作中,活塞运动时与气缸壁之间存在摩擦力

F_τ。当气缸内的气体膨胀或被压缩时，其压力 p 变化，气体对活塞的作用力与外力 F 和 F_τ 相平衡（准静态过程），即 $pA = F \pm F_\tau$。

首先考虑不计摩擦的情况。当气体膨胀时（例如吸热），容积变大，推动活塞右移了 $\mathrm{d}x$ 距离，从而对外界做功。显然，在略去高阶无穷小量的条件下，这一准静态微元过程的容积功为 $\delta L_v = F \cdot \mathrm{d}x = pA\mathrm{d}x = p\mathrm{d}V$。若考察整个的膨胀过程，则对微元容积功 δL 进行积分，即可得到总的容积功为 $L_{12} = L_v = \int_1^2 p\mathrm{d}V$。对于单位质量的气体，则有

$$\delta l_v = p\mathrm{d}v \tag{2.8}$$

和

$$l_{12} = l_v = \int_1^2 p\mathrm{d}v \tag{2.9}$$

在此需再次强调，因为功是过程量，所以在列写功的计算式时，不能将功的计算式写为 Δl 或 $l_2 - l_1$，而是写成 l_{12}，表明是过程 1－2 中传递的功量。

其次，再考虑有摩擦的情况。此时，气体对外界所做的功仍为 $\delta L = F \cdot \mathrm{d}x$，所以有

$$\delta L = (pA - F_\tau)\mathrm{d}x = p\mathrm{d}V - F_\tau \mathrm{d}x$$

对于单位质量的气体，有

$$\delta l = p\mathrm{d}v - \delta\tau \tag{2.10}$$

式中的 τ 称为单位质量气体的耗散功。

膨胀过程中总的容积功为

$$l_{12} = \int_1^2 p\mathrm{d}v - \tau \tag{2.11}$$

式（2.10）与式（2.11）就是有耗散准静态过程的容积功的计算式。

关于耗散功 $\delta\tau$ 和 τ，可作进一步分析。式（2.10）是对于气体的膨胀过程推导出来的，此时 $p\mathrm{d}v > 0$，但是摩擦导致的耗散效应永远是使对外界做功减少的，因此 $\delta\tau$ 和 τ 也应为正值。而对于气体的压缩过程，$p\mathrm{d}v < 0$，因为存在耗散效应，要使得气体产生同样的状态变化，外界必须要对体系做更多的功，所以式中的 $\delta\tau$ 和 τ 仍然应为正值。

由以上讨论可知，无论是膨胀过程还是压缩过程，式中的 $\delta\tau$ 和 τ 应当恒取为正值，说明耗散总是使得外界要么少得到功，要么多付出功。

应当特别强调的是，并不能将耗散简单地等同于"无耗散过程的功与实际过程的功之差"。这是因为功是过程量，在进行功的比较时，除了过程的起始和终了点外，还必须规定过程的进行条件。只有在完全相同的路径条件下，才能够进行比较。

综上，闭口体系的容积功要根据过程的条件来确定，即

（1）对于可逆过程（无耗散的准静态过程），有 $\delta l_v = p\mathrm{d}v$，$l_v = \int_1^2 p\mathrm{d}v$；

（2）对于有耗散的准静态过程，有 $\delta l = p\mathrm{d}v - \delta\tau$，$l_{12} = \int_1^2 p\mathrm{d}v - \tau$。

显然,对于可逆过程,当已知起始和终了的状态参数及过程中压力与比容的关系 $p=f(v)$ 时,就可以通过积分得出容积功的数值。$p=f(v)$ 的关系式不同,所求得功的数值也就不同。在压-容图上,如图 2.3 所示,$p\mathrm{d}v$ 用阴影面积表示,因而过程 1－2 中气体所做的容积功 $\int_1^2 p\mathrm{d}v$ 就是过程线 1－2 与横坐标所围成的面积 12341。过程线不同,该面积也就不同,这也再次说明了体系的容积功是过程量,而不是状态量。

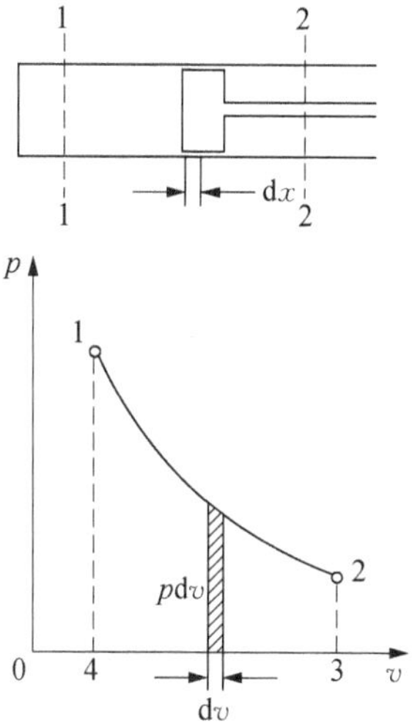

图 2.3　$p-v$ 图上的可逆过程容积功

【例 2.1】　若气缸内的气体压力按 $pv=$ 常数的规律进行变化,试求其中气体由状态 1 膨胀变化至状态 2 的容积功(只考虑无耗散的可逆情况)。

解: 令 $pv=C=$ 常数,故 $p=C/v$,代入式(2.9),可得 1 kg 气体的容积功为

$$l_v=\int_1^2 p\mathrm{d}v=\int_1^2 C\frac{\mathrm{d}v}{v}=C\ln\frac{v_2}{v_1}=p_1v_1\ln\frac{v_2}{v_1}=p_1v_1\ln\frac{p_1}{p_2}$$

可见,气体膨胀时,$v_2>v_1$,由上式求出的 l_v 为正值,说明是气体对外界作膨胀功;反之,气体压缩时,$v_2<v_1$,求出的 l_v 即为负值,说明是外界对气体做了压缩功。

2. 轴功

当体系的边界固定不变时,通过叶轮机械的轴与外界交换的功量称为轴功。显然,对于闭口体系来说,当其边界固定不变时(例如刚性容器),气体不能膨胀,并不能向外界输出轴功,而是只能吸收外界输入的轴功,且这个过程是不可逆的,吸收的轴功通过耗散效应转换成热被气体吸收,内能增加。

因此,对于闭口体系,一般不考虑轴功的作用,而是只考虑容积功。

2.2.4　闭口体系能量方程式

将闭口体系的功、内能及热量代入式(2.1)和式(2.3),可得闭口体系能量方程的一般或通用式为

$$Q_{12}-L_{12}=U_2-U_1 \tag{2.12}$$

$$q_{12}-l_{12}=u_2-u_1 \tag{2.13}$$

注意,式(2.12)和式(2.13)对可逆过程和不可逆过程都适用。

对于可逆过程,闭口体系能量方程式为

$$q_{12}=u_2-u_1+\int_1^2 p\mathrm{d}v \tag{2.14}$$

$$\delta q=\mathrm{d}u+p\mathrm{d}v \tag{2.15}$$

或

$$\int_1^2 T\mathrm{d}s = u_2 - u_1 + \int_1^2 p\mathrm{d}v \tag{2.16}$$

$$T\mathrm{d}s = \mathrm{d}u + p\mathrm{d}v \tag{2.17}$$

其中,式(2.17)又叫作可逆过程的熵方程。

特别地,对于可逆过程,当完全气体的定容比热 c_v 为常数时, $u = c_v T$, 所以有

$$q_{12} = c_v(T_2 - T_1) + \int_1^2 p\mathrm{d}v \tag{2.18}$$

$$\delta q = c_v \mathrm{d}T + p\mathrm{d}v \tag{2.19}$$

以上这些能量方程式适用于不同的前提条件,在使用中要注意正确判定使用的条件,从而正确采用适当的方程形式进行计算分析。

【例 2.2】 一闭口体系的空气由状态 1 经历四个过程完成了一个热力循环,各过程如图 2.4 所示。可知,过程 1-2 和过程 3-4 是保持比容不变,过程 2-3 和过程 4-1 中是保持了压力不变。设有关的参数为 $p_1 = 101\,325$ Pa, $v_1 = 0.816\,3\ \mathrm{m^3/kg}$, $p_3 = 2p_1$, $v_3 = 2v_1$, 求各过程中单位质量气体的热量与功,以及整个循环的热量与功。假设所有过程都是无耗散的可逆过程,空气为完全气体,且比热均为常数。

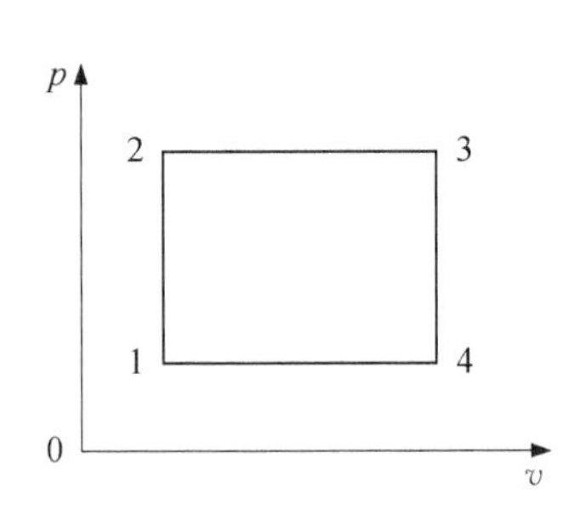

图 2.4 闭口体系热力过程例题图

解: 首先计算出各状态点的温度。

$T_1 = p_1 v_1 / R = 101\,325 \times 0.816\,3/287.06 = 288.15$ K, 同理可得 $T_2 = 576.3$ K, $T_3 = 1\,152.6$ K, $T_4 = 576.3$ K。

由已知条件,各过程均是可逆过程,且空气的定容比热和定压比热都是常数,所以

过程 1-2 是定容过程,热量为

$$q_{12} = c_v(T_2 - T_1) = 717.7 \times 288.15 = 206\,805.3\ \mathrm{J/kg};$$

过程 1-2 的容积功为 $l_{v12} = \int_1^2 p\mathrm{d}v = 0\ \mathrm{J/kg}$。

同理,过程 2-3 是定压过程,可得

$$q_{23} = c_p(T_3 - T_2) = 1\,004.5 \times (1\,152.6 - 576.3) = 578\,893.4\ \mathrm{J/kg};$$

$$l_{v23} = \int_2^3 p\mathrm{d}v = p_2(v_3 - v_2) = 165\,423.2\ \mathrm{J/kg}。$$

过程 2-3 也是定容过程,热量为 $q_{34} = c_v(T_3 - T_4) = -413\,610.6\ \mathrm{J/kg}$, 功为 $l_{v34} = 0\ \mathrm{J/kg}$。

过程 4-1 也是定压过程, $q_{41} = -289\,446.7\ \mathrm{J/kg}$, $l_{v41} = -82\,711.6\ \mathrm{J/kg}$。

整个循环的净热量为 $q_0 = q_{12} + q_{23} + q_{34} + q_{41} = 82\,711.6\ \mathrm{J/kg}$。

而整个循环的净容积功为 $l_0 = l_{v12} + l_{v23} + l_{v34} + l_{v41} = 82\,711.6\ \mathrm{J/kg}$。

其实,各个过程的容积功也可以利用闭口体系能量方程(2.13)计算,例如

$$l_{v12} = q_{12} - (u_2 - u_1) = q_{12} - c_v(T_2 - T_1) = 0\ \mathrm{J/kg}$$

$$l_{v23}=q_{23}-(u_3-u_2)=q_{23}-c_v(T_3-T_2)=165\,423.2\ \text{J/kg}$$

$$l_{v34}=q_{34}-(u_4-u_3)=q_{34}-c_v(T_4-T_3)=0\ \text{J/kg}$$

$$l_{v41}=q_{41}-(u_4-u_1)=q_{41}-c_v(T_4-T_1)=-82\,711.6\ \text{J/kg}$$

或者,在已经计算出容积功的情况下,利用能量方程求出热量。

进一步讨论可知：$q_{123}-l_{123}=q_{143}-l_{143}=620.4\times10^3\ \text{J/kg}$，这说明状态 3 与状态 1 的总能量之差是不变的;空气经历整个循环后,所获得的净热量就等于对外界所做的功,这都充分展示了热力学第一定律所反映的能量守恒定律实质。

2.3　开口体系能量方程式

在燃气轮机、涡轮机、压气机等实际热力设备中所进行的能量转换过程常常是比较复杂的,工质要在热力装置中循环不断地流经各个相互衔接的设备,完成不同的热力过程,必然伴随有工质的流进流出。因此,分析这类设备的能量转化等工作过程时,常采用开口体系,即控制容积或控制体的分析方法,所以开口体系能量方程的应用也就更为广泛。

在开口体系中,其热力状态参数及流速在不同的截面上通常是不同的,而且即使是在同一个截面上,工质的参数和流速也不一定均匀。因此,处理开口体系的能量转化问题,就需要用到一维稳定流动或一维定常流动的假设。所谓的稳定流动或定常流动,是指工质的参数只与空间位置有关,不随时间而变化。一维表示的是参数只沿流动方向变化,而在垂直于流动方向的截面上是均匀的,或者用平均参数来表示。因此,一维稳定流动或一维定常流动就满足稳定动平衡状态的条件,而且也认为流动的过程是一个准静态过程。这样,就可以利用前面的相关概念和参数关系对开口体系进行建模分析。

为与后续章节的气体流动分析相一致,把一维稳定流动或一维定常流动都统一称为一维定常流动。本教材所涉及的开口体系方程也都只适用于一维定常流动。

为考虑一般性,建立开口体系或控制体的模型如图 2.5 所示,因为是定常流动过程,在单位时间内,体系通过进口截面 1－1 流入气体质量 $\mathrm{d}m_1$，通过出口截面 2－2 流出气体质量 $\mathrm{d}m_2$，通过体系边界与外界交换热量 Q_{12} 和轴功 L_m。在进口截面上,气体的状态参数均以下标 1 表示,如 p_1、ρ_1、T_1、u_1，速度为 c_1;在出口截面上,气体的状态参数均以下标 2 表示,如 p_2、ρ_2、T_2、u_2，速度为 c_2。为考虑位能变化,进出口截面与参考平面的高度分别为 z_1 和 z_2。

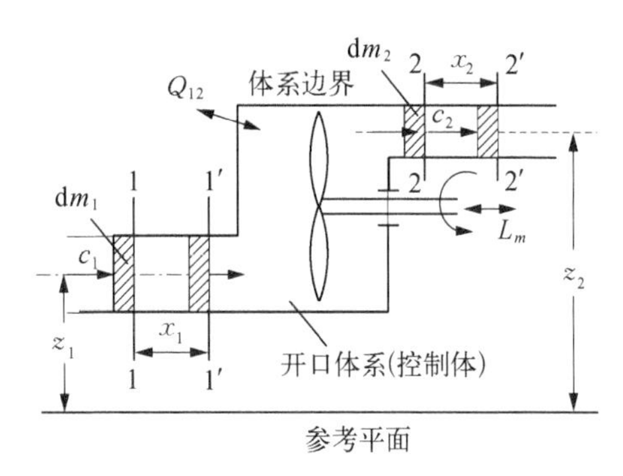

图 2.5　开口体系(控制体)模型简图

2.3.1　开口体系的流量

在开口体系中,工质是流动的。对于流动气体,把单位时间内流经某一截面上的气体质量,叫作气体的质量流量,简称为流量,用符号 W 表示。按此定义,流量为 $W=\mathrm{d}m/\mathrm{d}t$,

单位为千克/秒(kg/s)。

对于一维定常流动,若任一截面面积为A,通过该截面的气流速度为c,密度为ρ,那么单位时间内流过该截面的气体体积为$A \cdot c$,因而流过该截面的气体流量为

$$W = \rho A c \tag{2.20}$$

其中,密度ρ、面积A和速度c的单位分别为kg/m^3、m^2、m/s;单位时间内流过该截面的气体体积又称为气体的体积流量或容积流量。

对于如图2.5所示的开口体系或控制体模型,在其进口截面1和出口截面2上,气体的流量分别为$W_1 = dm_1/dt = \rho_1 A_1 c_1$和$W_2 = dm_2/dt = \rho_2 A_2 c_2$。因为是定常流动,且只有一个进、出口,根据气体质量守恒条件,$dm_1 = dm_2 = dm$,所以有$W_1 = W_2$,及$\rho_1 A_1 c_1 = \rho_2 A_2 c_2$。

2.3.2 开口体系的总能量

开口体系的总能量包括气体的内能、宏观动能和位能。

1. 内能

内能是状态参数,所以开口体系内能的变化量仅取决于进出口的内能差值,与中间的过程无关。即

$$dU,\ \Delta U = U_2 - U_1, \quad 或 \quad du,\ \Delta u = u_2 - u_1$$

2. 宏观动能和位能

气体流经开口体系,动能和位能的变化量为

$$W_2\left(\frac{c_2^2}{2} + gz_2\right) - W_1\left(\frac{c_1^2}{2} + gz_1\right) = W \cdot \left[\frac{c_2^2 - c_1^2}{2} + g(z_2 - z_1)\right]$$

3. 总能量的变化

开口体系总能量的变化为

$$E_2 - E_1 = U_2 - U_1 + W \cdot \left[\frac{c_2^2 - c_1^2}{2} + g(z_2 - z_1)\right] \tag{2.21}$$

对于单位质量流量,有

$$e_2 - e_1 = \left(u_2 + \frac{c_2^2}{2} + gz_2\right) - \left(u_1 + \frac{c_1^2}{2} + gz_1\right) \tag{2.22}$$

2.3.3 开口体系的热量和功

1. 热量

开口体系与外界交换的热量仍为:Q_{12}和q_{12},或对于微元过程为δQ和δq,且仍采用体系吸热为正、放热为负的正负号约定。不过需要注意的是,只是由于气体的流动,所以热量Q_{12}和δQ都是单位时间内的热量值;q_{12}和δq都是基于单位质量流量的热量值。

与闭口体系的一样,热量的计算要根据具体的过程条件来确定。

2. 轴功

开口体系采用的是控制容积或控制体方法,体系的边界是固定边界,所以与外界的功交换只有轴功 L_m 和 l_m。同样,L_m 是单位时间内的轴功量值,l_m 是基于单位质量流量的轴功量值。轴功正负号的规定仍为体系对外界做功为正、外界对体系做功为负。

3. 流动功

在开口体系中,气体流入及流出体系时也需要做功,这种功叫作流动功。首先考察图 2.5 中的进口截面,设想在截面 1 - 1 处有一活塞将体系与后面的气体隔开,则后面气体作用在活塞上的外力,即为活塞通过截面 1 - 1 作用于此开口体系上的力,它等于压力 p_1 乘以面积 A_1,即 p_1A_1。此力推动活塞移动 x_1 的微元距离至 $1'-1'$ 位置,即对体系做了 $-p_1A_1x_1=-p_1V_1=-\mathrm{d}m_1(p_1v_1)$ 的功,称为推动功,取负号是因为外界做功的缘故。同理,再考察出口截面,可知气体流出时体系需要对外界做推动功 $p_2A_2x_2=p_2V_2=\mathrm{d}m_2(p_2v_2)$,并要取正号。因此,为使气体流进和流出开口体系的控制容积,必须做的功为

$$L_f=\mathrm{d}m_2(p_2v_2)-\mathrm{d}m_1(p_1v_1)=\mathrm{d}m(p_2v_2-p_1v_1) \tag{2.23}$$

L_f 是维持气体流动所必需的功,称为流动功。也应当注意,L_f 也是单位时间内的功量。对于单位质量流量的气体,流动功为

$$l_f=p_2v_2-p_1v_1 \tag{2.24}$$

由流动功的表达式可以看出,流动功的大小取决于体系进出口截面上气体的状态参数。气体流动时总是会从后面获得推动功,而对前面的气体做出推动功。但是,在同一个截面上,气体的状态并没有改变,因此能量是从别处传来的,气体的作用只是单纯地传递能量。显然,当气体不流动时,虽然也具有一定的状态参数 pv,但并不代表推动功,因此也就没有物理意义了。

2.3.4　开口体系的能量方程式

结合图 2.5 所示的开口体系模型,根据热力学第一定律的不同表达式(2.1)~式(2.4)以及定常流动的条件,可以推导得出开口体系的能量方程。由式(2.1)可得

$$Q_{12}-(L_m+L_f)=W_2\left(u_2+\frac{c_2^2}{2}+gz_2\right)-W_1\left(u_1+\frac{c_1^2}{2}+gz_1\right)$$

将轴功和流动功的位置移至等式右端,且代入流量关系 $W_1=W_2=W$,可得

$$Q_{12}=W\left(u_2+\frac{c_2^2}{2}+p_2v_2+gz_2\right)-W\left(u_1+\frac{c_1^2}{2}+p_1v_1+gz_1\right)+L_m \tag{2.25}$$

式(2.25)就是常用的开口体系能量方程式。

对于单位质量流量的气体,有

$$q_{12}=\left(u_2+\frac{c_2^2}{2}+p_2v_2+gz_2\right)-\left(u_1+\frac{c_1^2}{2}+p_1v_1+gz_1\right)+l_m$$

整理后，得

$$q_{12} = (u_2 - u_1) + \frac{c_2^2 - c_1^2}{2} + (p_2 v_2 - p_1 v_1) + g(z_2 - z_1) + l_m \tag{2.26}$$

进一步应用焓的概念，将式(1.7)，即 $i = u + pv$，代入式(2.26)，即可得到

$$q_{12} = i_2 - i_1 + \frac{c_2^2 - c_1^2}{2} + g(z_2 - z_1) + l_m \tag{2.27}$$

式(2.27)也是常用的开口体系能量方程式。

对于微元过程，仅列出基于单位质量流量的能量方程，为

$$\delta q = \mathrm{d}u + \mathrm{d}\left(\frac{c^2}{2}\right) + g\mathrm{d}z + \mathrm{d}(pv) + \delta l_m \quad \text{或} \quad \delta q = \mathrm{d}i + \mathrm{d}\left(\frac{c^2}{2}\right) + g\mathrm{d}z + \delta l_m$$

以上所得到的各种能量方程，都是根据能量守恒与转化定律导出的，除流动必须是定常之外，无其他附加条件，因此不论体系内部如何工作，过程是否可逆，能量方程均适用。

当在体系中气体流动的高度变化不大时，例如叶轮机械和涡轮喷气发动机中的气体流动，或者 $g(z_2 - z_1)$ 与其他能量变化相比很小时，位能的变化往往可以略去不计。于是式(2.27)可写成

$$q_{12} = i_2 - i_1 + \frac{c_2^2 - c_1^2}{2} + l_m \tag{2.28}$$

它表明了对体系的加热量用于改变气体进出口的焓和动能，并以轴功的形式对外做功。

2.3.5 焓的物理意义

在1.7.2节中已给出了焓的定义式，即 $i = u + pv$，其单位是焦耳/千克（J/kg）。通过对推动功和流动功的分析，可知焓是内能和推动功之和，所以焓具有能量的物理意义。但需要注意的是，焓并不是流动气体带入或带出体系的总能量，它仅仅表示了总能量中取决于热力状态的那部分能量，不包括动能和位能。在后续第7章中将要进一步考虑包括动能的情况，引入滞止焓（总焓）的概念，使得滞止焓（总焓）具有流动气体总能量的物理意义。在这里，只有当动能和位能可以忽略时，才能说焓就代表了流动气体带入或带出体系的总能量。

焓 i 也是一个状态参数，当气体的比热为常数时，焓仅是温度的函数，两状态之间焓的变化量为

$$\Delta i = i_2 - i_1 = \int_1^2 \mathrm{d}i = c_p \Delta T = c_p (T_2 - T_1) \tag{2.29}$$

在热力设备中，气体总是不断地从一处流到另一处，随着气体的移动而转移的能量不等于内能而是等于焓，这一点是值得注意的。正因为这一点，在热力工程的计算中，焓比内能有更广泛的应用。以后还将看到，焓的变化可直接表示发动机中某些部件发出的功

量,因此,焓在分析计算发动机中能量交换问题时是极其重要的。

2.3.6　开口体系的技术功

针对开口体系的定常流动,下面重点讨论其机械能之间的相互关系。为此,将开口体系能量方程式(2.26)或式(2.27)变化为

$$q_{12}-(u_2-u_1)=\frac{c_2^2-c_1^2}{2}+(p_2v_2-p_1v_1)+g(z_2-z_1)+l_m \tag{2.30}$$

此式的左端为 $q_{12}-(u_2-u_1)$,该项实际上反映了气体(微团)流经体系时其容积变化的做功能力。进一步,利用 2.2.3 节所得到的式(2.11)和式(2.13),有 $q_{12}-(u_2-u_1)=\int_1^2 p\mathrm{d}v-\tau$,将其代入式(2.30)后稍作变换,可得

$$\int_1^2 p\mathrm{d}v-(p_2v_2-p_1v_1)=\frac{c_2^2-c_1^2}{2}+g(z_2-z_1)+l_m+\tau$$

考虑到 $\int_1^2 p\mathrm{d}v-(p_2v_2-p_1v_1)=\int_1^2 p\mathrm{d}v-\int_1^2\mathrm{d}(pv)=-\int_1^2 v\mathrm{d}p$,所以有下式成立:

$$-\int_1^2 v\mathrm{d}p=\frac{c_2^2-c_1^2}{2}+g(z_2-z_1)+l_m+\tau \tag{2.31}$$

显然,式(2.31)就是开口体系定常流动中机械能之间的相互关系。可见,该式的右端共有 4 项,除了第四项 τ 是被不可逆因素耗散的机械能(功)外,其余的前三项分别涉及气体的动能变化、位能变化、轴功,而这三项都是在技术上可加以利用的机械能(功),所以就将这三项合起来称为开口体系的技术功,记为 l_t。因此,可将技术功表示为

$$l_t=\frac{c_2^2-c_1^2}{2}+g(z_2-z_1)+l_m \tag{2.32}$$

或

$$l_t=-\int_1^2 v\mathrm{d}p-\tau \tag{2.33}$$

特别地,当开口体系中是可逆过程时,$\tau=0$,若再不考虑位能的变化,所以有

$$l_{t,\mathrm{re}}=-\int_1^2 v\mathrm{d}p=\frac{c_2^2-c_1^2}{2}+l_m \tag{2.34}$$

在许多情况下,动力设备的位能变化可以略去不计,而且当进出口的流速相近时,又可以忽略动能的变化,于是可逆条件下的轴功 $l_{m,\mathrm{re}}$ 就等于可逆的技术功,即

$$l_{m,\mathrm{re}}=l_{t,\mathrm{re}}=-\int_1^2 v\mathrm{d}p \tag{2.35}$$

为了与容积功 $\int_1^2 p\mathrm{d}v$ 相对应,又常把 $-\int_1^2 v\mathrm{d}p$ 称为压力功。这里负号说明,当压力增

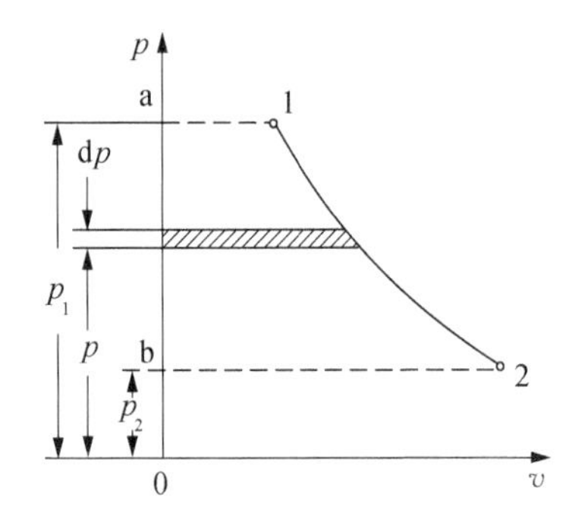

图 2.6　压-容图上的压力功

高时(即 $dp > 0$),压力功为负值,即是外界对体系做功,例如压气机就是吸收轴功对气体增压使其压力升高;反之,当压力降低时(即 $dp < 0$),压力功为正值,即是体系对外界做功,例如涡轮就是输出轴功而使得气体压力降低。

与容积功 $\int_1^2 p\mathrm{d}v$ 一样,压力功 $-\int_1^2 v\mathrm{d}p$ 也可以在 $p-v$ 图上表示。如图 2.6 所示,当已知状态变化过程 1-2 的方程式或图线时,则过程线与纵坐标轴之间的面积 12ba1 就等于压力功。根据过程 1-2 的具体参数关系,进行积分即可求出压力功的数值。

2.3.7　开口体系能量方程式应用举例

在许多热力设备中,气体的流动都可简化作为一维定常流动。在分析它们的能量关系时,开口体系能量方程式的应用非常广泛,且分析过程简单明了,下面举例说明。

1. 热交换器

热交换器这类设备的主要作用是传递热量,主要有加热器和冷却换热器。例如,发动机的燃烧室、空气加热器、空气冷却换热器、散热器等,其工作过程示意图如图 2.7 所示。它们的特点是气体与外界只有热量的交换而没有功的交换,而且流动速度近似不变,气体的位能变化很小也可以忽略,即

$$l_m = 0;\ c_2 \approx c_1;\ gz_2 \approx gz_1$$

于是,由开口体系能量方程式(2.27)可得

$$q_{12} = i_2 - i_1$$

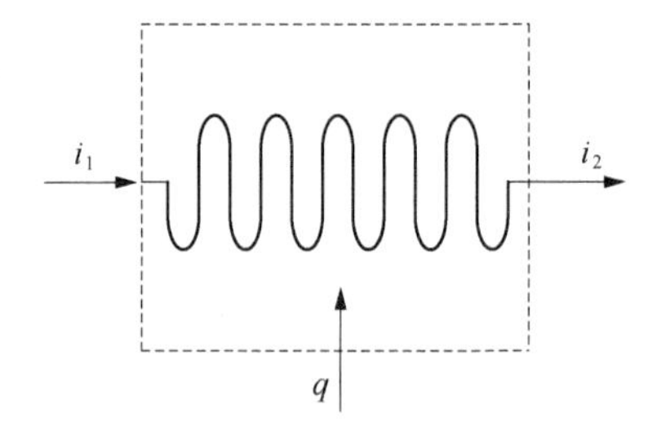

图 2.7　热交换器工作过程简图

因此,在加热器这类设备中,外界给气体加热, $q_{12} = i_2 - i_1 > 0$, 所以流经加热器的气体的焓增大,温度也升高。而在冷却换热器和散热器这类设备中,是气体反过来向外界放热, $q_{12} = i_2 - i_1 < 0$, 所以气体的参数变化特点是焓值减小,温度也降低,达到散热冷却的目的。

【例 2.3】 航空发动机的燃烧室可以模化为加热器,将航空煤油燃烧释放的热量看作是外界热源通过换热方式加给空气的热量。若某型发动机在地面最大状态工作时,燃烧室的空气流量为 67 kg/s,进口的气流温度为 777.9 K,试估算:当流量为 1.65 kg/s 的燃油完全燃烧时,燃烧室出口的气流温度将达到多少?假设:不考虑燃油、冷却空气等对燃烧室空气流量的影响,气体的定压比热为常数。

解: 首先确定对单位质量流量空气的加热量。

流量为 1.65 kg/s 的燃油完全燃烧时所释放的热量为 $Q_{\text{fuel}} = 1.65 \times 42\ 900 = 70\ 785.0$ kJ/s;

折算为单位质量流量空气的加热量为 $q_{12} = Q_{\text{fuel}}/67 = 1\ 056.49$ kJ/kg;

应用加热器的能量方程 $q_{12}=i_2-i_1$，并注意到气体的定压比热 c_p 为常数，可得到

$$q_{12}=i_2-i_1=c_pT_2-c_pT_1=c_p(T_2-T_1)\text{，所以有 } T_2=T_1+q_{12}/c_p$$

最后求得燃烧室出口的气流温度为 $T_2=777.9+1\,056.49\times10^3/1\,004.5=1\,829.66$ K，燃烧室的温升为 1 051.76 K。

2. 轴流式压气机

轴流式压气机是叶轮机械，其工作过程如图 2.8 所示。气体流经压气机时，一般都可以忽略机匣等的散热量，也没有加热，所以是绝热的流动过程。而且气流在进出口的速度也相差不大，位能也相差很小可以忽略，所以有 $q_{12}\approx0$、$c_2\approx c_1$ 和 $gz_2\approx gz_1$。关于功交换，压气机是由外界输入轴功从而通过叶轮对气流做功，常以 l_C 来表示单位质量流量压气机功的量值，根据功的符号规则，外界对体系做功应取负号，所以有 $l_m=-l_C$。

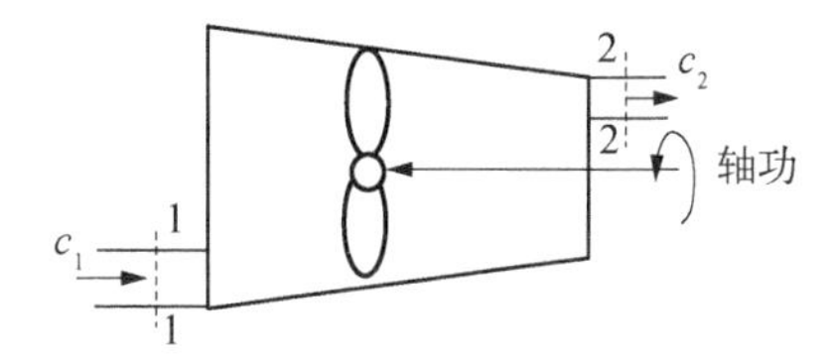

图 2.8　压气机工作过程示意图

于是，由开口体系能量方程式(2.27)可得

$$-l_m=i_2-i_1,\quad \text{及}\quad l_C=i_2-i_1$$

可见，在压气机中，外界给气体输入轴功压缩气体，所以流经压气机的气体的焓增大，压力和温度都升高。

【例 2.4】　某型涡喷发动机在地面最大状态工作时，压气机的空气流量为 85 kg/s，进口的气流温度和压力分别为 278 K、86.2 kPa，出口的温度和压力分别为 542 K、732.7 kPa，试确定此状态下该压气机的功和功率的大小。设不考虑散热量、进出口的动能变化及位能变化，且空气的定压比热为常数。

解：在假设条件下，且因为空气的定压比热为常数，由压气机功 l_C 的表达式，得到

$$l_C=i_2-i_1=c_pT_2-c_pT_1=c_p(T_2-T_1)=1\,004.5\times(542-278)=265\,188\ \text{J/kg}$$

压气机的功率为 $P_C=W\cdot l_C=22\,540.98$ kW。

可见大流量的轴流式压气机所消耗的功率是非常大的。

进一步可分析压气机进出口的压力与温度的关系。根据已知数据，可知空气经过压气机的压缩后，压力增加为进口的 8.5 倍，即 $p_2/p_1=8.5$，有时也把此比值称为压气机的增压比；温度增加为进口的 1.95 倍，即 $T_2/T_1=1.95$。所以，压气机的压力比要比温度比大很多，说明压力增加的程度要大于温度增加的程度。

3. 轴流式涡轮

轴流式涡轮也是叶轮机械，其工作过程与压气机最主要的区别是轴功的交换方向不同。在涡轮中，高温高压的气体膨胀做功，推动叶轮机械向外界输出轴功。分析涡轮的工作时，一般也都忽略机匣等的散热量，也没有加热，是绝热的流动过程，而且气流在进出口的速度也相差不大，位能也相差很小可以忽略，所以 $q_{12}\approx0$、$c_2\approx c_1$ 和 $gz_2\approx gz_1$。

以 l_T 来表示单位质量流量涡轮输出功的量值，根据符号规则，体系对外界做功应取正号，所以有 $l_m=l_T$。

于是，由开口体系能量方程式(2.27)可得 $l_T=i_1-i_2$。

可见,在涡轮中,气体膨胀对外界输出涡轮功,所以气体的焓是减小的, $i_1 > i_2$, 压力和温度也都降低。

4. 喷管

喷管是一种特殊的管道,最常见的是收敛形管道,如图 2.9 所示。低速气体进入喷管后,逐渐膨胀加速,速度增加,压力下降,温度也下降。在分析喷管的工作过程时,一般也认为气体与外界既没有热量交换也没有功交换,是属于绝能流动,再不考虑位能的变化,即 $q_{12} = 0$, $l_m = 0$, $g(z_2 - z_1) = 0$。

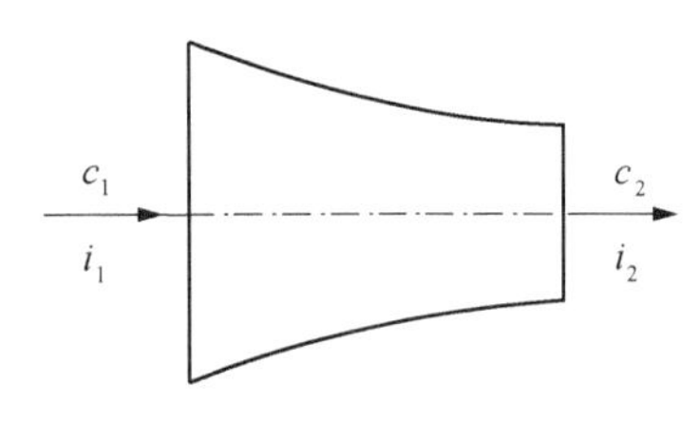

图 2.9 喷管工作过程示意图

于是,由开口体系能量方程式可得

$$i_1 - i_2 = \frac{1}{2}(c_2^2 - c_1^2)$$

因此,在喷管中的能量关系是,通过气体的焓降而使流动动能增大,即将气体的焓转化为动能。

对上式进行变换,可得 $i_1 + \frac{c_1^2}{2} = i_2 + \frac{c_2^2}{2}$, 可以推知,在喷管任意截面上的焓与动能之和都相等,保持为常数,这也是因为喷管流动是绝能流动的缘故。推而广之, $i + \frac{c^2}{2}$ 应是流动气体所具有的总能量。显然,在绝能流动中,因为外界与气流没有热量和功的交换,所以气体的总能量就保持不变。在讨论焓的物理意义时曾提到,焓并不是流动气体的总能量,只是其中由状态参数所决定的部分能量。还提到,将在第 7 章中引入滞止焓(总焓)的概念,实际上总焓就等于焓与动能之和,以符号 i^* 表示(详见第 7.2.2 节)。

5. 节流装置

气体在管道内流过阀门、孔板、小孔等使流通截面突然缩小的装置时,会在最小截面附近产生强烈的漩涡,从而产生所谓局部阻力,使压力下降,这种现象称为节流,对应的装置称为节流装置。图 2.10 是一种用于测量低速气流流量的节流孔板示意图。由于过程进行得很快,工质的散热量与其所携带的能量相比很小,通常可以忽略,因而称为绝热节流。绝热节流过程的一个重要特征是存在涡流和摩擦,所以这是一个典型的不可逆过程[5]。

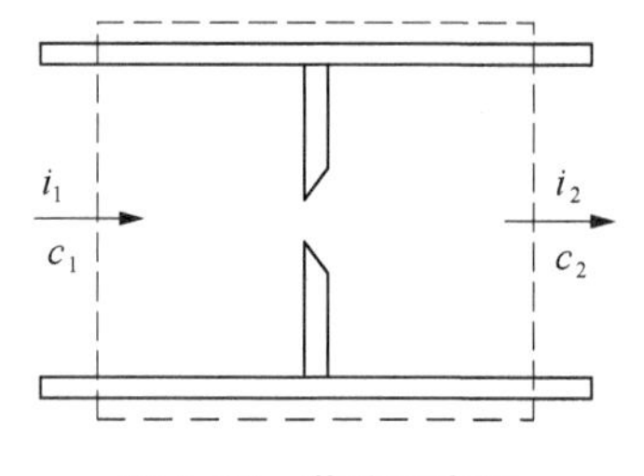

图 2.10 节流示意图

为了利用能量方程,可以取距离孔板稍远处的两个截面为开口体系的进、出口截面,如图中的虚线所示。在这些位置,流动受到孔板的影响较小,气体的状态趋于平衡。过程进行的具体条件可简化为:绝热 $q_{12} = 0$, 无轴功输入和输出 $l_m = 0$, 气流的速度很低,进出口气体的动能差和重力位能差可忽略。

于是,由能量方程可得 $i_1 = i_2$。即节流前后气流的焓值相等。

6. 燃气轮机装置

燃气轮机是热能转化为机械功输出的重要设备,在输出功率相同的前提下,具有非常突出的体积和重量优势，能较好地满足工业生产、电力供应和航空运输等大功率输出需求，应用十分广泛。

【例 2.5】 图 2.11 为一台燃气轮机装置的示意图，其空气流量为 $W_a = 100\ kg/s$。压气机由大气吸入空气的焓为 $i_1 = 290\ kJ/kg$；压缩后从压气机送出的压缩空气的焓为 $i_2 = 580\ kJ/kg$；在燃烧室中空气和燃料混合燃烧，燃烧生成的高温燃气的焓为 $i_3 = 1\,250\ kJ/kg$；高温高压的燃气进入涡轮中膨胀做功，做功后所排出气体的焓为 $i_4 = 780\ kJ/kg$。忽略所有的散热、动能变化和位能变化，也不考虑燃料流量的影响。

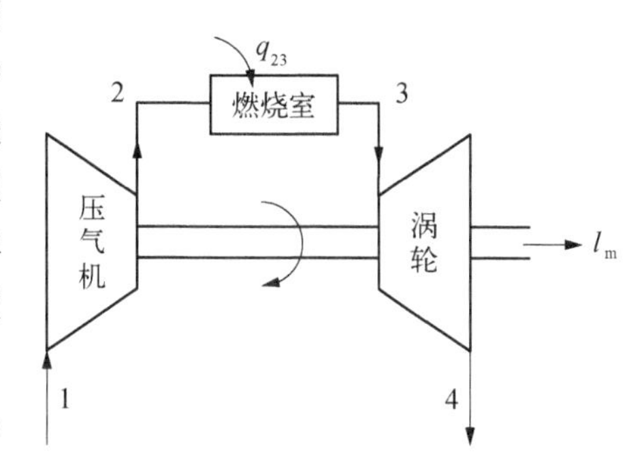

图 2.11　燃气轮机工作过程示意图

试求：压气机消耗的功率；涡轮输出的功率；燃气轮机装置的总功率。

解：（1）压气机压缩 1 kg 空气所消耗的功为

$$l_C = i_2 - i_1 = 580 - 290 = 290\ kJ/kg$$

于是可得压气机消耗的功率为

$$P_C = W_a \cdot l_C = 100 \times 290 = 2.9 \times 10^4\ kW$$

（2）若忽略燃料的质量，而按燃气和空气的流量相同来计算，则加热 1 kg 空气所需的加热量为

$$q_{23} = i_3 - i_2 = 1\,250 - 580 = 670\ kJ/kg$$

在涡轮中 1 kg 燃气所做的功为

$$l_T = i_3 - i_4 = 1\,250 - 780 = 470\ kJ/kg$$

故涡轮输出的功率为

$$P_T = W_a \cdot l_T = 100 \times 470 = 4.70 \times 10^4\ kW$$

（3）燃气轮机装置可对外输出的总功率，等于涡轮输出的功率减去压气机所消耗的功率，即

$$P_0 = P_T - P_C = 4.70 \times 10^4 - 2.90 \times 10^4 = 1.80 \times 10^4\ kW$$

对于单位质量流量的气体，燃气轮机装置可对外输出的总功为 180 kJ/kg。

7. *涡喷和涡扇发动机*

涡喷和涡扇发动机是飞行器的推进装置，其工作过程如第 1.1.2 节所述。从能量转化的过程来看，它首先是将热能转化为气体动能的增加，使得气体以高速从发动机中排出，所以也可以根据气体的相关参数，应用能量方程确定发动机中的能量转化关系，特别是排气速度的大小。

【例 2.6】 计算某型小涵道比混排涡扇发动机在高空飞行时的排气速度。已知：飞行高度 9 km，飞行速度 $V_0 = 273.3\ m/s$（马赫数为 0.9），发动机的空气流量为 $W_a =$

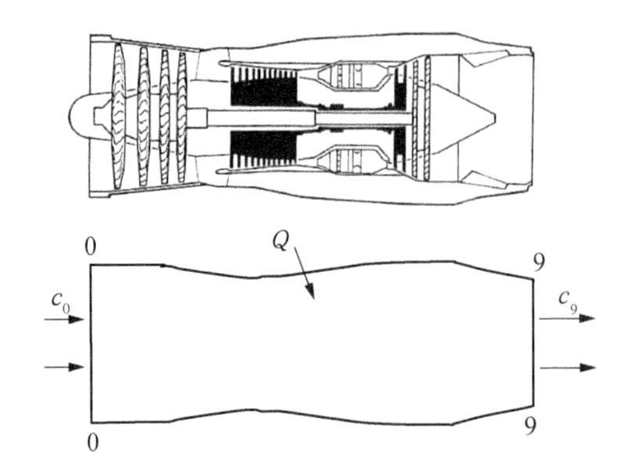

图 2.12 混排涡扇发动机及体系简图

59.5 kg/s，消耗的燃油流量为 $W_f = 0.8$ kg/s，喷管出口截面的燃气温度为 620 K。设不考虑发动机向外引气和散热，气体的定压比热可取为常数。

解：将整台发动机取作开口体系，如图 2.12 所示，需注意在这里采用了发动机原理惯用的截面标号以便统一。

对于该开口体系，将燃料燃烧释放的热量作为外界给体系的加热量；因为压气机和涡轮的轴功只是在该体系内部平衡，所以体系与外界并没有轴功的交换；忽略位能变化，且不考虑发动机向外引气和散热。

发动机进口的速度取为飞行速度，$c_0 = V_0 = 273.3$ m/s，进口的空气温度即是该飞行高度上的大气温度，$T_0 = 229.5$ K；出口的燃气流量为 $W_g = W_a + W_f = 60.2$ kg/s。

取燃料燃烧的放热系数 $\xi = 0.99$，热值为 $H_u = 42\,900$ kJ/kg，则加热量值为

$$Q = Q_{\text{fuel}} = W_f \xi H_u = 33\,976\,800 \text{ J}$$

对发动机之开口体系应用能量方程式，可得：$Q = W_g\left(i_9 + \dfrac{c_9^2}{2}\right) - W_a\left(i_0 + \dfrac{c_0^2}{2}\right)$

其中，$i_0 = c_p T_0 = 1\,004.5 \times 229.5 = 230\,532.75$ J/kg，$i_9 = c_p' T_9 = 1\,158.3 \times 620 = 718\,146$ J/kg，c_p、c_p' 分别是空气和燃气的定压比热。

最终可求得出口的燃气速度为：$c_9 = 468.28$ m/s。可见，气体在发动机中得到加速，速度比进口提高了 1.71 倍。

对于该发动机，如果燃气在喷管中能达到完全膨胀，其出口的燃气温度将降低为 463 K，那么排气速度也将增大到 763.64 m/s。这也说明，能量转化的效果还与发动机各部件的工作状态密切相关。

习 题

习题 2.1 试判断下列各式是否正确。正确者打“√”，错误者打“×”，并改正。

(1) 热力学第一定律解析式可写为 $q = \Delta u + pv$

(2) 闭口体系能量方程式可写为 $q = \Delta i + \int_1^2 p\mathrm{d}v$

(3) 开口体系能量方程式的微分形式可写为 $\mathrm{d}q = \mathrm{d}u + \mathrm{d}\left(\dfrac{c^2}{2}\right) + \mathrm{d}l_m$

习题 2.2 怎样判断完全气体的内能是否发生变化？给气体加热，气体的内能是否一定会发生变化？为什么？

习题 2.3 气体进行膨胀过程时是否必须对其加热？气体能不能一边膨胀一边放

热？气体又能不能一边被压缩，一边吸入热量？

习题 2.4　开口体系能量方程式能否写成如下形式：$q_{12} + l_m = E_2 - E_1$，式中 $E = i + c^2/2$。若能够，请说明该式的物理意义和应用条件。

习题 2.5　气体作绝热流动时，已知其参数按关系"pv^{γ} = 常数"进行变化，试证明此过程中的压力功可表达为：$\int_1^2 -v\mathrm{d}p = \frac{\gamma}{\gamma - 1}(p_1v_1 - p_2v_2)$。

习题 2.6　如果将涡轮喷气发动机中的压气机、燃烧室和涡轮中的气体分别作为研究对象，试分析各体系与外界有哪些能量交换，并请分别列出它们的能量方程式。

习题 2.7　闭口体系的能量方程式和焓的定义式分别为

$$\delta q = \mathrm{d}u + p\mathrm{d}v;\quad \mathrm{d}i = \mathrm{d}u + \mathrm{d}(pv)$$

两式的形式非常相像，为什么热量 q 不是状态参数而焓 i 却是状态参数呢？

习题 2.8　容积功、流动功、压力功和轴功各有何区别？有何联系？试用 $p-v$ 图进行说明。

习题 2.9　为什么 pv 项出现在开口体系能量方程式中，而不出现在闭口体系能量方程式中？pv 是不是储存能？

习题 2.10　对气体加入 12 kJ 的热量，使气体内能增加 75 kJ，这是压缩过程还是膨胀过程？与外界交换的功应该是多少？

习题 2.11　有 2 m^3 的空气，在定容条件下温度由 t_1 = 250℃ 降至 t_2 = 70℃，空气的初始表压力为 5 bar，当地大气压力为 1 bar，求内能的变化量。[设空气的 c_v = 0.717 5 J/(kg·K)，R = 287 J/(kg·K)]

习题 2.12　对于 5 kg 的空气，在定压条件下由 400℃ 加热到 1 000℃，试计算其所加入的热量是多少。空气比热为定值[c_p = 1.004 5 kJ/(kg·K)]

习题 2.13　在飞机上为保证适宜的座舱温度，需要从压气机分别引入冷、热空气调节温度，若冷空气温度为 5℃，热空气的温度为 200℃，问每混合 1 kg 温度为 15℃ 的混合气，需要多少热空气和冷空气？（设混合前后的空气压力不变）

习题 2.14　贮存空气的气缸容积为 0.4 m^3，气缸内的空气压力 p_1 = 5 bar，温度 t_1 = 400℃。在定压条件下从空气中抽出热量，使过程终了时空气的温度为 t_2 = 0℃，求：抽出的热量、终态容积、内能变化和对空气所做的压缩功。[空气的气体常数为 287 J/(kg·K)]

习题 2.15　空气在一个收敛形喷管中作定常的绝热流动，进口的气流参数为：压力 300 kPa，温度 200℃，速度 30 m/s；出口的气流参数为：压力 240 kPa，速度 180 m/s。喷管进口的面积是 800 cm^2。计算确定：① 通过喷管的空气流量；② 出口的气流温度；③ 喷管出口的面积。设不考虑位能的变化，空气的比热为常数。

习题 2.16　某涡轮喷气发动机的燃烧室中，给流量为 1 kg/s 的空气定压加热，加热量为 644.85 kJ，使空气温度由 478 K 提高到 1 111 K，若已知空气的比热 c_p = 1.004 5 kJ/(kg·K)，空气的进口速度为 120 m/s，求加热后空气的出口速度。

习题 2.17　流量为 1 kg/s 的空气流过某涡轮喷气发动机的压气机，压气机给空气做功为 198.048 kJ,使空气的温度由 T_1 = 278.8 K 升高到 T_2 = 478 K。若已知空气的进口速度为 136 m/s,试求压气机出口的空气速度 c_2。[取空气的 c_p = 1.004 5 kJ/(kg·K)]

习题 2.18 流量为 2.5 kg/s 的空气流经扩张形管道(扩压器),进口的空气压力和温度分别为 80 kPa 和 27℃,气流的速度是 220 m/s。扩压器出口的面积是 400 cm^2,出口的气流温度升高为 42℃。又已知空气在扩压器中流动时向外界的散热量为 18 kJ/s。试确定:气流的出口速度和压力分别是多少?

习题 2.19 空气在加热器中吸热后流入喷管进行绝热膨胀。若已知进入加热器时空气的焓值为 280 kJ/kg,流速为 50 m/s,在加热器中吸收的热量为 360 kJ/kg,在喷管出口处空气的焓值 560 kJ/kg,试求喷管出口处空气的流速。

习题 2.20 某燃气轮机装置在稳定工况下工作(参考图 2.11)。压气机进口处,气体的焓为 i_1 = 280 kJ/kg,出口处气体的焓为 i_2 = 560 kJ/kg;经过燃烧室时,每千克气体的吸热量为 q_{23} = 650 kJ/kg;流经涡轮做功后,涡轮出口处气体的焓为 i_4 = 750 kJ/kg。假设忽略散热损失及燃气轮机进出口气体的动能差,并且忽略加入的燃料量。试求:

(1) 每千克气体流经涡轮时所做的功;

(2) 每千克气体流经燃气轮机装置时,装置所做的功;

(3) 若气体流量为 W = 45 kg/s,计算燃气轮机装置的功率。

习题 2.21 容器由隔板分成两部分,如图所示。左边盛有压力为 600 kPa、温度为 27℃的空气,右边则为真空,而容积为左边的 5 倍。如果将隔板抽出,空气迅速膨胀充满整个容器。试求最后容器内的压力和温度。设膨胀是在绝热条件下进行的。

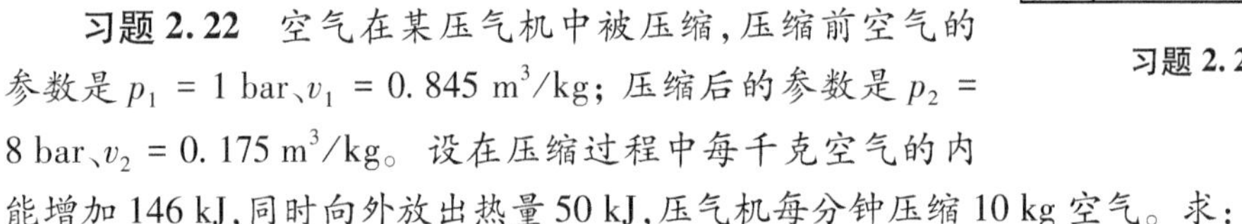

习题 2.21 用图

习题 2.22 空气在某压气机中被压缩,压缩前空气的参数是 p_1 = 1 bar、v_1 = 0.845 m^3/kg;压缩后的参数是 p_2 = 8 bar、v_2 = 0.175 m^3/kg。设在压缩过程中每千克空气的内能增加 146 kJ,同时向外放出热量 50 kJ,压气机每分钟压缩 10 kg 空气。求:

(1) 压缩过程中对每千克气体所做的功;

(2) 每生产 1 kg 的压缩空气所需的功(压力功);

(3) 带动此压气机至少要用多大功率的电动机。

习题 2.23 某型涡喷发动机在起飞状态时 5 个截面上的气体状态参数如下表所示,试根据这些参数计算单位质量流量的压气机功和涡轮功,以及喷管的排气速度。注:假设发动机中的气体均为完全气体,空气和燃气的气体常数分别为 287 J/(kg·K)、287.4 J/(kg·K),气体的比热均为常数。

截　面	压气机进口	压气机出口	涡轮进口	涡轮出口	喷管出口
压力/kPa	80.2	901.2	874.7	347.4	97.6
温度/K	278	567.4	1 309	1 057.3	783
气流速度/(m/s)	146	134	141	156	—

第3章 气体的热力过程与应用

本章主要针对定容、定压、定温、定熵和多变过程等典型热力过程,研究各热力过程的过程方程、参数关系、能量转换关系,介绍热力过程在 $p-v$ 图和 $T-s$ 图上的表示方法,并结合工程应用实际举例分析热力过程的具体计算方法。

学习要点:

(1) 掌握定容、定压、定温、定熵和多变过程的参数关系表达式,会根据过程的特点进行建模计算;

(2) 理解开口体系中热力过程的能量转换关系,会针对定熵过程和多变过程建立能量转换关系式,并进行计算;

(3) 熟练地在 $p-v$ 图和 $T-s$ 图上绘制出5个典型过程的过程曲线。

体系内工质状态的连续变化过程称为热力过程。气体的热力过程是实现热能与机械能转化的重要基础,例如在航空燃气涡轮发动机中,气体就经历了压缩、吸热、膨胀等过程实现了能量转换。所以,研究热力过程的目的就在于揭示工质状态参数的变化规律,确定热能与机械能之间的转化关系,进而找出主要的影响因素。

然而,工程应用中的实际过程往往存在摩擦、温差传热和扰动等不可逆因素,十分复杂。为了便于分析研究,就需要进行适当地简化,以抓住问题的本质和主要因素,应用合理的参数关系模型及数学工具进行分析计算,再结合工程实践经验进行合理修正,最终可应用于解决实际问题。

所以,本章的研究对象就简化为定比热的完全气体,其流动是定常流动,热力过程也均简化为可逆过程。具体包括定容、定压、定温和定熵过程4个基本热力过程,以及多变过程。以开口体系的应用为重点,研究热力过程的方程式关系(即 $p-v-T$ 关系)、热量与功的计算以及热力过程在 $p-v$ 图和 $T-s$ 图上的表示方法。热力过程研究的重点是能量的转化关系,要涉及气体的内能、焓和熵的计算,所以下面先介绍有关完全气体内能、焓和熵变化量的计算。

3.1 完全气体内能、焓和熵的计算

3.1.1 完全气体内能变化量的计算

完全气体的内能只是温度的函数,由式(1.11)可得

$$du = c_v dT \tag{3.1}$$

及

$$\Delta u = \int_1^2 c_v dT \tag{3.2}$$

对于定比热完全气体,有

$$\Delta u = c_v \Delta T \tag{3.3}$$

3.1.2 完全气体焓变化量的计算

完全气体的焓也只是温度的函数,由式(1.13)可得

$$di = c_p dT \tag{3.4}$$

或

$$\Delta i = \int_1^2 c_p dT \tag{3.5}$$

对于定比热的完全气体,有

$$\Delta i = c_p \Delta T \tag{3.6}$$

3.1.3 完全气体熵变化量的计算

1. *熵方程*

根据可逆过程中的能量关系 $\delta q_{re} = du + pdv$, 以及熵的定义式 $ds = \delta q_{re}/T$, 式(2.17)导出了气体的熵方程,即 $Tds = du + pdv$。

利用焓的定义式,有 $di = du + d(pv)$, 代入式(2.17)后可得熵方程的另一形式:

$$Tds = di - vdp \tag{3.7}$$

在这里需要进一步说明的是,虽然上述的熵方程是在可逆过程的条件下推导出的,但是该方程式中全部都是状态参数,根据状态参数变化与路径无关的特性,所以,该方程实际上对于可逆和不可逆过程都是成立的。只是针对不同性质的过程,状态参数变化所代表的物理意义有所不同。

这里要特别关注的是体系的熵变化量。对于定常流动气体的热力过程,熵的变化是由两种因素引起的,一是与外界的热量交换引起熵的变化,二是体系内部的耗散因素导致

的熵增加。

为了更清晰地表达热力过程中的熵变化量，一方面就把这种由体系与外界热量交换引起的熵变称为熵流，记为 ds_f，取伴随外界热量流通之意。当体系吸热时，熵增加，$ds_f > 0$；反之，体系放热时熵减小，$ds_f < 0$。另一方面，把由于体系中的摩擦等不可逆因素的耗散效应而导致的熵增加称为熵产，记为 ds_g，取体系内部自产之意。熵产不可能为负，所以有 $ds_g \geqslant 0$。当是可逆过程时，则 $ds_g = 0$。

综上，热力过程中体系的熵变化量可以表示为熵流与熵产之代数和，即

$$ds = ds_f + ds_g \tag{3.8}$$

及

$$\Delta s = \Delta s_f + \Delta s_g \tag{3.9}$$

可见，利用熵的变化量可以较方便地帮助判断热力过程的性质。对于有吸热的过程，当熵的变化量 Δs 大于熵流时，说明过程中有耗散，$\Delta s_g > 0$，是不可逆过程。而对于放热过程，当熵变化量的绝对值小于熵流的绝对值时，说明过程中有耗散，$\Delta s_g > 0$，是不可逆过程。特别地，当过程是绝热过程时，$\Delta s_f = 0$，$\Delta s = \Delta s_g$，如果熵的变化量大于零，$\Delta s > 0$，则说明过程中有耗散，是不可逆过程。所以，正确地计算热力过程的熵变化量并清晰地辨别熵变的来源是十分重要的。

2. 完全气体熵变化量的计算式

由熵方程 $$T ds = du + p dv = c_v dT + p dv$$

可得

$$ds = c_v \frac{dT}{T} + p \frac{dv}{T} = c_v \frac{dT}{T} + \frac{pv}{T} \frac{dv}{v}$$

将完全气体状态方程 $pv = RT$ 代入上式，得

$$ds = c_v \frac{dT}{T} + R \frac{dv}{v} \tag{3.10}$$

同理，再由式(3.7)可得

$$ds = c_p \frac{dT}{T} - R \frac{dp}{p} \tag{3.11}$$

再对完全气体状态方程 $pv = RT$ 取对数，R 为常数，可得 $\ln p + \ln v = \ln R + \ln T$。对上式微分，可有

$$\frac{dp}{p} + \frac{dv}{v} = \frac{dT}{T} \tag{3.12}$$

由式(3.12)与式(3.10)或式(3.11)进行代换后可得

$$ds = c_p \frac{dv}{v} + c_v \frac{dp}{p} \tag{3.13}$$

因此，对于定比热的完全气体，其熵变化量的计算式为

$$\Delta s = c_v \ln \frac{T_2}{T_1} + R \ln \frac{v_2}{v_1} \tag{3.14}$$

$$\Delta s = c_p \ln \frac{T_2}{T_1} - R \ln \frac{p_2}{p_1} \tag{3.15}$$

$$\Delta s = c_p \ln \frac{v_2}{v_1} + c_v \ln \frac{p_2}{p_1} \tag{3.16}$$

由以上公式可以看到，完全气体的熵确是一个状态参数，其变化量只与起始和终了状态的参数有关，而与变化路径或过程无关。

【例 3.1】 计算例 2.4 所列某型涡喷发动机的压气机中气体的熵变化量。已知该发动机压气机是在地面最大状态工作，压气机进口的气流温度和压力分别为 278 K、86.2 kPa，出口的温度和压力分别为 542 K、732.7 kPa。

解： 空气的定压比热为常数，$c_p = 1\,004.5$ J/(kg·K)，$p_1 = 86.2$ kPa，$p_2 = 732.7$ kPa，$T_1 = 278$ K，$T_2 = 542$ K。

由式(3.15)，可计算得到压气机中气体的熵变化量为

$$\begin{aligned}\Delta s &= s_2 - s_1 = c_p \ln \frac{T_2}{T_1} - R \ln \frac{p_2}{p_1} = 1\,004.5 \times \ln \frac{542}{278} - 287 \times \ln \frac{732.7 \times 10^3}{86.2 \times 10^3} \\ &= 56.45 \text{ J/(kg·K)}\end{aligned}$$

可见，气体的熵变化量大于零。因为气流在压气机中是绝热流动，没有热量交换，所以熵流也是零。因此，气体的熵增加量完全是由熵产导致的，$\Delta s_g = 56.45$ J/(kg·K)。这说明该压气机的工作过程不是一个可逆的压缩过程，而是存在摩擦等耗散因素。

3.2 定容过程

3.2.1 过程方程

气体在保持比容不变的条件下所进行的热力过程称为定容过程，又叫作等容过程。工程上，某些热力装置中的加热过程是在接近于定容的情况下进行的。例如，活塞式发动机(点燃式内燃机)的燃烧过程就近似于定容过程。

定容过程的过程方程为

$$v = \text{常数}, \quad \text{或} \quad dv = 0 \tag{3.17}$$

及

$$s = c_v \ln T, \quad \text{或} \quad ds = c_v \frac{dT}{T} \tag{3.18}$$

根据方程(3.17)和方程(3.18)，可分别在 $p-v$ 图和 $T-s$ 图上绘制出定容过程曲线，以形象地表示状态参数之间的关系以及能量的转化关系。

3.2.2 参数关系

根据状态方程 $pv = RT$ 和过程方程(3.18),可确立过程初始状态1与终了状态2及中间状态的状态参数之间的关系式,分别为

$$\frac{p_1}{T_1} = \frac{p_2}{T_2} = \frac{p}{T} = \frac{R}{v} \tag{3.19}$$

$$\frac{p_2}{p_1} = \frac{T_2}{T_1} \tag{3.20}$$

及

$$\Delta s = (s_2 - s_1) = c_v \ln \frac{T_2}{T_1} \tag{3.21}$$

上式说明,在定容过程中,气体的压力与温度成正比。当对气体加热时,温度升高,压力增大,熵也增大;反之,气体放热,温度降低,压力减小,熵也减小。

3.2.3 热力过程曲线

定容过程在 $p-v$ 图和 $T-s$ 图上的过程曲线如图3.1所示。可见,定容过程曲线在 $p-v$ 图上是垂直于横坐标的竖线,当气体的比容增加时,过程曲线整体向右移动;在 $T-s$ 图上则是一条关于纵坐标的斜率为 T/c_v 的对数曲线,当气体的比容增加时,过程曲线整体向右下方移动。由过程曲线也可以清晰地看出有关参数的变化,1-2过程,压力增大,温度升高,熵增加,气体从外界吸热;1-2′过程,压力减小,温度降低,熵减小,气体向外界放热。

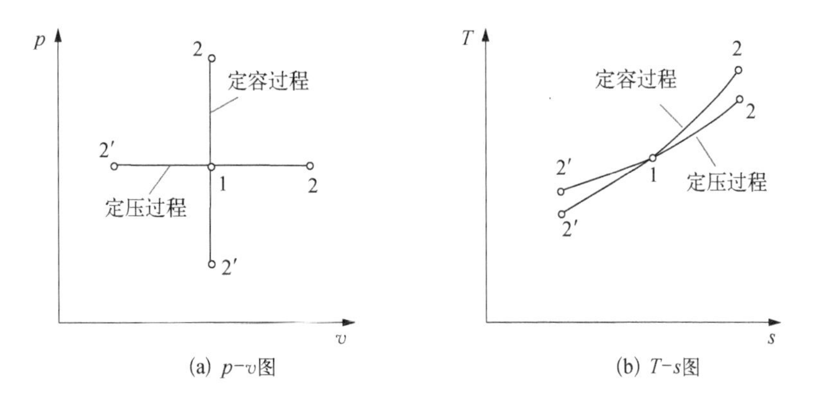

图3.1　定容过程和定压过程曲线

3.2.4 能量转化关系

1. 闭口体系

对于闭口体系,定容过程中由于容积保持不变,所以气体的容积功等于零。定容过程的热量 q_v 可直接利用定值定容比热 c_v 进行计算,为

$$q_v = \Delta u = u_2 - u_1 = c_v(T_2 - T_1) \tag{3.22}$$

即加入闭口体系的热量全部转化成气体的内能。该热量在图 3.1(b)的 $T-s$ 图中，表示为定容过程曲线与横坐标所围成的面积。

2. 开口体系

对于开口体系，当与外界有热量和轴功交换时，或者绝能流动中气体的速度变化较大时，严格地来说都不能作为定容过程，需要在工程应用中根据具体情况进行简化处理。例如，在一些流体机械中，当不考虑热量交换而且气体的流速很低时，可以近似地当成不可压流动，重点关注轴功、动能等机械能之间的关系，这实际上也是流体运动中的伯努利(Daniel Bernoulli)方程要解决的问题。

【例 3.2】 气缸内有 0.002 kg 的空气，温度为 300℃，压力为 8 bar。经过定容加热后，空气的压力为 40 bar。求加热后的气体温度、加给空气的热量和加热前后气体的熵的变化。设空气的定容比热为 0.718 kJ/(kg · K)。

解： 已知 $T_1 = 273 + 300 = 573$ K，$p_1 = 8$ bar，$p_2 = 40$ bar，利用定容过程的参数变化关系，故加热后的空气温度为：$T_2 = \dfrac{p_2}{p_1} \times T_1 = \dfrac{40}{8} \times 573 = 2\,865$ K

加热量为：$Q_v = mq_v = mc_v(T_2 - T_1) = 0.002 \times 0.718 \times (2\,865 - 573) = 3.29$ kJ

因此，加热前后气体熵的变化为

$$\Delta S_v = S_2 - S_1 = m\Delta s = mc_v \ln \frac{T_2}{T_1}$$

$$= 0.002 \times 0.718 \times \ln \frac{2\,865}{573} = 0.002\,3 \text{ kJ/K}$$

3.3 定压过程

3.3.1 过程方程

气体在保持压力不变的条件下进行的热力过程称为定压过程，也叫作等压过程。实际热力设备中的某些加热过程与放热过程是在接近于定压的情况下进行的。例如，有些活塞式发动机(压燃式内燃机或柴油机)和燃气涡轮发动机中的燃烧过程，压力变化很小，可近似于定压过程。

定压过程的过程方程为

$$p = \text{常数}, \quad \text{或} \quad dp = 0 \tag{3.23}$$

及

$$s = c_p \ln T, \quad \text{或} \quad ds = c_p \frac{dT}{T} \tag{3.24}$$

根据方程(3.23)和方程(3.24)，可分别在 $p-v$ 图和 $T-s$ 图上绘制出定压过程曲线，以形象地表示状态参数之间的关系以及能量的转化关系。

3.3.2　参数关系

定压过程中初始状态1与终了状态2及中间状态的状态参数之间的关系式,分别为

$$\frac{v_1}{T_1}=\frac{v_2}{T_2}=\frac{v}{T}=\frac{R}{p} \tag{3.25}$$

$$\frac{v_2}{v_1}=\frac{T_2}{T_1} \tag{3.26}$$

及

$$\Delta s=(s_2-s_1)=c_p\ln\frac{T_2}{T_1} \tag{3.27}$$

上式说明,在定压过程中,气体的比容与温度成正比。当对气体加热时,温度升高,比容增大,密度减小,熵也增大;反之,气体放热,温度降低,比容减小,密度增加,熵也减小。

3.3.3　热力过程曲线

定压过程在 $p-v$ 图和 $T-s$ 图上的过程曲线也如图3.1所示。可见,定压过程曲线在 $p-v$ 图上是一条垂直于纵坐标的横线,且当气体的压力增加时,过程曲线整体向上平移;在 $T-s$ 图上也是一条关于纵坐标的斜率为 T/c_p 的对数曲线,且当气体的压力增大时,过程曲线整体向上方移动,斜率也有所增大。由过程曲线也可以清晰地看出有关参数的变化,1-2过程,比容增大,温度升高,熵增加,气体从外界吸热,热量仍然为 $T-s$ 图中过程线与横坐标所围成的面积;1-2′过程,比容减小,温度降低,熵减小,气体向外界放热。

由图3.1还可对比看出定容过程与定压过程曲线的差异。在 $T-s$ 图中,对于通过同一个状态点1的曲线,在该状态点上,定容过程曲线的斜率要大于定压过程的,即定压过程曲线要更平坦一些。也说明同样的温度变化下,定压过程的熵变化量要大于定容过程的,与外界所交换的热量也更大一些(面积更大)。

3.3.4　能量转化关系

1. 闭口体系

对于闭口体系,由能量方程式(2.14),$q_{12}=u_2-u_1+\int_1^2 p\mathrm{d}v$,可知其能量转化关系为

$$q_p=(u_2-u_1)+l_{vp}=\Delta u+l_{vp} \tag{3.28}$$

即,加入闭口体系的热量 q_p 转化成气体的内能增加,并对外做容积功 l_{vp}。

其中,定压过程的热量 q_p 也可直接利用定值定容比热 c_p 进行计算,即

$$q_p=c_p(T_2-T_1) \tag{3.29}$$

该热量 q_p 在图3.1(b)$T-s$ 图中,表示为定压过程曲线与横坐标所围成的面积。

定压过程中的容积功为

$$l_{vp}=\int_1^2 p\mathrm{d}v=p(v_2-v_1)=R(T_2-T_1) \tag{3.30}$$

该容积功 l_{vp} 在图 3.1(a)$p-v$ 图中，表示为定压过程曲线与横坐标所围成的面积。

2. 开口体系

对于开口体系，定压过程的热量 q_p 仍为 $q_p = c_p(T_2 - T_1)$。

根据可逆过程技术功的定义式(2.34)，$l_{t,\mathrm{re}} = -\int_1^2 v\mathrm{d}p = \dfrac{c_2^2 - c_1^2}{2} + l_m$，因为定压过程 $\mathrm{d}p = 0$，所以可知其不做技术功，$l_{t,\mathrm{re}} = 0$。尤其是当不考虑气体的动能变化时，有 $l_m = 0$，即也没有轴功的交换。

考虑以上情况，由能量方程式(2.28)，$q_{12} = i_2 - i_1 + \dfrac{c_2^2 - c_1^2}{2} + l_m$，可得

$$q_p = i_2 - i_1 \tag{3.31}$$

即，加入开口体系的热量 q_p 全部转化成气体的焓增加。

【例 3.3】 压力为 8 bar、温度为 327℃的空气进入一燃烧室内进行定压加热，使其温度升高到 927℃。求：① 燃烧前后气体的比容；② 每千克气体的加热量；③ 内能的变化量；④ 熵的变化量。设燃气的定压比热 $c_p = 1.157\ \mathrm{kJ/(kg \cdot K)}$，燃气的气体常数 $R = 0.2874\ \mathrm{kJ/(kg \cdot K)}$。

解：(1) 燃烧加热前气体的比容

由状态方程得

$$v_1 = \frac{RT_1}{p_1} = \frac{0.2874 \times 10^3 \times (327 + 273)}{8 \times 10^5} = 0.2156\ \mathrm{m^3/kg}$$

燃烧加热后气体的比容

$$v_2 = v_1 \frac{T_2}{T_1} = 0.2156 \times \frac{(927 + 273)}{(327 + 273)} = 0.4312\ \mathrm{m^3/kg}$$

(2) 每千克气体的加热量

$$q_p = c_p(T_2 - T_1) = 1.157 \times (1200 - 600) = 694.2\ \mathrm{kJ/kg}$$

(3) 每千克气体的内能变化量

$$\begin{aligned}\Delta u &= c_v(T_2 - T_1) = (c_p - R)(T_2 - T_1) \\ &= (1.157 - 0.2874) \times 600 = 521.76\ \mathrm{kJ/kg}\end{aligned}$$

(4) 每千克气体的熵变化量

$$\Delta s_p = s_2 - s_1 = c_p \ln \frac{T_2}{T_1} = 1.157 \times \ln \frac{1200}{600} = 0.802\ \mathrm{kJ/(kg \cdot K)}$$

3.4 定温过程

3.4.1 过程方程

气体在保持温度不变的条件下进行的热力过程称为定温过程，也叫作等温过程。

定温过程的过程方程为

$$T = 常数, \quad 及 \quad pv = 常数 \tag{3.32}$$

根据过程方程，也可分别在 $p-v$ 图和 $T-s$ 图上绘制出定温过程曲线，以形象地表示状态参数之间的关系以及能量的转化关系。

3.4.2 参数关系

定温过程中初始状态 1 与终了状态 2 及中间状态的状态参数之间的关系式，分别为

$$p_1v_1 = p_2v_2 = pv = RT \tag{3.33}$$

及

$$\Delta s = (s_2 - s_1) = -R\ln\frac{p_2}{p_1} = R\ln\frac{v_2}{v_1} \tag{3.34}$$

上式说明，在定温过程中，气体的比容与压力成反比。当对气体进行等温加热时，气体膨胀，比容增大，密度减小，压力降低，熵增大；反之，气体等温放热时，气体要被压缩，比容减小，密度增加，压力升高，熵减小。

3.4.3 热力过程曲线

定温过程在 $p-v$ 图和 $T-s$ 图上的过程曲线如图 3.2 所示。可见，定温过程曲线在 $p-v$ 图上是一条斜率为负的等边双曲线，当气体的温度增加时，过程曲线整体向右上方移动。在 $T-s$ 图上则是垂直于纵坐标的水平横线，当气体的温度增加时，过程曲线整体向上方移动。由过程曲线也可以清晰地看出有关参数的变化，1－2 过程，比容增大，压力降

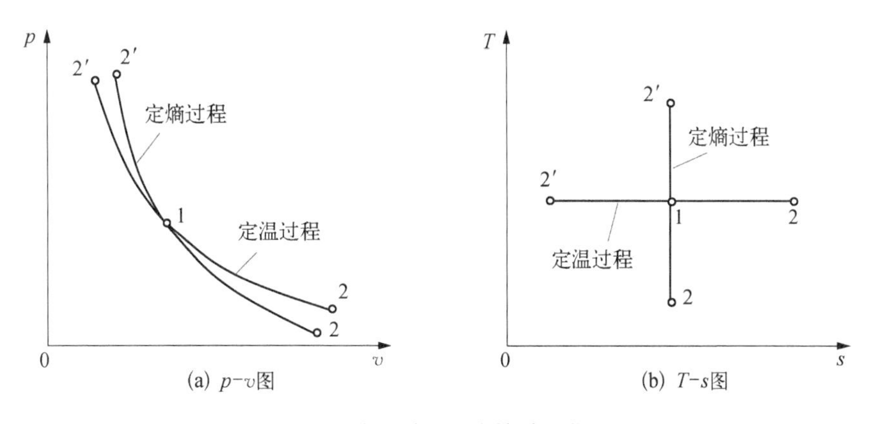

图 3.2　定温过程和定熵过程曲线

低，熵增加，气体从外界吸热；1－2′过程，比容减小，压力升高，熵减小，气体向外界放热。

3.4.4 能量转化关系

1. 闭口体系

对于闭口体系，由能量方程式(2.14)，$q_{12}=u_2-u_1+\int_1^2 p\mathrm{d}v$，但是注意到由于温度不变而使得气体的内能也不变，$u_2=u_1$，可知其能量转化关系为

$$q_T = l_{vT} \tag{3.35}$$

即，加入闭口体系的热量 q_T 全部转化成气体对外的容积功 l_{vT}。

其中，定温过程中的容积功为

$$l_{vT}=\int_1^2 p\mathrm{d}v=\int_1^2 RT\frac{\mathrm{d}v}{v}=RT\ln\frac{v_2}{v_1}=RT\ln\frac{p_1}{p_2} \tag{3.36}$$

需要注意的是，定温过程的热量 q_T 已不能简单地利用比热来进行计算，而是要通过熵的变化或者是利用与容积功相等的关系来确定。例如，$q_T=\int_1^2 T\mathrm{d}s=T(s_2-s_1)$。显然，该热量 q_T 在图 3.2(b)$T-s$ 图中，表示为定温过程曲线与横坐标所围成的面积。而容积功 l_{vT} 则是在图 3.2(a)$p-v$ 图中，表示为定温过程曲线与横坐标所围成的面积。

2. 开口体系

对于开口体系，由于温度不变而使得气体的焓也不变，$i_2=i_1$，由能量方程式(2.28)，$q_{12}=i_2-i_1+\frac{c_2^2-c_1^2}{2}+l_m$，可得

$$q_T=\frac{c_2^2-c_1^2}{2}+l_{mT} \tag{3.37}$$

所以，定温过程中加入开口体系的热量 q_T 全部转化成气体的动能变化和对外交换的轴功 l_{mT}。

再根据可逆过程技术功的定义式(2.34)，可得到气体的技术功为

$$l_{tT,\,\mathrm{re}}=-\int_1^2 v\mathrm{d}p=RT\ln\frac{v_2}{v_1}=RT\ln\frac{p_1}{p_2}=\frac{c_2^2-c_1^2}{2}+l_{mT} \tag{3.38}$$

根据积分的几何意义，该技术功在图 3.2(a)$p-v$ 图中，表示为定温过程曲线与纵坐标所围成的面积。

当不考虑气体的动能变化时，气体对外界交换的轴功为

$$l_{mT}=RT\ln\frac{v_2}{v_1}=RT\ln\frac{p_1}{p_2} \tag{3.39}$$

比较式(3.39)与式(3.36)，可知在不考虑气体的动能变化时，定温过程的轴功与容积功是一样的。

【例 3.4】 压力为 1 bar、温度为 290 K 的 1 kg 空气，在气缸内进行定温压缩，设终了状态的压力为 6 bar，求起始和终了状态的比容以及气体与外界交换的热量。

解： 起始状态的比容

$$v_1 = \frac{RT_1}{p_1} = \frac{0.287 \times 1\,000 \times 290}{1 \times 10^5} = 0.832\,4\ \mathrm{m^3/kg}$$

终了状态的比容

$$v_2 = v_1 \frac{p_1}{p_2} = 0.832\,4 \times \frac{1}{6} = 0.138\,7\ \mathrm{m^3/kg}$$

因是定温过程，$T_1 = T_2$，所以 $\Delta u = 0$，故

$$q_T = l_{vT} = RT\ln\frac{v_2}{v_1} = 0.287 \times 1\,000 \times 290 \times \ln\frac{0.138\,7}{0.832\,4}$$
$$= -149.2\ \mathrm{kJ/kg}$$

负号表示气体向外界放热。可见，要实现等温的压缩，必须具备良好的冷却条件，保证气体不断地向外界传递热量。

3.5　定熵过程

3.5.1　过程方程

在与外界无热量传递的条件下进行的可逆过程叫作可逆绝热过程。因为该过程中的熵保持不变，所以又称为定熵过程，也叫作等熵过程。但应注意，可逆绝热必定定熵，但定熵却未必可逆绝热，在应用中要特别注意分析的前提条件。一般地，气体在和外界没有热量交换的条件下进行的热力过程叫绝热过程。严格地说，绝热过程实际上并不存在，但当过程进行很快时，工质与外界交换的热量很少，则可近似地看作绝热过程。例如，在燃气涡轮发动机中，空气在压气机内的压缩过程、燃气在涡轮和喷管内进行的膨胀过程都可近似地看作是绝热过程。

定熵过程的过程方程为

$$s = 常数,\quad 或\quad \mathrm{d}s = \frac{\delta q}{T} = 0 \tag{3.40}$$

根据该方程，可在 $T-s$ 图上绘制出定熵过程曲线。

由式(3.13)，$\mathrm{d}s = c_p\frac{\mathrm{d}v}{v} + c_v\frac{\mathrm{d}p}{p}$，令 $\mathrm{d}s = 0$，且 $\gamma = c_p/c_v$，又可得过程方程

$$pv^{\gamma} = 常数 \tag{3.41}$$

式中，γ 是完全气体的比热比，又称为定熵过程指数，也叫作绝热指数。所以，根据方程(3.41)即可在 $p-v$ 图上绘制出定熵过程曲线。

3.5.2 参数关系

定熵过程中初始状态 1 与终了状态 2 及中间状态的状态参数之间的关系式,分别为

$$\frac{p_2}{p_1}=\left(\frac{v_1}{v_2}\right)^{\gamma} \tag{3.42}$$

$$\frac{T_2}{T_1}=\left(\frac{v_1}{v_2}\right)^{\gamma-1} \tag{3.43}$$

$$\frac{T_2}{T_1}=\left(\frac{p_2}{p_1}\right)^{\frac{\gamma-1}{\gamma}} \tag{3.44}$$

及

$$p_1v_1^{\gamma}=p_2v_2^{\gamma}=pv^{\gamma} \tag{3.45}$$

这些关系式说明,在定熵过程中,当气体膨胀时,比容增大,密度减小,压力降低,温度降低;反之,当气体被压缩时,比容减小,密度增加,压力升高,温度也升高。而且,比容、温度和压力的变化程度不一样,以压力的变化程度最大,比容的次之,温度的最小。例如,以空气为例,当比容减小 1 倍时,压力增加 1.64 倍,温度则只增加 0.32 倍。

3.5.3 热力过程曲线

定熵过程在 $p-v$ 图和 $T-s$ 图上的过程曲线也如图 3.2 所示。可见,定熵过程曲线在 $p-v$ 图上是一条斜率为负的指数曲线,在 $T-s$ 图上则是垂直于横坐标的竖直线。由过程曲线也可以清晰地看出有关参数的变化,1−2 过程,比容增大,压力降低,温度降低;1−2′过程,比容减小,压力升高,温度也升高。

如图 3.2 所示,定温线和定熵线在 $p-v$ 图上都是负指数曲线,且斜率都为负值。但是两者的斜率并不一样,这可用通过状态 1 作出的定熵线与定温线加以说明。由过程方程式(3.41),可以求得定熵过程曲线在状态点 1 的斜率为 $\left(\frac{\mathrm{d}p}{\mathrm{d}v}\right)_s=-\gamma\frac{p_1}{v_1}$。而由过程方程式(3.32),可确定在状态点 1 的定温过程线斜率为 $\left(\frac{\mathrm{d}p}{\mathrm{d}v}\right)_T=-\frac{p_1}{v_1}$。由于 $\gamma>1$,所以,$\left|\left(\frac{\mathrm{d}p}{\mathrm{d}v}\right)_s\right|>\left|\left(\frac{\mathrm{d}p}{\mathrm{d}v}\right)_T\right|$,即定熵过程曲线比定温过程曲线要更加陡峭。这也说明在同样的比容变化下,定熵过程的压力变化量要大于定温过程的。

3.5.4 能量转化关系

1. 闭口体系

对于闭口体系,由能量方程式(2.14),$q_{12}=u_2-u_1+\int_1^2 p\mathrm{d}v$,应用定熵过程中的绝热条件,气体与外界的热量交换为零,$q_{12}=q_s=0$,所以其能量转化关系为

$$-l_{vs}=u_2-u_1 \tag{3.46}$$

即，闭口体系与外界所交换的容积功 l_{vs} 完全转化为体系的内能，或者是完全由内能转化而来。

其中，容积功 l_{vs} 的大小为

$$l_{vs} = u_1 - u_2 = c_v(T_1 - T_2) = \frac{R}{\gamma - 1}(T_1 - T_2) \tag{3.47}$$

进一步，代入定熵过程的状态参数关系式，如 $\frac{T_2}{T_1} = \left(\frac{p_2}{p_1}\right)^{\frac{\gamma-1}{\gamma}}$ 和 $\frac{T_2}{T_1} = \left(\frac{v_1}{v_2}\right)^{\gamma-1}$，有

$$l_{vs} = \frac{RT_1}{\gamma - 1}\left(1 - \frac{T_2}{T_1}\right) = \frac{RT_1}{\gamma - 1}\left[1 - \left(\frac{p_2}{p_1}\right)^{\frac{\gamma-1}{\gamma}}\right] = \frac{RT_1}{\gamma - 1}\left[1 - \left(\frac{v_1}{v_2}\right)^{\gamma-1}\right] \tag{3.48}$$

同样，该容积功 l_{vs} 在图 3.2(a) $p-v$ 图中，表示为定熵过程曲线与横坐标所围成的面积。

2. 开口体系

对于开口体系，由能量方程式(2.28)，$q_{12} = i_2 - i_1 + \frac{c_2^2 - c_1^2}{2} + l_m$，应用 $q_{12} = q_s = 0$ 的条件，可得其能量转化关系为

$$-l_{ms} = i_2 - i_1 + \frac{c_2^2 - c_1^2}{2}$$

即，外界对开口体系所输入的轴功 l_{ms}，转化为体系的焓增加和气体动能的变化。

显然，由上式也可以确定开口体系的技术功为

$$l_{ts,\mathrm{re}} = -\int_1^2 v\mathrm{d}p = i_1 - i_2 = c_p(T_1 - T_2) = \frac{\gamma}{\gamma - 1}R(T_1 - T_2) \tag{3.49}$$

对比式(3.49)和式(3.47)，可知，$l_{ts,\mathrm{re}} = -\int_1^2 v\mathrm{d}p = \gamma \cdot l_{vs}$，即定熵过程中开口体系的技术功是闭口体系容积功的 γ 倍。该技术功在图 3.2(a) $p-v$ 图中，表示为定熵过程曲线与纵坐标所围成的面积。

当不考虑气体的动能变化时，气体对外界交换的轴功为

$$\begin{aligned} l_{ms} &= i_1 - i_2 = c_p(T_1 - T_2) = \frac{\gamma}{\gamma - 1}R(T_1 - T_2) \\ &= -\frac{\gamma}{\gamma - 1}RT_1\left[\left(\frac{p_2}{p_1}\right)^{\frac{\gamma-1}{\gamma}} - 1\right] \end{aligned} \tag{3.50}$$

这个轴功的计算式十分重要，常常用于航空燃气涡轮发动机的压气机、涡轮等可忽略气体动能变化的部件工作过程分析，计算确定压气机和涡轮的可逆轴功。可见，在进口气体温度一定时，可逆轴功的大小取决于压力的变化程度。例如，在压气机中，气流的压力提高，$p_2 > p_1$，可把 p_2/p_1 称为增压比，那么，按式(3.50)确定的轴功为负值，按照对功正

负号的规定，说明是外界对体系做功，即气流的压缩过程需要消耗轴功，且消耗的轴功随着增压比的增大而增大。反之，在涡轮中，气流的压力降低，可把 p_1/p_2 称为落压比，则是体系对外界做功，说明气流膨胀对外输出轴功，且输出的轴功随着落压比的增大而增大。

【例 3.5】 温度为10℃、压力为 1.1 bar 的空气，经过可逆绝热压缩后，容积缩小为原来的1/7，求压缩终了时空气的压力、温度和压缩 1 kg 空气所消耗的容积功。

解：这是闭口体系问题，且有 $T_1 = 273 + 10 = 283$ K，$p_1 = 1.1$ bar，$v_2/v_1 = 1/7$。

根据式(3.42)，得空气的终了压力为

$$p_2 = p_1\left(\frac{v_1}{v_2}\right)^{\gamma} = 1.1 \times 7^{1.4} = 16.77\ \text{bar}$$

根据式(3.43)，得空气的终了温度为

$$T_2 = T_1\left(\frac{v_1}{v_2}\right)^{\gamma-1} = 283 \times 7^{0.4} = 616\ \text{K}$$

根据式(3.47)，得可逆绝热过程的容积功为

$$\begin{aligned} l_{vs} &= \frac{RT_1}{\gamma - 1}\left(1 - \frac{T_2}{T_1}\right) \\ &= \frac{0.287 \times 10^3 \times 283}{1.4 - 1}\left(1 - \frac{616}{283}\right) = -238.9\ \text{kJ/kg} \end{aligned}$$

负号表示为该容积功是由外界输入的压缩功。

【例 3.6】 根据例 2.4 所给出的某型发动机压气机的工作过程参数，并结合例 3.1 的计算结果，对比分析该压气机定熵过程的轴功和实际压缩过程的轴功。

解：已知压气机的进口参数为 $p_1 = 86.2$ kPa，$T_1 = 278$ K。

假设压气机要通过定熵过程来压缩气体，使其出口压力同样达到 $p_2 = 732.7$ kPa，则对应于定熵过程的出口温度应为 $T_{2s} = T_1\left(\frac{p_2}{p_1}\right)^{\frac{\gamma-1}{\gamma}} = 278 \times \left(\frac{732.7}{86.2}\right)^{\frac{1.4-1}{1.4}} = 512.38$ K。

已知不考虑进出口的气体动能变化及位能变化，则该定熵过程的轴功可根据式(3.50)计算求得，具体为

$$\begin{aligned} l_{ms} &= -\frac{\gamma}{\gamma - 1}RT_1\left[\left(\frac{p_2}{p_1}\right)^{\frac{\gamma-1}{\gamma}} - 1\right] \\ &= -\frac{1.4}{1.4 - 1} \times 287 \times 278 \times \left[\left(\frac{732.7}{86.2}\right)^{\frac{1.4-1}{1.4}} - 1\right] = -235.44\ \text{kJ/kg} \end{aligned}$$

负号说明是外界对压气机输入轴功。

例 2.4 中计算的实际压缩过程的轴功 $l_C = 265\,188$ J/kg，可见，实际的轴功要大于定熵压缩过程的轴功，约是其 1.13 倍。（注意：这里已考虑了轴功的符号，只需比较数值即可）

根据例2.4的条件，压气机实际的出口温度为 $T_2 = 542$ K，所以有 $T_2 > T_{2s}$。这说明压气机实际压缩过程的出口温度要大于定熵压缩过程的出口温度。再结合例3.1的计算结果，$\Delta s_g = 56.46$ J/(kg·K)，实际的压缩过程有熵产，是不可逆过程。不可逆过程的出口温度高，是由于摩擦等耗散效应将输入的轴功部分地转化为热又加给了气体，使得气体的温度要高于定熵过程的。

3.6 多变过程

以上所讨论的四种热力过程，其特点是都有某个状态参数保持不变，也叫作基本热力过程。而实际过程多种多样，有不少过程中工质的状态参数都可能会同时变化，与外界交换的热量也不可忽略不计，无法简单地用这些基本热力过程来描述。因此，需要进一步研究多变过程。

3.6.1 过程方程

定义多变过程具有如下的过程方程式

$$pv^n = \text{常数} \tag{3.51}$$

式中，n 称为多变过程指数，简称为多变指数。根据该方程，在多变指数 n 为确定值时，即可在 $p-v$ 图上绘制出多变过程曲线。

多变过程中熵与温度的关系为

$$s = \frac{n-\gamma}{n-1}c_v \ln T \tag{3.52}$$

同理，根据这个方程，即可在 $T-s$ 图上绘制出多变过程曲线。

将方程式(3.51)与定容、定压、定温和定熵过程的过程方程进行比较，可以发现，这些基本热力过程实际上就是多变指数取不同值时的特殊过程，具体为

定容过程对应于 $n = \infty$ 的情形，即 v = 常数；

定压过程对应于 $n = 0$ 的情形，即 p = 常数；

定温过程对应于 $n = 1$ 的情形，即 $pv = RT$ = 常数；

定熵过程则对应于 $n = \gamma$ 的情形，即 pv^γ = 常数。

对于实际过程，其多变指数可能是变化的，为了简化分析计算，常常用一个与实际过程相近似的指数不变的多变过程来代替，它的多变指数称为实际过程的平均多变指数。平均多变指数值一般由实验测定，当然也可以通过状态参数的关系作近似估算。任意一个过程总可以用多段的多变过程来组合进行描述。

3.6.2 参数关系

定熵过程中初始状态1与终了状态2及中间状态的状态参数之间的关系式，分别为

$$\frac{p_2}{p_1} = \left(\frac{v_1}{v_2}\right)^n \tag{3.53}$$

$$\frac{T_2}{T_1}=\left(\frac{v_1}{v_2}\right)^{n-1} \tag{3.54}$$

$$\frac{T_2}{T_1}=\left(\frac{p_2}{p_1}\right)^{\frac{n-1}{n}} \tag{3.55}$$

及

$$p_1v_1^n = p_2v_2^n = pv^n \tag{3.56}$$

3.6.3 热力过程曲线

多变过程在 $p-v$ 图和 $T-s$ 图上的曲线形状和位置,要依据多变指数的数值而定。如图 3.3 所示,从 $n=-\infty$ 所表示的定容过程曲线开始,顺时针方向看:当 $-\infty<n<0$ 时,多变过程曲线位于定容过程曲线与定压过程曲线之间;当 $0<n<1$ 时,多变过程曲线位于定压过程曲线与定温过程曲线之间;当 $1<n<\gamma$ 时,多变过程曲线位于定温过程曲线与定熵过程曲线之间;当 $\gamma<n<+\infty$ 时,多变过程曲线位于定熵过程曲线与定容过程曲线之间。

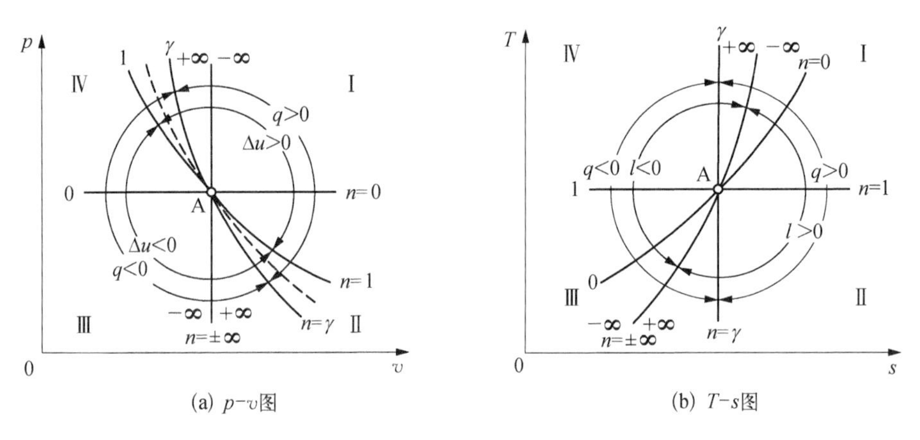

图 3.3 多变过程曲线

利用过程曲线的上述分布规律,即可在 $p-v$ 图及 $T-s$ 图上确定 n 为任意值的多变过程线的具体位置。例如,热力发动机中常见的活塞-气缸或叶轮机械中的气体压缩过程,因为不可能做到完全绝热,在压缩过程中,由于气体温度升高,就意味着通过缸壁或机匣向外界有一定的热量散失。若把此过程看作是有放热($q<0$)的可逆多变过程,则其多变过程指数的范围应该是 $\gamma>n>1$,过程曲线应该位于定熵过程曲线与定温过程曲线之间。而且又因为是压缩过程,气体的压力增加,比容减小,所以是在 $p-v$ 图中的Ⅳ象限,如图 3.3(a)中的虚线的左上支所示。反过来,如果是气体的低温膨胀过程,当膨胀过程中气体温度下降而低于环境温度时,就会从外界吸热,若把此过程看作是有吸热($q>0$)的可逆多变过程,则其多变过程指数的范围还是 $\gamma>n>1$,过程曲线仍位于定熵过程曲线与定温过程曲线之间,但是却应该是在 $p-v$ 图中的Ⅱ象限,如图 3.3(a)中的虚线的右下支所示。对应地,也可以在 $T-s$ 图上确定其相应的位置。

图 3.3 中还表示出了热力过程中的能量(内能 Δu、热量 q、功 l)转换状况。例如,

$\gamma > n > 1$ 的膨胀过程线,位于定熵线的右方($q > 0$),定温线的下方($\Delta u < 0$),说明过程中对气体加热,温度降低,内能减少,其原因是,对外所做的膨胀功大于气体所吸收的热量,靠减少气体的内能来补偿。又如,$\gamma > n > 1$ 的压缩过程线,位于定熵线的左方($q < 0$),定温线的上方($\Delta u > 0$),说明过程中气体放热,温度升高,内能增加,其原因是,外界对气体做的功大于气体对外的放热量,多余的部分用来增加内能。

3.6.4　能量转化关系

1. 闭口体系

对于闭口体系,由能量方程式(2.14),$q_{12} = u_2 - u_1 + \int_1^2 p\mathrm{d}v$,可确定能量转化关系为

$$q_n = u_2 - u_1 + l_{vn} \tag{3.57}$$

即闭口体系与外界所交换的热量,用于改变气体的内能,并且输出或输入容积功 l_{vn}。

其中,容积功 l_{vn} 的大小为

$$l_{vn} = \int_1^2 p\mathrm{d}v = \frac{R}{n-1}(T_1 - T_2) \tag{3.58}$$

及

$$l_{vn} = \frac{RT_1}{n-1}\left[1 - \left(\frac{p_2}{p_1}\right)^{\frac{n-1}{n}}\right] = \frac{RT_1}{n-1}\left[1 - \left(\frac{v_1}{v_2}\right)^{n-1}\right] \tag{3.59}$$

闭口体系的热量 q_n 一般是要通过式(3.57)和式(3.58)来计算得到,或者

$$q_n = \left(\frac{n-\gamma}{n-1}\right) c_v(T_2 - T_1) \tag{3.60}$$

该热量 q_n 在图3.3(b)$T-s$ 图中,表示为多变过程曲线与横坐标所围成的面积。而容积功 l_{vn} 则是在图3.3(a)$p-v$ 图中,表示为多变过程曲线与横坐标所围成的面积。

2. 开口体系

对于开口体系,则由能量方程式(2.28),$q_{12} = i_2 - i_1 + \frac{c_2^2 - c_1^2}{2} + l_m$,可得其能量转化关系为

$$q_n = i_2 - i_1 + \frac{c_2^2 - c_1^2}{2} + l_{mn} \tag{3.61}$$

即开口体系与外界所交换的热量,用于改变气体的焓和动能,并且输出或输入轴功 l_{mn}。

所以,则其轴功即为

$$l_{mn} = q_n - (i_2 - i_1) - \frac{c_2^2 - c_1^2}{2} \tag{3.62}$$

多变过程的技术功可由积分计算得到,即

$$l_{tn,\,re} = -\int_1^2 v\mathrm{d}p = -\frac{n}{n-1}RT_1\left[\left(\frac{p_2}{p_1}\right)^{\frac{n-1}{n}} - 1\right] \tag{3.63}$$

该技术功在图 3.3(a)$p-v$ 图中,表示为多变过程曲线与纵坐标所围成的面积。

当不考虑气体的动能变化时,气体对外界交换的轴功为

$$l_{mn} = -\frac{n}{n-1}RT_1\left[\left(\frac{p_2}{p_1}\right)^{\frac{n-1}{n}} - 1\right] \tag{3.64}$$

在应用中,也要特别注意与定熵过程技术功和轴功的不同之处。

【例 3.7】 现有 1 kg 空气,其绝对压力 $p_1 = 1.2$ bar, 温度 $t_1 = 30$℃。经过一轴流式压气机压缩后,出口的压力为 $p_2 = 5$ bar。求:分别采用定温压缩、定熵压缩和多变压缩($n = 1.2$)时,出口空气的状态参数、压气机消耗的轴功和气体对外放出的热量。设气体流过压气机时的进口速度与出口速度近似相等。

解: 这是一个开口体系问题,且进出口速度近似相等,可略去气体动能的变化。

初始状态参数:$p_1 = 1.2$ bar、$T_1 = 273 + 30 = 303$ K

$$v_1 = \frac{RT_1}{p_1} = \frac{287 \times 303}{1.2 \times 10^5} = 0.72\ \mathrm{m^3/kg}$$

1)采用定温压缩时

终了状态参数: $T_2 = T_1 = 303$ K

根据定温过程方程 $p_1v_1 = p_2v_2$, 得 $v_2 = \frac{p_1v_1}{p_2} = \frac{1.2 \times 0.72}{5} = 0.173\ \mathrm{m^3/kg}$

压气机消耗的轴功:由式(3.39)可得,即

$$l_{mT} = -\int_1^2 v\mathrm{d}p = -\int_1^2 \frac{RT}{p}\mathrm{d}p = -RT\int_1^2 \frac{\mathrm{d}p}{p}$$

$$= RT\ln\frac{p_1}{p_2} = 287 \times 303 \times \ln\frac{1.2}{5}$$

$$= -124\,100\ \mathrm{J/kg} = -124.1\ \mathrm{kJ/kg}$$

放出的热量:由开口体系能量方程,得

$$q_T = (i_2 - i_1) + l_{mT} = 0 - 124.1 = -124.1\ \mathrm{kJ/kg}$$

2)采用定熵压缩时

终了状态参数:根据定熵过程方程式 $p_1v_1^\gamma = p_2v_2^\gamma$, 可得

$$v_2 = v_1\left(\frac{p_1}{p_2}\right)^{\frac{1}{\gamma}} = 0.72 \times \left(\frac{1.2}{5}\right)^{\frac{1}{1.4}} = 0.26\ \mathrm{m^3/kg}$$

由状态方程 $pv = RT$, 得 $T_2 = \frac{p_2v_2}{R} = \frac{5 \times 10^5 \times 0.26}{287} = 453$ K

压气机消耗的轴功：由式(3.50)，可得

$$l_{ms}=-\frac{\gamma}{\gamma-1}RT_1\left[\left(\frac{p_2}{p_1}\right)^{\frac{\gamma-1}{\gamma}}-1\right]$$
$$=\frac{1.4}{1.4-1}\times287\times303\times\left[1-\left(\frac{5}{1.2}\right)^{\frac{1.4-1}{1.4}}\right]$$
$$=-153\,400\ \mathrm{J/kg}=-153.4\ \mathrm{kJ/kg}$$

放出的热量：由于是定熵压缩(可逆绝热压缩)，无热量交换，$q_s=0$。

3）采用多变压缩（$n=1.2$）时

终了状态参数：按多变过程方程式 $p_1v_1^n=p_2v_2^n$，得

$$v_2=v_1\left(\frac{p_1}{p_2}\right)^{\frac{1}{n}}=0.72\times\left(\frac{1.2}{5}\right)^{\frac{1}{1.2}}=0.22\ \mathrm{m^3/kg}$$

$$T_2=\frac{p_2v_2}{R}=\frac{5\times10^5\times0.22}{287}=383\ \mathrm{K}$$

压气机消耗的轴功：由式(3.64)，可得

$$l_{mn}=\frac{n}{n-1}R(T_1-T_2)=\frac{1.2}{1.2-1}\times287\times(303-383)$$
$$=-137\,800\ \mathrm{J/kg}=-137.8\ \mathrm{kJ/kg}$$

放出的热量：直接由式(3.60)可得

$$q_n=\left(\frac{n-\gamma}{n-1}\right)c_v(T_2-T_1)=\left(\frac{n-\gamma}{n-1}\right)\frac{R}{\gamma-1}(T_2-T_1)=-57.4\ \mathrm{kJ/kg}$$

或根据开口体系能量方程，有

$$q_n=\Delta i+l_{mn}=c_p(T_2-T_1)+l_{mn}$$
$$=1.004\,5\times(383-303)-137.8=-57.4\ \mathrm{kJ/kg}$$

计算结果表明，$|l_{mT}|<|l_{mn}|<|l_{ms}|$，$|q_T|>|q_n|>|q_s|=0$，说明压缩过程要达到同样的出口压力，采用定温的压缩过程所需要消耗的功最少，但是需要对压气机进行充分的冷却换热；而采用定熵压缩时所需要消耗的功最多；多变过程的功则处于两者之间，也是需要对压气机进行冷却换热。

习　题

习题 3.1　有两个任意过程：$a-b$ 及 $a-c$，点 b 及点 c 在同一条定熵线上。试问 Δu_{ab} 与 Δu_{ac} 哪个大？如果点 b 及点 c 在同一条定温线上，结果又将如何？

习题 3.2　从相同的起始状态出发进行定熵和定温压缩，过程终了时，两者的比容相同，试问哪一种过程的终了压力低？与上述相反，若进行的是膨胀过程结果又如何？

习题 3.3 质量为 2 kg 的某完全气体按可逆多变过程膨胀至原来体积的 3 倍,温度从 300℃降到 60℃,膨胀期间做膨胀功 418.68 kJ,吸热 83.736 kJ,求 c_p 和 c_v。

习题 3.4 一个气球在太阳光下被晒热,里面的空气进行的是什么样的过程?估计此过程多变指数 n 值的大致范围,并在 $p-v$ 图和 $T-s$ 图上画出其过程线的大致位置。

习题 3.5 气体在定容过程和定压过程中,热量可根据过程中气体的比热乘以温差来计算。定温过程气体的温度不变,在定温膨胀过程中,是否需对气体加入热量?如果需加入,则热量应如何计算?

习题 3.6 "定温过程中,由于温度不变,所以与外界没有热交换,即 $q=0$",这种说法对吗?

习题 3.7 绝热是否一定定熵?定熵是否一定绝热?

习题 3.8 气缸容积 $V=0.2\ \text{m}^3$,其中有温度为 400℃的空气,活塞所受载荷恒为表压力 $p=4$ bar,向空气中排热使其过程终了时温度为 0℃,求空气内能的变化。[设当地大气压为 1 bar,空气的 $c_p=1.0045\ \text{kJ/(kg}\cdot\text{K)}$, $R=287\ \text{J/(kg}\cdot\text{K)}$]

习题 3.9 容积为 0.7 m^3、压力为 1.4715 bar、温度为 25℃的空气,在定压情况下加热,使空气温度升高至 175℃,求其加热量、膨胀功、内能的变化和熵的变化,并把该过程示意地画在 $p-v$ 图和 $T-s$ 图上。

习题 3.10 在某涡轮喷气发动机中,空气进入燃烧室的温度为 313℃,压力为 8.12 bar,经定压燃烧后,燃气的温度为 901℃,试计算燃烧室进、出口气体的密度。[设空气和燃气的气体常数分别为 287 J/(kg·K)和 287.4 J/(kg·K)]

习题 3.11 绝对压力为 2 bar、容积为 1 m^3 的空气,在定温条件下膨胀到容积为原来的 2 倍,求终了状态的压力、该过程所做的容积功、外界加给空气的热量和熵的变化量,并把该过程示意地画在 $p-v$ 图和 $T-s$ 图上。

习题 3.12 起始压力为 2 bar、比容为 0.9 m^3/kg 的空气,在定压条件下压缩使其比容减小为 0.3 m^3/kg,然后在定容条件下加热,使其温度等于起始温度,最后又在定温条件下膨胀至起始状态,试求各过程中的 Δu、Δs、l 和 q 及各个转折点的 p、v、T, 并将上述各过程示意地画在 $p-v$ 图和 $T-s$ 图上。[空气的气体常数为 287 J/(kg·K)、定压比热为 1.0045 kJ/(kg·K)]

习题 3.13 柴油机气缸内的气体由于定熵压缩使温度升至燃料的着火点而燃烧,若燃料的着火点为 720℃,气缸的进气初始容积为 0.025 m^3,进气温度为 6℃,求气体至少应压缩到多大容积才能使混合气燃烧。(取空气的绝热指数为 1.4)

习题 3.14 容积为 0.065 m^3 的冷气瓶给飞机上的冷气系统充气。若冷气瓶内气体的初始温度为 15℃,压力为 150 bar,充气后瓶内压力降为 130 bar,试问:

(1) 若充气过程为定熵过程,那么给飞机冷气系统充入了多少千克的空气?

(2) 若充气过程为定温膨胀过程,已知给飞机冷气系统充入 1.5 kg 的空气,那么充气后瓶内的压力为多少?[设空气的 $R=287\ \text{J/(kg}\cdot\text{K)}$, $\gamma=1.4$]

习题 3.15 某涡轮喷气发动机的压气机,进口空气温度为 260 K,压力为 0.8 bar,经定熵压缩后,压力提高了 18 倍,试求压气机出口的空气温度和压气机所消耗的功。[设空气的 $R=287\ \text{J/(kg}\cdot\text{K)}$, $\gamma=1.4$, 进、出口空气的流速相等]

习题 3.16　有一台内燃机的活塞-气缸，设气体在气缸内的膨胀过程为 $n = 1.3$ 的多变过程，且其工质的 $R = 287\ \text{J/(kg·K)}$、$c_v = 716\ \text{J/(kg·K)}$。若开始时气体的容积为 $12\ \text{cm}^3$、压力为 65 bar、温度为 1 800℃，经膨胀过程后，其容积增至原来的 8 倍，试求气体所做的功及气体熵的变化。

第4章 热力学第二定律与热力循环

本章主要介绍热力循环的基本概念、热力学第二定律的两种表述、卡诺循环、活塞式发动机的理想循环、喷气式发动机的理想循环。

学习要点：

(1) 理解热力循环中的能量转换关系，掌握热力循环热效率、循环功的定义和意义；

(2) 理解卡诺循环和布莱顿循环的热效率和循环功的影响因素；

(3) 熟练地在 $p-v$ 图和 $T-s$ 图上绘制出卡诺循环、布莱顿循环的过程曲线。

前面对体系进行的所有分析、计算都是建立在热力学第一定律基础上的，如气体做了多少功，交换了多少热量，内能、焓和熵变化了多少，等等。但是，热力学第一定律在定量描述热量、功等能量形式之间相互转化关系的时候，却并没有涉及这种转化的方向性和条件(进行的深度)。例如，对于固定容积的闭口体系，外界可以通过轴功的方式对气体做功，完全耗散转化成气体内能的增加，但是却不能够反过来进行，尽管从功和内能变化的数量上来说可以满足符合热力学第一定律的能量方程。该过程是不可逆的，说明过程进行是有方向性的，同时还有高温物体自发向低温物体传热、气体自发的自由膨胀过程等例子。再比如，对于典型的活塞-气缸模型，在可逆过程的条件下，气体从高温热源吸热进行定温膨胀，可以将热量完全转化为容积功输出。虽然说也可以满足热力学第一定律的能量方程，然而，在实际应用中，因为气缸不可能无限长，所以这种转化并不可能连续不断地进行，而是要通过多过程(必须有放热)的循环方式才行。这也说明过程的进行是有一定深度的。

因此，热力学第一定律阐明了能量转换的守恒关系，指出了不消耗能量而能不断输出功的第一类永动机是不可能制成的。人们在热功当量的实验和工程应用实践中认识到机械能、电能等可全部转化为热能，然而却不能从单一热源把热能连续不断地全部转为机械能或电能。人们总是希望制造性能良好的热机，消耗最少的燃料得到最大的机械功，但当时不知道热机效率的提高是否有一个限度。人们还认识到自然界的许多现象具有自发过程的方向性，要实现逆自发过程的变化外界都要付出代价。这些认识的升华诞生了卡诺定理和热力学第二定律，它回答了热力学第一定律不能回答的问题。因此，它与热力学第一定律一起构成了工程热力学的主要理论基础。

卡诺定理和热力学第二定律都是以热力循环分析为基础的，所以，下面先介绍热力循环的相关概念。

4.1　热力循环的基本概念

4.1.1　热力循环的定义与分类

在 1.6.4 节中已经简单介绍了热力循环的初步概念，我们已经知道：

体系从初始状态出发，经历一系列中间状态后，又重新回到初态，形成一个封闭的路径或热力过程，这种封闭的热力过程就叫作热力循环，简称为循环。

在常用的压-容图和温-熵图上，循环的全部过程构成一个闭合曲线，如图 4.1 中的 $1A2B1$ 或 $1A2C1$。

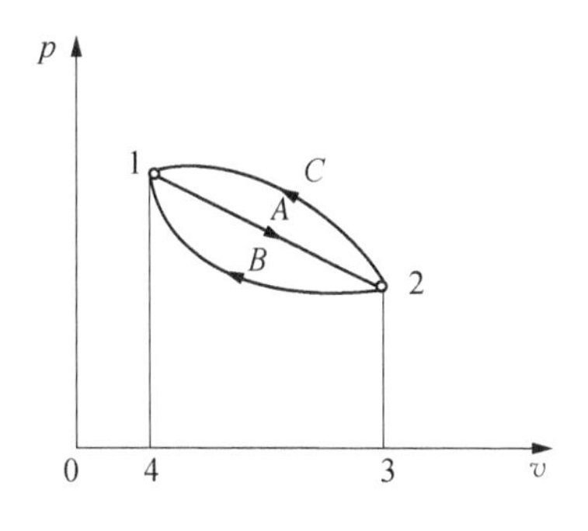

图 4.1　热力循环示意图

循环实际上是由首尾相接的多个过程所组成的，因此，循环的结果是任何状态参数的变化量都是零。但是，体系在循环过程中与外界的相互作用并不是零，而且正是借助于热力循环才能够实现热能向机械能的连续转化，以及热量从低温物体向高温物体的连续转移，这都是外界作用的结果。

按照循环所产生效果的不同，循环分为正向循环和逆向循环。正向循环是把热能转变为机械能的循环，所有的热力发动机（如汽车、船舶、飞机的动力装置）和其他输出动力的装置（如蒸汽动力等）都是采用的这种循环，故也称为动力循环或热机循环。它们都是利用燃料（如汽油、柴油、航空煤油、煤，甚至核燃料）燃烧释放出的热能转化为机械能或电能的。正向循环在压-容图上是按顺时针方向进行的热力过程，如图 4.1 中的 $1A2B1$ 的闭合曲线。与正向循环相反的叫作逆向循环，从循环的功能上来说就是在把机械能转变为热量从低温热源向高温热源的逆向传递，常用的制冷机（如冰箱、空调等）和其他输出热能的装置（如热泵等）都是采用的这种循环，故也称为制冷循环。逆向循环在压-容图上则是按逆时针方向进行的热力过程，如图 4.1 中的 $1A2C1$ 的闭合曲线。

按照循环的热力过程性质的不同，又可分为可逆循环和不可逆循环。组成循环的热力过程中只要存在不可逆因素，整个循环就不可能是可逆的。因此，只有循环所经历的过程都是可逆过程，循环才是可逆循环。反之，过程部分或全部是不可逆过程，循环就是不可逆循环。显然，可逆循环是对实际循环过程的一种理想化模型。

4.1.2　热力循环中的能量转换

下面以正向循环为例来说明热力循环中的能量转换关系。

如图 4.1 所示，从状态 1 出发，过程 $1A2$ 表示气体经历膨胀过程，比容增大，其所做的膨胀功为 L_E，大小就是曲线下所包围的面积 $1A2341$，该过程中的吸热量为 Q_1。而后气体沿较低的压缩过程线 $2B1$ 恢复到初始状态 1，压缩过程所耗费的功为 L_C，大小等于曲线下所包围的面积 $2B1432$，该过程中的放热量为 Q_2。因此，通过一个循环之后，气体所做的净功 L_0 为正值，即 $L_0 = L_E - L_C$，L_0 也称为循环功；与外界所交换的净热量为 $Q_0 = Q_1 - Q_2$。

根据热力学第一定律的能量守恒关系，对于整个循环有 $\oint \delta Q = \oint \delta L$，也即有 $Q_0 = L_0$，因为经过循环又回到初始状态，所以气体内部的能量并没有发生变化，表明气体经历循环所产生的净输出功 L_0 是由循环中的净吸热量 Q_0 转化而来的。可见，循环要能够输出机械功，必须要从高温热源吸收热量，还必须向低温热源（又称为冷源）放出一定量的热量。没有这一部分热量从高温热源通过循环的进行传向低温热源，就不可能使热量 Q_0 连续不断地转变为功，这也是动力循环所共有的根本特性。

4.1.3 热力循环的热效率

为了表示动力循环对热能利用的完善程度，引入循环热效率的概念，定义为循环的循环功 L_0 与气体由高温热源吸入的热量 Q_1 之比，用 η_t 表示，即

$$\eta_t = \frac{L_0}{Q_1} = \frac{Q_1 - Q_2}{Q_1} = 1 - \frac{Q_2}{Q_1} \tag{4.1}$$

循环的热效率是衡量循环完善性和经济性的指标，热效率愈高，表明吸入同样的热量时得到的循环功愈多，也表明热能被利用的程度愈高，即循环的经济性愈好。上式是分析计算循环热效率最基本的公式，它普遍适用于各种类型的热动力循环，且包括可逆和不可逆循环。

【例 4.1】 计算例 2.5 所述燃气轮机装置的循环热效率是多大？

解： 在例 2.5 中，由压气机、燃烧室、涡轮组成的燃气轮机装置构成一个动力装置。参照图 2.11，在单位时间内，气体的循环过程（12341）是：过程 1－2，气体首先在压气机中被绝热压缩，消耗的功是 L_C；而后，过程 2－3，气体在燃烧室内吸收热量 Q_1；过程 3－4，随后进入涡轮膨胀做功，输出的功是 L_T；过程 4－1，最后，气体经过放热过程再回到状态 1，放热量为 Q_2。

例 2.5 已经计算得出了气体流量为 100 kg/s 的循环过程参数分别为：$L_C = 2.9 \times 10^4$ kJ，$Q_1 = 67\,000$ kJ，$L_T = 4.70 \times 10^4$ kJ。可确定燃气轮机的循环功为：$L_0 = L_T - L_C = 1.80 \times 10^4$ kJ。

根据热效率的定义，可知 $\eta_t = \dfrac{L_0}{Q_1} = \dfrac{1.8 \times 10^4}{6.7 \times 10^4} = 26.87\%$。

即该燃气轮机装置仅能把吸收热量的 26.87%转化为输出的机械功。

【例 4.2】 某型大涵道比涡扇发动机（分开排气）在地面台架试车时，其起飞状态的参数为：燃烧室供入的燃油流量 4 540 kg/h，内涵的空气流量和排气速度分别是 87.7 kg/s 和 493 m/s，外涵的空气流量为 126.3 kg/s、排气速度为 320 m/s。估算该发动机在此状态下的热效率是多大？

解：涡喷和涡扇发动机也都属于燃气轮机，其循环功的输出形式不再是轴功，而是通过热力循环将热能转化为气体动能的增加。在地面台架工作时，可认为气流是从静止状态被加速至发动机的出口排气状态。所以，可以估算出气体的循环功为内涵气流和外涵气流的动能之和，即 $87.7 \times 493^2/2 + 126.3 \times 320^2/2 = 17\,124.26$ kJ；燃油完全燃烧释放的热量为 54 101.67 kJ。因此，循环的热效率为 $\eta_t = 31.65\%$。

4.2　热力学第二定律的两种表述

热力学第二定律是自然科学中的重要定律之一，它不是从任何原理推导出来的，而是人类经验的总结，它的一切推论经过实践证明都是正确的。热力学第二定律有不同的表述形式，由于各种表述方式所阐明的是同一个客观规律，所以，它们是彼此等效的。这里主要介绍两种比较经典的说法。

4.2.1　开尔文-普朗克说法

根据长期制造热力发动机的经验，人们总结得出热机中热功转换的基本法则：一切热机不可能只利用一个高温热源，连续地从它取得热量而全部地转变为机械功；为了连续地获得机械功，除了必须有高温热源外，还必须有低温热源，热机工作时，从高温热源取得热量，把其中一部分转变为机械功，而把其余一部分热量排向低温热源；任何热机循环的热效率都不可能达到 100%。按照上述法则，可以归纳为热力学第二定律的开尔文-普朗克(Kelvin-Planck)说法：不可能建造一种循环工作的机器，其作用只是从单一热源取热并全部转变为功。

人们把从单一热源(例如，将海洋、大气及大地等作为单一热源)不断地吸取热量而将它全部转变为机械功的发动机称为第二类永动机，以与第 2 章中所述的完全不需供给能量的第一类永动机相区别。如上所述，从单一热源取热做功的循环工作的机器是不可能建造成的，因而还可以把热力学第二定律的开尔文-普朗克说法表述为：第二类永动机是不可能制成的。

应当指出，开尔文-普朗克说法是针对循环工作的机器而言的，若对一个过程并不一定要求至少有两个不同的热源，只有一个热源把热量全部变为功也是可以的，但产生了其他变化，这并不违背热力学第二定律。例如，完全气体在作定温膨胀时所做的功是完全由所吸取的热量转变来的，但这时它的体积变大了，或压力降低了，这就是所产生的变化。同时由于工质没有回到初始状态，用这种方式把热量全部转变为功也不可能连续不断地进行(即不是通过循环来实现的)。所以上述情况与开尔文-普朗克说法并不矛盾，因为它还是有补偿条件的。

4.2.2　克劳修斯说法

根据长期制造制冷机的经验，人们总结得到制冷机中实现热功转换的基本法则：不管利用什么机器，都不可能不付出代价地实现把热量由低温物体转移到高温物体。若使工质进行一个制冷循环，实现把热量由低温物体转移到高温物体，则必须消耗功并把这部分功变成热量传给高温物体。于是可以把这个法则归纳为热力学第二定律的克劳修斯说法：不可能使热量由低温物体传向高温物体而不引起其他的变化。

克劳修斯说法表明了高温物体向低温物体传递热量和低温物体向高温物体传递热量是两类不同性质的过程，高温物体向低温物体传递热量能自发进行，而低温物体向高温物体传递热量则是有条件的，还需具备外界输入功这个条件。因而这也从不同角度反映了自发过程的单向性。所以也可以说，一切自发过程都是不可逆的。

4.2.3 两种说法的等价性

上述热力学第二定律的两种表述，虽然是各自说明一种热功转换过程实现的必要条件，但在实质上它们是完全一致的。如果假设一种表述被违背，则可证明另一种表述也将被违背。两种说法的等价性可用反证法来证明。

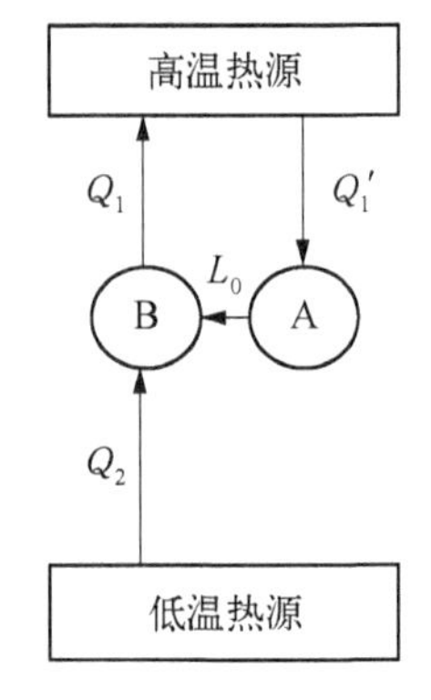

图 4.2 机器 A 与 B 联合工作示意图

如图 4.2 所示，假设机器 A 违背开尔文-普朗克说法，它能够从单一热源吸热并全部转变为功，即机器 A 从高温热源吸收热量 Q_1'，并把它全部转变为功 L_0。现在，假想地加入一个制冷机 B，以构成一个组合装置。然后，在这个组合装置内利用 A 产生的功 L_0 来驱动制冷机 B 工作，使它从低温热源吸热 Q_2，向高温热源放出热量 Q_1。根据热力学第一定律可得 $Q_1 = L_0 + Q_2$，于是高温热源实际所得到的净热量为 $Q_1 - Q_1' = Q_1 - L_0 = Q_2$，而低温热源给出了热量 Q_2。因此，机器 A 和机器 B 联合工作的唯一效果就是使低温热源向高温热源传递了热量 Q_2，而没有发生其他变化，从而违背了克劳修斯说法。这就说明了热力学第二定律的两种表述是等效的。

热力学第二定律的各种表述在实质上是从不同的现象来说明功热转换过程的方向性。有一类过程是所谓的自发过程，例如由功变热、或由温度较高的物体向温度较低的物体传热等，它们能够自发地无条件地实现。但是，自发过程的反向过程却是不能无条件地自发地实现的。如果进行了一个自发过程后要按逆方向返回，则即使利用热机、制冷机或者任何其他方法，反向过程中外界的情况仍然不会和自发过程中的相同，正如经验所证明的那样，进行一个自发过程后，不论用何种复杂的方法，都不可能使体系和外界都恢复原状而不留下任何的变化。因而，热力学第二定律也说明了这样一个事实：一切自发过程都是不可逆的。

4.3 卡诺循环与卡诺定理

热力学第二定律否定了第二类永动机，效率为 100% 的热机是不可能实现的，那么热机的效率最高可以达到多少呢？卡诺定理从理论上解决了这一问题。

4.3.1 卡诺循环

1. 卡诺循环的热力过程

卡诺循环是一种工作于两个定温热源之间的正向可逆循环。如前所述，定温热源的温度在其接收热量或放出热量时均保持热源的温度为恒定。为表述方便，把高温热源的温度记为 T_H，低温热源的温度记为 T_L。

卡诺循环由 4 个可逆过程组成，如图 4.3 所示。若以 A 为起点，分别是：定温膨胀过程 $A-B$，绝热膨胀过程（又叫作定熵膨胀过程）$B-C$，定温压缩过程 $C-D$，绝热压缩过程（又叫作定熵压缩过程）$D-A$。可见，只有定温膨胀与定温压缩过程有热量交换。按照卡诺循环工作的热机又称为卡诺热机。

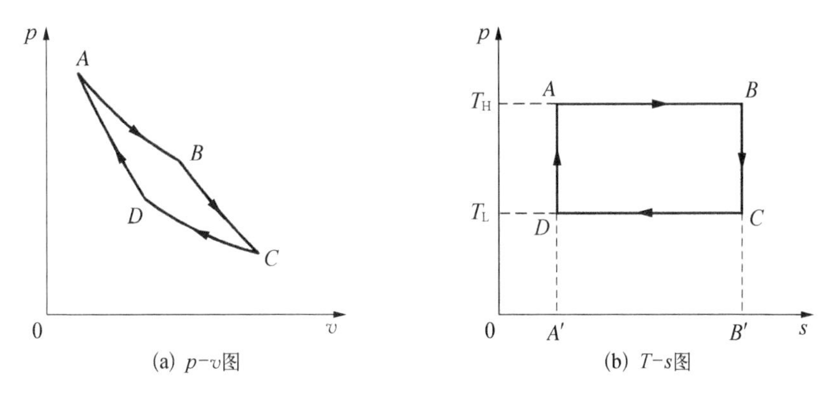

图 4.3　卡诺循环的热力过程

2. 卡诺循环的热效率

对于工质为完全气体的卡诺循环，其热效率可利用第 3 章热力过程的相关公式推导出来。定温膨胀过程 $A-B$ 的吸热量为

$$Q_{AB} = mRT_H \ln \frac{v_B}{v_A} \tag{4.2}$$

式中，m 为工质的质量，下同。

定温压缩过程 $C-D$ 的放热量为

$$Q_{CD} = mRT_L \ln \frac{v_C}{v_D} \tag{4.3}$$

由于 $B-C$ 和 $D-A$ 均为定熵过程，故有

$$\frac{T_L}{T_H} = \left(\frac{v_B}{v_C}\right)^{\gamma-1}, \qquad \frac{T_L}{T_H} = \left(\frac{v_A}{v_D}\right)^{\gamma-1}$$

所以，可知 $\frac{v_B}{v_C} = \frac{v_A}{v_D}$，或 $\frac{v_B}{v_A} = \frac{v_C}{v_D}$。

将上述关系代入式(4.2)和式(4.3)，则有

$$\frac{Q_{AB}}{Q_{CD}} = \frac{T_H}{T_L} \tag{4.4}$$

由热力循环热效率的定义式(4.1)，可得到完全气体卡诺循环的热效率 $\eta_{t,C}$ 为

$$\eta_{t,C} = 1 - \frac{Q_2}{Q_1} = 1 - \frac{Q_{CD}}{Q_{AB}} = 1 - \frac{T_L}{T_H} \tag{4.5}$$

从上述卡诺循环的热效率公式,可以得到如下结论:

(1) 虽然在推导中假设了是完全气体,但是最后的热效率表达式中并没有与工质性质相关的参数,说明卡诺循环的热效率与工质的性质无关。卡诺循环的热效率只决定于高温热源和低温热源的温度,具有普遍意义。

(2) 提高循环热效率的合理途径是提高高温热源的温度 T_H,或者是降低低温热源的温度 T_L。这对改进热机的热效率具有重要的指导意义。

(3) 卡诺循环的热效率只能小于1,不可能等于1。因为 $T_H = \infty$ 和 $T_L = 0$ 都是不可能的。这就说明,在热力发动机中,不可能将加入的热量全部转换为功,必定有部分热量转移给低温热源。这符合热力学第二定律的开尔文-普朗克说法,是科学的。

(4) 当 $T_H = T_L$ 时,循环的热效率为零。这表明,利用单一热源做功的循环机器,即第二类永动机,是不可能造成的。换句话说,要想通过循环利用热量来产生功,一定要有两个温度不同的热源。

4.3.2 卡诺定理及其推论

1. 卡诺定理

卡诺定理的基本内容是:在两个定温热源之间工作的任何热机的热效率不可能大于在相同热源之间工作的可逆热机的热效率。

例如,设有两台热机,机器 H 为任何热机,机器 R 为可逆热机。若两台机器在相同两个定温热源之间工作,则按卡诺定理,必有 $\eta_{tH} \ngtr \eta_{tR}$。

卡诺定理仍可采用反证法进行证明。如图 4.4(a)所示,设两台机器正向运转时都从高温热源 T_H 吸取相同数量的热量 Q_1。现假设 $\eta_{tH} > \eta_{tR}$ 成立,则热机 H 所做的功 L_H 应大于可逆机 R 所做的功 L_R,而热机 H 的放热量 Q_2'必定小于可逆机 R 的放热量 Q_2。再令可逆机 R 逆向运转,因 R 是可逆机,所以逆向运转时各有关量均应与正向运转时的数值相等,只是方向相反,如图 4.4(b)所示。

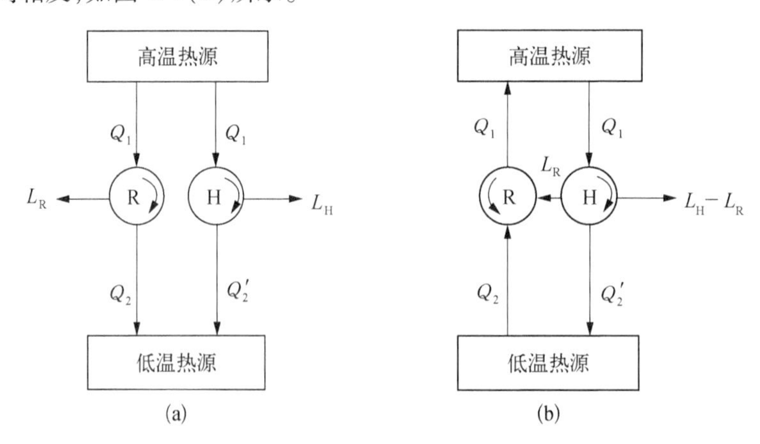

图 4.4　卡诺定理及其推论证明用图

此时若把 H 和 R 当作一个整体看待，因为 $L_H > L_R$，可取 L_H 的一部分功 L_R 推动可逆机 R 运转，故还有多余的功 $L_H - L_R$ 对外输出。那么，两台机器联合工作的总效果是：工质经过两个循环，状态不变；高温热源失去 Q_1，又得到 Q_1，净热量为零；低温热源得到热量 Q_2'，又失去 Q_2，由于 $Q_2' < Q_2$，故净失热为 $Q_2 - Q_2'$；外界得到功 L_H，又失去功 L_R，由于 $L_H > L_R$，故净得功为 $L_H - L_R$，即机器(H+R)工作的结果是从单一热源取热 $Q_2 - Q_2'$，并将其全部转变为功 $L_H - L_R$，而未引起其他的变化。这显然违反了热力学第二定律的开尔文-普朗克说法，故原假设不成立，即只能有 $\eta_{tH} \ngtr \eta_{tR}$。

卡诺热机是在两个定温热源之间工作的可逆机，由此可见，在两个定温热源之间工作的任何热机的热效率均不能大于卡诺热机的热效率。

卡诺定理用起来还不是很方便，一般更常用的是如下的两个推论。

2. 卡诺定理推论一

从卡诺定理可得到如下推论：所有工作于两个定温热源之间的可逆机热效率均相等，且均等于卡诺机的热效率。

对该推论可作如下的证明。设有在两个定温热源之间工作的可逆机 R 和可逆机 E，它们的热效率分别为 η_{tR} 和 η_{tE}。根据卡诺定理，因为 R 机是可逆的，所以有 $\eta_{tE} \ngtr \eta_{tR}$。但 E 机也是可逆的，所以也有 $\eta_{tR} \ngtr \eta_{tE}$。因此必有 $\eta_{tR} = \eta_{tE}$。

由此可见，在两个定温热源之间工作的所有可逆机的热效率皆相等，因为卡诺机是可逆机，所以均等于卡诺机的热效率。

3. 卡诺定理推论二

从卡诺定理还可得到另一推论：在两个定温热源之间工作的不可逆热机的热效率必小于可逆热机的热效率。

现证明如下：设图 4.4(a)中 R 为可逆机，H 为不可逆机。由卡诺定理可知，$\eta_{tH} \ngtr \eta_{tR}$。若假定 $\eta_{tH} = \eta_{tR}$，当吸热量 Q_1 相同时，则应有 $L_H = L_R$。现用不可逆机 H 带动可逆机 R 逆向运转，则两热机联合工作的结果将会使工质、热源及外界都恢复到原状而不留下任何变化。但是不可逆机 H 中的工质所进行的过程是不可逆的，这样联合工作的结果要使工质、热源及外界都恢复原状而不留下任何变化是不可能的。所以原假定 $\eta_{tH} = \eta_{tR}$ 是错误的，因此证明了唯一的可能是 $\eta_{tH} < \eta_{tR}$。

由上述两个推论可知，在两个定温热源之间工作的所有热机，以卡诺热机的热效率为最高。同时，也说明了提高热机热效率的另一条重要途径，就是要尽可能降低过程的不可逆程度，例如减小摩擦、流动分离、温差传热等耗散效应。

4.4　多热源循环

4.4.1　多热源循环的概念

卡诺循环中与定温热源进行定温的吸热和放热是一种非常理想的模型，在实际循环中往往都是温度在变化的吸热与放热过程，如图 4.5 所示的一般热力循环情形。可见，状态 B 和 D 的温度分别为循环温度的最高值和最低值，记为 $T_{H\max}$ 和 $T_{L\min}$，也叫作循环的极限温度。状态 C 和 A 的熵值分别是最大值和最小值，为 s_C 和 s_A。为了建立可逆过程模型，把吸热过程 $A-B-C$ 当做工质与无数个温度由 T_A 到 T_B 再到 T_C 的不同温度的定温热源逐一接触，在每一个温度下都是温差无限小的定温可逆吸热过程。同理，把放热过程 $C-D-A$ 也看做工质与无数个温度由 T_C 到 T_D 再到 T_A 的定温热源接触，也进行的是定温可逆放热过程。所以称这种变温循环称为多热源循环，满足可逆条件时，就是多热源可逆循环。

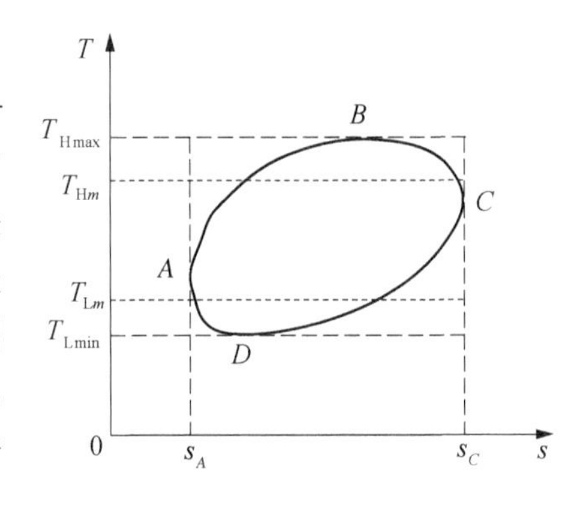

图 4.5　多热源循环与等效卡诺循环

4.4.2　等效卡诺循环

对于一般的多热源可逆循环，当其热力过程曲线确定时，循环曲线所围成的面积大小就等于循环功，如图 4.5 曲线 $A-B-C$ 与横坐标所围成的面积大小就等于总的吸热量，因此即可确定循环的热效率。

为与卡诺循环相比较，可以应用等效卡诺循环的概念。所谓的等效卡诺循环，是指将多热源可逆循环通过保持吸热量相等和放热量相等而等效成为一个卡诺循环。如图 4.5 中温度为 T_{Hm} 和 T_{Lm} 的“点虚线”与熵值为 s_C 和 s_A 的竖垂线所围成的矩形，就是循环 $ABCDA$ 的等效卡诺循环。其中的 T_{Hm} 和 T_{Lm} 分别是等效卡诺循环的高温热源温度和低温热源温度，也可叫作等效高温温度和等效低温温度。根据等效的条件，要保持吸热量相等和放热量相等，所以有 $T_{Hm}(s_C - s_A) = \int_{ABC} T\mathrm{d}s$，$T_{Lm}(s_A - s_C) = \int_{CDA} T\mathrm{d}s$。因此，由图示也可以看出，有 $T_{Hm} < T_{H\max}$ 和 $T_{Lm} > T_{L\max}$。显然，因为等效卡诺循环的吸热量和放热量均与多热源循环相等，所以其热效率也就等于多热源循环的热效率。

对于等效卡诺循环，可以列出其热效率为：$\eta_{t,Cm} = 1 - T_{Lm}/T_{Hm}$。而对于在极限温度 $T_{H\max}$ 和 $T_{L\min}$ 之间工作的卡诺循环，其热效率为：$\eta_{t,C} = 1 - T_{L\min}/T_{H\max}$。所以，$\eta_{t,Cm} < \eta_{t,C}$。

所以，也可以得出结论，在相同的极限温度范围内，多热源循环的热效率一定小于卡诺循环的热效率。这也符合卡诺定理的推论。

总结来说，卡诺循环既是最简单、最理想的循环，也是最佳的循环。虽然它距离实际热机较远，但对实际热机的设计具有指导意义。例如，

(1) 使热机经历的循环尽可能接近卡诺循环。如图 4.5 所示，多热源循环对其外切的卡诺循环充满度越大，就越接近卡诺循环，热效率就越高；

(2) 尽量减少循环的不可逆性，不可逆性越小，热效率越高；

(3) 尽量扩大循环的极限温度范围，即提高最高温度 $T_{H\max}$，降低最低温度 $T_{L\min}$。所以，一方面要改善热端部件材料的高温性能，另一方面改进放热过程；

(4) 直接决定实际循环热效率的是其等效定温吸热温度和等效定温放热温度，提高实际循环热效率的主要措施应该是提高其等效定温吸热温度和降低等效定温放热温度，以增大等效温差。

4.5　活塞式发动机理想循环

活塞式发动机是将燃料燃烧释放出来的热能转化为有用机械能的一种动力装置。其工作时,燃料直接在气缸内与空气混合、燃烧,把化学能转化成热能,产生高温高压的气体,气体在气缸内膨胀推动活塞,通过连杆、曲轴对外输出机械功。因为这一能量转化过程完全是在发动机内部完成的,所以称之为内燃机。活塞式发动机可分为多种类型,按照点火方式有点燃式和压燃式内燃机;按使用燃料不同可分为汽油机、柴油机、气体燃料发动机等;按冲程数又有四冲程与二冲程内燃机(发动机)。但无论是哪种类型内燃机,其基本工作原理都是一样的。就其工作的循环过程而言,都是由进气、压缩、燃烧、膨胀、排气等主要过程组成。因此,在进行热力过程分析时,可以抽象成为压缩、加热、膨胀和放热过程。而且,燃料燃烧加热气体的过程有近似的定容、定压或定容-定压三种方式。而放热过程差不多都是在活塞移动位置很小、气缸容积几乎不变的条件下快速地排出气体实现的,可近似为一个定容过程。

本节主要介绍定容加热的循环与定压加热的循环。

4.5.1　发动机理想循环的假设条件

实际的内燃机工作过程中有与外界的气体质量交换,存在摩擦等不可逆因素,工质的成分也有空气到燃气的变化。为了方便进行理论分析,需要对实际循环进行一些简化,抽象和概括为理想化的循环,以突出主要矛盾。发动机理想循环的简化条件主要有:

(1) 忽略燃油和燃烧对工质性质的影响,认为工质自始至终都是空气,且空气的性质为定比热的完全气体;

(2) 以外部热源向空气的加热过程代替实际的燃烧过程,以向外界(冷源)的定容放热过程代替实际的排气放热过程,工质的质量和成分自始至终都保持不变;

(3) 忽略实际进、排气过程的影响,把实际的循环简化为一个封闭的循环,使得研究的体系是理想的闭口体系;

(4) 构成循环的各个过程都是可逆的。

根据以上假设得到的理想循环可以表示在 $p-v$ 图和 $T-s$ 图上,并且可以应用以前一切可逆过程的分析方法和计算公式,从而找出影响循环热效率和循环功的因素。

4.5.2　定容加热循环-奥托循环

在汽车上常用的汽油机和航空活塞式发动机中,采用进气预混或缸内直喷的方式形成混合气,在压缩终了时再用电火花点燃。一经点燃,燃烧过程进行得非常迅速,活塞基本上停留在止点未动,因此这一燃烧过程可以视为定容加热过程。这种循环就叫作定容加热循环,又以德国发明家奥托(Nikolas August Otto,1832~1891)的名字命名为奥托循环。

1. 理想循环的组成

如图 4.6 所示,以单位质量的气体为例,奥托循环由定熵压缩(绝热压缩)过程 1-2、定容加热过程 2-3、定熵膨胀(绝热膨胀)过程 3-4 和定容放热过程 4-1 组成。在奥托循环中,气体首先被活塞压缩,进行定熵压缩过程1-2。在这个过程中,气体获得外功,内能增大,因而温度、压力提高,比容减小。气体变化到状态2后,接着进行定容加热过程2-3。这时气体从外界热源吸热,由于气体不对外做功,全部加热量 q_1 都转换为其内能增加,使气体的温度、压力升高,为膨胀做功创造条件。从状态3开始进行绝热膨胀过程3-4,气体推动活塞运动向外做功,因而内能减小,温度、压力降低,比容增大。从状态4开始进行定容放热过程4-1,气体向外界放出热量 q_2,内能减小,温度和压力降低,直到恢复到初始状态1为止。这样,气体完成了一个循环。

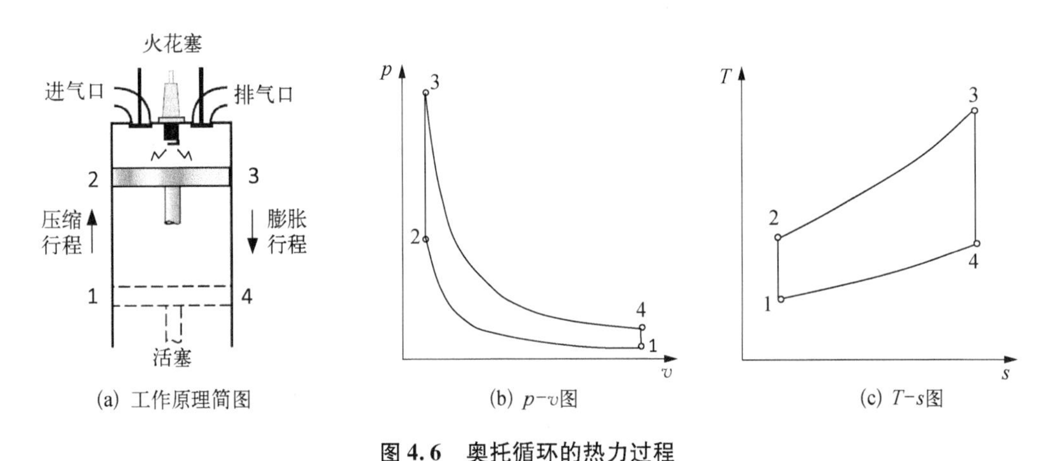

图4.6 奥托循环的热力过程

2. 奥托循环的热效率

根据热力循环热效率的定义式,奥托循环的热效率应为

$$\eta_{t,O} = 1 - \frac{q_2}{q_1}$$

代入定容加热和定容放热过程的热量计算式,得

$$\eta_{t,O} = 1 - \frac{c_v(T_4 - T_1)}{c_v(T_3 - T_2)} = 1 - \frac{T_1}{T_2}\frac{\dfrac{T_4}{T_1} - 1}{\dfrac{T_3}{T_2} - 1} \tag{4.6}$$

因为过程1-2和过程3-4都是定熵过程,过程2-3和过程4-1都是定容过程,所以有

$$\frac{T_1}{T_2} = \left(\frac{v_2}{v_1}\right)^{\gamma-1}, \quad \frac{T_4}{T_3} = \left(\frac{v_3}{v_4}\right)^{\gamma-1}; \quad v_1 = v_4, \quad v_2 = v_3$$

因此有

$$\frac{T_1}{T_2} = \frac{T_4}{T_3}, \quad \frac{T_4}{T_1} = \frac{T_3}{T_2}$$

将以上结果代入式(4.6),可得奥托循环的热效率

$$\eta_{t,O} = 1 - \frac{T_1}{T_2} = 1 - \left(\frac{v_2}{v_1}\right)^{\gamma-1} = 1 - \frac{1}{\left(\frac{v_1}{v_2}\right)^{\gamma-1}} = 1 - \frac{1}{\varepsilon^{\gamma-1}} \tag{4.7}$$

式中，$\varepsilon = \frac{v_1}{v_2}$，称为压缩比，即表示工质被压缩前的比容与压缩后的比容之比。

上式说明，奥托循环的热效率与压缩比有关，压缩比愈大，则热效率愈高。当 $\gamma = 1.4$ 时，热效率随压缩比的变化情形，如图 4.7 所示。

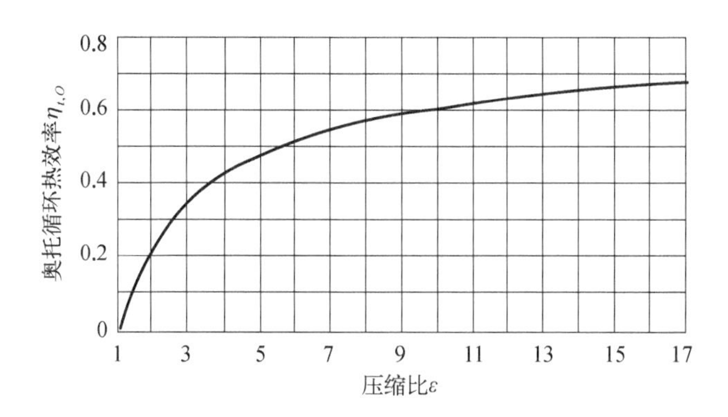

图 4.7　奥托循环热效率随压缩比的变化

但是在实际的汽油机中，因为压缩的气体是空气和汽油燃料混合物，要受到混合气体自燃温度的限制，不能采用较大的压缩比，否则混合气体就会“爆燃”，使发动机不能正常工作。实际应用中的压缩比一般是 5~12，实际热效率为 25%~30%。

3. 奥托循环的循环功

由于理想循环功等于加热量与热效率的乘积，即

$$l_{ei,O} = q_1 \eta_{t,O} \tag{4.8}$$

可见，奥托循环的理想循环功基本上取决于压缩比和加热量的大小。

4.5.3　定压加热循环-狄塞尔循环

1. 理想循环的组成

定压加热循环，因德国工程师狄塞尔（Rudolf Diesel，1858~1913）在 1892 年制造的第一台四冲程柴油机所采用，又广泛地称之为狄塞尔循环。如前所述，定容加热循环由于混合气自燃温度的限制，压缩比不能太大，这就限制了热效率的提高。为在内燃机中采用较高的压缩比，就出现了空气和燃气分别进行压缩的、不需要火花塞点火的、自行压燃式发动机，即以柴油为燃料的柴油机。在这种发动机中，压缩比可以提高到 14~18。由于转速低，活塞移动速度较慢，在活塞开始膨胀行程时通过高压喷入燃料，雾化质量高，边喷边燃烧，燃气的温度和容积同时增加，气缸内的压力变化不大，所以近似为定压过程。除此以外，其他的 3 个过程基本上与奥托循环一致。

所以，狄塞尔循环如图 4.8 中所示。其中，过程 1－2 是定熵压缩（绝热压缩）过程，过程

2－3 是定压加热过程，过程 3－4 是定熵膨胀(绝热膨胀)过程，过程 4－1 是定容放热过程。

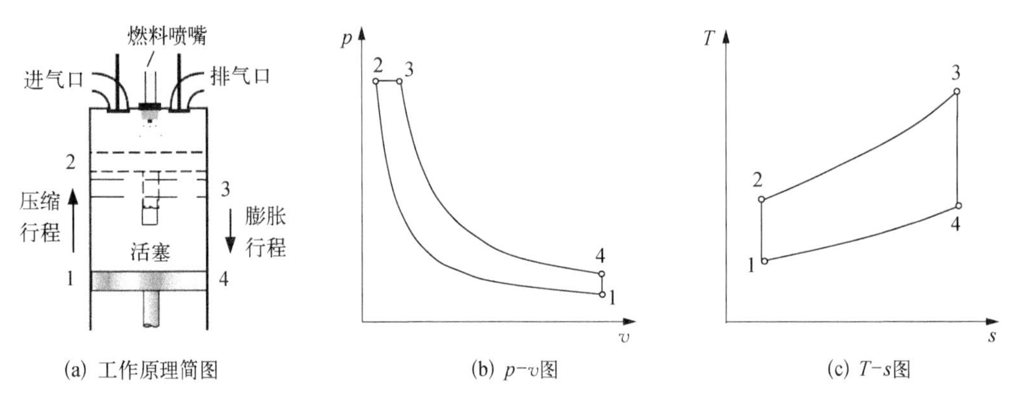

图 4.8 狄塞尔循环的热力过程

2. 狄塞尔循环的热效率

狄塞尔循环的热效率计算公式为：

$$\eta_{t,D}=1-\frac{1}{\gamma}\frac{1}{\varepsilon^{\gamma-1}}\frac{\rho^{\gamma}-1}{\rho-1} \tag{4.9}$$

式中，$\rho=\dfrac{v_3}{v_2}$，称为预胀比，等于气体加热过程结束时的比容 v_3 与加热前的比容 v_2 之比；ε 仍为压缩比(与奥托循环一样)。

从式(4.9)可以看出，狄塞尔循环的热效率随压缩比 ε 的增大而增大(与奥托循环相同)，而随预胀比 ρ 的增大而减小。当 $\gamma=1.4$ 时，热效率随压缩比和预胀比的变化情形，如图 4.9 所示。

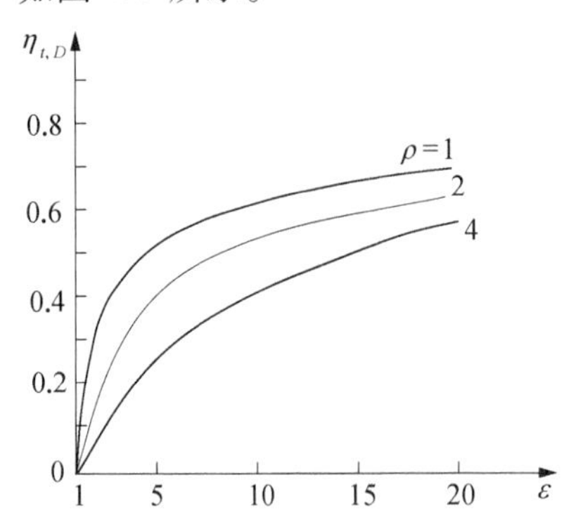

图 4.9 狄塞尔循环热效率的变化

3. 狄塞尔循环的循环功

同理，由于理想循环功等于加热量与热效率的乘积，即

$$l_{0,D}=q_1\eta_{t,D} \tag{4.10}$$

可见，狄塞尔循环的理想循环功也是取决于压缩比、预胀比和加热量的大小。

以狄塞尔循环工作的柴油机也叫作狄塞尔机，其典型的压缩比值可达 12～24，实际热效率可达 35%～50%。而且柴油机的缸压和燃烧温度都较高，所以功率也较大，适用于重型装备的动力装置。

4.6 喷气式发动机的理想循环

航空动力装置可分为直接反作用推进式发动机和间接反作用推进式发动机两大类。

其中,直接反作用推进式发动机直接将工质加速产生反作用推力,发动机本身既是热力机也是推进器,由于这一类发动机在喷管出口具有较高的喷气速度,所以又被称为喷气式发动机。喷气式发动机一般包括涡轮喷气发动机、涡轮风扇发动机和冲压发动机。下面,主要以涡轮喷气发动机和冲压发动机为例,讨论喷气式发动机的理想循环过程。

4.6.1　喷气式发动机工作过程概述

在 1.1.2 节已经简要介绍了航空燃气涡轮发动机的工作情形,并指出涡喷发动机是现代航空燃气涡轮发动机最基本的形式。为分析方便,这里先再次以最基本的涡喷发动机为例回顾发动机的主要工作过程。如图 4.10(a)所示,该发动机是一台单转子涡轮喷气式发动机,主要由压气机、燃烧室、涡轮与喷管等部件组成(请注意,本教材在此参考国军标应用了航空发动机的常用截面符号,以便与航空发动机的循环分析和性能分析保持一致)。该发动机工作时,空气由远前方的未受扰动截面(0 截面),首先经过布置于飞机或发动机短舱上的进气道(图中未画出)流入发动机进口(1 截面),而后到达压气机的进口截面(2 截面)。随后进入压气机,压气机一般是轴流式的叶轮机械,通过输入轴功带动压气机转子旋转对气流做功,对其进行压缩,气体的压力和温度升高。经压缩后的空气随后进入燃烧室进口(3 截面),在燃烧室中,燃料与空气混合,燃烧后释放出大量热能,对气流加热。该加热过程中气流的压力变化很小,可近似为一个定压过程。气流吸热后温度进一步急剧升高,形成高温高压的燃气,具有了很强的能量转化能力(对外膨胀做功或转化为动能增大)。而后,高温高压的燃气进入涡轮(涡轮进口为 4 截面,该截面的燃气温度即为常说的涡轮前燃气温度 T_4),燃气膨胀做功,推动涡轮旋转而输出轴功,用以带动压气机。涡轮后(5 截面)的燃气温度和压力虽有所降低,但仍然具有了较强的能量转化能力。进入喷管后(喷管进口一般为 7 截面),燃气进一步膨胀加速,将焓转化为动能增加,气流的温度和压力降低,速度增大,以高速排出(9 截面)。高速排出的气流在机体外大气中放热(这也是一个定压放热过程)。可见,涡喷发动机的工作可以总结为压缩、燃烧加热、膨胀和放热这 4 个基本的热力过程。通过这一系列工作过程,将燃料燃烧产生的热能转化成可利用的机械能,表现为气体通过发动机各个部件后,动能大幅增加。从作用力的角度来看,气流经历一系列热力过程后动量大大增加,从而产生了对发动机各部件的反作用力,综合表现为推力的形式,这也是发动机产生推力的基本原理。可见,发动机能产生推力的根本还是热能的转化利用。

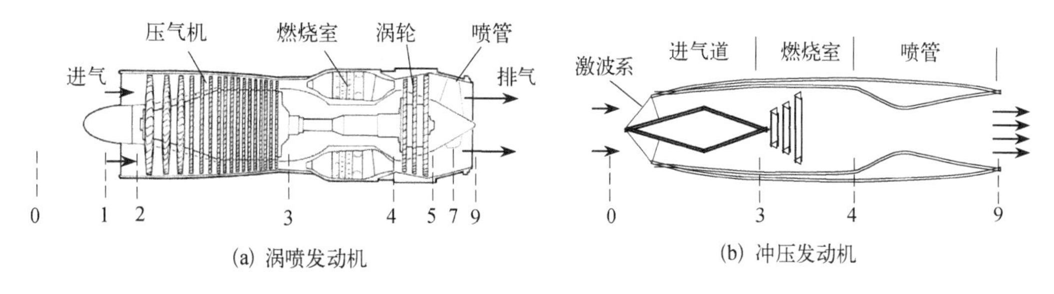

图 4.10　喷气式发动机简图

冲压发动机也是一种典型的喷气式发动机，适于在高速飞行条件下工作（飞行马赫数2.0以上）。图4.10(b)所示的是冲压发动机，主要由进气道、燃烧室和喷管等部件组成，没有压气机和涡轮等部件，所以结构简单。为与涡喷发动机的分析保持一致，其典型的截面符号也如图4.10所示。冲压发动机工作时，高速的气流首先在进气道中通过激波系和管道型面变化减速增压，称为气流的冲压压缩过程，气体的压力和温度升高。而后进入燃烧室，其燃烧加热工作过程与涡喷发动机一样，也可近似为一个定压过程，燃烧后产生高温高压的燃气。同样，燃气在喷管中膨胀加速，将焓转化为动能增加，气流的温度和压力降低，速度增大，以高速排出。对比可知，冲压发动机虽然没有了压气机和涡轮，但仍然是经历了压缩、燃烧加热、膨胀和放热这4个基本的热力过程，将燃料燃烧产生的热能转化成可利用的机械能，并产生推力。

对于涡扇发动机而言，气流在其内涵道中的热力过程与涡喷发动机基本相同，但是其整机的工作过程和热力循环分析更为复杂，超出了本教材的范围，有需要的读者可参考相关介绍发动机原理的文献。

4.6.2 喷气式发动机的理想循环——布莱顿循环

遵循4.5.1所述发动机理想循环的假设条件，并设定气体在喷管中完全膨胀（出口压力等于外界大气压力），并且认为经喷管排出的气流在大气中放热后又重新回到发动机进口，从而形成闭合的循环过程。这样便得到喷气式发动机的理想循环，如图4.11所示，图中的气体状态以发动机的主要截面符号表示。该循环又叫作布莱顿循环，以美国工程师布莱顿（George Brayton，1830～1892）的名字命名。

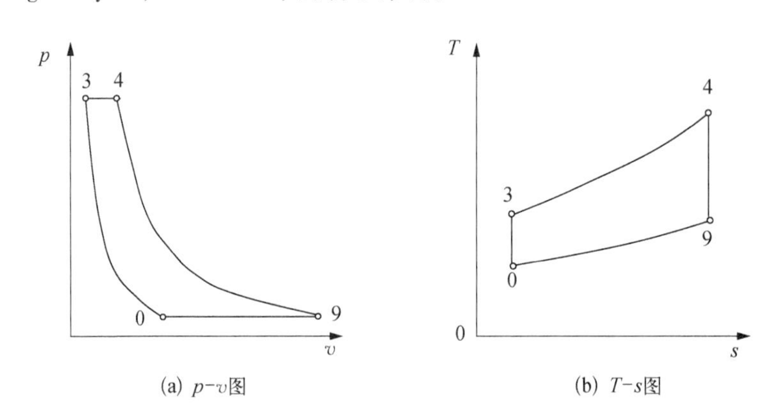

图4.11　布莱顿循环的热力过程

可见，布莱顿循环也可归纳为4个可逆热力过程，即定熵压缩过程0－3、定压加热过程3－4、定熵膨胀过程4－9和定压放热过程9－0。由于这种循环在定压条件下加热，所以也是一种定压加热循环。

在布莱顿循环中，以单位质量气体为例，空气从状态0开始进行绝热压缩过程，包括进气道冲压压缩和压气机的压缩过程，在压气机中气体得到外界输入的轴功，比容减小，压力、温度升高。当工质变化到状态3时，开始进行定压加热过程，气体吸热量 q_1，温度升高，比容增大。从状态4开始，高温高压的气体开始进行绝热膨胀，包括在涡轮和喷管中的膨胀过程,气体在涡轮中膨胀输出轴功,在喷管中膨胀加速,比容增大,温度、压力降低。最后是定压放热过程,放热量为 q_2, 温度降低,比容减小,使得气体恢复到初始状态 0,完成一个热力循环。

4.6.3　布莱顿循环的热效率

同理,根据热力循环热效率的定义式,布莱顿循环的热效率应为

$$\eta_{t,B} = 1 - \frac{q_2}{q_1}$$

代入定压加热和定压放热过程的热量计算式,得

$$\eta_{t,B} = 1 - \frac{c_p(T_9 - T_0)}{c_p(T_4 - T_3)} = 1 - \frac{T_0}{T_3}\frac{\dfrac{T_9}{T_0} - 1}{\dfrac{T_4}{T_3} - 1} \tag{4.11}$$

因为过程 0－3 和过程 4－9 都是定熵过程,过程 3－4 和过程 9－0 都是定压过程,所以有

$$\frac{T_3}{T_0} = \left(\frac{p_3}{p_0}\right)^{\frac{\gamma-1}{\gamma}},\quad \frac{T_4}{T_9} = \left(\frac{p_4}{p_9}\right)^{\frac{\gamma-1}{\gamma}};\quad p_0 = p_9,\quad p_3 = p_4$$

因此有

$$\frac{T_0}{T_3} = \frac{T_9}{T_4},\quad \frac{T_4}{T_3} = \frac{T_9}{T_0}$$

将以上结果代入(4.11)式,可得布莱顿循环的热效率

$$\eta_{t,B} = 1 - \frac{T_0}{T_3} = 1 - \frac{1}{\dfrac{T_3}{T_0}} = 1 - \frac{1}{\left(\dfrac{p_3}{p_0}\right)^{\frac{\gamma-1}{\gamma}}} \tag{4.12}$$

令 $\pi = p_3/p_0$, 则有

$$\eta_{t,B} = 1 - \frac{1}{\pi^{\frac{\gamma-1}{\gamma}}} \tag{4.13}$$

式中, π 为发动机的增压比,即气流被压缩后的压力 p_3 与被压缩前的压力 p_0 之比。当在地面工作时,没有冲压作用,分阶段的增压比就等于压气机的增压比。

从式(4.13)可以看出,布莱顿循环的热效率 $\eta_{t,B}$ 仅与发动机增压比 π 有关,且随着增压比的增大而增大。当取 $\gamma = 1.4$ 时,热效率随增压比变化的情形如图 4.12 所示。

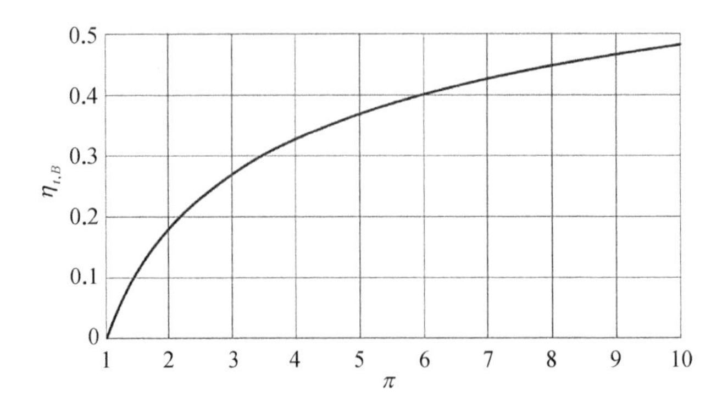

图 4.12　布莱顿循环热效率随增压比的变化情形

4.6.4　布莱顿循环的循环功

由于理想循环功等于加热量与热效率的乘积,即

$$l_{0i,\ B} = q_1 \eta_{t,\ B} \tag{4.14}$$

可见,布莱顿的理想循环功取决于增压比和加热量的大小。当加热量不变时,如果增压比增大,则热效率提高,加热量中有更多的热量被用来做功,因而理想循环功增大。

进一步,定比热的定压过程加热量为 $q_1 = c_p(T_4 - T_3) = c_p T_0(T_4/T_0 - T_3/T_0)$

定义 $\Delta = T_4/T_0$ 为发动机的加热比,并令 $e = \pi^{\frac{\gamma-1}{\gamma}} = T_3/T_0$,则布莱顿循环的循环功为

$$l_{0i,\ B} = c_p T_0(\Delta - e)(1 - 1/e) = c_p T_0(e - 1)(\Delta/e - 1) \tag{4.15}$$

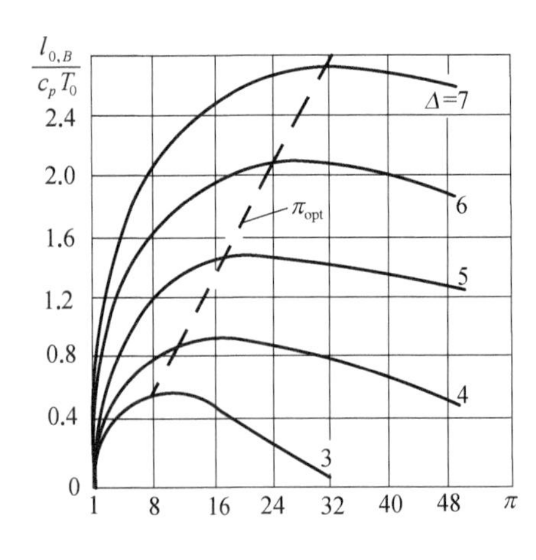

图 4.13　无因次循环功随 Δ 和 π 的变化情形

可见,在 T_0 一定的条件下,布莱顿循环的循环功大小取决于发动机的加热比 Δ 和增压比 π,图 4.13 表示了加热比 Δ 和增压比 π 对无因次循环功 $\frac{l_{0,\ B}}{c_p T_0}$ 的影响规律。

(1) 加热比的影响。当其他因素不变,加热比增大,加入的热量就越多,而循环的热效率不变,所以循环功亦增大,如图 4.13 所示。因此,要获得更大的循环功,必须要有更高的涡轮前燃气温度 T_4。

(2) 增压比的影响。加热比保持不变,当增压比为 1 时,可知循环功为零;其后,循环功随着增压比的增大而呈现先增大后下降的变化规律,存在最大值;循环功最大值所对应的增压比为最佳增压比,记为 π_{opt}。如图 4.13 所示,最佳增压比也随着加热比的增加而增大。实际上,最佳增压比可以通过对式(4.15)求导后确定(推导过程略),为 $\pi_{opt} = \Delta^{\frac{\gamma}{2(\gamma-1)}}$。由此式也可见,最佳增压比随着加热比的增加而增大。

4.6.5　布莱顿循环参数的选择

由以上的分析可知,加热比和增压比是布莱顿循环的重要循环参数。因此,在选择循环参数时,必须综合考虑循环热效率和循环功的变化规律。例如,虽然从循环热效率的角度需要增压比越大越好,但是当增压比超出最佳值过多时,造成循环功大大下降,会严重影响热力循环的意义。所以,要改善布莱顿循环的性能,一方面要提高涡轮前燃气温度 T_4,增大加热比,在增大循环功的同时,也可以提高最佳增压比,从而提高循环的热效率;另一方面是选择适当的增压比,在增大加热比的同时,增大增压比,不仅可以获得更大的循环功,也同时保证有更高的热效率。因为涡喷、涡扇、冲压等发动机的低温热源就是外界大气,所以,提高涡轮前燃气温度 T_4 是关键。事实上,这也充分体现了卡诺循环和卡诺定理的指导意义,即提高高低温热源的温度比是提高热力循环效率的正确路径。对于布莱顿循环而言,加热比 $\Delta = T_4/T_0$ 正是循环的极限温度之比。

从涡喷、涡扇发动机的发展历程来看,循环参数的发展正是体现了这种规律。随着航空高温材料和冷却技术的发展,涡轮前燃气温度得到很大提高,相应的压气机的设计增压比也是不断增大,使得航空发动机的性能得到不断的提升。以军用涡喷和涡扇发动机为例:

第一代发动机,主要是20世纪四五十年代研制、五六十年代获得广泛应用的涡喷发动机。发动机的推重比在3.0~4.0之间,压气机增压比5~10,涡轮前燃气温度为1 200~1 300 K。

第二代发动机,以加力涡喷发动机为主,也开始有部分混排加力涡扇发动机。发动机的推重比为5.0~6.0,压气机增压比约为10~20,涡轮前燃气温度达到1 300~1 500 K。

第三代发动机,均是小涵道比混排加力涡扇发动机,于20世纪70年代中期开始投入使用。发动机的推重比提高到了7.5~8.0,压气机增压比达到了20~30,涡轮前燃气温度提高到了1 600~1 700 K。其衍生型发动机中,增压比已达到30~40,涡轮前燃气温度提高到1 850 K左右,推重比已达8.7~10。

第四代发动机,发动机的推重比在9.0~12之间,涵道比为0.2~0.5,压气机的增压比达到40以上,涡轮前燃气温度为1 850~2 000 K。

需要特别指出的是,本节以喷气式发动机为例介绍了布莱顿循环,实际上,涡桨和涡轴发动机的热力循环同样也是布莱顿循环,只是其循环功的形式主要是轴功,而不像喷气式发动机一样表现为气体动能的增加。因此可以更广泛地说,布莱顿循环是燃气涡轮发动机或燃气涡轮动力装置的理想循环。

习　　题

习题4.1　下面两种说法对吗?为什么?

(1) 因为甲热机的循环功比乙热机的大,所以甲热机的热效率比乙热机的高;

(2) 因为甲热机的热效率比乙热机的高,所以甲热机从高温热源的吸热量比乙热机少。

习题4.2　在绝热膨胀过程中,既不需向高温热源吸热,也不需向低温热源放热,同样可以产生功,这是否违背热力学第一定律和热力学第二定律?

习题4.3　某机构声称他们有一种高效率的热力发动机,它在循环过程中从恒温热源(500℃)吸收 1 000 kJ 的热量,向低温热源(100℃)排出热量为 400 kJ,并能够产生 700 kJ 的净功。试以两点理由指出该宣传是谎言。

习题 4.4 试用热力学第二定律证明定温线与定熵线只能相交于一点。

习题 4.5 试比较卡诺循环与下图(习题图)所示的两个循环的热效率。

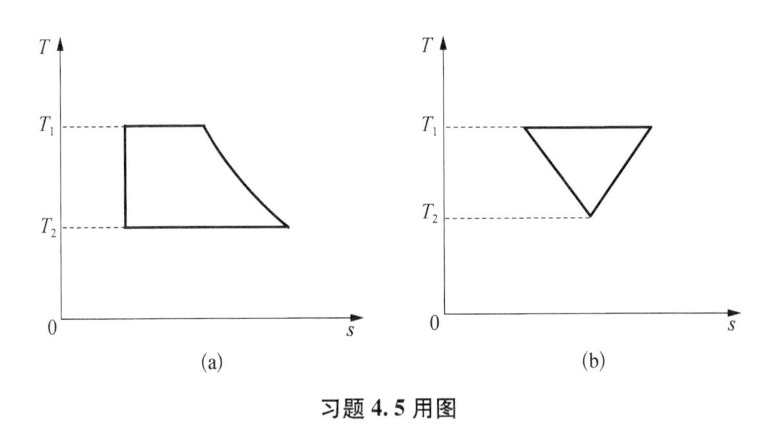

习题 4.5 用图

习题 4.6 有 1 kg 空气在温度 30℃与 250℃的范围内完成卡诺循环,最高压力为 10 bar,最低压力为 1.2 bar,求加入的热量、排出的热量及循环功。[$\gamma = 1.4$, $R = 287$ J/(kg·K)]

习题 4.7 有 1 kg 空气在温度 15℃与 1 800℃的范围内完成卡诺循环,最高压力为 3 000 bar,最低压力为 1 bar,试求比容增大的倍数及循环热效率。

习题 4.8 假定有一卡诺机工作于 500℃与 30℃的两个定温热源之间,该卡诺机每一分钟从高温热源吸取热量 100 kJ,求:

(1) 卡诺机的效率;

(2) 卡诺机每分钟所做的功;

(3) 卡诺机每分钟向低温热源排出的热量;

(4) 卡诺机的功率(以 kW 表示)。

习题 4.9 两卡诺机 A、B 串联工作,A 热机在 627℃下得到热量,对温度为 T 的热源放热,B 热机从热源 T 吸收 A 热机的排热,并向 27℃的冷源放热,在下述情况下计算温度 T:

(1) 两热机输出功相等;

(2) 两热机效率相等。

习题 4.10 卡诺循环的热效率为 $\eta_{t,C} = 1 - T_L/T_H$,而布莱顿循环的热效率为 $\eta_{t,B} = 1 - T_0/T_3$,在这两个热效率公式中,高、低温温度的实质是否一样?

习题 4.11 已知布莱顿循环中三个转折点的温度分别为 T_0、T_3 和 T_4,试分别写出放热量 q_2 和理想循环功 $l_{0i,B}$ 的计算式(其中包含 T_0、T_3 和 T_4 等参数)。

习题 4.12 在涡轮喷气发动机的理想循环中,过程 9－0 要消耗压缩功 $p_a(v_9 - v_0)$,它实际上是在发动机外的大气中进行的冷却过程,为什么还要由发动机消耗压缩功呢?应如何解释?(p_a 为外界大气压力)

习题 4.13　有一理想循环,由定温膨胀过程 1－2、定容过程 2－3 和定熵过程 3－1 所组成。已知状态 1 的参数 T_1、v_1,状态 2 的参数 v_2,绝热指数 γ(为常数)和气体常数 R,试求:

(1) 过程 1－2 和 2－3 中气体与外界交换的热量是吸热还是放热?

(2) 状态 3 的参数:v_3、T_3 和 p_3。

(3) 示意地画出该循环的 $p-v$ 和 $T-s$ 图。

习题 4.14　已知:T_0 = 288 K、p_0 = 1.013 bar、T_4 = 1 143 K 和 p_4 = 7.37 bar,按布莱顿循环计算加热量 q_1、放热量 q_2、热效率和循环功。[γ = 1.4, c_p = 1.004 5 kJ/(kg·K)]

习题 4.15　已知某涡轮喷气发动机进口空气的温度为 15℃、压气机的出口温度为 208℃、出口压力为 5.88 bar,燃烧室的出口温度为 777℃,试按布莱顿循环计算每千克空气的加热量、热效率和循环功[γ = 1.4, c_p = 1.004 5 kJ/(kg·K)]。

习题 4.16　某涡轮喷气发动机进口空气的温度为 288 K,压力为 1.013 bar,燃烧室出口燃气比容为 v_4 = 0.5 m^3/kg、压力为 6.22 bar,按布莱顿循环计算每千克空气的加热量、热效率、放热量和循环功[γ = 1.4, c_p = 1.004 5 kJ/(kg·K)]。

习题 4.17　根据下表中某型发动机的 3 个工作状态试车数据,完成布莱顿循环实验数据整理。具体要求为:

(1) 在 $p-v$ 图和 $T-s$ 图上画出发动机的实际热力循环过程线;

(2) 在同一 $p-v$ 图和 $T-s$ 图上对比画出发动机的理想循环(布莱顿循环)过程线,比较的条件:压缩过程的增压比相同、涡轮前燃气温度(最高温度)T_4 相同。

发动机地面试车测量参数(外界大气温度 27℃、大气压力 94 kPa,地面试车时 0 截面的气流速度为零)

		最大状态	巡航状态 1	巡航状态 2
截面 1	压力(真空度)/kPa	12.8	9.05	5.57
截面 2B(低压压气机出口)	压力(表压)/MPa	0.201	0.162	0.108
	温度/℃	—	—	—
截面 3 高压压气机出口	压力(表压)/MPa	1.826	1.486	1.157
	温度/℃	491	452	401
截面 4 燃烧室出口	压力(表压)/MPa	1.698	1.417	1.099
	温度/K	1602	1472	1225
截面 5 低压涡轮出口	压力(表压)/MPa	0.158	0.133	0.082
	温度/℃	761	714	536
截面 9(按完全膨胀)	压力(表压)/MPa	0	0	0
	温度/℃	560	540	432

第 5 章
气体动力学的基本概念

本章主要介绍气体动力学的一些基本概念，包括：连续介质假设、气体的物理性质、作用于气体上的力、气体运动的描述、流线和迹线、国际标准大气等。

学习要点：

(1) 理解连续介质假设的意义，知道其适用范围；

(2) 知道描述气体运动的基本方法；

(3) 理解气体的压缩性，会判定可压缩流动和不可压缩流动。

对于以涡喷和涡扇发动机为代表的动力装置，前四章通过建立开口体系或控制体的能量方程，分析可逆过程和理想循环中的参数关系和能量转换关系，已经为定性和定量地理解动力装置的工作提供了一定的基础知识。但是，能量的转化是通过气体在发动机各个部件中的流动过程实现的，这些已有的知识并未涉及气体的具体流动细节及规律，不能确定控制体中的参数分布，也不能确定流动气体与物体相互作用力，因而还不能为分析发动机的性能提供有力支撑。因此，还需要进一步研究气体的流动问题，特别是航空发动机中气体的高速运动规律。这其实也就是气体动力学的主要研究内容。所以，从本章开始，将逐步介绍有关气体运动的基本概念、一维流动基本方程、滞止参数与气动函数、膨胀波与激波、一维变截面管道流动等内容。

本章主要介绍气体动力学中最常用到的一些基本知识，其中有：连续介质的假设、气体的基本属性，研究流体运动的方法及有关的基本概念等。所有这些基本知识，都将为以后讨论、分析各种气体动力学问题奠定必要的基础。

5.1 连续介质假设与流体微团

5.1.1 连续介质的概念

在 1.2 节中已经简单介绍了控制体、工质和连续介质的概念，已知：由于气体分子的尺度非常小，在航空发动机的工作条件下，一般很小的体积里也会含有大量分子，且分子数量足够大到可以描述这个体积范围内的统计特性。所以,可以把气体工质看作是连续介质,即认为气体连续地充满整个体系或控制体的空间,这也就是所谓的连续介质假设。

在这种假设下,就可以构建气体的参数分布,并借助于基于连续分布的数学分析工具来分析处理气体的流动问题。不过,这里要特别注意的是关于连续介质中的空间点的意义和适用条件。

所谓的一个空间点实际上是指尺寸足够小的流体体积,即所谓的流体微团,而不是指几何尺寸为零的点。每个流体微团都含有大量的分子,一个微团体积内所包含的分子的统计平均性质代表了该微团体积范围内流体的宏观性质。因此,只有当所考虑的一团流体或者流体中物体的特征尺寸(如叶片的弦长、管道的直径等)同组成流体的分子之间的平均距离相比非常大时,连续介质模型才能成立。

从连续介质假设的内涵来看,连续介质假设在一些情况下并不适用于“微”和“高”的领域。所谓的“微”指的是物体的微小尺度,例如纳米技术、微机电系统(microelectromechanical system, MEMS)技术等所涉及的流动问题。“高”指的是飞行高度,最典型的是临近空间飞行器及其动力所涉及的稀薄气体运动问题。我国伟大的科学家钱学森(1911~2009)最早根据稀薄程度将气体的流动进行分类,划分为四种流动区域,依次为连续流动区、滑移流动区、转捩流动区(又叫作过渡流动区)和自由分子流动区。在连续流动区以外的流动,统称为稀薄流动区。

本教材所涉及的气体运动问题都是处于连续流动区,即连续介质假设成立。

5.1.2　连续介质中的点和相应参数

在连续介质假设的条件下,流动气体中的最小单元就不再是分子,而是含有足够多分子的微团。在应用中有两点值得注意:第一个是最小体积范围,因为在该连续假设下,流体参数的分布以及变化就可以利用数学工具来处理,那么这个最小体积范围实际上也就可以想象成为数学上的一个点。在一般大气压条件下,这个体积范围是 $10^{-9}\ mm^3$,对于气体来说,这个体积范围约含有 3×10^7 个分子,数量足够大了;第二个是要包含大量的分子,因为需要分子的统计平均性质,这样就要注意该假设适用范围的问题。

气体在流动时,由于气体在空间的不均匀分布,常常需要研究气体某一点处的参数。根据连续介质的概念,就可以给出气体在空间某一点处的密度、速度等参数的定义。

1. 一点处的密度

在充满连续介质的空间中,存在一个合适的最小体积 ΔV_0,在该体积内含有足够多的气体分子数量,其总质量为 Δm,若能保证平均密度 $\Delta m/\Delta V$ 有确定的数值,就把这个最小体积内的平均密度定义为某一点处的密度,即

$$\rho = \lim_{\Delta V \to \Delta V_0} \frac{\Delta m}{\Delta V} \tag{5.1}$$

按照连续介质的概念,介质中一点处的密度 ρ 是空间坐标 x、y、z 和时间 t 的连续函数,即

$$\rho = f_1(x,\ y,\ z,\ t)$$

这一结论同样也适用于一点处的比容 v。这样,对于完全气体也可以得到一点处的压力、温度等状态参数。

2. 一点处的速度

一点处的气体运动速度,是指在给定瞬间通过该点的气体微团的瞬时速度。必须明确,这里所说的瞬时速度是指微元体积 ΔV_0 内的气体质量中心的宏观运动速度,与该流体微团内的各分子无规则热运动的瞬时速度无关。一点处的气体运动速度用符号 c 表示。速度 $\boldsymbol{c}$ 是个矢量,它在空间坐标 x、y、z 方向上的三个分量分别为 c_x、c_y、c_z。按照连续介质的概念,速度 $\boldsymbol{c}$ 也是空间坐标 x、y、z 和时间 t 的连续函数,即 $\boldsymbol{c} = f_2(x, y, z, t)$。

5.2 气体运动的描述

5.2.1 气体运动的数学描述方法

对于气体的运动,可以用两种方法来描述,即拉格朗日法和欧拉法。

1. 拉格朗日法

这种方法是研究流动气体中各个气体微团的运动随时间的变化。具体地说,就是研究气体中某一指定的流体微团,追踪并记录它的位置、速度和加速度等描述流体运动的参数随时间的变化,以及研究由一个流体微团转到其他流体微团时这些参数的变化。所以应用拉格朗日法时就需要注意到每个流体微团的运动,这样,流体微团是个有固定标记的离散粒子的集合,这个集合满足连续介质假设。然而,在大多数情况下,拉格朗日方法的应用较为困难,因为很难追踪组成流体的如此巨大数量的微团。

2. 欧拉法

这种方法着眼于研究空间中每一固定点处的流体的参数随时间的变化,以及从某一空间点运动到另一空间点时这些参数的变化情况,而不关心具体的各流体微团的运动经历。这种研究方法叫作欧拉法,它不需要识别任何特定的流体微团,而是要确定流体占据此体积时的瞬时特性。

用这种分析方法,相当于在运动流体所充满的空间中的每一个空间点上都设置一个观察点。每一个观察者都注视他所在点的流体微团的速度、加速度等物理参数怎样随时间而变化,当汇集全体观察者在各个瞬时所得到的数据后,就可以了解整个流体运动的情况。所以,欧拉法又被称为控制体研究法。如 1.2 节所述,所谓的控制体就是指所研究的固定空间或体积,也就是所说的闭口体系或者控制容积。把这个固定空间称为流场,可以反映流动参数的分布,所以,流动特性就完全由场来描述。例如,速度场 $\boldsymbol{c} = f_2(x, y, z, t)$ 就确定了气体微团在点 $P(x, y, z)$ 处、t 时刻的速度矢量。因为没有随时间改变来跟随单个微团,所以单个微团的特性并不能明显地得到。然而,一旦知道速度场 $\boldsymbol{c} = f_2(x, y, z, t)$,单个微团的路径可以通过已知的速度场画出,这样,单个微团的特性也变成可以确定的了。但是,在大多数流动状态下,单个微团的详细情况是不必要知道的。所以对流动的欧拉描述方法已经足够了。

欧拉研究法的应用比较广泛,在后面的章节中仍继续采用欧拉法(控制体研究法)。

5.2.2　气体运动的分类

采用欧拉法,对气体的运动方式可作如下的分类描述。有的概念已经在前 4 章中得以应用,这里再次列出以利于对比理解。

1. 定常流动与非定常流动

非定常流动: 在任意空间点上,气流的全部流动参数(或其中的一部分流动参数)随时间发生变化,这种流动称为非定常流动,有时简称为非定常流。

定常流动: 在任意空间点上,气流的全部流动参数都不随时间而改变,这种流动叫作定常流动,或叫稳定流。发动机在某一稳定状态(如最大、额定、巡航、慢车等状态以及油门位置固定的状态)工作时,气体在发动机内的流动可认为是定常流。在前 4 章中所涉及的开口体系或控制体的问题,如流量、能量方程、状态方程等均属于定常流动。

2. 多维流动与一维流动

多维流动: 气体的参数与多个空间坐标参数有关的流动。其中,如果气体在流动中的流动参数是三个空间坐标的函数,这样的流动叫作三维流动或三元流动;如果是两个空间坐标的函数,就叫作二维流动或二元流动,也叫作平面流动。

一维流动: 气体流动参数只与一个空间坐标参数有关的流动。例如,在第 2 章中推导和应用开口体系能量方程时就是应用了一维定常流动的概念。

3. 流动特征举例

图 5.1(a)表示的是气体在发动机喷管内流动的情况。在进行喷管中气流参数的计算时,一般都可以近似地认为气体的流动参数只沿着喷管轴线方向(图中的 x 方向)变化,

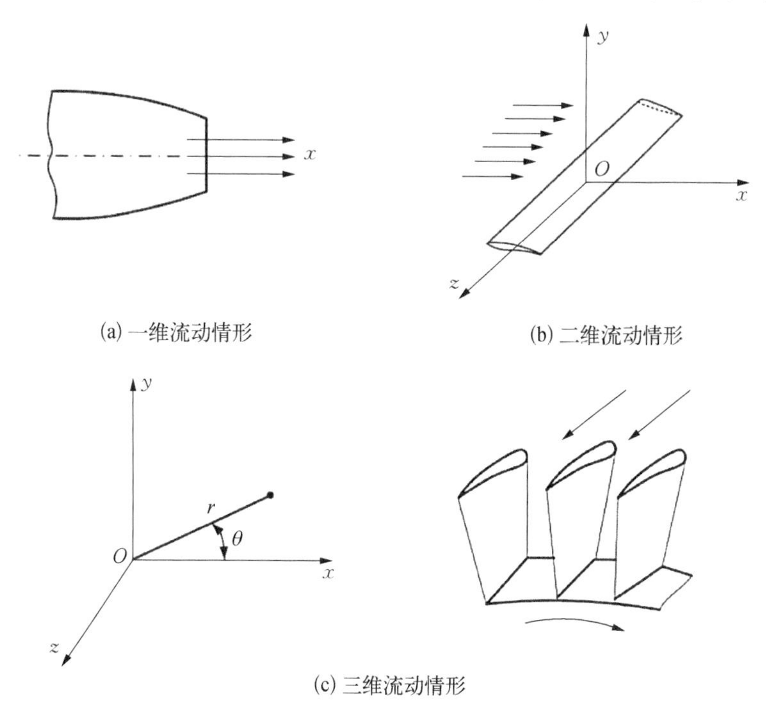

图 5.1　一维流动、二维流动、三维流动示例

而在其他方向没有变化(或变化很小),这样的流动就可简化成一维流动。若发动机处于稳定工作状态时,气体在尾喷管中的流动就是一维定常流动;而在起动、加速、减速及停车过程中,则为一维非定常流动。

图 5.1(b)表示的是均匀气流绕流机翼的问题。如果机翼的翼展比翼弦大得多,且机翼的翼型相同,则可认为机翼(除翼端部分外)沿翼展方向(z 轴方向)的流动参数没有变化,只有在 x 轴及 y 轴方向才有变化。也就是说,在与 z 轴相垂直的各截面上的气流流动情况完全一样,这就是二维流动或平面流动。

气体在压气机叶片通道内的流动,如图 5.1(c)所示,气流参数在轴向、径向和周向(处理旋转部件中气体的流动问题时,常采用圆柱坐标系)都有变化,这样的流动就是三维流动。

4. 一维定常管流

气体在管道中的流动,叫作管道流动,简称为管流。在实际应用中,尤其是在部件层面上研究分析涡喷和涡扇发动机内部流动时,常常把其流动当成管道流动,而且采用定常及一维流动的处理方法,并把这样的流动叫作一维定常管流。满足以下条件的管流可以作为一维定常流处理:

(1) 沿流动方向管道截面面积的变化率比较小;

(2) 管道轴线的曲率半径比管道直径大得多;

(3) 管道各截面上的参数均匀分布,或者变化较小,可以用平均参数来替代。

在后面的章节中,主要研究的就是一维定常管流的情形。

5.2.3 迹线和流线

流体运动都是在一定的空间内进行的,通常把流体所占据的空间叫作流场。为了形象地描述流场,常引用迹线、流线和流管等概念。

1. 迹线

在流场中,追踪某个或某些流体微团的运动轨迹,并将其以曲线的形式描绘出来,就叫作迹线。或者说,迹线就是气体微团的运动轨迹,是该微团在各个时刻所处位置连起来形成的曲线。

2. 流线

在欧拉方法中,主要关注的是空间某点处气体的速度大小和方向,常用流线来表示流场的速度分布特征。流线的定义是这样的:在任一时刻,流场中所有点处都有一个速度方向矢量,将这些矢量和相邻点的矢量连起来,可以形成很多条曲线,这些曲线就是流线。有时也将流线定义为其上任何点的切线都代表当地的速度方向的曲线。在流场中,同一时刻绘制不同空间点的流线图,可以全面了解所考察区域的流动情况。例如,图 5.2 给出了流体流过机翼翼型或叶片叶型时的流线分布。

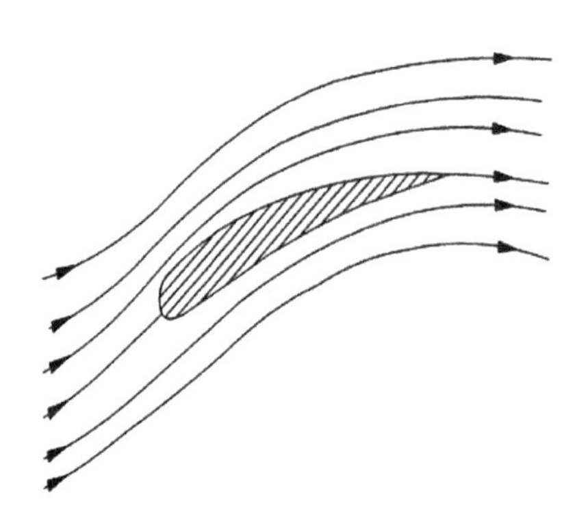

图 5.2 气流流过翼型或叶型时的流线

流场中许多流线的集合称为流线谱(如图 5.2 中的 6 条流线)。流线谱是一种常用的形象地表示流场的方法。气体作定常流动时,空间各个点上的流体微团运动速度(包括大小和方向)不随时间而变化,所以流线的形状也不随时间而变化,并且与流体微团的迹线重合,流场呈现出稳定的流线谱。

流线具有以下性质:

(1) 流线不能相交(否则同一点处有两个方向的速度);

(2) 气体微团不会跨越流线流动,因为微团的速度与流线相切,不存在法线方向的速度,所以就不可能有跨越流线的流动;

(3) 在非定常流中,流线与迹线一般不会重合,而在定常流中两者必然重合。

3. 流管

某一时刻通过任意封闭曲线上各点的流线所构成的管状表面称为流管。如图 5.3 所示的流管,就是通过任意封闭曲线 L 上各个点的流线构成的。流管也是一种假想的或虚拟的管道。在有些情形下,流管的作用相当于固体壁面。例如在定常流中,流线和流管的形状都不随时间而改变。而流线是流体不可跨越的线,所以流体也不能跨越流管壁面而流动。这样,对于无黏性流体的定常流动,就可以用流管代替具有实际固体壁面的管道。

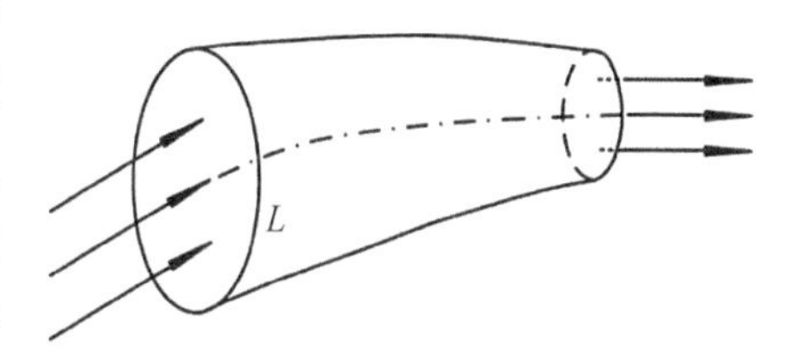

图 5.3 流管示意图

截面积为无限小的流管称为基元流管。在基元流管的任一横截面上的流动参数都可以认为是均匀的。

5.2.4 气体流动的马赫数

在描述气体运动时,除了用流动速度外,还常用马赫数来描述气体的流动特性,这里先简单介绍声速和马赫数的概念。

1. 流场中的当地声速

在气体流场中,若在某处产生微小的扰动,则这个扰动将以压力波的形式在流场中传递。通常因为声音是一种典型的微弱压力扰动,所以就将微弱扰动传播的速度以声速命名,记为 a。相对于流动的气体,可以推导出声速的计算式为 $a = \sqrt{\mathrm{d}p/\mathrm{d}\rho}$ (具体的推导见 7.1.1 节)。而且,对于完全气体中微弱扰动满足定熵过程条件,可得 $a = \sqrt{\gamma RT}$, 即声速的大小只与流场中各点处的气流温度有关。而流场中各点处的气体温度可能是不同的,所以,声速就具有明显的当地性。

2. 马赫数

马赫数定义为某一点处气体的流动速度 c 与该点处气体所对应声速 a 之比值,以 Ma 表示,即

$$Ma = \frac{c}{a} \tag{5.2}$$

马赫数是一个无因次量,以奥地利物理学家马赫(Ernst Mach,1836~1916)的名字命

名,以纪念他对流体力学发展所做出的重要贡献。关于马赫数的物理意义与应用等问题将在后续的7.1.2节中详细讨论。

在研究气体运动时,常常利用马赫数的无因次特性,对气体的流动范围进行划分。对于某一点处的气体流动而言,当该点处的马赫数小于1.0时($Ma < 1.0$),称为亚声速流动;而当马赫数等于1.0时($Ma = 1.0$),称为声速流动;当马赫数大于1.0时($Ma > 1.0$),则称为超声速流动。若再进行细分,又常将$Ma \geqslant 5.0$的流动称为高超声速流动。

5.3 气体的物理性质

在气体的基本物理属性中,除了第1章所阐明的有关热力学属性外,主要讨论的是气体的压缩性、黏性和导热性。

5.3.1 气体的压缩性

气体的密度随压力或温度的变化而变化的性质,称为气体的压缩性。在同样的压力或温度变化程度下,密度的变化量越大,意味着气体的压缩性越大,或说越容易压缩;反之则说越不易压缩。

根据压缩性的定义,气体压缩性的大小可用$\mathrm{d}p/\mathrm{d}\rho$来表示。显然,$\mathrm{d}p/\mathrm{d}\rho$越大,说明气体压缩性越小,越难以压缩;反之,$\mathrm{d}p/\mathrm{d}\rho$越小,说明气体压缩性越大,越容易压缩。而在气体中,因为声速大小为$a = \sqrt{\mathrm{d}p/\mathrm{d}\rho}$,所以可用声速表示压缩性,声速大表示气体的压缩性小,而声速小则表示气体的压缩性大。

需要特别注意的是,对于气体流动中的压缩性问题,重点关注的是气体在流动过程中其密度的变化程度,而不是指气体本身的压缩性。例如,空气本身当然是可压缩的,但是在一定的低速范围内运动时,从一个位置流动至另一个位置时它的密度变化则可能是很小的,为简化问题的分析与计算,就可以忽略密度的变化,或是说忽略其压缩性,把其当作不可压缩流体看待。

在气体动力学中,根据是否需要考虑压缩性的影响,把气体的流动划分为可压缩流动和不可压缩流动。如果压缩性可以忽略不计,则这种流动就称为不可压缩流动,简称为不可压流,否则称为可压缩流动,简称可压流。对于气体的绝能流动,应用了"马赫数"这一参数来划分气体流动中的"压缩"和"不可压缩"范围。

一般地,对于绝能流动(即在流动中没有能量交换或可以忽略能量交换量),当气体流动的马赫数低于0.3时($Ma \leqslant 0.3$),可认为是不可压流动,简称为不可压流;而当马赫数高于0.3时($Ma > 0.3$),则是可压缩流动,简称为可压流,意味着必须要考虑密度变化的压缩性影响。在这一准则的实际应用中,需要特别注意流动一定要满足绝能条件。因为对于有显著能量交换的流动情形,即使其流动的马赫数很小,但是由于能量交换导致压力或温度变化很大,仍然可以使得其密度的变化量很大,那么其压缩性也就很明显了,不能再作为不可压流处理。例如,当轴流式或离心式压气机的做功量较大时,增压比增大,其出口的气体压力和温度显著增大,虽然进出口的流动速度仍可较小,马赫数小于0.3,但是其密度已大大地增加了(比如,当增压比为8时,密度要增大为约4.4倍);再例如,航空燃气涡轮发动机燃烧室的等压燃烧过程中,气体流过燃烧室的平均速度也一般较低,马赫数小于 0.3,但是由于燃油燃烧释放加给气流大量的热量,气流的温度急剧升高,导致其密度大大减小(比如,温升 2~3 倍时,密度减小约 2~3 倍),显然这时也不再是密度不变的不可压流动。所以,要注意仔细观察各种前提条件,做到具体问题具体分析。

5.3.2　气体的黏性

流体介质具有抵抗其质点做相对运动的性质,这种性质在流体力学中称为流体的黏性,简称为黏性。气体各微团之间存在相互作用,形成作用力,这种作用力使得微团变形、减速,阻碍其运动,这个作用力也称为内摩擦力。正是这种内摩擦力来阻碍微团之间的相对运动,其实也就是物体运动必须要克服的摩擦力。所以,也可以把这种存在内摩擦力来阻碍微团之间相对运动的性质,理解为气体的黏性。

气体的黏性实际上是由于分子随机运动而产生的动量交换的结果。从微观上来看,由于气体分子作无规则的热运动,紧邻位置处的气体分子会运动进入相邻的气体层,在同一时间内,也会有相同数量的分子从相邻的气体层迁移过来,形成动量交换。相邻的流速不同的气体层分子进行动量交换的结果,会使气体层之间引起相互牵扯,从而显示出气体具有黏性。

气体的黏性只在运动气体流层间发生相对运动时才表现出来。实际气体流动时,由于黏性存在而产生切向应力(简称切应力),并导致流体流动的耗散,造成流动过程的非定熵性。气体流动中由于黏性产生的切应力 τ_v 可表示为牛顿切应力公式

$$\tau_v = \mu \frac{\partial c}{\partial n} \tag{5.3}$$

式中,τ_v 为切应力,单位为 N/m^2;$\partial c/\partial n$ 为沿 n 方向上的速度梯度。系数 μ 称为动力黏性系数或黏性系数,其单位为 $N \cdot s/m^2$。把黏性系数与密度之比称为运动黏性系数 ν,即 $\nu = \mu/\rho$,单位为 m^2/s。黏性系数的大小与流体的性质和温度有关。气体的 μ 值随温度增高而增大,这是因为当温度升高时,相邻气体层之间的质量和动量交换随之加剧。不过,在温度变化不大的情况下,可以忽略黏性系数的变化。在本教材中,除了特别说明之处,均认为黏性系数不随温度而变化。

从公式(5.2)中可以看出,影响黏性切应力的因素有黏性系数和速度梯度,且都是正比关系。一方面,黏性系数越大,气体的黏性作用表现得越强;反之,则黏性作用越弱。当 $\mu = 0$ 时,则黏性切应力等于零,气体没有黏性作用。在流体力学中,常常把 $\mu = 0$ 的流体统称为理想流体,也叫作无黏流体,其流动称为无黏流动,否则就是实际流体。对于完全气体,由于不考虑其分子间的作用力,黏性系数一般都很小,常常也可以当成理想流体。

另一方面,速度梯度也与黏性切应力成正比,速度梯度越大,气体的黏性作用表现得也就越强;反之,黏性作用就越弱。尽管气体实际上都具有黏性,但在速度梯度等于零的情况下,即气体处于静止状态和相对静止的状态时,气体的黏性作用就表现不出来,也就是说,气体的黏性只有在具有较大速度梯度的情况下才有作用。所谓的边界层的概念就是以此为基础提出来的,详见后续的介绍。

5.3.3 气体的导热性

气体的流动过程中,气体分子的随机运动除了产生动量方面的输运现象之外,当在某个方向上存在着温度梯度时,也会导致热量传递,热量由温度高的区域传向温度低的区域,这种性质就称为气体的导热性。

根据傅里叶导热定律,可以确定单位时间内通过垂直于 n 方向的单位面积所传递的热量的大小。即

$$q_A = -\lambda_q \frac{\partial T}{\partial n} \tag{5.4}$$

式中, q_A 为热流密度,即单位时间内通过垂直于 n 方向的单位面积所传递的热量,单位为 $\mathrm{W/m^2}$; $\partial T/\partial n$ 为沿 n 方向的温度梯度; λ_q 称为导热系数,其单位为 W/(m·K)。

对于大多数的气体而言,它们的导热系数都很小,例如,空气的导热系数在常温常压下约为 2.6×10^{-5} kW/(m·K)。所以,当温度差别不大,即温度梯度很小时,可以近似认为没有热量传递,看成是绝热流动。但是在附面层中,由于黏性作用强,使得气体的部分动能耗散转化为内能增加,所以产生较大的温度梯度,就需要考虑热量的传递。尤其是当气体的流动速度很大时,例如高超声速流动,气动加热效应更为显著,附面层的温度变化也就更大,使得流动更为复杂。

任何实际气体都具有上述的压缩性、黏性和导热性,它们或多或少地会影响气体的流动。但是,这些性质并不是在所有情况下都具有同样程度的影响。因此,在分析气体运动时,为了确定气体运动的基本规律,往往需要忽略某些次要的因素,用简化的气体模型来代替实际气体。到底采用什么假想来进行简化,建立什么样的气体模型,则应根据所研究问题的不同情况和具体要求而定。

5.4 黏性流动的边界层

5.4.1 雷诺数

英国物理学家雷诺(Osborn Reynolds,1842~1912)通过著名的圆管流态实验说明,一切实际流体(包括水、油、空气等)的运动,可以有层流和紊流两种流态,而且这两种流态在一定的条件下可以转换。影响流态的物理参数包括几何参数、运动参数、黏性等,这些参数组合而成雷诺数。

1. 雷诺数的定义

雷诺数定义为

$$Re = \frac{\rho c L}{\mu} = \frac{cL}{\nu} \tag{5.5}$$

其中, ρ 为气体的密度; c 为气体的流动速度; μ 为气体的黏性系数或动力黏性系数; ν 为运动黏性系数; L 为根据研究目的和对象所取的特征几何尺寸,例如常见的管道直径、翼

型或叶型的弦长、沿流向的距离、叶片的高度等。

雷诺数也是无量纲量参数，表征流体微团的惯性力与其所受的黏性力之比。当 Re 较小时，表示流体惯性力相对较小，黏性作用较强；当 Re 较大时，表示流体微团的惯性作用较大，黏性作用较弱。

2. *层流与湍流*

在流场中，所有的气体微团都是处于互相平行的分层流动状态，彼此之间互不掺混，这种流态称为层流。其表现形式是沿着流动方向各层气体流动速度可以是不同的，而在垂直于流动的方向上没有横向运动。

湍流则与层流不同，是一种非定常运动，气体微团并不是处于分层的平行流动状态，而是在各层之间具有一定强度的随机脉动。湍流流动中充满各种尺度的旋涡，其平均直径就是湍流的尺度，各流动参数对于时间和空间坐标来说，均呈现随机性脉动，但它们还是存在着一定的统计规律。气体微团在一定的尺度范围内呈现随机的运动和相互作用，有强烈的混合，形成紊流的流动。所以，湍流也叫作紊流。

图5.4所示为某一点处气体横向速度随时间的变化示意图，可看到层流与湍流的明显区别。气体的流动形态主要受雷诺数的影响，当雷诺数大于某一个临界数值(称为临界雷诺数)时，气体的流动形态将从层流转变成为湍流，这个转化过程叫作转捩。所以，一般地说低雷诺数的流动易表现为层流，而高雷诺数的流动则多为湍流。但是其具体的形态要取决于临界雷诺数的大小以及相关的扰动情况。

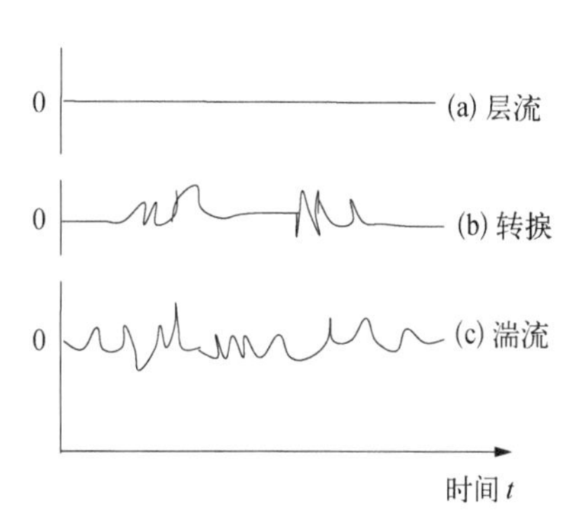

图5.4　不同流态下气流横向速度示意图

5.4.2　边界层的概念

边界层的概念是德国著名物理学家普朗特(Ludwig Prandtl,1875~1953)于1904年提出来的，主要包括两类情形。一类是针对流体与固体之间的相对流动情况。如图5.5(a)所示，他发现，对于很多流动来说，一般只是在非常靠近物体表面的区域内，流体才具有很大的法向速度梯度，黏性作用显著，而在其他的主流区域，流体的速度梯度相对较小，黏性作用比较弱。为了简化求解，可以把黏性作用的范围局限于非常靠近物体表面的区域内，并把这个区域形象地称为“附面层”，而在其他的主流区域则简化为无黏流动。另一类是针对两股不同速度的流体平行流动的情形，只是在非常靠近两股流体交界面的区域内，流体的速度变化剧烈，会发生分子间的动量、热量和质量交换，具有很大的速度梯度，黏性作用显著。所以，把黏性作用的范围局限于这个边界层内，叫作混合边界层，有的又把它叫作“剪切层”。如图5.5(b)所示。

普朗特提出的边界层概念及其理论充分体现了把握物理本质基础上的创新思想，使过去不能求解的许多问题得到了解答，是流体力学发展史上的里程碑。当然，除了边界层以外，当气体流动中发生了流动分离、回流、漩涡等现象时，也会在部分区域使得速度梯度急剧增大，表现出强烈的黏性作用，显著的黏性剪切应力导致大量的能量耗散损失，产生

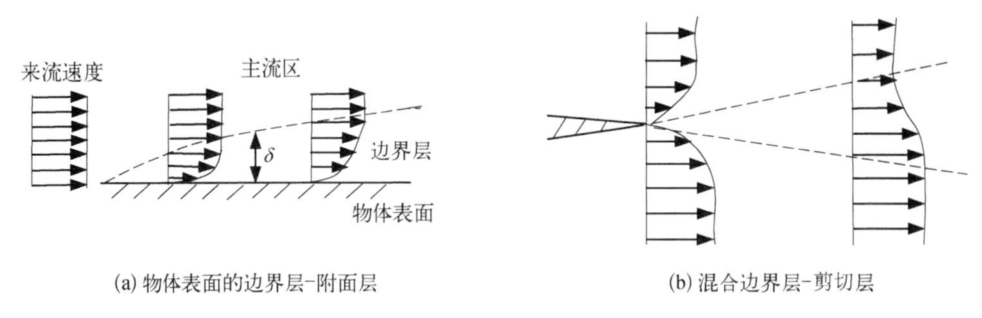

(a) 物体表面的边界层-附面层　　(b) 混合边界层-剪切层

图 5.5　边界层示意图

不利的后果。

在物面的边界层中,如图 5.5(a)所示,由于气体和物面之间的黏附条件,与物面直接接触的流体速度降为零,而且与之相邻的气体速度也会受到这一层气体的影响而减速,但是随着离开物面的距离增大,气体速度迅速增加。当到达离物面一定距离处,气体的速度达到边界层外流场的速度值,黏性的影响可以忽略不计,这点即为边界层和主流区的分界点,相应的厚度称为边界层厚度。严格而言,边界层区与主流区之间无明显界线,普朗特规定以速度达到主流区速度的99%作为边界层的外边界,相应的由边界层外边界到物面的垂直距离称为边界层的名义厚度,通常用 δ 来表示。附面层的厚度与物体的几何尺寸相比是很小的,例如,气体沿平板流动,当雷诺数等于 10^6 时,1 m 长的平板末端的附面层厚度 δ 约为 5 mm。

边界层的主要特点有: ① 边界层的厚度是随气体流经物面的距离增大而逐渐增大的;② 边界层内的气体压力沿物面法线方向是不变的,且等于法向的主流区压力;③ 根据雷诺数和物面条件的不同,边界层也有层流边界层和湍流边界层之分;④ 湍流边界层的厚度比层流的大,而且其速度梯度也要比层流边界层的大,因此湍流边界层的速度分布要比层流的更为饱满。

5.4.3　边界层对流动的影响

1. *流动分离*

当沿物面的黏性流动受到逆压梯度的作用时,例如图 5.6 中亚声速气流在扩张形通道中的流动情形[6],压力会透过边界层对层内的流动产生减速作用,使得边界层内的速度分布曲线越来越陡,最终会在 S 点达到纵向速度梯度为零,即 $(\partial c/\partial y)_S = 0$,该点称为边界层分离点。此后的气流是离开物面的分离流,分离区中发生回流和旋涡。分离区中的流动比较复杂,不仅会产生很强的黏性耗散作用,也会对整个流动的稳定性产生不利影响。相对而言,湍流边界层中由于气体微团有强烈的横向不规则交混运动,使近壁

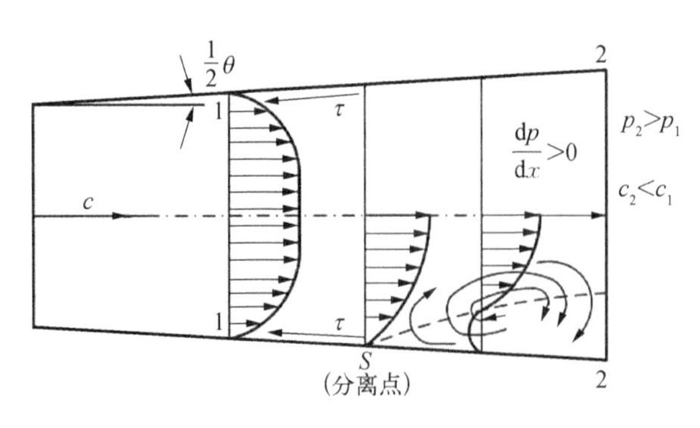

图 5.6　边界层分离流动示意图

处的微团动能增大,速度分布比层流饱满,动量较大,所以抵抗流动分离的能力强一些。

在超声速流动中,当边界层与激波发生干扰作用时,由于激波后压力升高很多,高压会通过边界层底层的低速部分逆流上传,可导致边界层分离,并产生较复杂的波系。

2. 尾迹流动

黏性流体流经物体后,通常会在物体后形成一个存在很大速度梯度的区域,与图5.5(b)相类似,又叫作尾迹区,简称为尾迹。当气体流动速度很小时,雷诺数也很小,尾迹中层流占主导;但当流动速度增加使得雷诺数增大时,流动出现不稳定并猝发形成旋涡,这些旋涡在流动中作不规则运动,且尺度也越来越大,使得耗散作用增强,增大流动损失。

3. 通道流通能力

在管道流动中,由于壁面边界层的作用,除了造成流动的黏性损失外,还由于边界层内的流速小,也会对流通能力产生影响。在同样的截面面积下,实际上通过的气体流量会减小;或者说是边界层占据了一部分流通面积,使得流道的有效流通面积减小。在实际应用中,常用边界层的位移厚度来反映这种影响。

此外,在有些情况下,例如压气机叶片表面的流动、叶片与机匣间隙中的流动等,还要考虑边界层的潜移、倒流等二次流动的影响。

5.5　作用于气体上的力

作用在气体上的力可以分为两类,即质量力与表面力。

5.5.1　质量力

在一定的力场内作用于气体体积内每个流体微团上的非接触力,其大小与气体的体积或质量成正比,而与体积外的气体的存在无关,如重力、惯性力、电磁力等,最常见的质量力是重力。

5.5.2　表面力

由相接触的气体或物体作用在所研究的气体体积表面上的力叫作表面力。作用在气体表面上的表面力可以分解为与气体表面垂直的法向力和与气体表面平行的切向力。单位面积上的法向力与切向力分别称为法向应力与切向应力(切应力)。对于无黏性流体,或当流体间没有相对运动时,切向力等于零,这时作用在流体某点处的法向应力则定义为该点气体的压应力。这样定义的压应力也就是热力学中的压力。气体的压应力具有两个重要的特性:

(1) 压应力的方向永远指向作用面;

(2) 在静止气体或运动的无黏性流体中,某一点处压应力的数值与所取作用面在空间的方位无关。

对于运动的黏性流体,一点处的法向应力是随着过该点的作用面在空间的方位变化而变化的。这时,一点处的压应力可以根据过该点的任意3个互相垂直的微元面积上的法向应力的算术平均值来规定，并称为该点的平均压应力。

5.6 国际标准大气

中华人民共和国国家标准(GB 1920—80)规定了标准大气状态，简称标准大气。

5.6.1 标准大气的应用范围和用途

国家标准(GB 1920—80)规定了标准大气(30 km以下部分)的特性，用简单方式近似地表示了大气温度、压力、密度等参数的平均垂直分布。标准的数据取自1976年美国标准大气。这些数据与国际标准化组织(ISO 2533)、国际民航组织(ICAO—1964)及世界气象组织(WMO)标准大气的相应部分完全相同。可以用于压力高度计校准、发动机和飞机设计及分析计算等工作。附录C列出了部分国际标准大气数值表。

大气空气的特性从海平面到极高的高度有很大范围的变化。在较低的高度，分子碰撞频率很高，空气表现为连续介质。当高度增加时，平均自由程增大，分子碰撞频率减小，到极高的高度，空气不再是连续介质。因此，在较低大气区域里运动的物体要同大量的空气分子相碰撞，其中一些分子弹回去并和其他分子碰撞，一些分子又跑到运动物体的路径上重复这一过程。在150 000 m以上的高度，可以假定大气实际上是自由空间，这就是说在此区域里飞行没有气动阻力，也不存在任何升力。

5.6.2 标准大气参数的计算

标准假定大气是静止的，空气为干洁的理想气体，在给定温度-高度线及海平面上的温度、压力和密度初始值后，通过对大气静力方程及气体状态方程的积分，获得压力、密度等数据。

1. 海平面标准大气数值

$$T_{SL} = 288.15\ \mathrm{K},\ p_{SL} = 101\ 325\ \mathrm{Pa},\ \rho_{SL} = 1.225\ \mathrm{kg/m^3}$$

2. 常用高度范围内的大气参数

(1) 当高度在11 km以下时，大气温度随着高度的增加而下降。每升高1 km，气温下降约为6.5 K。其计算式为

$$T_H = 288.15 - 6.5H \tag{5.6}$$

式中，T_H是对流层中任一高度上的大气温度，单位为K；H是高度，单位为km。

大气压力随高度的增加而下降，计算公式为

$$p_H/p_{SL} = (1 - H/44.308)^{5.2559} \tag{5.7}$$

式中，p_H是任一高度上的大气压力，单位为Pa。

(2) 当高度在11 km<H≤20 km，气温保持不变，均为216.65 K(−56.5℃)，即

$$T_H = 216.65\ \mathrm{K} \tag{5.8}$$

大气压力随高度的增加而下降，计算公式为

$$p_H/p_{\mathrm{SL}} = 0.11953 \times e^{(14.96-H)/6.3416} \tag{5.9}$$

（3）当高度范围为 20 km<H<32 km 时

$$T_H = 221.552 \times \left(1 + \frac{H - 24.9021}{221.552}\right) \tag{5.10}$$

大气压力随高度的增加而下降，计算公式为

$$\frac{p_H}{p_{\mathrm{SL}}} = 2.5158 \times 10^{-2} \times \left(1 + \frac{H - 24.9021}{221.552}\right)^{-34.1629} \tag{5.11}$$

习　题

习题 5.1　什么是连续介质的假设？建立连续介质的概念有何用处？

习题 5.2　气体的压缩性是指气体的什么性质？研究气体流动问题时，在什么情况下需要考虑压缩性的影响？为什么？

习题 5.3　气体的黏性是指气体的什么性质？如何计算相邻两气流层之间的黏性应力？

习题 5.4　一架飞机以 270 km/h 的速度飞行在 10 000 m 的高空，计算飞机相对于空气的马赫数是多大。

第6章 一维定常流动基本方程

本章主要介绍一维定常流动基本方程以及有关的概念，包括连续方程、动量方程、能量方程和伯努利方程。这些基本方程都是对控制体而言的。这些基本方程和相关概念是分析计算一维定常流动参数变化以及与物体相互作用力大小的重要基础。

学习要点：

（1）理解一维定常流动的条件和特点；

（2）掌握一维定常流动的连续方程、动量方程、能量方程和伯努利方程；

（3）会利用一维定常流动的方程进行建模并求解问题。

在研究一维定常流动基本方程之前，需要先回顾5.4.2节所讨论的有关定义和条件。在实际应用中，常常采用定常及一维流动的处理方法来研究气体在管道（或流管）中的流动，并把这样的流动叫作一维定常管道流动，有时简称为一维定常管流。满足以下条件的管流可以作为一维定常流动处理：

（1）沿流动方向管道截面面积的变化率比较小；

（2）管道轴线的曲率半径比管道直径大得多；

（3）管道各截面上的参数均匀分布，或者变化较小，可以用平均参数来替代。

6.1 连续方程

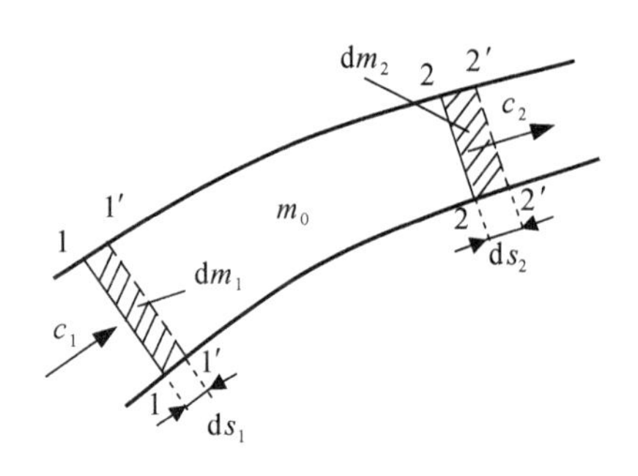

图6.1 连续方程与动量方程的推导用图

连续方程是把质量守恒定律用于运动流体所得到的数学关系式。首先选取控制体，如图6.1所示，为不失一般性，在管道或流管中任意选取两个垂直于流动方向的截面1－1和2－2，并与这两个截面间的管道或流管内壁面共同组成一个控制体1－2－2－1－1。取瞬时t占据此控制体内的气体为研究对象（又叫作控制质量），经过时间dt后，该控制质量运动到1′－1′与2′－2′截面间的位置。

6.1.1　质量流量与密流

在2.3.1节中已经讨论过气体的质量流量 W 的概念,它是单位时间内流经任意截面上的气体质量,称之为质量流量,简称流量,单位为kg/s。即

$$W = \frac{\mathrm{d}m}{\mathrm{d}t} = \frac{\rho A \mathrm{d}s}{\mathrm{d}t} = \rho A c \tag{6.1}$$

式中,$\mathrm{d}m$ 为在 $\mathrm{d}t$ 时间内气体流入(或流出)控制体的质量;$\mathrm{d}s$ 是气体在 $\mathrm{d}t$ 时间内的位移微元;ρ 为气体的密度;A 为截面的面积;c 是气流速度,且与截面垂直。如图6.1所示的控制体,在进口截面1有 $W_1 = \frac{\mathrm{d}m_1}{\mathrm{d}t} = \frac{\rho_1 A_1 \mathrm{d}s_1}{\mathrm{d}t} = \rho_1 A_1 c_1$,在出口截面2上有 $W_2 = \frac{\mathrm{d}m_2}{\mathrm{d}t} = \frac{\rho_2 A_2 \mathrm{d}s_2}{\mathrm{d}t} = \rho_2 A_2 c_2$。

通过单位面积的流量称为密流,记为 j。由式(6.1)可得 $j = W/A = \rho c$。实际上,密流代表了气体流通能力的大小,密流越大,说明气体在该截面上的流通能力越大。

6.1.2　连续方程

对于如图6.1所示的控制体内的一维定常流动,只有控制体的进、出口截面与外界有质量交换。考察控制体中气体质量的变化情况,因为气体的质量是守恒的,所以在单位时间内流入控制体的质量应当等于流出控制体的质量。于是有

$$W_1 = W_2 = W, \quad 或 \quad \rho_1 A_1 c_1 = \rho_2 A_2 c_2 = \rho A c \tag{6.2}$$

式中,下标1和2分别表示控制体的进口和出口截面。

上式就是常用的一维定常流动的连续方程。其物理意义是,在一维定常流中,通过同一管道或流管任何横截面积的气体流量保持不变。需要再次强调的是,在应用时要充分注意该式成立的条件,即只考虑控制体进出口截面有质量交换的情况。

连续方程是质量守恒的数学表达式,因此与气体的性质、是否有黏性作用以及是否有其他外力、外加热等作用无关。

对于不可压流动,可以认为其流动过程中密度始终保持不变,则连续方程可写成

$$A_1 c_1 = A_2 c_2 = A c \tag{6.3}$$

上式说明,对于不可压流动,管道截面积与流速成反比。当流管截面积减小时,通过该截面的气流速度将增加。

应当指出,对于本章中所给出的一维定常流的基本方程式,所谓控制体的进口和出口截面显然指的是同一条管流的上游与下游,而不是指的不同管流的某两个截面。这一点虽然极其简单明显,但是往往却容易被忽视,需要在应用中加以注意。

以上的连续方程都是针对控制体只有一个进口和一个出口的条件而成立的。对于更为一般的情况,假设控制体有 m 个进口和 n 个出口,根据质量守恒定律,以 $W_{1,i}$ 和 $W_{2,i}$ 分别表示第 i 个进口和出口截面的流量,则流量连续方程可表示为

$$\sum_{i=1}^{m} W_{1,\,i} = \sum_{i=1}^{n} W_{2,\,i} \tag{6.4}$$

【例 6.1】 某燃气涡轮喷气发动机的尾喷管进口截面的燃气压力为 1.532 bar、温度为 470 K、速度为 123 m/s，喷管出口截面的温度为 430 K、压力为 1.013 bar。若喷管进出口截面的直径分别为 0.725 m 和 0.522 m，求通过喷管的燃气流量和出口截面的燃气速度。燃气的气体常数 R = 287.4 J/(kg · K)。

解： 应用状态方程 $p = \rho RT$，可得喷管进出口处的燃气密度分别为 $\rho_1 = \dfrac{p_1}{RT_1}$、$\rho_2 = \dfrac{p_2}{RT_2}$。

所以，通过喷管的燃气流量为

$$W = \rho_1 A_1 c_1 = \frac{p_1}{RT_1}\frac{\pi D_1^2}{4}c_1 = \frac{1.532 \times 10^5 \times 3.14 \times 0.722^2 \times 123}{287.4 \times 470 \times 4} = 57.56\ \text{kg/s}$$

根据连续方程 $\rho_1 c_1 A_1 = \rho_2 c_2 A_2$，可得出口速度为

$$c_2 = \frac{\rho_1 A_1}{\rho_2 A_2}c_1 = \frac{p_1 T_2 D_1^2}{p_2 T_1 D_2^2}c_1 = \frac{1.532 \times 10^5 \times 430 \times 0.725^2}{1.013 \times 10^5 \times 470 \times 0.522^2} = 328.32\text{m/s}$$

可见，喷管出口的燃气速度是进口的约 2.67 倍。

【例 6.2】 典型的大涵道比分开排气式涡轮风扇发动机如图 6.2 所示，分析并列写出该发动机的流量连续方程。

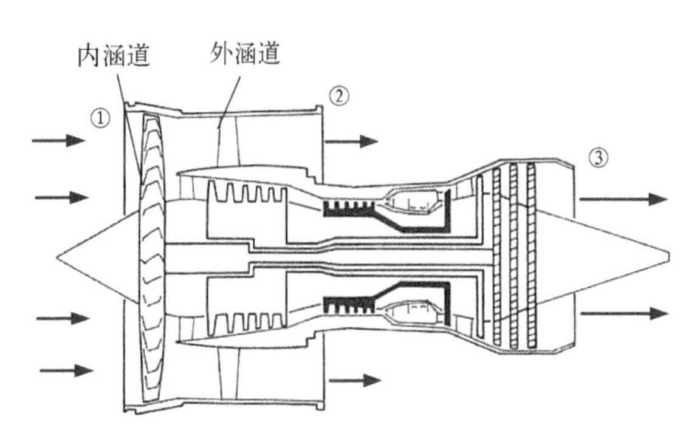

图 6.2 分开排气式涡扇发动机简图

解： 取发动机进口截面①、外涵道出口截面②、内涵道排气截面③以及发动机外壳体内壁面包围的区域共同组成控制体。

这样，流入控制体的气体流量为经截面①进入的发动机的总空气流量 W_a；流出控制体的气体流量包括经外涵道出口截面②排出的空气流量 $W_{a\text{II}}$、经由内涵道排气截面③排出的燃气流量 $W_{g\text{I}}$。进一步，还应考虑加入的燃油流量 W_f 和由发动机向机外引出的引气量 $W_{a,\,\text{bleed}}$ 等。因此，据此可以写出该发动机的流量连续方程为：$W_a + W_f = W_{a\text{II}} + W_{g\text{I}} + W_{a,\,\text{bleed}}$。

由图 6.2 可知，在发动机内部，总的空气流量又等于内涵道空气流量 $W_{a\text{I}}$ 和外涵道空气流量 $W_{a\text{II}}$ 之和，即 $W_a = W_{a\text{I}} + W_{a\text{II}}$。而且，外涵与内涵流量的比值又叫作涡扇发动机的涵道比，即 $B = W_{a\text{II}}/W_{a\text{I}}$。所以，发动机的总空气流量又可表示为 $W_a = W_{a\text{I}}(1 + B)$。

再进一步，对于内涵道来说，其流量连续方程常写为：$W_{g\text{I}} = W_{a\text{I}} + W_f - W_{a,\,\text{bleed}}$，或 $W_{g\text{I}} = W_{a\text{I}}(1 + f_b - \nu_{\text{bleed}})$，其中的 f_b 和 ν_{bleed} 分别是燃烧室的油气比和引气系数。

6.2　动量方程

6.2.1　动量方程的一般形式

对于图 6.1 所示的控制体,考察控制体中气体运动时的动量变化。如前所述,已知在某一时刻 t 时控制质量 m 在 1－2 之间的位置,经过微元时间 $\mathrm{d}t$ 后,该控制质量运动到 1′－1′ 与 2′－2′ 截面间的位置上。这样,在时刻 t,控制质量 m 可以看成由 1－1′之间的 $\mathrm{d}m_1$ 和 1′－2 之间的 m_0 组成;而在微元时间 $\mathrm{d}t$ 后,控制质量 m 则由 1′－2 之间的 m_0 和 2－2′之间的 $\mathrm{d}m_2$ 组成。那么,在时刻 t,控制质量 m 的动量即可表示为 $\boldsymbol{M}(t)=\mathrm{d}\boldsymbol{M}_1+\boldsymbol{M}_0$;而在微元时间 $\mathrm{d}t$ 后,则为 $\boldsymbol{M}(t+\mathrm{d}t)=\boldsymbol{M}_0+\mathrm{d}\boldsymbol{M}_2$。其中,$\mathrm{d}\boldsymbol{M}_1=\mathrm{d}m_1\boldsymbol{c}_1$,$\mathrm{d}\boldsymbol{M}_2=\mathrm{d}m_2\boldsymbol{c}_2$。因为研究的是定常流动,所以时刻 t 与时刻 $t+\mathrm{d}t$ 时控制质量动量中的 $\boldsymbol{M}_0$ 是完全相同的。

对于所选控制体的控制质量应用动量定理,可得

$$\sum \boldsymbol{F}=\frac{\boldsymbol{M}(t+\mathrm{d}t)-\boldsymbol{M}(t)}{\mathrm{d}t}=\frac{\boldsymbol{M}_0+\mathrm{d}\boldsymbol{M}_2-(\boldsymbol{M}_0+\mathrm{d}\boldsymbol{M}_1)}{\mathrm{d}t}=\frac{\mathrm{d}\boldsymbol{M}_2-\mathrm{d}\boldsymbol{M}_1}{\mathrm{d}t}=\frac{\mathrm{d}m_2\boldsymbol{c}_2-\mathrm{d}m_1\boldsymbol{c}_1}{\mathrm{d}t}$$

式中,$\sum \boldsymbol{F}$ 为作用在控制体内气体上的全部作用力。

考虑到 $W_2=\mathrm{d}m_2/\mathrm{d}t$、$W_1=\mathrm{d}m_1/\mathrm{d}t$,得

$$\sum \boldsymbol{F}=W_2\boldsymbol{c}_2-W_1\boldsymbol{c}_1 \tag{6.5}$$

这就是常用的一维定常流动动量方程式,是一个矢量方程。由控制体的选取特点可知,该式适用于只有一个进出口截面的控制体。若推广至多进出口截面的情况,则仍可表示为对控制体的作用力总和等于控制体所有出口的动量之矢量和减去所有进口动量之矢量和,也就是流经控制体的动量变化。

6.2.2　外力的组成

式(6.5)中的 $\sum \boldsymbol{F}$ 为作用在控制体内气体上的全部作用力。包括:

1. 质量力

质量力主要有重力、惯性力等。不过,对于后面章节中所讨论的问题,重力等质量力引起的作用变化很小,所以一般不考虑质量力的作用(除非有特别说明)。

2. 表面力

(1) 控制体内与气体相接触的真实物体通过其表面作用于气体的力,例如壁面的压强力(为与气体的压力参数 p 相区别,把 $\boldsymbol{pA}$ 称为压强力)、黏性摩擦力等,因为常常把它们都等效作用于控制体的侧面,所以又笼统地叫作控制体侧壁作用力;

(2) 在控制体进出口截面上由外界压力所产生的作用力(压强力);

(3) 在有些控制体中,还可能包含部分并不是固体壁面的侧面边界(例如流管的壁面),把这些侧面边界又叫作自由流边界,在这些自由流边界上,也存在着由外界气体压力

所作用的压强力。可参看例 6.6 中发动机进口前面的控制体表面上的力。

6.2.3 控制体侧壁作用力

由上述可知,控制体侧壁作用力反映了控制体内气体与相接触物体的相互作用效果,也是后面章节中分析气体与物体相互作用规律的常用参数。

因此,控制体侧壁作用力为

$$\boldsymbol{F}_{\text{side}} = \sum \boldsymbol{F} - (\boldsymbol{p}_1\boldsymbol{A}_1 + \boldsymbol{p}_2\boldsymbol{A}_2) \tag{6.6}$$

注意,此式中将控制体进出口截面上作用力 $\boldsymbol{p}_1\boldsymbol{A}_1$ 和 $\boldsymbol{p}_2\boldsymbol{A}_2$ 的矢量方向规定与速度矢量相同,在具体的计算中要注意其代数值的正负号(例如,在出口截面上该作用力方向就与速度反向)。可见,控制体侧壁作用力实际上就是在总的外力中除去控制体进出口截面上的气体作用力。

6.2.4 冲力

将式(6.5)代入式(6.6)中,可得到

$$\boldsymbol{F}_{\text{side}} = (W_2\boldsymbol{c}_2 - \boldsymbol{p}_2\boldsymbol{A}_2) - (W_1\boldsymbol{c}_1 + \boldsymbol{p}_1\boldsymbol{A}_1) \tag{6.7}$$

因为在控制体进出口截面上气体作用力的方向与速度矢量相同,可令 $\boldsymbol{e}$ 代表单位向量,且以速度矢量方向为正,则有

$$\boldsymbol{c}_1 = c_1\boldsymbol{e}_1, \quad \boldsymbol{c}_2 = c_2\boldsymbol{e}_2, \quad \boldsymbol{p}_1\boldsymbol{A}_1 = p_1A_1\boldsymbol{e}_1, \quad \boldsymbol{p}_2\boldsymbol{A}_2 = -p_2A_2\boldsymbol{e}_2$$

所以

$$\boldsymbol{F}_{\text{side}} = (W_2c_2 + p_2A_2)\boldsymbol{e}_2 - (W_1c_1 + p_1A_1)\boldsymbol{e}_1 \tag{6.8}$$

引入冲力的概念,用 $\boldsymbol{J}$ 表示,其定义为

$$\boldsymbol{J} = (Wc + pA)\boldsymbol{e} \tag{6.9}$$

则有

$$\boldsymbol{F}_{\text{side}} = \boldsymbol{J}_2 - \boldsymbol{J}_1 \tag{6.10}$$

可见,控制体的侧壁作用力就等于控制体出口截面与进口截面的冲力变化量。

需要注意的是,冲力中的 $(Wc + pA)$ 恒为正值,其方向由 $\boldsymbol{e}$ 计入。

6.2.5 动量方程的应用

1. 正确应用动量方程要点

动量方程虽然并不复杂,但是在应用时很容易出错。下面给出正确应用动量方程的一些要点:

(1) 要正确选择控制体。选择控制体是解决所有流体力学问题的前提,其选择与问

题能否正确解决很有关系。对于动量方程的应用而言,因为涉及作用力的问题,所以控制体的选择尤为重要。还应注意,控制体边界必须封闭,并且控制体内不得包括物体。

(2) 要正确进行受力分析。按照真实方向标出作用于控制体内气体上的所有已知和未知的力,以及控制体进出口截面上的气流速度方向。

(3) 标出待求的力或流速的方向,方向可任意假定。

(4) 选取坐标系,坐标系的方向也可任意假定。但是最好是与所假定的待求力或流速的方向一致,这样容易避免错误。

(5) 对于每个坐标方向列出标量形式的动量方程。需要注意的是,在标量形式的动量方程中,作用力或流速的方向与坐标方向相同为正,否则为负。当然动量方程本身中的符号与所取的坐标方向无关。

(6) 求解各坐标方向上的标量形式动量方程。所求出的力或流速,如果为正值,表示其真实方向与坐标方向相同,否则相反。

2. 动量方程应用举例

【例6.3】 设有低速常温空气在弯曲成90°的收敛形喷管中流动(可近似为不可压流),如图6.3所示。在管道进、出口截面处气流的压力分别为1.075 bar、1.013 bar,气流流量为4.65 kg/s。管道进出口截面积分别为78.5 cm^2 和50.24 cm^2。设气流的密度为ρ = 1.23 kg/m^3。求气流对喷管内壁的作用力。

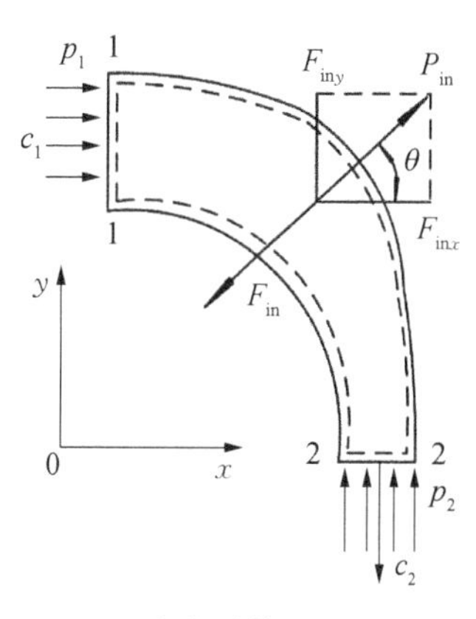

图6.3 弯曲喷管的控制体与受力分析图

解: 取控制体如图6.3中的虚线所示,该控制体内气体所受的各个作用力和所选用的坐标系也示于图中。

设F_{inx}、F_{iny}分别为弯曲喷管内壁对控制体内气流的作用力F_{in}在x、y坐标方向上的分量,并设F_{inx}、F_{iny}沿坐标系正方向。

对所取控制体在x轴方向和y轴方向分别应用动量方程,则有标量形式的动量方程为

$$F_{inx} + p_1A_1 = W_1(0 - c_1), \quad F_{iny} + p_2A_2 = W_2(-c_2 - 0)$$

因此可得$F_{inx} = -p_1A_1 - W_1c_1$, $F_{iny} = -p_2A_2 - W_2c_2$

又由连续方程$W_1 = \rho_1A_1c_1 = W_2 = \rho_2A_2c_2 = W$,且是不可压流动$\rho_1 = \rho_2 = \rho$

可知$c_1 = \dfrac{W}{\rho A_1}$, $c_2 = \dfrac{W}{\rho A_2}$

$$\text{最后有}\quad F_{inx} = -p_1A_1 - \frac{W^2}{\rho A_1} = -1.075\times10^5\times78.5\times10^{-4} - \frac{4.65^2}{1.23\times78.5\times10^{-4}}$$

$$= -8\,662.59\ \text{N}$$

$$F_{iny} = -p_2A_2 - \frac{W^2}{\rho A_2} = -1.013\times10^5\times50.24\times10^{-4} - \frac{4.65^2}{1.23\times50.24\times10^{-4}}$$

$$= -5\,089.3\ \text{N}$$

计算结果中的负号说明 F_{inx}、F_{iny} 的实际方向与原先假定的方向相反,从而可以确定喷管内壁对气流的作用力方向应如图 6.3 中的 F_{in} 所示。根据牛顿第三运动定律,可进一步确定气流对喷管内壁的作用力为 $\boldsymbol{P}_{in}=-\boldsymbol{F}_{in}$。

注意,本问题所求的只是气流对喷管内壁的作用力,而喷管实际所受的力除气流作用力外,还有外界大气压的压强作用力。因此,如果要求喷管所受的总作用力,还应计入大气压的压强作用力。

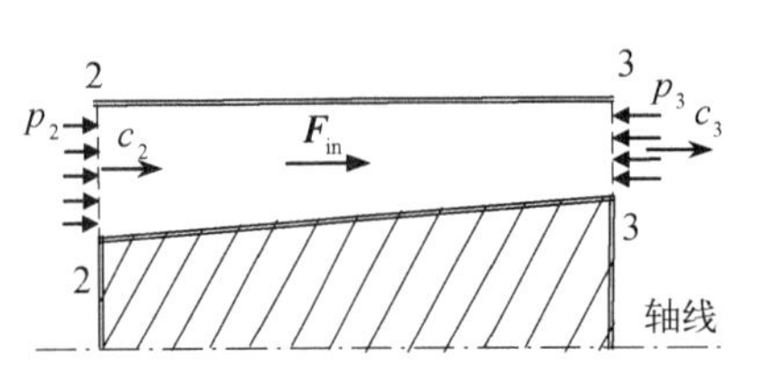

图 6.4 轴流压气机控制体与受力分析图

【例 6.4】 如图 6.4 所示,已知某轴流式压气机的进、出口横截面积分别为 $A_2=0.214\,5\ \text{m}^2$ 和 $A_3=0.072\,2\ \text{m}^2$;进、出口的压力和轴向流速分别为 $p_2=0.796$ bar、$p_3=7.19$ bar 和 $c_2=196$ m/s、$c_3=134$ m/s,空气流量为 $W=43.3$ kg/s。求空气流过压气机时对压气机的内推力 P_{in}。(注:这里的截面序号采用了发动机原理常用的序号)

解: 选取轴流压气机内部的空气所占据的空间作为控制体。参考图 6.4,气流速度和进出口截面上的作用力(表面力)方向均平行于压气机轴线,所以只以轴线为坐标系建立动量方程。设压气机对气流的作用力(侧壁作用力)为 F_{in},且方向与流动方向同向。

应用式(6.10),冲力的单位矢量为 1,气流在压气机出口 3－3 截面上的冲力为

$$J_3=W\cdot c_3+p_3A_3=43.3\times134+7.19\times10^5\times0.072\,2=57\,714\ \text{N}$$

同理,压气机进口 2－2 截面上的冲力为

$$J_2=W\cdot c_2+p_2A_2=43.3\times196+0.796\times10^5\times0.214\,5=25\,561\ \text{N}$$

所以 $F_{in}=J_3-J_2=57\,714-25\,561=32\,153$ N。

注意,这里的 F_{in} 是压气机对气流的作用力,其正号说明作用力的方向与速度方向相同。根据牛顿第三定律,可以得到气流对压气机的作用力,即内推力 $\boldsymbol{P}_{in}=-\boldsymbol{F}_{in}$,其大小与 F_{in} 相等,但是方向相反,即与气流的流动方向相反。这也说明作为涡喷和涡扇发动机的重要部件,压气机所产生的推力是向前的。

通过该例题也可以看到,压气机进出口的气流速度相差不大,甚至是有所减速,但是气流对压气机的作用力却是向前的。这说明由于有轴功的增压作用,压气机出口压力要比进口大很多,虽然气体的动量变化不大,甚至为负,但是作用于控制体进出口截面上的作用力起了主导作用,使得作用力向前。这就要注意与绝能流动中的气体作用力相区别。

【例 6.5】 对于等截面直管内的流动,如图 6.5 所示,如果不考虑质量力,并且忽略管壁与气体之间的摩擦力,应用动量方程分析此种情况下的气流参数变化特点。

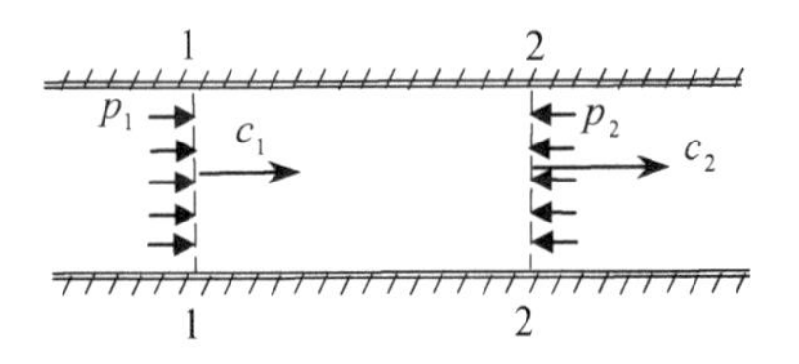

图 6.5 等截面直管道的流动简图

解: 选择等截面直管道内的气体所占据的空间为控制体。取气流方向为坐标正方向。

因为是等直径的管道,并且不考虑摩擦力,所以在所选取的坐标方向上,控制体的侧壁作用力为 0,即

$\boldsymbol{F}_{\text{side}} = 0$

代入方程(6.10),于是有

$$J_2 = J_1$$

再代入 $W = \rho_1 c_1 A = \rho_2 c_2 A$, 且是等截面的直管道,所以

$$p_1 + \rho_1 c_1^2 = p_2 + \rho_2 c_2^2 = p + \rho c^2$$

应当指出,在此结论的推导过程中只要求管壁与气体之间无摩擦力,而并不要求气体内部一定是定熵的。例如对于正激波过程(见第8章),尽管激波内部存在不可忽视的耗散效应,上面的公式仍然是适用的。又如对于等截面直管的加热流动,只要可以忽略管壁与流体之间的摩擦力,这个公式也是适用的。

【例6.6】 涡轮喷气式发动机推力计算公式的推导。

解: 一般来说,如图6.6所示,发动机推力的方向主要沿发动机轴线向前(即与气流方向相反),为飞行器提供前进的推动力。所以,涡喷发动机的推力实质上是一种合力,它包括流经发动机内部的气流作用在所有部件上的作用力、流经外部的气流作用在发动机外表面上的作用力等。在确定发动机推力时,由于气体的流动非常复杂,要精准确定各个部件表面上的气流参数和作用力是非常困难的,所以常常采用整体分析的方法,将发动机看成一个整体,利用动量方程来计算总体的作用力。

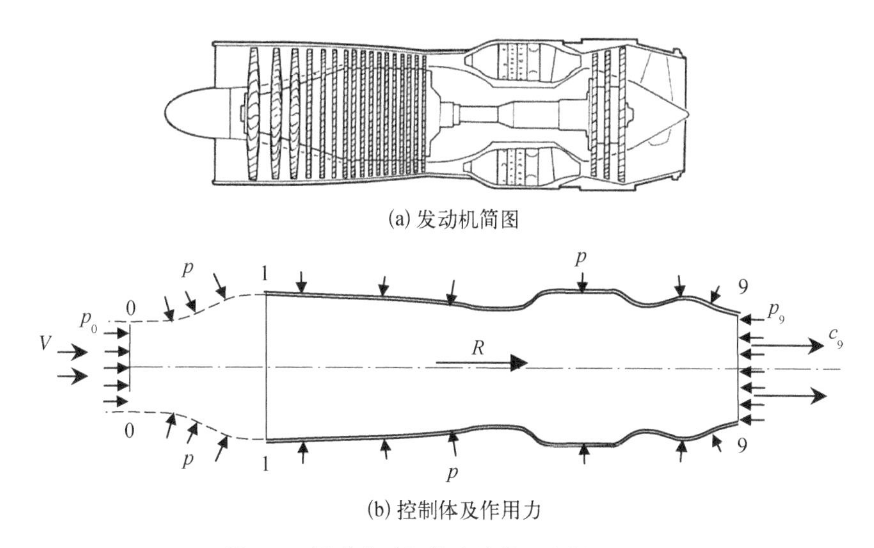

(a) 发动机简图

(b) 控制体及作用力

图6.6　涡喷发动机推力计算公式推导用图

在利用动量方程推导推力计算公式时,采用相对坐标系。即将坐标系固定在飞行器或发动机上,与飞行器一起以飞行速度 V 向前运动。在这样的相对坐标系中,飞行器和发动机静止不动,而气流是以速度 V 流向发动机。坐标系的横坐标一般为发动机轴线,且以气流流动方向为正。

1) 选取控制体

(1) 控制体主要针对流经发动机内部的气流,如图6.6所示,发动机截面的序号也采

用了发动机原理中常用的序号，例如喷管出口为 9－9 截面。发动机的控制体为 0－1－9－9－1－0－0 所围成的封闭区域。其中，1－9－9－1 部分是由发动机外壳体的内壁面 1－9 和喷管出口截面 9－9 组成；0－1－1－0 部分是未受扰动截面 0－0 和发动机前自由流界面 0－1 组成。值得注意的是，控制体的进口截面并不是发动机的进口截面 1－1，而是向前延伸至 0－0 截面。这是因为发动机进口截面 1－1 上的参数会受发动机工作状态的影响，即使在相同的飞行速度下也可能变化较大，给计算带来困难，因此将控制体的进口截面选为远前方的未受扰动截面。所谓未受扰动截面，是指在 0－0 截面上的气流参数没有受到下游的干扰，所以气流速度为 V、气流压力为该飞行高度上的大气压力 p_H，有 $p_0 = p_H$。

（2）如图 6.6(a)，实际的发动机中多个部件都是有内边界的，气流的通道实际上是一个环形通道。为了简化分析，将这些部件的表面作用力均等效到控制体的侧壁作用力之中，所以在控制体中不再显示内边界。

（3）为了计算流经发动机外部的气流对发动机外表面的作用力，认为控制体的边界 1－9 又同时表示发动机的外壳体。

2）分析作用在控制体内气体上的所有作用力

（1）发动机内部所有部件对气流的作用力。如上所述，这一作用力是所有部件的表面力之合力，就是控制体 1－9 部分的侧壁作用力，用 R_{in} 来表示，如图 6.6(b) 所示，并设定其沿发动机轴线，方向与气流方向相同（向后）。

（2）控制体进口截面 0－0 上的压强力 p_0A_0（方向与气流方向相同），出口截面 9－9 上的压强力 p_9A_9（方向与气流方向相反）。

（3）作用在控制体 0－1 部分自由流界面所作用的压强力，由于这一段流管是变化的，气流的压力 p 也是变化的，所以该压强力应该是积分形式 $\int_0^1 p\mathrm{d}A$，其中的微元面积 $\mathrm{d}A$ 是在垂直于来流气流方向上的面积变化增量。该压强力的方向由 $\mathrm{d}A$ 的符号确定，例如，$\mathrm{d}A > 0$ 时方向与来流方向相同。

3）分析作用在发动机外表面上的作用力

当气流流经发动机的外表面时，会对发动机产生两种作用力。

（1）作用在发动机外表面 1－9 上的压强力。这部分作用力是由外部气流的压力 p 作用于发动机外表面而产生的压强力在发动机轴线上的分量，而且压力 p 在不同的位置也是变化的，一般也不等于当地的大气压力 p_0。所以这个压强力也是积分形式 $\int_1^9 p\mathrm{d}A$，其中的微元面积 $\mathrm{d}A$ 也是在垂直于来流气流方向上的面积变化增量。该压强力的方向也是由 $\mathrm{d}A$ 的符号确定，$\mathrm{d}A > 0$ 时方向与来流方向相同。

（2）气流的摩擦力。摩擦力是由气体的黏性作用而产生的表面切向力，由于发动机外表面并不都是与轴线平行，所以将摩擦力的合力在轴线上的分量记为 X_τ。显然，X_τ 的方向是向后的，即与来流的流动方向相同。

4）对控制体应用动量方程

以发动机轴线建立坐标系，并取坐标轴的正方向与来流气流方向相同（向后）。

于是,对于控制体内的气流,由动量方程可得

$$R_{\text{in}} + \int_0^1 p\text{d}A + p_0A_0 - p_9A_9 = W_9c_9 - W_0V$$

或

$$R_{\text{in}} = W_9c_9 - W_0V + p_9A_9 - p_0A_0 - \int_0^1 p\text{d}A$$

注意,这里的 R_{in} 只是发动机对流过它的气流的内部作用力。由牛顿第三定律,可知气流对发动机内部的反作用力 F_{in} 就应该为 $\boldsymbol{F}_{\text{in}} = -\boldsymbol{R}_{\text{in}}$, 即与 R_{in} 大小相等、方向相反(向前)。F_{in} 又称为发动机的内部推力。

5) 发动机的推力

对于发动机而言,它真正提供给飞行器的推进力应该是有效推力,即内部推力减去外部气流对发动机外表面的所有作用力。将有效推力记为 F_{eff}, 则有

$$F_{\text{eff}} = F_{\text{in}} - \int_1^e p\text{d}A - X_\tau = W_9c_9 - W_0V + p_9A_9 - p_0A_0 - \int_0^1 p\text{d}A - \int_1^9 p\text{d}A - X_\tau$$

将上式右端加上 $\oint_{C.V} p_0\text{d}A = 0$, 即 $-p_0A_9 + p_0A_0 + \int_0^1 p_0\text{d}A + \int_1^9 p_0\text{d}A = 0$

进行整理后得

$$F_{\text{eff}} = W_9c_9 - W_0V + (p_9 - p_0)A_9 - \int_0^1 (p - p_0)\text{d}A - \int_1^9 (p - p_0)\text{d}A - X_\tau \tag{6.11}$$

或

$$F_{\text{eff}} = F - X_{\text{add}} - X_p - X_\tau$$

式中各个力的具体含义如下。

(1) 发动机推力 F

$$F = W_9c_9 - W_0V + (p_9 - p_0)A_9 \tag{6.12}$$

在发动机原理中,就把式(6.12)计算得到的这部分力称为发动机的推力 F。

一般地,发动机的进口为空气、出口为燃气,常用符号 W_{g} 和 W_{a} 分别表示燃气流量和空气流量,则可得常用的发动机推力计算式为

$$F = W_{\text{g}}c_9 - W_{\text{a}}V + (p_9 - p_0)A_9 \tag{6.13}$$

在近似计算中,忽略燃油流量、引气量等,有 $W_{\text{g}} \approx W_{\text{a}}$, 则发动机推力又可简化为 $F = W_{\text{a}}(c_9 - V) + (p_9 - p_0)A_9$。

仔细观察该推力 F 的计算式,它实际上也是式(6.11)在假设外界气流压力为当地大气压 p_0, 且没有摩擦力作用时的结果。所以也是一种理想条件下的发动机推力,有的又称其为发动机的名义推力。

(2) 附加阻力

将 $X_{\text{add}} = \int_0^1 (p - p_0)\text{d}A$ 称为附加阻力,其物理意义为:它是由于把0-1自由边界段当成为发动机壳体而多计算的作用力,因此在确定有效推力时就应该从发动机推力中扣除掉,相当于一种阻力。关于附加阻力的详细分析可参考文献[7]。

(3) 压差阻力

将 $X_p = \int_1^9 (p - p_0) \mathrm{d}A$ 称为压差阻力,是外部气流作用于发动机外表面上压强力之合力在轴线上的分量。

6.3 能量方程

6.3.1 能量方程的常用表达式

能量方程实质上就是热力学第一定律在控制体上的应用。控制体实质上与第 2 章中的开口体系相同,因此,第 2 章中所推导出的开口体系能量方程式(2.27)或式(2.28)就是这里的能量方程,在此不再重复能量方程的推导过程,可以直接加以应用。

由式(2.26),且热量仅以 q 来表示,可得单位质量流量的能量方程为

$$q = i_2 - i_1 + \frac{c_2^2 - c_1^2}{2} + g(z_2 - z_1) + l_m \tag{6.14}$$

上式就是一维定常流能量方程的基本形式。它表明对控制体内气体的加热量改变了控制体进出口气流的焓、动能和位能,并对外输出功。应当指出的是,在导出该方程时,并未对气体的性质和过程的特点作任何限制。因此,无论是完全气体还是实际气体,可逆过程还是不可逆过程,该方程都是适用的。

还应当注意的是,所研究的控制体与外界的功交换可以分为轴功和控制体边界上由于表面力所做的功两大类。后者又包括流动功与切应力所做的功,其中的流动功已经包含在状态参数焓之中。而关于切应力所做的功,则与选择控制体的方式有关。在本教材中,一般都将控制体侧面边界表面与静止的固体壁面相重合,根据无滑移边界条件,切应力所做的功为零。所以控制体中气流与外界的机械功交换就只是轴功。

对于本教材所讨论的气体流动来说,通常可以忽略位能变化,所以常用的能量方程为

$$q = i_2 - i_1 + \frac{c_2^2 - c_1^2}{2} + l_m \tag{6.15}$$

6.3.2 能量方程的应用

为了正确应用能量方程解决实际工程问题,需要再次明确能量方程中热量和功的正负号规定。对于热量,外界给气体加热时 q 取正号,否则为负;对于机械功,气体对外界输出功时 l_m 取正号,而外界对控制体中气体输入功时,则 l_m 取负号。

再需要说明的是,能量方程式(6.15)适用于单位质量流量以及只有一个进出口截面的控制体。若是应用于多进出口截面的控制体,则能量方程应写为

$$Q = \sum_{i=1}^{m} W_{2i}\left(i_2 + \frac{c_2^2}{2}\right)_i - \sum_{i=1}^{n} W_{1i}\left(i_1 + \frac{c_1^2}{2}\right)_i + L_m \tag{6.16}$$

其中，Q 和 L_m 是总的热量交换率(单位时间内的热交换量)和总的机械功率。

对于分别只有一个进、出口的控制体中的绝能流动情形，$q=0$，$l_m=0$，于是能量方程又可针对单位质量流量的气体简化为

$$i_1 + \frac{c_1^2}{2} = i_2 + \frac{c_2^2}{2} = i + \frac{c^2}{2} \tag{6.17}$$

上式说明，在绝能流动中，气体的焓与动能之和保持不变。流动状态的变化，只是焓与动能相互转化的结果。也就是说，当气体的焓减小时，减小的焓就转化成了气体动能的增加；反之，当气体动能减小时，气体的焓就增加。

其他的应用例子可复习 2.3.7 节中的应用举例。

6.4 伯努利方程

为了分析气体在流动过程中与外界进行机械能交换的情况，并确定机械功和克服流动损失所消耗的功，就需要建立以机械能形式表达的能量守恒与转换关系式，即伯努利方程，也称作机械能形式的能量方程。为简化下面的分析，均不考虑气流位能的变化。

6.4.1 伯努利方程的一般形式

在第 2 章的 2.3.6 节中，已经推导得出了针对控制体的机械能形式能量方程式(2.31)，即

$$-\int_1^2 v\mathrm{d}p = \frac{c_2^2 - c_1^2}{2} + g(z_2 - z_1) + l_m + \tau$$

为说明耗散对功的影响，将耗散功表示成 $l_r = \tau$，且不考虑位能变化，则上式可整理成为

$$l_m = -\int_1^2 v\mathrm{d}p - \frac{c_2^2 - c_1^2}{2} - l_r \tag{6.18}$$

或

$$l_m = -\int_1^2 \frac{\mathrm{d}p}{\rho} - \frac{c_2^2 - c_1^2}{2} - l_r \tag{6.19}$$

式(6.18)和式(6.19)都是伯努利方程的一般表达式。这说明，气体流动过程中与外界的轴功，可以与控制体内气体的压力功、动能以及耗散功之间相互转换。可见，伯努利方程中的各项都属于机械能，并没有显含热量项，因此伯努利方程又被称为机械能形式的能量方程。但应注意，伯努利方程中虽然没有出现热量项，但是在导出伯努利方程时，并未假定是绝热流动，因此伯努利方程仍可以用于有热量交换的情况。

更进一步，若忽略气体动能的变化，则伯努利方程简化为：$l_m = -\int_1^2 \frac{\mathrm{d}p}{\rho} - l_r$。通过该式，也可以充分说明耗散的物理意义。例如，当气体膨胀 ($\mathrm{d}p < 0$) 对外输出功时，气体所

做的压力功中，一部分对外输出（$l_m > 0$），另一部分则用于克服流动损失（黏性应力耗散），这样对外输出的功就减少了。反过来，若是外界对气体做功（输入轴功，$l_m < 0$），则是只有一部分功可用来压缩气体增加压力（$\mathrm{d}p > 0$），而另一部分要用于克服流动损失，换句话说，要达到相同的增压水平，外界必须多付出功。

对于不可压流动，有 $\rho = \text{const.}$，$\int_1^2 \frac{\mathrm{d}p}{\rho} = \frac{p_2 - p_1}{\rho}$，则式(6.19)可表示为

$$l_m = \left(\frac{p_1}{\rho} + \frac{c_1^2}{2}\right) - \left(\frac{p_2}{\rho} + \frac{c_2^2}{2}\right) - l_r \tag{6.20}$$

该式常用于分析计算低速不可压流动叶轮机械的轴功。

特别地，当不可压流动又是绝能且无黏时，有 $l_m = 0$，$l_r = 0$，所以

$$\frac{p_1}{\rho} + \frac{c_1^2}{2} = \frac{p_2}{\rho} + \frac{c_2^2}{2}$$

或

$$p_1 + \frac{1}{2}\rho c_1^2 = p_2 + \frac{1}{2}\rho c_2^2 = p + \frac{1}{2}\rho c^2 \tag{6.21}$$

在应用中，常将 $p + \rho c^2/2$ 称为不可压流的总压，有的也叫作不可压气流的全压。而进一步将气流的压力 p 称为静压，$\rho c^2/2$ 称为动压，所以，不可压流的总压由静压和动压组成。可见，在绝能和无黏的不可压流动中，不可压气流的总压始终保持为常数。对于可压流的总压，将在后续第 7 章中进行深入研究。

6.4.2 伯努利方程的应用

下面针对一些典型的流动过程，讨论伯努利方程的具体应用形式。

1. 压气机或涡轮等叶轮机械中的流动过程

1）不考虑黏性流动损失时的流动

对于压气机或涡轮等叶轮机械中的流动过程，一般都认为是绝热的，即 $q = 0$。当不考虑黏性流动损失等耗散时，它又是定熵的流动过程，这时有 $p/\rho^\gamma = C$ 或 $p^{1/\gamma}/\rho = C_1$，以及 $l_r = 0$，故由式(6.19)得

$$l_m = -\int_1^2 \frac{\mathrm{d}p}{\rho} - \frac{c_2^2 - c_1^2}{2} = -\int_1^2 \frac{C_1}{p^{1/\gamma}}\mathrm{d}p - \frac{c_2^2 - c_1^2}{2}$$

而

$$-\int_1^2 \frac{C_1}{p^{1/\gamma}}\mathrm{d}p = -C_1\frac{\gamma}{\gamma - 1}\left(p_2^{\frac{\gamma-1}{\gamma}} - p_1^{\frac{\gamma-1}{\gamma}}\right) = -\frac{\gamma}{\gamma - 1}\frac{p_1^{1/\gamma}}{\rho_1}\left(p_2^{\frac{\gamma-1}{\gamma}} - p_1^{\frac{\gamma-1}{\gamma}}\right)$$

$$= -\frac{\gamma}{\gamma - 1}\frac{p_1}{\rho_1}\left[\left(\frac{p_2}{p_1}\right)^{\frac{\gamma-1}{\gamma}} - 1\right]$$

所以

$$l_m = -\frac{\gamma}{\gamma - 1}RT_1\left[\left(\frac{p_2}{p_1}\right)^{\frac{\gamma-1}{\gamma}} - 1\right] - \frac{c_2^2 - c_1^2}{2} \tag{6.22}$$

这实际上也就是第 3 章 3.5.4 节所讨论过的开口体系定熵过程的能量关系。当不考虑气体的动能变化时，就与式（3.50）完全一样。

显然，对于压气机，$l_m=-l_C$，若假设其进出口气流速度近似相等 $c_1\approx c_2$，则有压气机功为 $l_C=\dfrac{\gamma}{\gamma-1}RT_1\left[\left(\dfrac{p_2}{p_1}\right)^{\frac{\gamma-1}{\gamma}}-1\right]$，即外界输入的压气机功全部用于增加气体的压力。

而对于涡轮来说，$l_m=l_T$，也同样假设其进出口气流速度近似相等 $c_1\approx c_2$，则有涡轮功为 $l_T=\dfrac{\gamma}{\gamma-1}RT_1\left[1-\dfrac{1}{\left(\dfrac{p_1}{p_2}\right)^{\frac{\gamma-1}{\gamma}}}\right]$，可见，气体定熵膨胀所做的功全部用于对外输出涡轮功。

2）考虑黏性流动损失时的流动

对于压气机或涡轮等叶轮机械中的流动过程，对外仍然是绝热的。但是，当其内部有黏性流动损失等耗散时，$l_r>0$，就是一个不可逆的耗散过程。为了求解问题，可以认为黏性损失耗散为热而加给气体，将其"比拟"为一个有加热的"可逆多变过程"（过程指数为 n，且压缩时 $n>\gamma$、膨胀时 $n<\gamma$），从而"借用"多变过程的参数关系来获得机械功的表达式。这时有 $p/\rho^n=C'$ 或 $p^{1/n}/\rho=C_1'$，故由式（6.19）得

$$l_m=-\int_1^2\frac{\mathrm{d}p}{\rho}-\frac{c_2^2-c_1^2}{2}-l_r=-\int_1^2\frac{C_1'}{p^{1/n}}\mathrm{d}p-\frac{c_2^2-c_1^2}{2}-l_r$$

同理，积分式为 $-\int_1^2\dfrac{C_1'}{p^{1/n}}\mathrm{d}p=-\dfrac{n}{n-1}\dfrac{p_1}{\rho_1}\left[\left(\dfrac{p_2}{p_1}\right)^{\frac{n-1}{n}}-1\right]$，所以有

$$l_m=-\frac{n}{n-1}RT_1\left[\left(\frac{p_2}{p_1}\right)^{\frac{n-1}{n}}-1\right]-\frac{c_2^2-c_1^2}{2}-l_r \tag{6.23}$$

这里需要特别注意，虽然形式相近，但式（6.23）与第 3 章 3.6.4 节所讨论的多变过程能量关系式有本质区别的。3.6.4 节讨论的是可逆过程，而式（6.23）所针对的却是不可逆过程，只是求解不可逆过程的一种近似方法。

那么，对于压气机，$l_m=-l_C$，若假设其进出口气流速度近似相等 $c_1\approx c_2$，则有压气机功为 $l_C=\dfrac{n}{n-1}RT_1\left[\left(\dfrac{p_2}{p_1}\right)^{\frac{n-1}{n}}-1\right]+l_r$。因为有流动损失，$l_r>0$，所以外界输入的压气机功只有一部分通过多变增压过程来增加气体的压力，而另有一部分要用于克服流动损失。

而对于涡轮来说，$l_m=l_T$，也同样假设其进出口气流速度近似相等 $c_1\approx c_2$，则有涡轮功为 $l_T=\dfrac{n}{n-1}RT_1\left[1-\dfrac{1}{\left(\dfrac{p_1}{p_2}\right)^{\frac{n-1}{n}}}\right]-l_r$。因为有流动损失，$l_r>0$，可见，气体多变膨胀所做的功并不能全部对外输出，而是有一部分要克服流动损失。

【例 6.7】 已知某轴流式压气机的进口截面气流参数为 $p_1 = 0.952\ \text{bar}$、$T_1 = 278\ \text{K}$，出口截面的气流压力为 $p_2 = 5.712\ \text{bar}$。假设压气机进出口的气流速度近似相等，求：(1) 不考虑流动损失时的压气机功；(2) 考虑流动损失时的压气机功(设多变过程指数为 $n = 1.45$)。

解：(1) 不考虑流动损失时，是定熵过程，$l_r = 0$，且 $c_1 = c_2$，$l_m = -l_C$，所以由式(6.22)可得压气机功为

$$l_C = \frac{\gamma}{\gamma - 1}RT_1\left[\left(\frac{p_2}{p_1}\right)^{\frac{\gamma-1}{\gamma}} - 1\right] = \frac{1.4}{1.4 - 1} \times 287 \times 278 \times \left[\left(\frac{5.712 \times 10^5}{0.952 \times 10^5}\right)^{\frac{1.4-1}{1.4}} - 1\right]$$
$$= 186\,670.3\ \text{J/kg}$$

(2) 当考虑流动损失时，$l_r > 0$，借用多变过程的参数关系，可得压气机出口的气流温度为 $T_2 = T_1\left(\frac{p_2}{p_1}\right)^{\frac{n-1}{n}} = 278 \times 6^{\frac{1.45-1}{1.45}} = 484.8\ \text{K}$。

所以，再应用能量方程式(6.15)，且 $q = 0$，$l_m = -l_C$，$c_1 = c_2$，得

$$l_C = i_2 - i_1 = c_p(T_2 - T_1) = \frac{\gamma}{\gamma - 1}R(T_2 - T_1) = \frac{1.4}{1.4 - 1} \times 287 \times (484.8 - 278)$$
$$= 207\,730.6\ \text{J/kg}$$

可见，有流动损失时的压气机功要大于不考虑流动损失时的压气机功。

而利用伯努利方程，则有 $l_C = \frac{n}{n-1}RT_1\left[\left(\frac{p_2}{p_1}\right)^{\frac{n-1}{n}} - 1\right] + l_r$，所以可得到流动损失所耗散的功为 $l_r = \left(\frac{\gamma}{\gamma - 1} - \frac{n}{n - 1}\right)R(T_2 - T_1) = 16\,486.6\ \text{J/kg}$。

2. 进气道和喷管中的绝能流动过程

1) 不考虑黏性流动损失时的流动

对于进气道和喷管中的流动过程，一般认为是绝能的，即 $q = 0$，$l_m = 0$。当不考虑黏性流动损失等耗散时，它又是定熵的流动过程。所以由式(6.22)，可得

$$\frac{c_2^2 - c_1^2}{2} = \frac{\gamma}{\gamma - 1}RT_1\left[1 - \left(\frac{p_2}{p_1}\right)^{\frac{\gamma-1}{\gamma}}\right] \tag{6.24}$$

可以看到，对于定熵绝能流动，流速的增加必导致压力下降。

2) 考虑黏性流动损失时的流动

对于有流动损失的绝能过程，同样借用多变过程的参数关系来确定动能的变化，由式(6.23)得

$$\frac{c_2^2 - c_1^2}{2} = \frac{n}{n - 1}RT_1\left[1 - \left(\frac{p_2}{p_1}\right)^{\frac{n-1}{n}}\right] - l_r \tag{6.25}$$

可见，存在流动损失时，$l_r > 0$，同样程度的压力变化所获得的动能变化量要小一些。

【例 6.8】 已知某发动机处于最大工作状态时,其收敛形喷管进口截面处的燃气压力为 1.575 bar、温度为 856 K、气流速度 220 m/s,出口截面上的压力为 0.987 bar。试求:(1) 不考虑流动损失时,喷管的出口燃气速度是多大?(2) 当考虑流动损失时,喷管的出口燃气速度又是多大?(设多变过程指数为 $n = 1.26$)

解:(1) 对于不考虑流动损失的情况,由式(6.24)可得

$$c_2 = \sqrt{c_1^2 + \frac{2\gamma}{\gamma - 1}RT_1\left[1 - \left(\frac{p_2}{p_1}\right)^{\frac{\gamma-1}{\gamma}}\right]}$$

$$= \sqrt{220^2 + \frac{2 \times 1.33}{1.33 - 1} \times 287.4 \times 856 \times \left[1 - \left(\frac{0.987 \times 10^5}{1.575 \times 10^5}\right)^{\frac{1.33-1}{1.33}}\right]} = 515.3 \text{ m/s}$$

(2) 当考虑流动损失时,$l_r > 0$,借用多变过程的参数关系,可得喷管出口的气流温度为 $T_2 = T_1\left(\frac{p_2}{p_1}\right)^{\frac{n-1}{n}} = 856 \times \left(\frac{0.987 \times 10^5}{1.575 \times 10^5}\right)^{\frac{1.26-1}{1.26}} = 777.3 \text{ K}$。

所以再应用能量方程式(6.15),且 $l_m = 0$,得

$$\frac{c_2^2 - c_1^2}{2} = i_1 - i_2 = c_p(T_1 - T_2) = \frac{\gamma}{\gamma - 1}R(T_1 - T_2)$$

$$c_2 = \sqrt{c_1^2 + \frac{2\gamma}{\gamma - 1}R(T_1 - T_2)}$$

$$= \sqrt{220^2 + \frac{2 \times 1.33}{1.33 - 1} \times 287.4 \times (856 - 777.3)} = 480.3 \text{ m/s}$$

可见,在同样的压力比 $p_1/p_2 = 1.596$ 下,流动损失导致喷管出口的燃气速度减小。

利用式(6.25),可得到流动损失所耗散的能量为

$$l_r = \frac{n}{n - 1}RT_1\left[1 - \left(\frac{p_2}{p_1}\right)^{\frac{n-1}{n}}\right] - \frac{c_2^2 - c_1^2}{2} = \left(\frac{n}{n - 1} - \frac{\gamma}{\gamma - 1}\right)R(T_1 - T_2) = 18\,453.2 \text{ J/kg}$$

但是应当注意,有流动损失时,出口动能的损失与 l_r 并不相等,这是因为耗散转变的内部加热会使得出口的气流速度有所补偿。

3. 绝能不可压流动

1) 没有流动损失的定熵绝能不可压流动

对于没有流动损失的定熵绝能不可压流动,有 $l_m = 0$,ρ 为常数,$l_r = 0$,由式(6.21)已知

$$p_1 + \frac{1}{2}\rho c_1^2 = p_2 + \frac{1}{2}\rho c_2^2 = p + \frac{1}{2}\rho c^2$$

可见,对于定熵绝能不可压流动,有 $p + \rho c^2/2 =$ 常数。

若将不可压流的总压(或全压)记为 p_0,则 $p_0 = p + \rho c^2/2$,那么,在定熵绝能不可压流

动中，$p_{01}=p_{02}=p_0$，即气流的总压（或全压）保持不变。

2）有流动损失的绝能不可压流动

对于绝能不可压流动，$l_m=0$，ρ 为常数，由式(6.20)可得

$$p_1+\frac{1}{2}\rho c_1^2=p_2+\frac{1}{2}\rho c_2^2+l_r$$

应用总压（或全压）的概念，上式又可表示为

$$p_{01}=p_{02}+l_r,\quad 或\quad p_{01}-p_{02}=l_r$$

可见，流动损失会导致不可压流的总压（或全压）减小，称为总压（或全压）损失。

在实际应用中，为了使用方便，常将上式中的耗散项或总压（或全压）损失表示为 $l_r=p_{01}-p_{02}=\xi\cdot\frac{1}{2}\rho c_1^2$，其中的 ξ 叫作阻力系数或损失系数。

【例 6.9】 不可压流动中由于突然扩张流动所造成的全压（或总压）损失。图 6.7 所示为一突然扩张管道（又叫作突扩管道），即管道截面面积在 1A－1A 截面处由前面的 A_1 突然扩大为 A_2。管道的突然扩张将引起气流流动分离并造成耗散，导致气流的总压损失。相应的阻力系数或损失系数称为突然扩张损失系数（不包括摩擦损失）。利用动量方程和伯努利方程可确定其阻力系数。

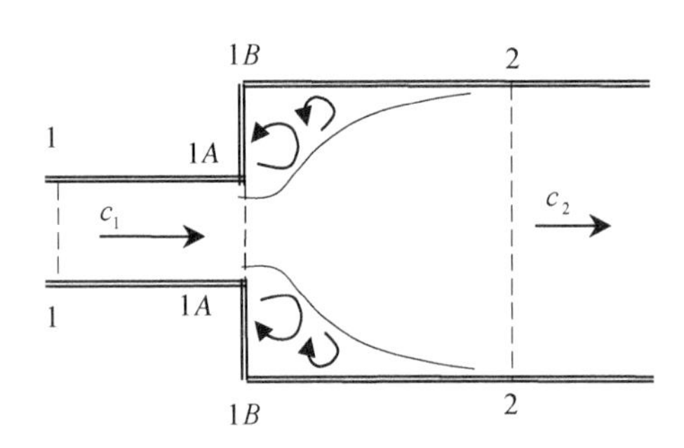

图 6.7 不可压流的突然扩张流动

解： 在工程应用中，又将这种损失称为局部损失或冲击损失，以区别于沿程摩擦损失。且对于突然扩张问题，根据试验结果可知，1B－1B 截面上气体的压力可以认为是均布的，即 $p_{1A}=p_{1B}$。

如图 6.7 所示，设 1－1A 和 1B－2 都是等直管道，即且气流在 2－2 截面上达到均匀。取 1－1A－1B－2 之间管道内壁面及进出口所围区域为控制体，分别应用动量方程和伯努利方程。

由 1B－1B 至 2－2 截面之间气流的动量方程，忽略壁面摩擦力，可得

$$p_{1B}A_{1B}-p_2A_2=W_2c_2-W_{1A}c_{1A}$$

而 $W_1=W_{1A}=W_2=\rho c_2A_2$，$A_2=A_{1B}$，$p_1=p_{1A}=p_{1B}$，$c_1=c_{1A}$，所以上式可得

$$p_1-p_2=\rho c_2(c_2-c_1)$$

于是有

$$p_{01}-p_{02}=p_1+\frac{1}{2}\rho c_1^2-\left(p_2+\frac{1}{2}\rho c_2^2\right)=p_1-p_2+\frac{1}{2}\rho(c_1^2-c_2^2)$$

$$=\rho c_2(c_2-c_1)+\frac{\rho}{2}(c_1^2-c_2^2)$$

即

$$p_{01} - p_{02} = \frac{\rho}{2}c_2^2 - \rho c_2 c_1 + \frac{\rho}{2}c_1^2 = \frac{\rho}{2}c_1^2\left[1 - 2\frac{c_2}{c_1} + \left(\frac{c_2}{c_1}\right)^2\right]$$

$$= \frac{\rho}{2}c_1^2\left(1 - \frac{c_2}{c_1}\right)^2 = \frac{\rho}{2}c_1^2\left(1 - \frac{A_1}{A_2}\right)^2$$

已知损失系数定义为$\xi = \dfrac{p_{01} - p_{02}}{\frac{1}{2}\rho c_1^2}$，所以突然扩张损失系数为$\xi = \left(1 - \dfrac{A_1}{A_2}\right)^2$。由此可知，面积突扩越大，突扩造成的损失也越大。在现代航空涡喷和涡扇发动机的主燃烧室中，都使用了突扩式的进口扩压器。

习　题

习题 6.1　什么是气体的质量流量、容积流量和单位面积流量？它们之间有什么区别和联系？

习题 6.2　对于任一流管，在选定的控制体内，流体是川流不息的，什么情况下才能使控制体内的流体质量不随时间而变化？为什么？

习题 6.3　当涡喷/涡扇发动机的轴流压气机进、出口的气流速度相等时，其进、出口的面积应有什么变化？为什么？

习题 6.4　对于涡喷/涡扇发动机的轴流式压气机，假设其进、出口的气流速度相等，且不考虑流动损失。当压气机出口的压力增大为进口的 8 倍时，其出口的面积应是进口面积的多少倍？气体对压气机的作用力是其进口 p_1A_1 的多少倍？

习题 6.5　写出 1 kg 气体自发动机各主要部件（压气机、燃烧室、涡轮、喷管）的进口流至各部件出口的能量方程，并说明其意义。

习题 6.6　热力学第一定律、能量方程和伯努利方程三者之间有什么区别和联系？

习题 6.7　关于涡轮喷气式发动机的推力计算式，尝试查阅有关参考资料，看是否还有其他的推导方法，并阐述之。

习题 6.8　温度为 300 K、压力为 101 325 Pa 的空气，以 180 m/s 的速度沿进气管道流入一理想扩压器。求空气在该扩压器中最大可能的压力。（提示：所谓理想扩压器是指其中的流动为定熵的，而所谓最大可能的压力是指气流在扩压器中完全滞止为速度为零时所达到的压力）

习题 6.9　现用皮托管测量某管道中的空气流速。已知测量结果是：气流的总压与静压之差为 204 mmHg，静压的真空度为 62 mmHg，空气流的温度为 20℃，管道外当地大气压为 760 mmHg。试根据测量结果按不可压流动来计算空气的流动速度。

习题 6.10　已知某管道进口处空气流的速度为 70 m/s、温度为 300 K，出口处的气流温度为 600 K，设不考虑黏性摩擦，流动为可逆定压绝功的流动（但有加热），求管道出口处的气流速度以及管道出口与进口截面的面积比。

习题 6.11 对于上题(习题 6.10),将定压条件改为等截面直管条件,且已知进口的压力为 1.56 bar,同样不考虑黏性摩擦,求管道出口的气流速度。

习题 6.12 已知某轴流式压气机的进口截面气流参数为 $p_1 = 1.01$ bar、$T_1 = 288$ K,出口截面的气流压力为 $p_2 = 6.522$ bar。假设压气机进出口的气流速度近似相等,求:

(1) 不考虑流动损失时的压气机功;

(2) 考虑流动损失时的压气机功(设多变过程指数为 $n = 1.46$)。

习题 6.13 已知某发动机的空气流量为 48.2 kg/s,其中某截面面积为 0.316 m^2,该处的压力为 0.916 bar,温度为 278.8 K,求该截面上的气流速度。

习题 6.14 某发动机尾喷管的进口截面面积为 0.8 m^2,出口截面面积为 0.5 m^2,若燃气流量为 160 kg/s,试计算尾喷管进、出口截面上的密流。

习题 6.15 已知某发动机的压气机进口截面参数:面积为 0.211 4 m^2,压力为 0.796 5 bar,温度为 268 K,速度为 196 m/s,求流过压气机的空气流量。

习题 6.16 已知收敛形喷管的进口截面参数:面积为 0.179 7 m^2,压力 1.852 2 bar,温度为 850 K,速度为 300 m/s;出口截面参数:面积为 0.154 3 m^2,压力为 1.127 bar,温度为 760 K,求收敛形喷管出口截面上的气流速度。

习题 6.17 流速为 96 m/s 的不可压缩流体,流入进、出口截面面积比为 1/2 的管道,求出口流速。

习题 6.18 某涡轮喷气发动机在设计状态下工作时,已知收敛形喷管进口截面处的气流参数:压力为 2.05 bar,温度为 865 K,速度为 288 m/s,面积为 0.19 m^2;出口截面处的气流参数:压力为 1.143 bar,温度为 766 K,面积为 0.160 6 m^2。试求通过喷管的燃气流量和喷管的出口流速。

习题 6.19 某压气机的进口气流参数:压力为 0.774 bar,温度为 266.5 K;出口气流压力为 7.957 bar,求出口的温度和压气机中的损失功分别是多少?(设 $n = 1.51$)

习题 6.20 涡轮导向器叶片组成的通道如图所示,已知在进口环形截面 4 - 4 处燃气的流动参数:压力为 6.869 8 bar,温度为 1 140 K,速度为 114 m/s;在出口环形截面 4A - 4A 处燃气的流动参数:压力为 4.802 bar,温度为 1 030 K。进、出口环形面积均为 0.39 m^2,进口气流速度与 x 轴线方向平行,出口气流速度与 x 轴线的夹角为 65°,试求出口流速和燃气流量。设气流在出口截面 4A - 4A 上的参数分布均匀。

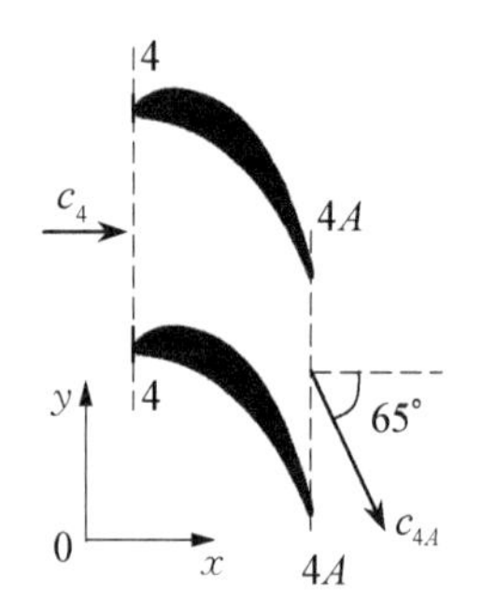

习题 6.20 用图

习题 6.21 已知压气机进口的气流参数:压力为 0.897 7 bar,温度为 288 K,速度为 136 m/s;出口的气流参数:压力为 4.273 bar,速度为 120 m/s,求压气机对 1 kg 空气所做的功。(不考虑流动损失)

习题 6.22 发动机燃烧室的进口温度为 476 K,出口温度为 1 150 K,进、出口气流速度分别为 120 m/s 与 170 m/s。求流过燃烧室的每 1 kg 空气所获得的热量。[定压比热可取 1.172 3 kJ/(kg·K)]

习题 6.23 发动机涡轮前、后的燃气温度分别为 1 150 K 和 913 K,流速分别为

170 m/s 及 213 m/s，求 1 kg 燃气流过涡轮时对涡轮所做的功。

习题 6.24　发动机尾喷管进口的燃气压力为 1.850 3 bar，出口压力为 1.012 6 bar，进口温度为 913 K，进口速度为 393 m/s，试求在考虑和不考虑流动损失情况下的喷管出口气流速度。（注意：考虑流动损失时的多变过程指数取 1.26）

习题 6.25　某发动机在台架试车时，当地的大气压力为 754.6 mmHg，大气温度为 296 K，发动机的进气装置直径 D 为 0.6 m。试车测得进口处的静压（真空度）为 327 mmH_2O，试求在该工作状态下通过发动机的空气流量。（设在空气流动过程中不考虑流动损失）

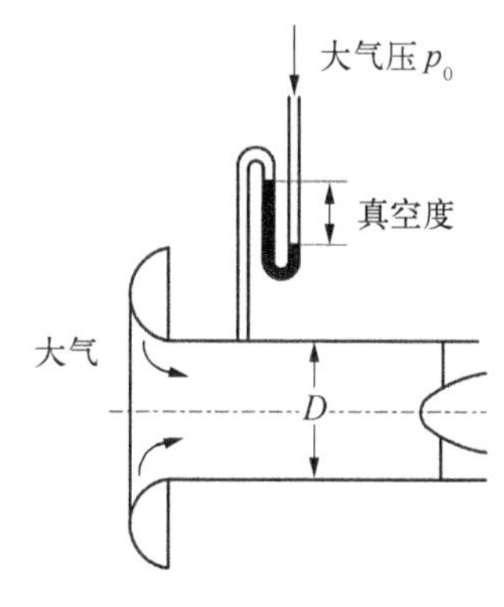

习题 6.25 用图

第 7 章 滞止参数与气动函数

本章将利用气体动力学基本方程研究一维定常流的基本流动规律。主要内容包括声速和马赫数、滞止参数、临界参数、速度系数及气体动力学函数(简称为气动函数)。气体动力学主要研究可压缩气流的流动,但可压缩流的计算是比较复杂的,引入这些概念和参数有助于简化计算,突出主要影响因素。

学习要点:

(1) 理解滞止状态的条件,掌握滞止参数与当地马赫数的关系式;

(2) 理解总焓、总温、总压和临界状态的物理意义;

(3) 掌握临界声速、速度系数的计算方法,会应用临界状态的条件;

(4) 掌握常用气动函数的应用方法,会使用气动函数表。

7.1 声速和马赫数

在 5.2.4 节中简要介绍了声速、马赫数的基本概念,下面将详细推导声速的计算式,研究马赫数的物理意义和应用。

7.1.1 声速

在大自然中,声音是能够在介质中传播的,其传播的速度就是声速,又称为音速。更一般地,在气体动力学中,声速是指微弱扰动所产生的扰动波在气体介质中的传播速度,常用符号 a 来表示其大小。在研究可压流体运动时,声速是一个非常重要的参数。在本教材中,声速可与音速通用。

下面利用一个简单的例子导出声速公式。假设有一根半无限长的管道,左端由一活塞封住,如图 7.1(a)所示。管道内充满静止气体,已知其参数为温度 T、压力 p 和密度 ρ 等。现将活塞轻轻地向右推动,施加一个微弱扰动,使活塞的速度由零增加到 dc。对于紧邻活塞的气体而言,当活塞移动时,就受到了压缩(称其为受到压缩扰动),其参数将发生微小的变化,压力升高为 $p + dp$,温度升高为 $T + dT$,密度增加为 $\rho + d\rho$。受到压缩的气体又会进一步压缩其右邻的气体,从而将产生一个稳定的压缩扰动波,以一定速度 a 向右传播。在传播过程中,当扰动波扫过某一截面后,由于压缩作用会使得其波后的气体参数均增加一个微量,并向传播方向产生一个微小的速度增量。相反,如果活塞的运动方向不是向右而是向左,就是膨胀扰动,则将产生一个稳定的膨胀扰动波,以速度 a 向右传播,这时扰动波与活塞之间的气体参数均将减小一个微量,并向传播的反方向产生一个微小的速度增量。不论是哪种类型的扰动波,根据气体动力学中声速的定义,这个扰动波的传播速度就是声速 a。

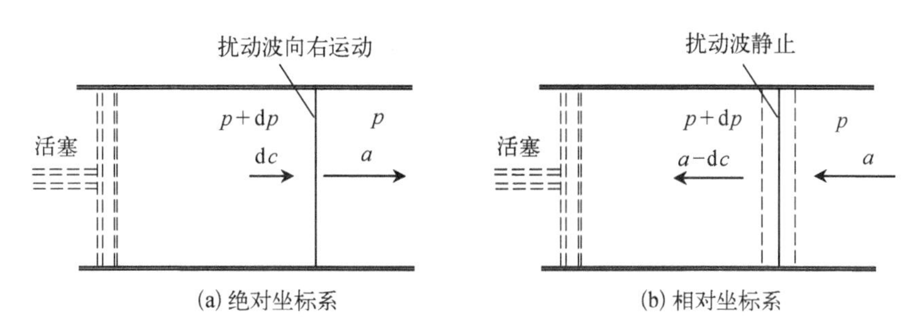

图 7.1　声速公式推导用图

对于上述的扰动波传播问题,为推导方便,采用运动转换的方法建立相对坐标系,即将坐标系固定在扰动波上,认为扰动波静止不动,而气流则是以声速 a 从右向左流动,如图 7.1(b)所示。在相对坐标系中,取图 7.1(b)中虚线所包围的空间为控制体,控制体中包含了扰动波,且设控制体的截面积为 A,坐标轴方向向左为正。

对控制体应用动量方程,且不考虑黏性应力作用,有:$pA-(p+\mathrm{d}p)A=W[(a-\mathrm{d}c)-a]$,进一步整理得到 $A\mathrm{d}p=W\mathrm{d}c$,其中,$W$ 为通过控制体的流量,即 $W=\rho Aa$。

将 $W=\rho Aa$ 与 $A\mathrm{d}p=W\mathrm{d}c$ 联立求解,可得 $\mathrm{d}p=\rho a\mathrm{d}c$。

再应用连续方程,可得 $\rho Aa=(\rho+\mathrm{d}\rho)A(a-\mathrm{d}c)$,展开该式并略去二阶及以上高阶小量,所以有 $a\mathrm{d}\rho=\rho\mathrm{d}c$。

由 $a\mathrm{d}\rho=\rho\mathrm{d}c$ 和 $\mathrm{d}p=\rho a\mathrm{d}c$ 两式,消去 $\mathrm{d}c$ 即可得到

$$a=\sqrt{\mathrm{d}p/\mathrm{d}\rho} \tag{7.1}$$

上式是根据微弱压缩扰动波的传播推导得到的,事实上对于微弱膨胀扰动波的传播,也可推导出相同的结果。这说明在相同介质的条件下,它们的传播速度是一样的。实际上,声音的声波是由微弱压缩扰动和微弱膨胀扰动交替形成的微弱扰动波,既然上述两种波的传播速度是相同的,故声波的传播速度也就和它们相同。所以一般都以声波的传播速度(即声速),作为微弱扰动波传播速度的统称。

在微弱扰动波的传播过程中,气体压力和温度的变化都很小,且与外界没有能量交换,且还可以不考虑黏性耗散作用,整个过程可以看成是绝热可逆的。因此,可以把微弱扰动波的传播过程看成是一个定熵过程。

所以,对于完全气体,有 $p/\rho^{\gamma}=$ 常数,对此式取对数并微分之,得 $\dfrac{\mathrm{d}p}{p}=\gamma\dfrac{\mathrm{d}\rho}{\rho}$

将此关系代入式(7.1),并应用状态方程 $p=\rho RT$,可得声速的计算式

$$a = \sqrt{\gamma RT} \tag{7.2}$$

可见,声速只取决于气体的温度和热物理性质。

对于空气,取 $\gamma = 1.4$ 及 $R = 287.06\ \mathrm{J/(kg \cdot K)}$,可得

$$a = 20.05\sqrt{T} \tag{7.3}$$

在海平面上,已知标准大气的温度为 288.15 K,所以空气中的声速为 $a = 340.3\ \mathrm{m/s}$;而在 11 000 m 的高度上,当地的大气温度是 216.65 K,所以在该高度上空气中的声速为 $a = 295.07\ \mathrm{m/s}$,即 1 062.3 km/h。

流场中各点处的气体温度可能是不同的,所以,声速就具有明显的当地性,也常常称为当地声速。

7.1.2 马赫数

马赫数定义为流场中任意一点处的气流速度与当地声速之比,记为 Ma。即

$$Ma = \frac{c}{a} \tag{7.4}$$

在气体动力学中,气流马赫数的大小常常被作为是否考虑气体压缩性影响的判断准则。其依据和物理原因可作如下分析:

由一维定熵绝能流动伯努利方程的微分形式 $\mathrm{d}p + \rho c \mathrm{d}c = 0$,作变换可得

$$c^2 \frac{\mathrm{d}c}{c} = -\frac{\mathrm{d}p}{\mathrm{d}\rho}\frac{\mathrm{d}\rho}{\rho}$$

考虑到上式中的 $\mathrm{d}p/\mathrm{d}\rho = a^2$,则有

$$Ma^2 = -\frac{\mathrm{d}\rho/\rho}{\mathrm{d}c/c} \tag{7.5}$$

式中的 $\mathrm{d}c/c$ 和 $\mathrm{d}\rho/\rho$ 分别表示气流速度的相对变化量和气流密度的相对变化量。这说明在绝能等熵流动中,气流速度相对变化量所引起的密度相对变化量与 Ma^2 成正比。在同样的速度变化下,马赫数小,气流密度的相对变化量就小,意味着气流的可压缩性就小;而马赫数大,则气流密度的相对变化量大,说明气流的可压缩性就大。因此,马赫数就成为判定是否考虑气流压缩性的准则。例如,当 $Ma = 0.3$ 时,可知 $-\dfrac{\mathrm{d}\rho/\rho}{\mathrm{d}c/c} = 0.09$,此数据说明,密度的相对变化量仅是速度相对变化量的 9%,就可以不考虑密度的变化,即认为气流是不可压缩的,从而可以使问题简化。当 $Ma > 0.3$ 时,就必须要考虑气流的压缩性了。这里需要再次强调,以上结论都是在定熵绝能流动的条件下得到的。但是,如果不是定熵绝能流动,回顾 5.3.1 节的论述,马赫数再小也未必能当作不可压流看待。

在 5.2.4 节中已经明确,根据马赫数的大小,可以将气体的流动分为以下几类:

(1) 亚声速流动,$Ma < 1.0$;

（2）声速流动，$Ma = 1.0$；

（3）超声速流动，$Ma > 1.0$。

根据需要还可以进一步细分，例如，跨声速流动为 $0.8 < Ma < 1.2$，高超声速流动为 $Ma \geqslant 5.0$。

需要注意的是，因为声速具有当地性，所以马赫数也是同样，所谓的亚声速和超声速都是指在当地的马赫数，是速度与当地声速的比值。

7.2　滞 止 参 数

对于一维定常流动，滞止参数指的是滞止状态所对应的状态参数。应用滞止状态和滞止参数不仅可以简化计算，同时还因为滞止状态与滞止参数自身又具有明确而重要的物理意义。所以，滞止状态与滞止参数是非常重要的概念。

7.2.1　滞止状态与滞止参数

将气流从某一状态定熵绝能地滞止到速度为零的过程，称为滞止过程，如图7.2所示。气流经过这样的滞止过程进行滞止后所处的状态，称为原状态所对应的滞止状态。气流在滞止状态下的状态参数称为滞止参数，也叫作总参数，通常用参数加上标“ * ”来表示，例如总温 T^*、总压 p^*、总焓 i^* 等。相对于滞止参数，气流在滞止前（即当地）的状态参数称为静参数，例如静压、静温、静焓等。图7.3(a)(b)分别是滞止过程和滞止状态在温-熵图（$T-s$ 图）和压-容图（$p-v$ 图）上的表示，其中 A^* 为滞止状态，A 为气流的当地状态，点划线分别表示的是等压线和等温线等参考过程曲线，$A-A^*$ 是定熵压缩的滞止过程。

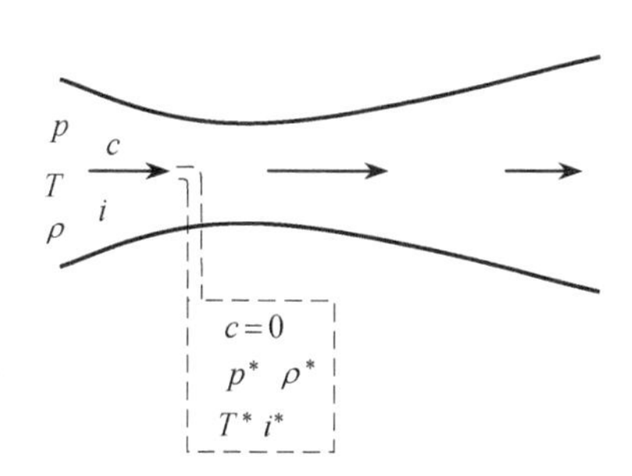

图7.2　气流的滞止过程示意图

对于气流来说，在其每一个状态下都可以假想地进行一个绝能定熵的滞止过程，所以其每一个状态都有一个对应的滞止状态。一般地，滞止状态是一种假想的状态，当然有的情形下也可以是真实状态，例如用皮托管测量亚声速气流总压时所得到的滞止状态就是真实的状态。因此，可以概括地说，无论气流的速度是大是小、是亚声速还是超声速，也无论是无黏流动还是黏性流动、是绝能流动还是非绝能流动，气流的每一个状态都存在一个相对应的滞止状态。

可以证明，气流的滞止状态完全由气流的原状态所决定。参看图7.3，设气流状态 A 的熵与静温分别为 s_A 与 T_A，则根据定熵绝能的过程条件，可知相应的滞止状态的熵不变，即仍为 s_A。而对于滞止过程，可以应用一维定常绝能流动的能量方程式(6.17)，有 $i_A + \dfrac{c_A^2}{2} = i_A^* + \dfrac{c_{A^*}^2}{2}$，而滞止状态的 $c_{A^*} = 0$，所以有 $i_A^* = i_A + \dfrac{c_A^2}{2}$。更一般地，可有 $i^* = i + \dfrac{c^2}{2}$，因此，气流的状态一定，其滞止状态的 s 与焓（即滞止焓）i^* 也就一定，而这两个参数就唯一地确定了滞止状态。

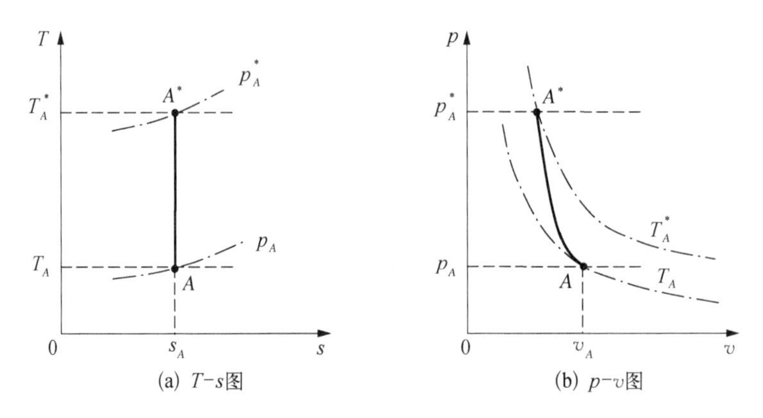

(a) T-s图　　(b) p-v图

图 7.3　滞止状态和滞止过程的表示

应当指出的是，一般地说，滞止参数是对于当地静参数而言的。如果气流的真实状态正好是静止状态，那么它的总参数也就是静参数，例如储气罐中的气体状态。另外，如果整个气流流动是定熵绝能的，那么气流在任何点上的滞止参数也都是相同的。

7.2.2　滞止焓(总焓)

按照滞止参数的定义，可知总焓为

$$i^* = i + \frac{c^2}{2} \tag{7.6}$$

这就是总焓的定义式。

应用总焓的概念，一维定常流动的能量方程可以写成总焓形式：

$$\delta q = \mathrm{d}i^* + \delta l_m \tag{7.7}$$

或

$$q = i_2^* - i_1^* + l_m \tag{7.8}$$

由式(7.8)可以看到，外界加给气流的总能量(热量和功量)使得气流的总焓增加。换言之，总焓实际上就是气流在某一流动状态所具有的总能量，这也是总焓的物理意义所在。由此就不难得到结论，一维定常绝能流动的总焓始终为一常数，是保持不变的。

由(7.6)式可见，气流在某一流动状态下的动能等于该状态的总焓与静焓之差。

7.2.3　滞止温度(总温)

对于定比热容的完全气体，由(7.6)式可得总温的表达式为

$$T^* = T + \frac{c^2}{2c_p} \tag{7.9}$$

可见，总温是由两项组成的。第一项 T 是气流在某一状态的温度(静温)，表示气体

分子热运动的平均动能的大小；第二项 $\frac{c^2}{2c_p}$ 相当于将气流速度滞止为零时动能转变成焓增加而引起的气体温度的升高，一般称为动温，代表气流在该状态的宏观运动的能量。所以，总温就代表了气体分子热运动和宏观运动的能量之和，也就是代表气流所具有的总能量的大小。总温越高，表示气流的总能量越大。

同样，对于一维定常绝能流动，其总温也始终为一常数，是保持不变的。

总温还可以表示成另外的形式。利用关系式 $c_p = \frac{\gamma}{\gamma - 1}R$，可把式(7.9)写成

$$T^* = T\left(1 + \frac{c^2}{\frac{2\gamma}{\gamma - 1}RT}\right) = T\left(1 + \frac{\gamma - 1}{2}\frac{c^2}{\gamma RT}\right)$$

将 $Ma^2 = \frac{c^2}{a^2} = \frac{c^2}{\gamma RT}$ 代入上式，得

$$T^* = T\left(1 + \frac{\gamma - 1}{2}Ma^2\right) \tag{7.10}$$

或

$$\frac{T^*}{T} = 1 + \frac{\gamma - 1}{2}Ma^2 \tag{7.11}$$

可见，当气流马赫数很小时，T^*/T 很接近于1；只有当气流 Ma 较大时，T^* 与 T 才有显著的差别。对于空气（$\gamma = 1.4$），当 $Ma = 0.3$ 时，可知 $\frac{T^*}{T} = 1 + \frac{1.4 - 1}{2} \times (0.3)^2 = 1.018$，可见，当 $Ma \leqslant 0.3$ 时，T^* 与 T 的差别不超过2%。

还应注意的是，式(7.11)的右边只包含气流的马赫数和定熵过程指数，说明气流的总、静温度之比仅是 Ma 和 γ 的函数，这种函数就称为气体动力学函数，简称为气动函数。所以，式(7.11)又可叫作总静温比的气动函数。

【例7.1】 飞行器在同温层内($T_H = 216.65$ K)以1 000 km/h的速度飞行，求气流在飞行器表面上可能达到的最高温度。

解： 当飞行器以一定速度在大气中飞行时，可以认为是空气以同样的速度流向飞行器，并形成在飞行器表面的流动。在飞行器表面流动中，因为可能存在对机体内部的热传导作用使温度有所下降，所以气流“可能达到”的最高温度应该对应于来流的滞止温度。

在所飞行的高度上，空气的声速为 $a = 20.05\sqrt{216.65} = 295.1$ m/s，所以飞行器的速度与马赫数分别为 $V = 277.8$ m/s、$Ma = V/a = 277.8/295.1 = 0.941\,4$。

以飞行器为参考系，则气流的来流马赫数为0.941 4，温度(静温)为216.65 K。

所以气流的总温为 $T^* = T\left(1 + \frac{\gamma - 1}{2}Ma^2\right) = 216.65 \times (1 + 0.2 \times 0.941\,4^2) = 255.1$ K。

因此,气流在飞行器表面上可能达到的最高温度为 255.1 K,与来流温度相比增加了 38.45 K,增加量为 17.76%。

若进一步推广,当飞行器处于高超声速飞行时,例如 $Ma = 5.0$ 时,气流的总温可达到 1 299 K,增加量达 500%。而且飞行马赫数越高,总温也越大,这将对飞行器的结构和材料带来严峻的挑战,同时也对动力装置的工作造成重大影响。

7.2.4 滞止压力(总压)

1. 滞止压力(总压)的计算式

对于完全气体,将定熵过程的参数关系式(3.44)应用于滞止过程,可得

$$\frac{p^*}{p} = \left(\frac{T^*}{T}\right)^{\frac{\gamma}{\gamma-1}} \tag{7.12}$$

式(7.12)就是滞止压力(总压)的计算式。

进一步,将式(7.11)代入上式,得

$$\frac{p^*}{p} = \left(1 + \frac{\gamma - 1}{2}Ma^2\right)^{\frac{\gamma}{\gamma-1}} \tag{7.13}$$

这也是总静压比的气体动力学函数形式。

2. 几种常见流动过程中的总压变化情形

前面已经讨论说明了总焓和总温的物理意义,它们都分别等于和代表了气流总能量的大小,所以在流动过程的分析中,可以通过总能量的变化来得出总焓和总温的变化规律。但是,对于总压来说却比较复杂,并不能够简单地通过能量的变化来得出总压的变化情形。下面,结合几种常见的流动过程,分析总压的变化特点,这也有助于理解总压的物理意义。这些流动过程主要包括:绝能定熵流动、有轴功作用的定熵流动、有耗散作用的绝能流动以及有加热作用的流动等。

1) 绝能定熵流动

首先对于定熵流动过程,应用定熵过程的参数关系式,有 $\frac{T_2}{T_1} = \left(\frac{p_2}{p_1}\right)^{\frac{\gamma-1}{\gamma}}$。再针对流动状态 1 和 2 分别代入滞止过程条件,可得 $\frac{T_1^*}{T_1} = \left(\frac{p_1^*}{p_1}\right)^{\frac{\gamma-1}{\gamma}}$ 和 $\frac{T_2^*}{T_2} = \left(\frac{p_2^*}{p_2}\right)^{\frac{\gamma-1}{\gamma}}$。综合可知其总温与总压的关系式为 $\frac{T_2^*}{T_1^*} = \left(\frac{p_2^*}{p_1^*}\right)^{\frac{\gamma-1}{\gamma}}$。

那么,对于绝能定熵的流动过程,已知其总焓和总温都是保持不变的,即 $i_2^* = i_1^*$, $T_2^* = T_1^*$,显然,可知其总压的关系为 $p_2^* = p_1^*$。

这说明在绝能定熵的流动过程中,气流的总压也保持不变。

2) 有轴功作用的定熵流动

由于是定熵流动,所以也是无热量交换的绝热流动,即 $q = 0$,仅有轴功的作用。由能

量方程式(6.15)可得

$$l_m = i_1 - i_2 + \frac{c_1^2 - c_2^2}{2} = i_1^* - i_2^* = c_p(T_1^* - T_2^*)$$

代入定熵流动的总温与总压关系式 $\frac{T_2^*}{T_1^*} = \left(\frac{p_2^*}{p_1^*}\right)^{\frac{\gamma-1}{\gamma}}$，所以有

$$l_m = \frac{\gamma}{\gamma - 1}RT_1^*\left[1 - \left(\frac{p_2^*}{p_1^*}\right)^{\frac{\gamma-1}{\gamma}}\right] \tag{7.14}$$

式(7.14)也是计算轴功的重要公式之一。可见，当外界对气体做功时，$l_m < 0$，有 $p_2^* > p_1^*$，气流的总压增加；而气流对外做功时，$l_m > 0$，有 $p_2^* < p_1^*$，气流的总压下降。

因此，综合①②的结论，在定熵过程中，总压代表了机械能的大小。

3）有耗散作用的绝能流动

对于存在摩擦等黏性耗散作用的不可逆绝能流动，由 3.1.3 节的分析可知，流动过程中有熵产，所以是一个熵增过程。由熵增量的计算式(3.15)，可以推得

$$s_2 - s_1 = c_p\ln\frac{T_2}{T_1} - R\ln\frac{p_2}{p_1} = c_p\ln\frac{T_2}{T_2^*}\frac{T_2^*}{T_1^*}\frac{T_1^*}{T_1} - R\ln\frac{p_2}{p_2^*}\frac{p_2^*}{p_1^*}\frac{p_1^*}{p_1}$$

再代入 $\frac{T_1^*}{T_1} = \left(\frac{p_1^*}{p_1}\right)^{\frac{\gamma-1}{\gamma}}$ 和 $\frac{T_2^*}{T_2} = \left(\frac{p_2^*}{p_2}\right)^{\frac{\gamma-1}{\gamma}}$，可得

$$s_2 - s_1 = c_p\ln\frac{T_2^*}{T_1^*} - R\ln\frac{p_2^*}{p_1^*} \tag{7.15}$$

因为是绝能流动，总温不变，即 $T_2^* = T_1^*$，所以有

$$\ln\frac{p_2^*}{p_1^*} = -\frac{s_2 - s_1}{R} = -\frac{\Delta s}{R} \tag{7.16}$$

或

$$\frac{p_2^*}{p_1^*} = e^{-\frac{\Delta s}{R}} \tag{7.17}$$

可知，对于有耗散的绝能流动，由于熵是增大的，$\Delta s = s_2 - s_1 > 0$，所以有 $p_2^* < p_1^*$，即气流的总压是减小的。这也说明，在绝能流动过程中，耗散作用会消耗一部分机械能而转化成为热，所以总压就代表了气流可用机械能的大小。

耗散作用引起绝能流动中气流总压下降的原因还可以用温-熵图来形象地说明。以气流加速膨胀的流动过程（如亚声速气流在收敛形管道中流动）为例，如图 7.4 所示，为了对比，图(a)和(b)分别表示了无耗散作用和有耗散作用的流动情形，假设它们的初始状

态 1 相同,且状态 2 的压力也相同。可见,在图(a)中,由于没有耗散作用的影响,是定熵流动,所以其总压保持不变,并且在加速膨胀到相同的压力时,因为没有流动损失可以获得更大的动能。而在图(b)中,由于存在流动损失等耗散,是一个不可逆的热力过程(图中以虚线表示),其熵值增加,因此点 2 必将位于点 1 的右边。依据滞止过程的定义,即可得到状态 1 和 2 所对应的滞止状态 1^* 与 2^*。因为是绝能流动,有 $T_1^* = T_2^*$,所以点 2^* 必位于点 1^* 的右边,其结果是 $p_2^* < p_1^*$。而且还可以推测,耗散作用越强,熵增越大,点 2^* 就会越靠右,对应的总压就越小,即总压损失越大。同时,与图(a)对比可知,在有耗散作用时,当加速膨胀到相同的压力时,其获得的动能会减小,说明流动损失造成了一定程度的机械能损失,使得总压减小。

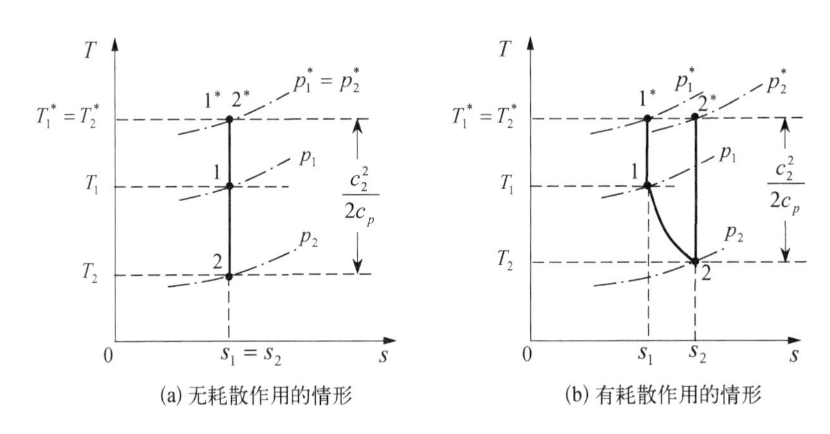

(a) 无耗散作用的情形　　(b) 有耗散作用的情形

图 7.4　耗散作用对绝能流动总压的影响示意图

4) 有加热作用的流动

在只有加热作用的情况下,加入的热量使得气流的总能量增加,气流的总温增加,但是气流的总压却是下降的,即使是没有黏性摩擦损失的情况下仍是如此,这一现象称为热阻。这可以从两个例子来加以说明。例如,航空发动机燃烧室的流动过程可简化为等压加热的无黏流动过程,由伯努利方程(6.19)可知,在无黏、无轴功并且等压($dp = 0$)的条件下,燃烧室进出口的速度是相等的,即 $c_1 = c_2$。而加热后有 $T_2 > T_1$,所以 $Ma_2 < Ma_1$,由总压的计算式可知有 $p_2^* < p_1^*$,即总压是减小的,而且加热量越大,总压减小得也越多。再例如,对于等截面积、无黏且无轴功的加热流动(又叫作瑞利流动),由参考文献[6][8],可以列出总压增量与总温增量之间的关系式为 $\frac{dp^*}{p^*} = -\frac{\gamma Ma^2}{2}\frac{dT^*}{T^*}$,可见,有加热作用时 $dT^* > 0$,所以有 $dp^* < 0$,即总压是下降的,而且气流的马赫数越大,同样的加热量所造成的总压损失也越大。

所以,单纯的加热作用会造成总压降低,总压下降意味着气流的做功能力降低,而其原因应该与熵增导致可用能减小有关。

综合以上 4 种流动的总压变化特点可知,总压的物理意义应该是代表了气流总能量中的可用机械能的大小,也反映了气流做功能力的大小。

7.2.5　滞止密度(总密度)

由定熵过程的方程式以及式(7.11)可得

$$\frac{\rho^*}{\rho}=\left(1+\frac{\gamma-1}{2}Ma^2\right)^{\frac{1}{\gamma-1}} \tag{7.18}$$

这也是总静密度比的气体动力学函数。

7.2.6　总参数形式能量方程及应用举例

总参数不仅具有明确的物理意义,还可以简化能量方程的表达形式,在工程中得到了广泛应用。

1. 总参数形式的能量方程

对于一维定常流动,将总焓、总温代入能量方程,可得

$$q=i_2-i_1+\frac{c_2^2-c_1^2}{2}+l_m=i_2^*-i_1^*+l_m$$

或

$$q-l_m=i_2^*-i_1^*=c_p(T_2^*-T_1^*) \tag{7.19}$$

该式适用于可逆和不可逆的流动过程。通过此式,可以清楚地看出能量的转化关系,外界对控制体的能量交换引起气流总能量的变化,能量是守恒的。

2. 在航空涡喷和涡扇发动机各主要部件中的应用

在以下的应用中,均假设气体是比热为常数的完全气体,并且为了保持符号一致,下面的分析中均采用了航空发动机原理中的常用截面序号。

1) 外涵道、扩压器和喷管内的流动

在涡喷和涡扇发动机的外涵道、扩压器和喷管中,一般不考虑散热损失,所以其流动是绝能流动,$q=0$、$l_m=0$。因此,在这些部件中气流的总焓、总温均保持不变,说明不论是否有流动损失,气流的总能量都保持不变。

喷管是气体膨胀加速获得动能的重要部件,在已知其进口总参数 T_7^*、p_7^* 的条件下,由能量方程可得其出口的气流速度为

$$c_9=\sqrt{2(i_7^*-i_9)}=\sqrt{2c_p(T_7^*-T_9)} \tag{7.20}$$

因为总温不变,可见当流速增加时,气流的静温将下降。

若不考虑流动损失等耗散因素,气流是定熵的流动过程,气流的总压也保持不变,$p_7^*=p_9^*$,且 $\dfrac{T_9}{T_7^*}=\dfrac{T_9}{T_9^*}=\left(\dfrac{p_9}{p_9^*}\right)^{\frac{\gamma-1}{\gamma}}=\left(\dfrac{p_9}{p_7^*}\right)^{\frac{\gamma-1}{\gamma}}$。所以,出口的气流速度可表示为

$$c_9=\sqrt{2c_p(T_7^*-T_9)}=\sqrt{\frac{2\gamma}{\gamma-1}RT_7^*\left[1-\frac{1}{\left(\dfrac{p_7^*}{p_9}\right)^{\frac{\gamma-1}{\gamma}}}\right]} \tag{7.21}$$

可见,喷管出口的气流速度取决于进口的总温 T_7^* 和膨胀压力比 p_7^*/p_9 的大小。

2）在压气机和涡轮等叶轮机械内的流动

一般地,研究涡喷和涡扇发动机的压气机和涡轮流动时,也不考虑散热损失等热量交换,所以是绝热流动过程,仅有轴功的作用。

对于压气机, $q=0$、$l_m=-l_C$, 外界输入的轴功 l_C 为

$$l_C = i_3^* - i_2^* = c_p(T_3^* - T_2^*) \tag{7.22}$$

进一步,当不考虑流动损失时,是定熵流动过程,其定熵轴功又可以写成

$$l_{Cs} = i_2^* - i_1^* = c_p(T_3^* - T_2^*) = \frac{\gamma}{\gamma-1}RT_2^*\left[\left(\frac{p_3^*}{p_2^*}\right)^{\frac{\gamma-1}{\gamma}} - 1\right] = \frac{\gamma}{\gamma-1}RT_2^*\left(\pi_C^{\frac{\gamma-1}{\gamma}} - 1\right) \tag{7.23}$$

其中,压气机出口总压与进口总压之比（$\pi_C = p_3^*/p_2^*$）叫作压气机的(总压)增压比。可见,增压比 π_C 越大,需要的轴功也越大;进气总温越高,需要的轴功也越大。

而对于涡轮, $q=0$、$l_m=l_T$, 对外界输出的轴功 l_T 为

$$l_T = i_4^* - i_5^* = c_p(T_4^* - T_5^*) \tag{7.24}$$

进一步,当不考虑流动损失时,是定熵流动过程,其定熵轴功为

$$l_{Ts} = i_4^* - i_5^* = c_p(T_4^* - T_5^*) = \frac{\gamma}{\gamma-1}RT_4^*\left[1 - \frac{1}{\left(\dfrac{p_4^*}{p_5^*}\right)^{\frac{\gamma-1}{\gamma}}}\right] = \frac{\gamma}{\gamma-1}RT_4^*\left(1 - \frac{1}{\pi_T^{\frac{\gamma-1}{\gamma}}}\right) \tag{7.25}$$

其中,涡轮的进口总压与出口总压之比（$\pi_T = p_4^*/p_5^*$）叫作涡轮的(总压)落压比。可见,涡轮落压比越大,对外输出的轴功也越大;涡轮进口燃气的总温越高,对外输出的轴功也越大。

3）燃烧室内的流动

发动机燃烧室内流动过程属于绝功的加热流动,若不考虑燃油流量及散热损失,将气体成分的变化和温度对比热的影响用燃烧加热过程的平均定压比热 $\bar{c}_p$ 来反映,则气流所获得的加热量与气流温升之间的关系为

$$q = \Delta i^* = i_4^* - i_3^* = \bar{c}_p(T_4^* - T_3^*) \tag{7.26}$$

应当注意的是,上式是控制体的绝功流动的能量方程,它并不要求可逆定压条件。而如果把式中的总温换成静温,则成为闭口体系的可逆定压过程的加热量的计算公式,这时只能用于可逆定压过程。

【例 7.2】 如图 7.5 所示,某发动机涡轮后的高温高压燃气在收敛-扩张形的喷管中膨胀加速,完全膨胀到外界大气之中。已知喷管进口截面的燃气总压为 $p_7^* = 2.943$ bar,总温为 $T_7^* = 820$ K, 外界大气压力 $p_a = 0.981$ bar。完全膨胀时, $p_9 = p_a$, 并假设燃气在喷

管中的流动是定熵绝能的。试求出口截面上的燃气速度 c_9。

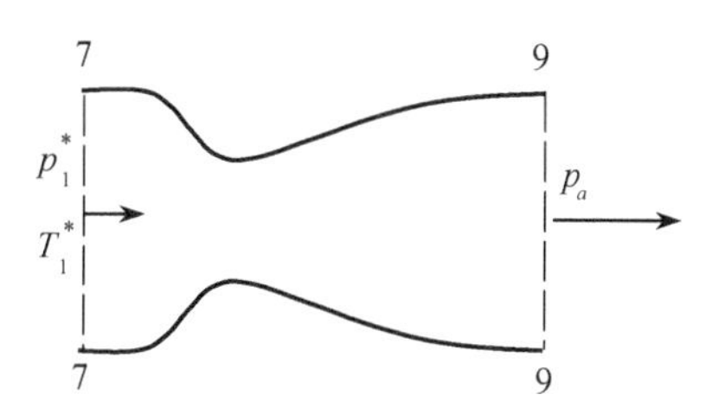

图 7.5　燃气在喷管中加速流出

解：注意研究对象是燃气，取 $\gamma = 1.33$、$R = 287.4\ \mathrm{J/(kg \cdot K)}$。

由 $\dfrac{p_9^*}{p_9} = \left(1 + \dfrac{\gamma - 1}{2}Ma_9^2\right)^{\frac{\gamma}{\gamma-1}}$，得

$$Ma_9 = \sqrt{\frac{2}{\gamma - 1}\left[\left(\frac{p_9^*}{p_9}\right)^{\frac{\gamma-1}{\gamma}} - 1\right]}$$

因为燃气在喷管中是定熵绝能流动，故 $p_9^* = p_7^*$，又因完全膨胀 $p_9 = p_a$，所以

$$Ma_9 = \sqrt{\frac{2}{1.33 - 1}\left[\left(\frac{2.943 \times 10^5}{0.981 \times 10^5}\right)^{\frac{1.33-1}{1.33}} - 1\right]} = 1.378$$

再由 $\dfrac{T_9^*}{T_9} = 1 + \dfrac{\gamma - 1}{2}Ma_9^2$ 和 $T_9^* = T_7^*$，可求得

$$T_9 = \frac{T_9^*}{1 + \dfrac{\gamma - 1}{2}Ma_9^2} = \frac{820}{1 + \dfrac{1.33 - 1}{2} \times 1.378^2} = 624.4\ \mathrm{K}$$

最后，得

$$c_9 = Ma_9 \cdot a_9 = Ma_9\sqrt{\gamma RT_9} = 1.378 \times \sqrt{1.33 \times 287.4 \times 624.4} = 673.2\ \mathrm{m/s}$$

或，因为是定熵绝能流动，直接应用式(7.21)计算

$$c_9 = \sqrt{\frac{2\gamma}{\gamma - 1}RT_7^*\left[1 - \frac{1}{\left(\dfrac{p_7^*}{p_9}\right)^{\frac{\gamma-1}{\gamma}}}\right]}$$

$$= \sqrt{\frac{2 \times 1.33}{1.33 - 1} \times 287.4 \times 820 \times \left[1 - \frac{1}{\left(\dfrac{2.943 \times 10^5}{0.981 \times 10^5}\right)^{\frac{1.33-1}{1.33}}}\right]} = 673.2\ \mathrm{m/s}$$

可见，在完全膨胀时出口可以达到超声速流动。但是，如果不是完全膨胀，则需要根据喷管所处的工作状态来确定出口速度，这将在第 9 章中重点研究。

【例 7.3】　某型涡喷发动机的压气机进口总温为 300 K，压气机的增压比(总压比)为 21，求压气机出口的总温和定熵轴功。设压气机工作中不考虑流动损失和散热损失。

解: 因为在压气机工作中不考虑流动损失和散热损失,所以是定熵的压缩流动过程。由定熵过程方程式可得

$$T_3^* = T_2^* \left(\frac{p_3^*}{p_2^*}\right)^{\frac{\gamma-1}{\gamma}} = T_2^* \pi_C^{\frac{\gamma-1}{\gamma}} = 300 \times (21)^{\frac{1.4-1}{1.4}} = 716.6\ \text{K}$$

由能量方程式(7.23)可得

$$l_{Cs} = c_p(T_3^* - T_2^*) = \frac{1.4}{1.4-1} \times 287.06 \times (716.6 - 300) = 418.56\ \text{kJ/kg}$$

【例 7.4】 对于例 7.3,如果压气机进口总温和压气机的增压比(总压比)不变,而已知压气机的出口总温为 784.4 K,再求压气机的实际轴功。

解: 对于该题的情况,由能量方程式(7.22),并代入总温数据,可得实际轴功为

$$l_C = c_p(T_3^* - T_2^*) = \frac{1.4}{1.4-1} \times 287.06 \times (784.4 - 300) = 486.68\ \text{kJ/kg}$$

对比例 7.3 的结果,在相同的增压比和进口条件下,$l_C > l_{Cs}$,即压气机所需的实际轴功要大于定熵条件下的轴功,说明需要多输入功来克服其中的流动损失。再者,也可以看到,压气机实际过程的出口总温要高于定熵过程的出口总温,也说明流动损失等耗散消耗了机械能而转化为热量加给了气体,使得气体温度升高。

在实际应用中,为了表示能量转化过程的完善程度,把压气机的定熵轴功与实际轴功之比称为压气机的效率,用 η_C 表示。对于本例题,压气机效率为 $\eta_C = l_{Cs}/l_C = 0.86$。

【例 7.5】 已知燃烧室进口处的空气气流总温 $T_3^* = 530$ K,出口处的燃气气流总温 $T_4^* = 1\,200$ K,求对每千克气体的加热量。如果发动机的空气流量 $W_a = 35$ kg/s,燃油的低热值 $H_u = 42\,900$ kJ/kg,求燃油的消耗量。假设燃油在燃烧室内完全燃烧,并忽略散热损失,且已知气体加热时的平均比热 $\bar{c}_p = 1.19$ kJ/(kg·K)。

解: 针对燃烧室应用能量方程式(7.26),定压比热采用平均比热,则得

$$q = \bar{c}_p(T_4^* - T_3^*) = 1.19 \times (1\,200 - 530) = 797.3\ \text{kJ/kg}$$

所需的燃油消耗量为

$$W_f = \frac{Q}{H_u} = \frac{W_a q}{H_u} = \frac{35 \times 797.3}{42\,900} = 0.65\ \text{kg/s}$$

燃烧室的油气比(燃油流量与空气流量之比)为:$f_b = \dfrac{W_f}{W_a} = 0.018\,6$。

可见,燃油流量仅占空气流量的 1.86%,所以在很多场合下都可以忽略它对流量连续的影响。

7.3 临界参数和速度系数

与气流的滞止状态类似,气流的临界状态也是一种将气流速度设定为某一特殊值的

假想状态或真实状态。临界状态的参数称为临界参数。应用临界状态和临界参数也可以简化计算,同样,临界状态与临界参数也有其明确而重要的物理意义。因此,临界状态与临界参数也是气体动力学中的重要概念。

7.3.1 临界状态

把气流速度恰好等于当地声速(即马赫数 $Ma = 1.0$)时的状态称为气流的临界状态。

与气流的滞止状态相类似,临界状态可以是真实的流动状态,例如:涡喷发动机在最大状态下工作,若采用收敛形喷管,其出口的流速一般都等于出口截面当地声速;若采用收敛-扩张形喷管(拉瓦尔喷管),最小截面(喉道)处的流速也是当地声速。超声速风洞中在设计工作状态下,其拉瓦尔喷管喉道处的气流也是临界状态。当然,临界状态也可以是一种假想的状态,即假想地通过加速或减速,使气流定熵绝能地过渡到速度为当地声速时的状态。这样,无论气流的流速是多大,也无论真实的流动是否为定熵绝能流动,每一个流动状态都可有一个相对应的临界状态。

应当指出的是,在理解假想的临界状态时,要特别注意满足"定熵绝能"的条件,没有这一条件,假想的临界状态就是不确定的。这与获得滞止状态的过程条件是一致的。

7.3.2 临界参数

气流处于临界状态时所对应的参数,称为临界参数,通常用下标"cr"表示。

1. 临界温度、临界压力和临界密度

由总静温度比的气体动力学函数关系式(7.11),可得

$$\frac{T^*}{T} = 1 + \frac{\gamma - 1}{2}Ma^2$$

代入临界状态条件 $Ma = 1.0$, 则有临界温度 T_{cr} 的关系式

$$\frac{T^*}{T_{cr}} = \frac{\gamma + 1}{2} \tag{7.27}$$

同理,可得临界压力 p_{cr} 的关系式

$$\frac{p^*}{p_{cr}} = \left(\frac{\gamma + 1}{2}\right)^{\frac{\gamma}{\gamma - 1}} \tag{7.28}$$

临界密度 ρ_{cr} 的关系式

$$\frac{\rho^*}{\rho_{cr}} = \left(\frac{\gamma + 1}{2}\right)^{\frac{1}{\gamma - 1}} \tag{7.29}$$

特别地,对于定熵绝能流动,由于其滞止参数始终保持为常数,所以临界参数也均为常数,也就是说定熵绝能流动的任意状态所对应的临界状态都是相同的。

对于空气, $\gamma = 1.4$, 临界参数的比值为: $\frac{p^*}{p_{cr}} = 1.89$, $\frac{T^*}{T_{cr}} = 1.2$, $\frac{\rho^*}{\rho_{cr}} = 1.58$;

对于燃气，$\gamma = 1.33$，临界参数的比值为：$\frac{p^*}{p_{cr}} = 1.85$，$\frac{T^*}{T_{cr}} = 1.165$，$\frac{\rho^*}{\rho_{cr}} = 1.59$。

2. 临界速度与临界声速

依据定义 $Ma = 1.0$，将临界温度及其关系式代入声速计算公式，即可得临界速度和临界声速的计算式为

$$c_{cr} = a_{cr} = \sqrt{\gamma R T_{cr}} = \sqrt{\frac{2\gamma}{\gamma + 1} R T^*} \tag{7.30}$$

由上式可知，临界速度就等于临界声速，其大小只取决于气体的性质和总温。特别地，在绝能流动中，气体的总温保持不变，所以临界速度和临界声速也保持不变。应当注意这一特点与声速的变化是不同的，声速的大小决定于气体的静温 T（即当地的温度），在绝能流动中，气体的静温一般是随流动状态的变化而变化的，那么声速也就是变化的，所以在应用中常常把声速称为"当地声速"。

7.3.3 速度系数

气流某一状态的速度值与该状态所对应的临界声速之比，称为速度系数，记为 λ，即

$$\lambda = \frac{c}{a_{cr}} = \frac{c}{c_{cr}} \tag{7.31}$$

显然，在绝能流动过程中，因为临界声速始终保持为常数，所以速度系数 λ 的大小及变化规律就能够直接反映气流速度 c 的大小和变化规律。

速度系数 λ 与马赫数 Ma 之间存在单值的对应关系。即

$$\lambda^2 == \frac{\frac{\gamma + 1}{2} Ma^2}{1 + \frac{\gamma - 1}{2} Ma^2} \tag{7.32}$$

或

$$Ma^2 = \frac{\frac{2}{\gamma + 1}\lambda^2}{1 - \frac{\gamma - 1}{\gamma + 1}\lambda^2} \tag{7.33}$$

由式(7.32)或(7.33)可知，马赫数 Ma 与速度系数 λ 之间的关系具有如图 7.6 所示的特点：

当 $Ma = 0$ 时，$\lambda = 0$；

当 $Ma < 1.0$ 时，$\lambda < 1.0$（亚声速）；

当 $Ma = 1.0$ 时，$\lambda = 1.0$；

当 $Ma > 1.0$ 时，$\lambda > 1.0$（超声速）；

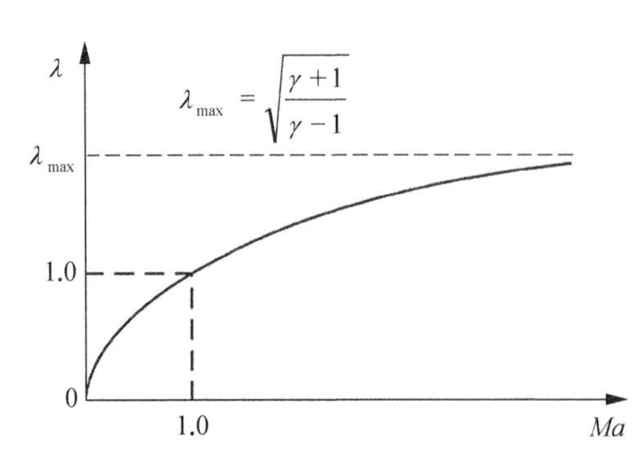

图 7.6　马赫数与速度系数对应关系示意图

当 $Ma \to \infty$ 时，$\lambda = \lambda_{max} = \sqrt{\dfrac{\gamma + 1}{\gamma - 1}}$。

因此，速度系数与马赫数是等价的。引入速度系数的好处是：

（1）在绝能流动中，速度系数 λ 与气流速度 c 成线性正比关系，所以可以用 λ 的变化规律来直接反映速度 c 的变化规律。而马赫数与流速之间却并没有这样的线性关系，二者的变化幅度是不相同的。

（2）速度系数 λ 存在最大值，这在某些情况下会带来一些方便（例如在编制气动函数表时）。

7.4　气体动力学函数

气体动力学函数是指把一些重要参数表示为气流的速度系数 λ 或马赫数 Ma 的函数形式，简称为气动函数。

在实际应用中，可压缩流动的计算比较复杂，引入气动函数有助于简化计算。一般来说，气动函数都是对定比热容的完全气体而言的。

常用的气动函数主要有三类，即无量纲静总参数比函数、无量纲流量函数和无量纲冲力函数。

7.4.1　无量纲静总参数比函数

无量纲静总参数比函数就是静总温度比、静总压力比和静总密度比与速度系数的函数关系。即

$$\tau(\lambda) = \frac{T}{T^*} = 1 - \frac{\gamma - 1}{\gamma + 1}\lambda^2 \tag{7.34}$$

$$\pi(\lambda) = \frac{p}{p^*} = \left(1 - \frac{\gamma - 1}{\gamma + 1}\lambda^2\right)^{\frac{\gamma}{\gamma-1}} \tag{7.35}$$

$$\varepsilon(\lambda) = \frac{\rho}{\rho^*} = \left(1 - \frac{\gamma - 1}{\gamma + 1}\lambda^2\right)^{\frac{1}{\gamma-1}} \tag{7.36}$$

显然，这三个函数之间的关系为

$$\tau(\lambda) = \frac{T}{T^*} = \frac{p}{p^*} \cdot \frac{\rho^*}{\rho} = \frac{\pi(\lambda)}{\varepsilon(\lambda)}。$$

通常，为了使用方便，根据不同的 γ，将 λ、$\tau(\lambda)$、$\pi(\lambda)$、$\varepsilon(\lambda)$ 的数值计算出来并编制成系列参数表，以供查用。本教材附录 C 列出了空气（$\gamma = 1.4$）和燃气（$\gamma = 1.33$）的一维等熵气动函数表。

当 $\gamma = 1.4$ 时，三个函数随 λ 的变化曲线如图 7.7 所示。

利用无量纲静总参数比的气动函数可以很方便地分析一维定常定熵绝能流动中的气

流参数变化规律。由于气流的总温与总压在定熵绝能流动中为一常数,因此由这三个气动函数可知,随着气流速度的增加,定熵绝能流动的静温、静压和静密度均将下降,但是其减小的程度并不一样,以压力的变化幅度最大,温度的变化幅度最小。

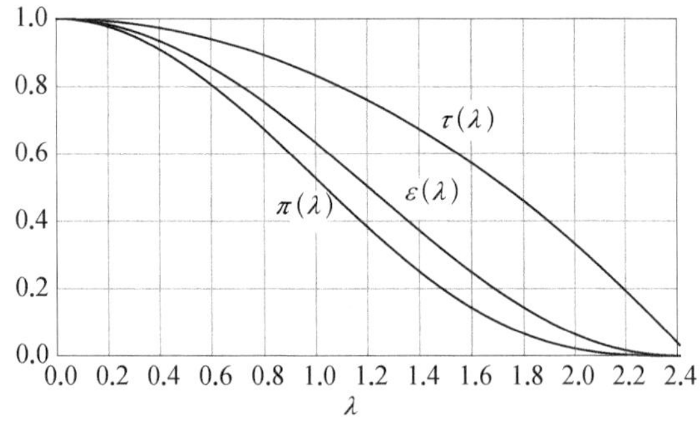

图 7.7 无量纲静总参数比函数曲线

7.4.2 无量纲流量函数

1. 无量纲流量函数

无量纲流量函数包括无量纲密流 $q(\lambda)$ 及其变形形式 $y(\lambda)$ 两种。

无量纲密流定义为任一截面的密流与该截面所对应的临界状态密流之比,又称为相对密流,用 $q(\lambda)$ 表示,即

$$q(\lambda)=\frac{\rho c}{\rho_{\mathrm{cr}}c_{\mathrm{cr}}} \tag{7.37}$$

式中,ρc 是某一截面的密流,$\rho_{\mathrm{cr}}c_{\mathrm{cr}}$ 是该截面所对应的临界状态的密流,所以 $q(\lambda)$ 是同一截面上的参数之比。

要理解 $q(\lambda)$ 的含义及其变化规律,必须从其物理意义入手。由临界状态的定义可知,对于某一截面上的气流而言,它必须经过定熵绝能的加速或减速过程才能得到其所对应的临界状态。考察这一假想加速或减速过程中密流随速度的变化,并进行取极值分析,可以得出其在 $\lambda=1.0$ 时将达到最大值,就是说密流的最大值就是临界状态下的密流值 $\rho_{\mathrm{cr}}c_{\mathrm{cr}}$。因为密流 ρc 是单位截面积的流量,代表了该截面上流通能力大小,那么,与该截面对应的最大流通能力之比,就代表了该截面上气流相对流通能力的大小。这也就是 $q(\lambda)$ 所具有的物理意义。所以,相对密流越接近 1.0,说明该截面的流通能力越大。显然,若该截面上恰好是临界状态(叫作临界截面),则其相对密流等于 1.0,流通能力达到最大。

相对密流 $q(\lambda)$ 是速度系数 λ 的函数,经推导可得

$$q(\lambda)=\frac{\rho c}{\rho_{\mathrm{cr}}c_{\mathrm{cr}}}=\frac{\rho^{*}\varepsilon(\lambda)}{\rho^{*}\left(\frac{\gamma+1}{2}\right)^{-\frac{1}{\gamma-1}}}\cdot\frac{c}{c_{\mathrm{cr}}}=\left(\frac{\gamma+1}{2}\right)^{\frac{1}{\gamma-1}}\frac{\rho^{*}\varepsilon(\lambda)}{\rho^{*}}\lambda$$

所以

$$q(\lambda)=\left(\frac{\gamma+1}{2}\right)^{\frac{1}{\gamma-1}}\cdot\lambda\cdot\left(1-\frac{\gamma-1}{\gamma+1}\lambda^{2}\right)^{\frac{1}{\gamma-1}} \tag{7.38}$$

可见,当气体性质一定时,$q(\lambda)$ 仅是 λ 的函数,所以它也是一个气动函数。

对于空气($\gamma=1.4$),$q(\lambda)$ 的变化规律如图 7.8 所示。由图可见,在 $\lambda=0$ 和 $\lambda=\lambda_{\max}=\sqrt{\frac{\gamma+1}{\gamma-1}}$ 时,$q(\lambda)=0$;当 $\lambda=1.0$ 时,$q(\lambda)=1.0$,达到最大值。

另一个无量纲流量函数是 $y(\lambda)$，其定义式为

$$y(\lambda)=\frac{q(\lambda)}{\pi(\lambda)}=\left(\frac{\gamma+1}{2}\right)^{\frac{1}{\gamma-1}}\cdot\lambda\cdot\left(1-\frac{\gamma-1}{\gamma+1}\lambda^2\right)^{-1} \tag{7.39}$$

$y(\lambda)$ 的函数曲线也如图7.8所示。$q(\lambda)$ 和 $y(\lambda)$ 的数值可在本教材附录C所列空气（$\gamma=1.4$）和燃气（$\gamma=1.33$）的一维等熵气动函数表中查到。

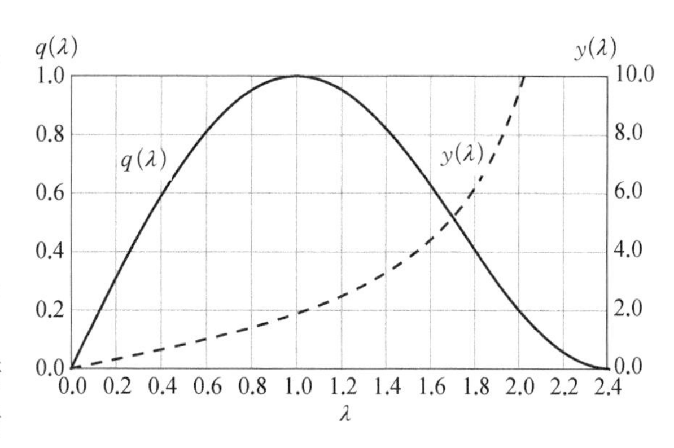

图7.8　无量纲流量函数曲线（空气 $\gamma=1.4$）

由图7.8可知，给定一个 λ 值，可以唯一地确定相应的 $q(\lambda)$。但是给定一个 $q(\lambda)$ 值，则将对应于两个 λ 值。其中一个是 $\lambda<1.0$，对应于亚声速流动范围；而另外一个则是 $\lambda>1.0$，对应于超声速流动范围。所以，在使用中应该要特别注意这个特点，一定要判断清楚流动范围，否则就可能得出截然相反的结果。而 $y(\lambda)$ 与 λ 则是单值关系。此外，当 $\lambda=1.0$ 时，$q(\lambda)=1.0$，这也是一个非常重要的事实，应当牢牢记住。

2. 用无量纲流量函数表示的流量公式

应用无量纲密流 $q(\lambda)$，可以直接根据总参数来计算流量。

因为 $W=\rho cA=\rho_{\mathrm{cr}}c_{\mathrm{cr}}A\dfrac{\rho c}{\rho_{\mathrm{cr}}c_{\mathrm{cr}}}=\rho_{\mathrm{cr}}c_{\mathrm{cr}}Aq(\lambda)$

而　$\rho_{\mathrm{cr}}=\rho^*\left(\dfrac{2}{\gamma+1}\right)^{\frac{1}{\gamma-1}}=\dfrac{p^*}{RT^*}\left(\dfrac{2}{\gamma+1}\right)^{\frac{1}{\gamma-1}}$，$c_{\mathrm{cr}}=\sqrt{\dfrac{2\gamma}{\gamma+1}RT^*}$

将上式代入流量计算式，整理后得流量公式为

$$W=K_m\frac{p^*}{\sqrt{T^*}}Aq(\lambda) \tag{7.40}$$

式中，$K_m=\sqrt{\dfrac{\gamma}{R}\left(\dfrac{2}{\gamma+1}\right)^{\frac{\gamma+1}{\gamma-1}}}$，称为流量系数。显然，对于空气，取 $\gamma=1.4$，$R=287.06$ J/(kg·K)，有 $K_m=0.040\,4\sqrt{\mathrm{kg\cdot K/J}}$；而对于燃气，取 $\gamma=1.33$，$R=287.4$ J/(kg·K)，$K_m=0.039\,7\sqrt{\mathrm{kg\cdot K/J}}$。

需要强调的是，式(7.40)的流量计算公式中的所有参数都是同一截面上的参数，这在应用中要加以注意。在工程应用中，总压和总温便于测量，所以用无量纲密流和总参数表示的流量公式来分析问题和计算流量非常方便，应用十分广泛。

利用函数 $y(\lambda)$，也可写出用静压表示的流量计算公式

$$W=K_m\frac{p}{\sqrt{T^*}}Ay(\lambda) \tag{7.41}$$

该公式在求解有些问题时也较为方便，例如第9章中在求解管道中激波位置的问题时就经常使用。

3. 无量纲流量函数在变截面管流中的应用

上面所给出的流量公式，尤其是式(7.40)在气体流动计算中具有十分重要的意义。下面以一维定常定熵绝能流动的变截面管流为例说明它的应用。

对于一维定常定熵绝能流动，气流的总温与总压均为常数，于是由式(7.40)可得

$$Aq(\lambda) = 常数 \tag{7.42}$$

于是，当管道截面积 A 减小时，$q(\lambda)$ 必将增加。但是，当 $q(\lambda)$ 增加时，对应的气流速度等参数如何变化，则要看气流速度所处的范围。前面已经说到，由图7.8可知，对于同样的 $q(\lambda)$，分别有亚声速气流和超声速气流与之对应。对于亚声速气流，$q(\lambda)$ 增加对应于 λ 增加，即气流速度增加，是加速流动；而对于超声速气流，结论则相反，$q(\lambda)$ 增加将导致 λ 下降，即流速减小，气流要减速。前一种情况是容易理解的，它与不可压流的情况类似，符合人们的直观感觉。而对于后一种情况，可解释如下：

无论是亚声速流还是超声速气流，随着流速的增加，气体的密度都将下降。但是，由式(7.5) $Ma^2 = -\dfrac{\mathrm{d}\rho/\rho}{\mathrm{d}c/c}$ 可知，对于亚声速流动，$-\dfrac{\mathrm{d}\rho/\rho}{\mathrm{d}c/c} < 1.0$，气流密度的变化将小于流速的变化；而对于超声速流动，$-\dfrac{\mathrm{d}\rho/\rho}{\mathrm{d}c/c} > 1.0$，气流密度的变化则是大于流速的变化。因此，对于超声速流动来说，当气流速度增加时，密度下降的影响将超过流速增加的影响，而为了保持流量不变，将要求流通的截面积增大。而现在流通的面积是减小的，所以对应的气流速度也将减小。

综上所述，对于气流在管道中的加速流动，当处于亚声速流动时，要增加流速需要不断减小管道截面积；而处于超声速流动时，要增加流速则要求不断地增大管道截面积。因此，要使气流由亚声速加速到超声速，就必须先使管道的截面积减小，当流速加速到声速时(即达到临界状态时)，再逐步增加截面积，使得气流继续加速为超声速。换言之，为实现从亚声速到超声速的加速，必须采用先收敛后扩张的管道，这种管道就叫作收敛-扩张形管道，简称为收-扩管道。在工程应用中，这种为实现气流从亚声速加速到超声速而使用的收敛-扩张形管道又称为拉瓦尔喷管，如图7.9所示，其最小截面处称为喉道。反过来，同样的道理，要使超声速气流定熵地减速为亚声速流动，也必须采用一种先收敛后扩张的管道，这种管道称为内压式扩压器。

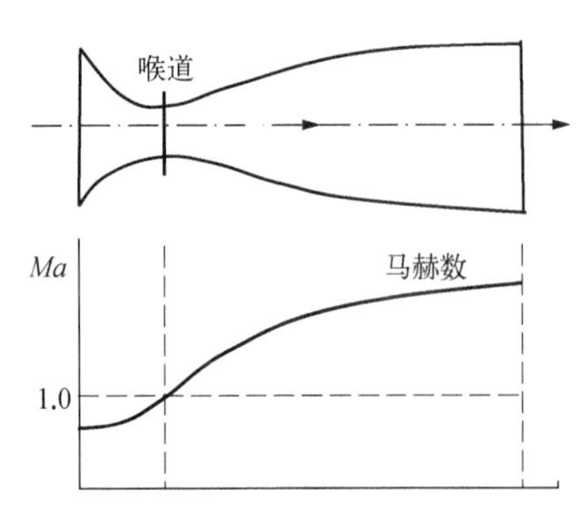

图7.9 拉瓦尔喷管(收敛-扩张形管道)

在收敛-扩张形管道中，把气流达到声速时的截面称作临界截面，也叫作喉道，该截面上的气流是临界状态。由式(7.40)看出，当流速达到当地声速时，$q(\lambda)$ 将等于其最大值1.0，因此在流量一定的条件下必有管道截面积为最小。所以，气流的临界截面

只可能出现在管道的最小截面(即喉道)处。

应当注意,气流的临界截面必然是管道的最小截面,但是反过来说却未必成立,即管道的最小截面不一定就是临界截面,这还要取决于管道的工作状态。同样,为实现亚声速气流加速为超声速气流必须采用收敛-扩张形管道,但这并不意味着气流只要是流过收敛-扩张形喷管,就必然能够从亚声速加速到超声速。事实上,收敛-扩张形管道只是实现亚声速流加速为超声速流的必要条件,要实现这一加速过程还必须满足管道前后的压力比条件。这些问题将在第 9 章中作进一步讨论。

【例 7.6】 空气流过一扩张形的管道时,已知其进口的空气总压为 $p_1^* = 2.942$ bar, $\lambda_1 = 0.85$, 该管道出口与进口的面积比为 $A_2/A_1 = 2.5$, 总压比为 $p_2^*/p_1^* = 0.94$。求该管道出口截面上的气流速度系数 λ_2 和静压 p_2。

解: 由流量公式知 $$K_m \frac{p_1^*}{\sqrt{T_1^*}} A_1 q(\lambda_1) = K_m \frac{p_2^*}{\sqrt{T_2^*}} A_2 q(\lambda_2)$$

由于空气在该管道内是绝能流动,所以 $T_1^* = T_2^*$。但要注意,因为气流的总压比为 $p_2^*/p_1^* = 0.94$, 说明是有流动损失的,是属于熵增的流动过程。

所以 $$q(\lambda_2) = \frac{p_1^*}{p_2^*} \cdot \frac{A_1}{A_2} \cdot q(\lambda_1) = \frac{1}{0.94} \times \frac{1}{2.5} q(\lambda_1) = 0.4255 q(\lambda_1)$$

查附录 C.1 的气动函数表,得: $\lambda_1 = 0.85$ 时, $q(\lambda_1) = 0.9729$, $\pi(\lambda_1) = 0.6382$

因此 $q(\lambda_2) = 0.4255 \times 0.9729 = 0.4140$,

再根据 $q(\lambda_2)$, 确定 $\lambda_2 = 0.27$(注意,这里取的是亚声速解,这是因为亚声速气流在扩张形的管道中是减速流动,仍然是亚声速流动)

再查附录 C.1 的气动函数表,得: $\lambda_2 = 0.27$ 时, $\pi(\lambda_2) = 0.9579$

所以 $p_2 = p_2^* \pi(\lambda_2) = 0.94 \times 2.942 \times 0.9579 = 2.649$ bar。

又 $p_1 = p_1^* \pi(\lambda_1) = 2.942 \times 0.6382 = 1.878$ bar, $p_2/p_1 = 1.41$, 即管道出口的压力高于进口的压力,起到了扩压的作用,所以在工程应用中又把这种扩张形的管道称为亚声速扩压器。

【例 7.7】 已知某轴流式压气机进口的气流总压为 1.013 bar,总温为 288 K。出口截面积 $A_2 = 0.1\ \text{m}^2$, 并测得出口的静压为 $p_2 = 4.12$ bar, 空气流量 $W = 50$ kg/s, 总温 $T_2^* = 480$ K。求: (1) 压气机出口的气流总压; (2) 若压气机进出口的气流速度近似相等,压气机进口的面积是多大?

解: (1) 由流量公式(7.41) $$W = K_m \frac{p}{\sqrt{T^*}} A y(\lambda)$$

得 $$y(\lambda_2) = \frac{W\sqrt{T_2^*}}{K_m A_2 p_2} = \frac{50 \times \sqrt{480}}{0.0404 \times 0.1 \times 4.12 \times 10^5} = 0.658$$

查附录 C.1 的气动函数表,得 $\lambda_2 = 0.406$, $\pi(\lambda_2) = 0.907$

故总压为 $$p_2^* = \frac{p_2}{\pi(\lambda_2)} = \frac{4.12}{0.907} = 4.54 \text{ bar}。$$

(2) 由 $c_1=c_2$，得 $\lambda_1 a_{cr1}=\lambda_2 a_{cr2}$，$\lambda_1=\lambda_2\sqrt{\dfrac{T_2^*}{T_1^*}}=0.406\times\sqrt{\dfrac{480}{288}}=0.524$

查附录 C.1 的气动函数表，得 $q(\lambda_1)=0.7352$，$\pi(\lambda_1)=0.8488$

所以，$A_1=\dfrac{W\sqrt{T_1^*}}{K_m p_1^* q(\lambda_1)}=\dfrac{50\times\sqrt{288}}{0.0404\times1.013\times10^5\times0.7352}=0.282\ \mathrm{m}^2$

$$p_1=p_1^*\pi(\lambda_1)=0.86\ \mathrm{bar}$$

可见，压气机的进口面积大于出口面积。这是由于增压作用导致出口气流密度增大，在出口速度不变的情况下，必须减小面积才能保持流量连续。

另外，压气机的总压增压比为 $p_2^*/p_1^*=4.482$，静压增压比为 $p_2/p_1=4.79$。可知，压气机静压表示的增压比要大于总压表示的增压比。

7.4.3 无量纲冲力函数

在计算一维定常管道流动的作用力时，常常使用冲力来进行简化计算。与冲力计算相关联的常用气动函数主要有 $z(\lambda)$、$f(\lambda)$ 和 $r(\lambda)$。

1. $z(\lambda)$

气动函数 $z(\lambda)$ 定义为　$z(\lambda)=\lambda+\dfrac{1}{\lambda}$

用 $z(\lambda)$ 表示的冲力为

$$J=W\cdot c+pA=\frac{\gamma+1}{2\gamma}W\cdot a_{cr}\cdot z(\lambda)\tag{7.43}$$

或

$$J=\frac{\gamma+1}{2\gamma}W\cdot z(\lambda)\cdot\sqrt{\frac{2\gamma}{\gamma+1}RT^*}\tag{7.44}$$

2. $f(\lambda)$

气动函数 $f(\lambda)$ 定义为

$$f(\lambda)=\left(\frac{2}{\gamma+1}\right)^{\frac{1}{\gamma-1}}q(\lambda)z(\lambda)\tag{7.45}$$

用 $f(\lambda)$ 表示的冲力为

$$J=p^*Af(\lambda)\tag{7.46}$$

3. $r(\lambda)$

气动函数 $r(\lambda)$ 定义为　$$r(\lambda)=\frac{\pi(\lambda)}{f(\lambda)}\tag{7.47}$$

则用 $r(\lambda)$ 表示的冲力为

$$J = \frac{pA}{r(\lambda)} \tag{7.48}$$

气动函数 $z(\lambda)$、$f(\lambda)$ 和 $r(\lambda)$ 也可在本教材附录C所列空气（$\gamma = 1.4$）和燃气（$\gamma = 1.33$）的一维等熵气动函数表中查到。

在实际应用中，可根据具体的问题选用适当的函数和冲力计算式。下面举例说明。

【例7.8】 结合涡喷和涡扇发动机推力的计算公式，分析说明利用气动函数进行机载测量推力的可行性。

解： 在第6章6.2.5节的例6.6中，已经给出了涡轮喷气发动机推力的计算公式为

$$F = W_a(c_9 - V) + (p_9 - p_0)A_9$$

当发动机在地面工作时，$V = 0$，则有 $F = W_a c_9 + (p_9 - p_0)A_9$

由上式可以看出，在外场条件下，只有喷管出口面积 A_9、大气压力 p_0 容易测出，其他参数均不易测出，无法直接用该公式计算出发动机的推力。但是，应用气动函数 $f(\lambda)$，可以将上述推力公式变换成便于外场应用的形式。

将上式变换为 $F = W_a c_9 + p_9A_9 - p_0A_9 = J_9 - p_0A_9$，由式(7.46)有 $J_9 = p_9^* A_9 f(\lambda_9)$，所以有

$$F = p_9^* A_9 f(\lambda_9) - p_0A_9 = A_9 p_0 \left[\frac{p_9^*}{p_0} f(\lambda_9) - 1\right]$$

对于一定形状的喷管，喷管内燃气的流动状态只决定于喷管的工作压力比 p_9^*/p_0，所以 λ_9 也就由 p_9^*/p_0 确定。例如，对于收敛形喷管来说，已知当 $p_9^*/p_0 \geqslant 1.85$ 时，喷管出口截面始终处于临界状态，即 $\lambda_9 = 1.0$，$f(\lambda_9) = 1.2591$。这样，只要能测出喷管出口截面处的燃气总压 p_9^*，就可利用上式计算出发动机的推力 F。这就是外场飞机上测量发动机推力的原理，也是机载测量发动机推力的理论依据。

7.4.4 气体动力学函数表

以上所介绍的气体动力学函数，可以直接用来进行可压缩流动的计算，也可以预先编制成计算用的数据表，这种数据表就称为气动函数表。本教材在附录C中给出了空气（$\gamma = 1.4$）和燃气（$\gamma = 1.33$）的一维等熵气动函数表。

【例7.9】 对于某涡喷发动机的收敛形喷管，其进口截面的燃气静压为228.35 kPa，静温为800 K，速度为196.7 m/s，面积为0.25 m²。设在喷管中的流动是定熵绝能的，且燃气在其出口截面上处于临界状态，问该喷管出口的面积为多少？出口截面上的燃气总压、总温、静压、静温、速度与流量分别是多少？

解： 需要注意的是，该例题的研究对象是燃气（$\gamma = 1.33$），需要查附录C.2的气动函数表。

首先求出在该喷管进口处的气流参数，包括声速、马赫数、总压、总温等，具体为：

$a_7 = \sqrt{\gamma R T_7} = \sqrt{1.33 \times 287.4 \times 800} = 553$ m/s，$Ma_7 = c_7/a_7 = 0.356$，对应的 $\lambda_7 = 0.38$

根据速度系数 $\lambda_7 = 0.38$，查表确定相关的气动函数 $\tau(\lambda_7) = 0.978\,5$、$\pi(\lambda_7) = 0.920\,1$、$q(\lambda_7) = 0.567$。

所以 $T_7^* = T_7/\tau(\lambda_7) = 817.6\ \text{K}$，$p_7^* = p_7/\pi(\lambda_7) = 248.18\ \text{kPa}$

流量 $W = K_m \dfrac{p_7^*}{\sqrt{T_7^*}} q(\lambda_7) A_7 = 0.039\,7 \times \dfrac{248.18 \times 100}{\sqrt{817.6}} \times 0.567 \times 0.25 = 48.84\ \text{kg/s}$

由于是定熵绝能流动,因此喷管出口处的总压和总温与进口相等,而已知出口为临界状态,即 $\lambda_9 = 1.0$。所以,对应的出口截面上的参数为

$$T_9^* = T_7^* = 817.6\ \text{K},\ p_9^* = p_7^* = 248.18\ \text{kPa}$$

$$T_9 = T_9^* \tau(\lambda_9) = 701.8\ \text{K},\ p_9 = p_9^* \pi(\lambda_9) = 134.15\ \text{kPa}$$

$$c_9 = \lambda_9 a_{cr} = 517.94\ \text{m/s},\ Ma_9 = 1.0,\ \lambda_9 = 1.0$$

出口截面积 $A_9 = q(\lambda_7) A_7 / q(\lambda_9) = 0.142\ \text{m}^2$。

以上是利用气动函数表进行的计算。实际上,总温的计算还可以有多种方法,例如,$T_7^* = T_7 + \dfrac{c_7^2}{2c_p}$，$T_7^* = T_7\left(1 + \dfrac{\gamma - 1}{2} Ma_7^2\right)$，进而有

$$a_{cr} = \sqrt{\frac{2\gamma}{\gamma + 1} R T_7^*} = 517.94\ \text{m/s},\ \lambda_7 = c_7/a_{cr} = 0.38$$

7.5 亚声速气流参数的测量原理

本节介绍一些气流参数的测量原理,目的是使读者对气流参数的测量方案以及基本计算方法有一个初步认识,同时也可通过有关内容进一步熟悉前面讲解的内容。关于气动热力测试技术的专门知识可参阅有关的文献。又本节只讨论亚声速气流的测量问题,有关超声速气流的参数测量将在后面介绍。

7.5.1 静压的测量

气流静压测量的最大问题在于测量装置会对气流产生干扰,进而会引起较大的静压测量误差。对于管道内部的平行流动,最常用、也是最可靠的测量静压方法是壁面开孔的方法,如图 7.10 所示。但是,壁面的静压测量孔也有着严格的要求,例如必须要垂直于壁面,空的边缘不能有毛刺等,测压孔的直径尽可能小,等等。如果没有壁面可供利用,就需要利用静压管进行测量。所谓静压管就是一个前端堵死而侧面开孔的空心导管,测量时将此导管顺着气流安放(需要保证导管与气流平行),而利用侧面的小孔测量气流的静压。飞机上常用的空速管就是利用此原理

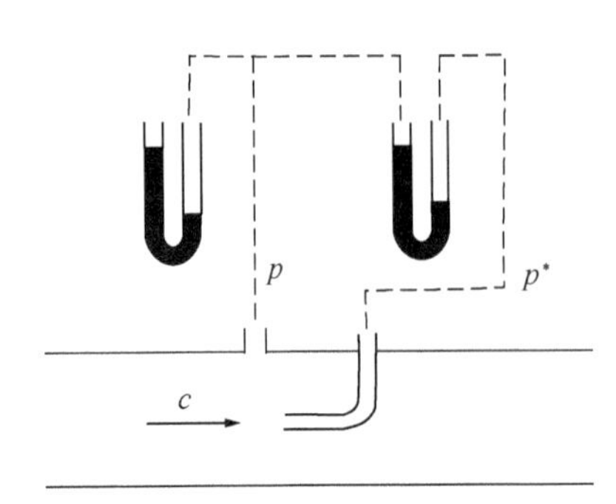

图 7.10 气流压力与流速的测量原理

进行来流气流静压测量的。

7.5.2　总压的测量

气流的总压可以利用总压管(又叫作皮托管)进行测量。所谓总压管就是前端开孔的空心导管,测量时将此导管顺着气流安放(也需要保证导管与气流平行),如图 7.10 所示。前面曾经讲过,此导管前端处的压力就是其前面的未受干扰的气流的总压(注意总压管的另一端是与压力计相连的,即总压管内的气体是不流通的)。可见,总压测量的关键是总压管要与被测气流的方向一致。在工程应用中,已经开发研制了多种适用于一定范围来流方向偏离的测量装置和修正方法,以提高总压测量的精度。飞机上的空速管也是利用此原理进行来流气流总压测量,并进行来流速度解算。

7.5.3　温度的测量

测量气流温度最常采用的方法是采用热电偶或水银温度计测量。实际上,热电偶或温度计都要伸入气流中进行测温,即所谓的接触式测量。一般地,热电偶或温度计都会对气流有一定的滞止作用,所以测量的温度是介于总温和静温之间,需要对测量装置进行专门的测温校准才能获取准确的温度值。

除了接触式测温以外,目前也发展了一些非接触式测温方法,例如红外测温等。

7.5.4　马赫数的测量

气流的马赫数通常是通过总压与静压的测量,然后用以下公式计算:

$$\frac{p^*}{p}=\left(1+\frac{\gamma-1}{2}Ma^2\right)^{\frac{\gamma}{\gamma-1}}$$

7.5.5　流速的测量

气流的流速通常是通过静压、总压与温度的测量,然后利用有关公式进行计算获得。对于不可压流动与可压缩流动所用的计算公式有所不同。

1. 不可压流动

对于不可压流,利用不可压流动的伯努利方程计算:

$$c=\sqrt{2(p^*-p)/\rho}$$

式中的气流密度可用状态方程求出,即 $\rho=p/RT$。

应当指出,当流速较小时,总压与静压之差与静压本身相比可能是个很小的数值。如果分别测定总压与静压然后相减,则会引起相当大的误差。在工程应用中,解决这一问题的方法之一是直接测量总压与静压之差。

2. 可压缩流动

对于可压缩流动,可先按照式 $\frac{p^*}{p}=\left(1+\frac{\gamma-1}{2}Ma^2\right)^{\frac{\gamma}{\gamma-1}}$ 计算出马赫数,而后再由马赫

数和声速来确定气流的速度。

【例 7.10】 用皮托管与液柱式压力计测量亚声速气流的流速。已知所测得的总压的表压为 142 mmHg,静压的真空度为 62 mmHg,又用温度计测得气流的总温为 20℃,用气压计测得大气压力 760 mmHg,求气流速度。

解: 由所测量得到的数据可得

气流的总压值为 $p^* = 142\ \text{mmHg} + 760\ \text{mmHg} = 902\ \text{mmHg} = 120\,256.8\ \text{Pa}$,

气流的静压值为 $p = 760\ \text{mmHg} - 62\ \text{mmHg} = 698\ \text{mmHg} = 93\,059\ \text{Pa}$。

于是有 $\pi(\lambda) = p/p^* = 0.773\,8$, 以及 $\lambda = 0.652$。

而气流的临界声速为 $a_{cr} = 311.6\ \text{m/s}$,

因此有 $c = \lambda a_{cr} = 203.2\ \text{m/s}$。

对此例题,若按不可压流动来计算,则有 $T \approx T^*$

$$c = \sqrt{2(p^* - p)/\rho} = \sqrt{2(p^* - p)RT^*/p} = 221.7\ \text{m/s}$$

可见,按照不可压流动进行计算所测得的速度偏大,存在一定的误差,相对误差为+9.1%。

习　　题

习题 7.1 对比分析比较总温、总压的定义和物理意义有何区别?为什么在实际应用中广泛采用总温、总压等滞止参数?

习题 7.2 下面的几种说法都对吗?为什么?请给出正确的说法?

(1) 总焓不变,总温也一定不变;

(2) 总焓不变,总压也一定不变;

(3) 总焓增加,总压也一定增加。

习题 7.3 气流在有流动损失的情况下流过进气道、压气机静子叶片通道、压气机工作叶轮、燃烧室、涡轮工作叶轮和喷管时,总温、总压将如何变化?

习题 7.4 以空气、燃气在收敛形喷管中的流动为例,指出应具备什么条件,才能使喷管中的亚声速气流加速到当地声速?

习题 7.5 为什么流管的最小截面积并不一定是临界截面?

习题 7.6 在涡喷和涡扇发动机试车台上,空气从大气经双纽线工艺进气道(发动机试车专用进气道,可使得进气流动损失非常小)流入发动机。设流入进口的过程为定熵绝能的,并测得进气道出口处的气流静压为 300 mmH_2O(真空度)。已知进气道出口直径为 0.78 m,试车台周围的大气压力为 760 mmHg,大气温度为 288 K,求进入发动机的空气流量是多大。

习题 7.7 用皮托管测空气流速。已知总静压差为 204 mmHg,静压的真空度为 62 mmHg,气流温度(总温)为 20℃,大气压为 760 mmHg,试分别按可压流和不可压流计算空气的流速,并对比分析计算结果。

习题 7.8 在等截面直管内,燃料在空气气流中均匀燃烧,已知进口处的速度系数为

0.5，气流的总温为300 K。求最大可能的加热量、出口处的总温、总压恢复系数与熵变。（设不考虑燃料的质量，不考虑气体黏性摩擦的作用）

习题7.9　当流速较小时，总压与静压之差与静压本身相比可能是个很小的数值。如果分别测定总压与静压然后相减，则会引起较大的误差。解决这一问题的方法是直接测量总压与静压之差。请提出实现这一方法的具体方案，并说明这种方案为什么能有效地提高测量精度。

习题7.10　某发动机的压气机进口气流总温为288 K，总压增压比为7.14。试求：

（1）若将气流在压气机中的流动过程分别作为等熵和多变过程，那么，压气机的出口总温分别是多少？（$\gamma = 1.4$，$n = 1.45$）

（2）在等熵和多变过程中，压气机对流过它的每1 kg空气所做的功。

习题7.11　空气在等直径的圆管中作绝能等熵流动，已知空气的压力为1.398 bar，马赫数为0.6，空气流量为0.2 kg/s，圆管的面积为0.006 m^2，试求：

（1）气流的滞止温度；

（2）如果将圆管的截面积逐渐减小形成一收敛形管道，假定保持总压、总温和流量不变，试求面积减小的最大百分数。

习题7.12　若某人声称用皮托管直接测得空气流的总、静压之比为3.25，这种测量结果是否合理可信？为什么？

习题7.13　空气自冷气瓶经拉瓦尔喷管流出，若测量得到其出口的气流速度达到430 m/s，求空气流出时的马赫数、温度分别是多大？已知气瓶中空气的温度始终保持为27℃。

习题7.14　空气沿某一管道作等熵绝能流动，已知在某一截面上的$Ma_1 = 1.0$，另一截面处的$Ma_2 = 1.625$，求此两截面的面积之比与气流速度之比。

习题7.15　已知管流中某截面的面积为0.001 3 m^2，该截面上的马赫数为0.605 3，压力为1.3×10^5 Pa，流量为0.5 kg/s。求该空气流的总温及最小截面处的速度、温度和压力。（认为管中的流动为等熵流动，且在最小截面处马赫数为1.0）。

习题7.16　空气在一扩张形管道中流动，在截面1－1处，空气的温度12℃，速度为272 m/s，面积为0.01 m^2，在截面2－2处空气的速度降低到72.2 m/s。试求：气流在1－1截面和2－2截面上的马赫数是多少？截面2－2的面积是多大？（设空气在管道中为等熵绝能流动）

第8章 膨胀波与激波

流体的压缩性对流体运动的性质有很大影响，以致在不可压缩流动与可压缩流动之间产生明显的差异。即使同为可压缩流动，亚声速气流与超声速气流之间也存在着很大的甚至是根本性的差异。本章主要研究超声速气流的一些特殊的流动现象和运动规律，主要包括膨胀波和激波的产生原理、气流经过膨胀波和激波后的气流参数变化、膨胀波和激波的相交与反射现象等。掌握这些基本内容，将为今后研究超声速进气道和超声速喷管的工作打下必要的基础。

学习要点：

(1) 理解马赫波和马赫锥的概念，掌握马赫波的特点，会计算马赫角；

(2) 理解膨胀波产生的原理，掌握超声速气流经过膨胀波的参数变化规律，能够计算确定膨胀波组的分布范围；

(3) 理解激波产生的原理，掌握超声速气流经过膨胀波的参数变化规律，熟练使用激波图线求解激波的参数；

(4) 会进行激波、膨胀波反射与相交的分析，能确定流场中波系的特征。

膨胀波本身就是一种弱扰动波，而激波通常是由若干道弱压缩波叠加而成的一道强扰动波。为了理解膨胀波和激波，首先需要了解弱扰动在气流中的传播特点。

8.1 微弱扰动在流场中的传播

8.1.1 微弱扰动在气流中的传播特点

在7.1.1中已经得出结论，微弱扰动是以波的形式相对于气体以声速进行传播的。下面以点扰动源(微弱扰动)为例，说明它所产生的扰动在流场中的传播情形，特别是在超声速气流中的传播特点。

1. 弱扰动在静止气体中的传播

设在 O 点存在一扰动源，当产生扰动时，这种微弱扰动将通过以扰动源(O)为中心的球面扰动波的方式向各个方向传播，且球面扰动波相对于气体的运动速度就是声速 a。那么，在经过一定时间后，扰动将能够传遍整个流场。图 8.1(a)表示了 3 个不同时刻扰动传播范围的平面示意图，可见，在平面示意图上，球面扰动波投影为一个以 O 点为圆心的圆形。在该示意图中，O 为扰动源的位置，圆 1、2、3 分别表示扰动开始传播后第 1、2、3 秒时扰动波的位置（圆的半径分别为 a、$2a$、$3a$）。显然，随着时间的增长，扰动波会到达流场中的所有位置，即传遍整个流场。

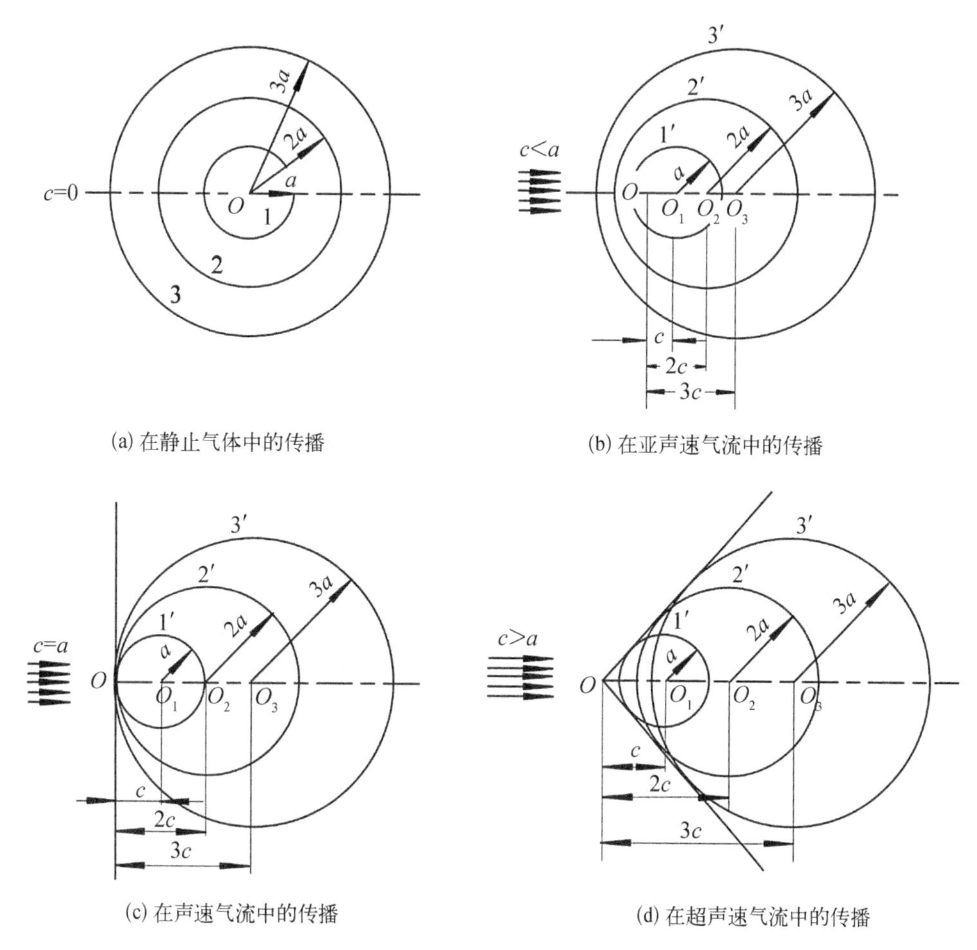

图 8.1　弱扰动在气流中的传播范围示意图

2. 弱扰动在亚声速气流中的传播

应当注意的是，在非静止的流场之中，无论气体的流动速度是多大，弱扰动进行传播时其相对于气体的传播速度仍然是声速 a，但是由于气体本身是流动的，所以在绝对坐标系中弱扰动的传播速度（绝对速度）就会发生变化。以弱扰动在速度为 c 的亚声速均匀流场（$c < a$）中传播为例，如图 8.1(b)所示，扰动源仍在 O 点处，该点所产生的扰动波一方面是相对于亚声速气流以声速 a 向各方向传播，另一方面又将被流动的气流所带动，以速度 c（$c < a$）向下游移动，其传播范围是二者共同作用的结果。可以这样来理解，在扰动后的第 1 秒钟，扰动波的中心点随气流到达 O_1 点，但同时在此过程中扰动波仍在以声速

a 在气流中不断向外传播，所以扰动波的位置就如图中的圆 1′所示；同理，在第 2 和第 3 秒钟，扰动波的中心点就分别为 O_2 和 O_3 点，扰动波的位置也分别为图中的圆 2′和圆 3′所示。也可以看到，在中心线上，扰动波是以较大的绝对速度 $(a+c)$ 向下游传播，而在逆流方向则是以较小的绝对速度 $(a-c)$ 向上游传播。但无论如何，由于 $c<a$，经过了一定时间之后，这种扰动仍然可以遍及整个流场。

3. 弱扰动在声速气流中的传播

而在声速流场中，由于气流的速度刚好等于扰动波的传播速度 $(c=a)$，那么在中心线上，扰动波将以 $2a$ 的速度向下游传播，而在逆流方向上扰动波的绝对传播速度则为零，所以不能逆流向上游传播。如图 8.1(c)所示，圆 1′、2′、3′分别是扰动波在第 1、2、3 秒时的位置，可见，其特点是所有的圆都在 O 点相切，这也说明随着时间的增长，扰动只能遍及扰动源下游的半个流场，无法影响到扰动源上游的流动。

4. 弱扰动在超声速气流中的传播

当气流的速度为超声速时，由于气流的速度大于扰动波的传播速度 $(c>a)$，所以扰动波不仅不能够逆流往扰动源的上游传播，而且其传播的区域还将被限制在以扰动源为顶点的圆锥体区域内。对于均匀的超声速气流，图 8.1(d)表示了该扰动传播范围投影于平面上的示意图，点 O_1、O_2 和 O_3 分别是扰动波中心在第 1、2、3 秒时所处的位置，而圆 1′、2′、3′分别是扰动波在第 1、2、3 秒时的位置。显然，因为 $c>a$，各时刻扰动波中心的位置距扰动源的距离要大于扰动波的传播半径，所以扰动波的传播范围是在以 O 点为顶点的锥形范围之内。且由于气流速度是均匀分布的，所以锥的母线也是直线。可见，弱扰动在超声速气流中进行传播的突出特点就是扰动只能影响扰动源下游的一个圆锥形区域。这个圆锥形区域或者圆锥体就称为马赫锥，以纪念奥地利物理学家马赫对超声速流动研究所作的突出贡献。

8.1.2 马赫锥与马赫波

1. 马赫锥

由上述分析可知，马赫锥实际上是超声速气流中弱扰动的传播范围。图 8.2 所示情形为马赫锥在通过其中心线的平面上的投影。

马赫锥的半顶角称为马赫角，记为 μ，参看图 8.2，假设扰动波经历时间 t 从扰动源 O 点传播至虚线圆所处的位置，其中心点为 O_1。显然有几何关系：$\sin\mu=\overline{O_1A}/\overline{OO_1}$

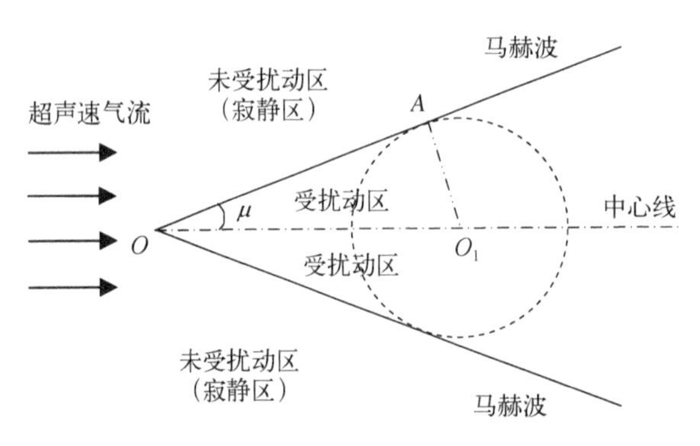

图 8.2　马赫锥示意图

并注意到 $\overline{O_1A}=a\cdot t$ 及 $\overline{OO_1}=c\cdot t$，则有

$$\sin\mu=\frac{a}{c}=\frac{1}{Ma} \tag{8.1}$$

显然，当 $Ma=1.0$ 时，马赫角 $\mu=90°$；而在超声速气流中，马赫角

$\mu < 90°$。

2. 马赫波

马赫锥将超声速流场分为未受扰动区(又叫寂静区)和受扰动区两个部分。其中,未受扰动区位于马赫锥以外,表明超声速气流没有受到 O 处扰动源的扰动,气流参数仍保持与来流的相同;而受扰动区则是指马赫锥之内的区域,表明马赫锥内的气流均受到了扰动,气流的参数会发生变化。

马赫锥的锥面就是未受扰动气流与已受扰动气流的分界面,称为马赫波。马赫波实质上是一种微弱的扰动波,其相对于气流的传播速度仍然是声速,它可以是弱压缩波,也可以是(弱)膨胀波,其性质要根据扰动源是压缩扰动还是膨胀扰动而定。若扰动源形成的是减速压缩扰动,那么马赫波就是弱压缩波,超声速气流经过该马赫波后,受到扰动的结果是压力、密度和温度增加为 $p + dp$、$\rho + d\rho$ 和 $T + dT$, 而速度减小为 $c - dc$。若扰动源形成的是膨胀加速扰动,那么马赫波就是膨胀波,超声速气流经过该马赫波后,受到扰动的结果是压力、密度和温度减小为 $p - dp$、$\rho - d\rho$ 和 $T - dT$, 而速度增加为 $c + dc$。但应注意的是,由于气流经过马赫波时受到的是弱扰动,所以其流动参数的变化是极其微弱的,因此流动过程可以认为是定熵的,气流的总温、总压均保持不变。这也是微弱扰动的重要性质特征。

8.2 膨 胀 波

8.2.1 膨胀波的产生

在实际的超声速流动中,往往存在的都是有一定强度的有限幅值扰动,例如超声速气流流过机翼表面时的绕外折壁面(或凸面)受到方向转折扰动、喷管出口的超声速气流流向低压区时所受到的压力扰动等,这些有限幅值的膨胀扰动,使得气流压力降低、速度增加,并在超声速气流中传播形成一定的影响范围,从而形成膨胀波或膨胀波组,即未受扰动与受扰动区域的分界面。

虽然扰动的实质都是压力波的传播,但为了便于理解,把常见的膨胀扰动划分为方向膨胀扰动和压力膨胀扰动两种形式,其对应的扰动源分别为流道壁面外折(或凸面)和高压区到低压区的压力差。下面分别讨论这两种情况下的膨胀波形成及特点。

1. 超声速气流绕外折壁面(或凸面)流动的情形

如图 8.3 所示,定常均匀的超声速气流先沿着平直壁面流动,而壁面在 O 点处向外发生外折,其转折角为 δ,从而出现超声速气流绕外折壁面流动的情形。超声速气流也将在 O 点发生流动方向的转折(其转折角也为 δ),流道扩大,因而受到膨胀加速的扰动,O 点即成为扰动源。由扰动源处形成一系列膨胀波(注:为与压缩波和激波相区别,在本教材中用虚线来表示膨胀波),组成一个扇形波系,该波系又称为“膨胀波组”,有的也叫作“膨胀

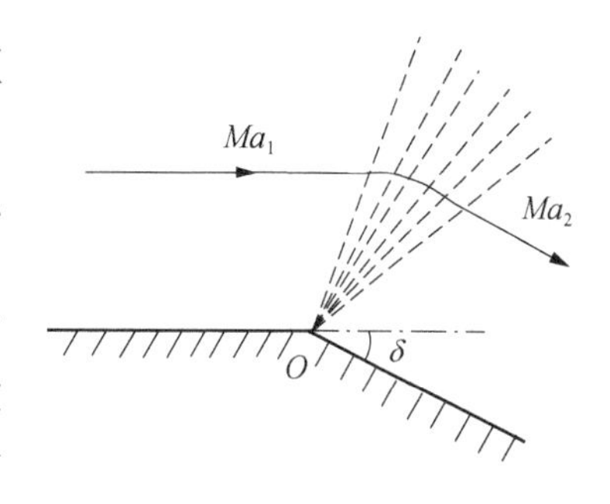

图 8.3　普朗特-迈耶流动

波扇”。为纪念对这种流动现象做出理论分析和数学建模研究的贡献者，这种流动被称作“普朗特－迈耶流动”。

要分析这种绕外折壁面的流动，可以将其转折角 δ 等同于无数个微小转折角 $d\delta$（转折角小到可满足产生弱扰动的条件）之和，把绕流看成是经历无数个绕微小外折壁面的流动。因此，下面首先分析超声速气流绕微小外折壁面的流动情形，为进一步分析绕转折角 δ 的流动打下基础。

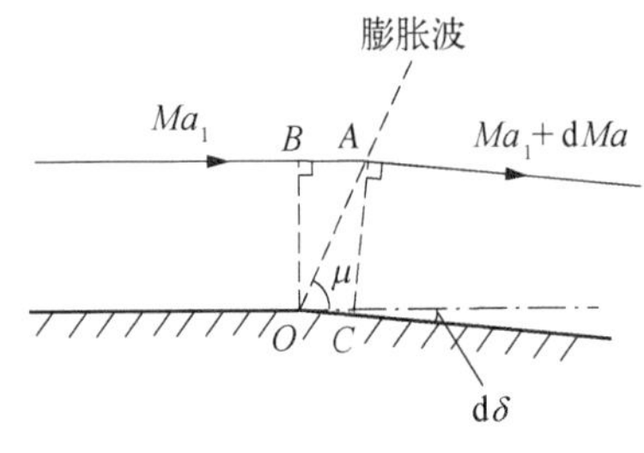

图 8.4　绕微小折转角的外折壁面的流动

图 8.4 中有一微小转折角为 $d\delta$ 的外折壁面。由于转折角非常小，故属于微弱扰动。折转点 O 是扰动源，当气流流过折转点 O 时，将由点 O 处产生一道马赫波 OA，马赫角为 μ。气流通过马赫波后受到扰动，流动方向将转折 $d\delta$ 后而与下游壁面平行。由图中流线的几何关系可以看出，马赫波后的流通面积（AC）要大于波前的流通面积（BO）。由第 7 章 7.4.2 节讨论可知，超声速气流流通面积增大时，将进一步膨胀加速，气流的压力、温度和密度都将减小。因此，扰动源 O 形成的是弱膨胀加速扰动，对应的马赫波应该是膨胀波。超声速气流经过该膨胀波后，膨胀加速，压力、温度和密度减小，但由于是绝能定熵流动，气流的总温和总压保持不变。

对于超声速气流绕转折角 δ 流动的情形，如前所述，可把绕流看成是经历无数个绕微小外折壁面流动的分解与叠加来进行分析。下面，以分解为三个小转折角为例进行分析。如图 8.5 所示，先假设将气流总的转折角分解为三个小的转折角（即 $\delta = d\delta_1 + d\delta_2 + d\delta_3$），依次在 O_1、O_2、O_3 处完成转折。由上面对微小外折壁面扰动的分析可知，将在 O_1、O_2、O_3 处形成三道膨胀波，对气流形成三次膨胀扰动。现再将三个小的转折角叠加成为总的转折角，所以将 O_1、O_2、O_3 三个折转点无限靠近为 O。但是，各个膨胀波再汇合在一起时并不会相交与叠加，而是展开成如图 8.3 所示的扇形波系。这是因为，气流每经过一道膨胀波，都受到一次膨胀加速扰动，气流的马赫数都要有所增加，$Ma_1 < Ma_2' < Ma''_2$，从而使下一次扰动所形成的马赫角减小，即 $\mu_1 > \mu_2 > \mu_3$，其结果是使各膨胀波更加向右下方倾斜。因此，当把各个膨胀波再汇合在一起时就不会出现相交与叠加现象，而是展开为扇形波系。以上是以分解为三个小的转折角为例进行分析的，实际上，气流的转折及膨胀扰动是由无数个微小转折及弱扰动形成的，因此所产生的膨胀波组也是由无数多道膨胀波组成，是一个连续、逐渐的转折和膨胀过程。

同理，对于超声速气流绕凸面壁面流动的情形也可以采用相同的分析方法进行分析，把凸面壁面看成是无穷多的微小外折壁面连续分布（即在图 8.5 中 $d\delta \to 0$），所以在凸面壁面上形成连续分布的膨胀波区域，气流也经历一个连续、逐渐的转折和膨胀过程。

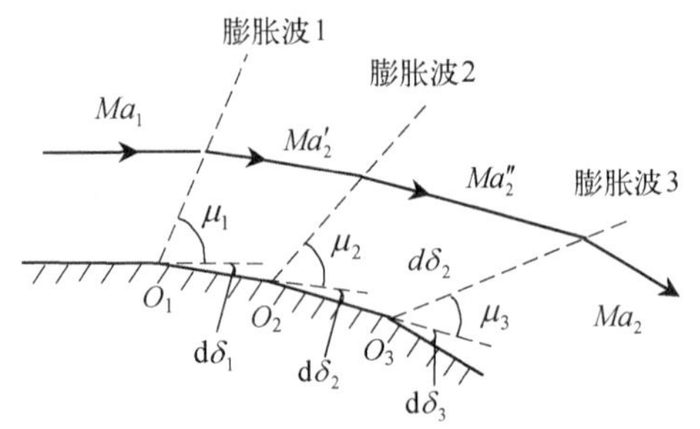

图 8.5　绕外折壁面流动分解示意图

2. *超声速气流流向低压区的情形*

超声速气流从高压区向低压区流动的最典

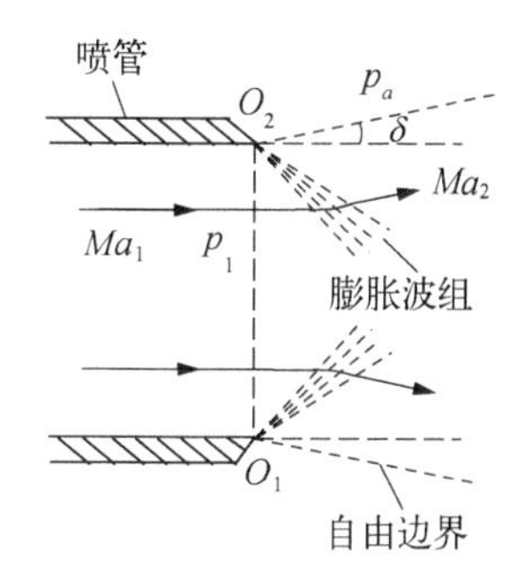

图 8.6　喷管外产生膨胀波示意图

型例子就是气流从超声速喷管流出。如图 8.6 所示，马赫数为 Ma_1、压力为 p_1 的超声速气流由喷管流到压力为 p_a 的外界气体之中，因为 $p_1 > p_a$，所以超声速气流流出喷管时要受到膨胀扰动，即气流要继续膨胀加速。因此，喷管出口的边界点 O_1 和 O_2 就成为扰动源，并由于受膨胀扰动而形成膨胀波组(注：因为 O_1 和 O_2 处所产生的膨胀波组在中心区域会存在相交现象，故图中未画完整，有关相交的问题将在 8.5 节中讨论)，超声速气流经过膨胀波组后加速为 $Ma_2 > Ma_1$，流动方向向外发生转折(转折角为 δ，并与外界气体之间形成自由边界)，气流的压力由于膨胀扰动降低为 $p_2 = p_a$，且温度和密度都减小。但由于流动过程是等熵绝能的，所以总温和总压都保持不变。

实际上，超声速气流的压力膨胀扰动通常都有一定幅值的压力差，所以会产生如图 8.6 所示的扇形膨胀波组(或膨胀波扇)。与上面分解分析方向扰动的方法类似，对压力扰动的分析也采用分解为无数个微小压力扰动的方法，即气流的膨胀扰动是经历了无数多个微小的压力差 $\mathrm{d}p$ 而形成的，因此所产生的膨胀波组也是由无数多道膨胀波组成，是一个连续、逐渐的转折和膨胀过程，也是一种普朗特－迈耶流动。

8.2.2　膨胀波前后气流参数关系与计算

1. 气流参数的变化规律

在普朗特－迈耶流动中，气流穿过每一道膨胀波时，流动参数的变化都是非常微弱的。因此，气流穿过整个膨胀波系的流动也是定熵的流动过程。此外，组成扇形波系的每一道波都是直线，而沿着每一道直线膨胀波的流动属性不变，这样的波系又称为简单波系。

超声速气流经过这个膨胀波系后，膨胀加速，气流的速度增大，马赫数增大，压力、温度和密度都降低，气流的方向逐渐偏转并与折转后的壁面(或自由边界)平行，波后气流方向与来流方向之间的夹角即为气流转折角 δ。但由于是定熵绝能的流动过程，所以气流的总焓、总温、总压等总参数均保持不变。

特别需要强调的是，虽然所受膨胀扰动的大小是有限幅值，但所产生的膨胀波组却是由非常多道膨胀波组成的，因此是一个连续分布的区域，且这个区域所覆盖的角度范围取决于膨胀程度的大小或强弱，所以气流参数的变化呈现出连续和渐变的特点，不存在突变和间断，这与后面要讨论的激波有着明显的区别。

2. 膨胀波前后气流参数的计算

气流参数的定量计算，可以通过由式(8.2)所表示的普朗特-迈耶函数(公式)以及相关的参数关系式进行，其中式(8.2)的推导过程详见附录 A.1.1。

$$
\begin{aligned}
\delta = & \left[\sqrt{\frac{\gamma+1}{\gamma-1}}\tan^{-1}\sqrt{\frac{\gamma-1}{\gamma+1}(Ma_2^2-1)} - \tan^{-1}\sqrt{Ma_2^2-1}\right] \\
& - \left[\sqrt{\frac{\gamma+1}{\gamma-1}}\tan^{-1}\sqrt{\frac{\gamma-1}{\gamma+1}(Ma_1^2-1)} - \tan^{-1}\sqrt{Ma_1^2-1}\right] \qquad (8.2)
\end{aligned}
$$

由式(8.2)可见,只要知道波前气流马赫数 Ma_1 和气流转折角 δ,就可根据式(8.2)计算出波后气流马赫数 Ma_2。然后利用下列公式:

$$\frac{p^*}{p_2}=\left(1+\frac{\gamma-1}{2}Ma_2^2\right)^{\frac{\gamma}{\gamma-1}} \tag{8.3}$$

$$\frac{T^*}{T_2}=1+\frac{\gamma-1}{2}Ma_2^2 \tag{8.4}$$

$$\frac{\rho^*}{\rho_2}=\left(1+\frac{\gamma-1}{2}Ma_2^2\right)^{\frac{1}{\gamma-1}} \tag{8.5}$$

计算出波后的气流温度 T_2、压力 p_2 和密度 ρ_2。

在式(8.2)中,令 $Ma_1=1.0$,可得

$$\delta_0=\left[\sqrt{\frac{\gamma+1}{\gamma-1}}\tan^{-1}\sqrt{\frac{\gamma-1}{\gamma+1}(Ma^2-1)}-\tan^{-1}\sqrt{Ma^2-1}\right] \tag{8.6}$$

可见,这实际上反映的就是气流从声速($Ma=1.0$)开始经历转折角为 δ_0 的膨胀波组后所能达到的 Ma;或者是气流从声速($Ma=1.0$)开始要能膨胀加速到 Ma,必须要通过转折角为 δ_0 的外折偏转才能够实现。

这样,就可将式(8.2)写为

$$\delta=\delta_{02}-\delta_{01} \tag{8.7}$$

其中,$\delta_{02}=\left[\sqrt{\frac{\gamma+1}{\gamma-1}}\tan^{-1}\sqrt{\frac{\gamma-1}{\gamma+1}(Ma_2^2-1)}-\tan^{-1}\sqrt{Ma_2^2-1}\right]$

$$\delta_{01}=\left[\sqrt{\frac{\gamma+1}{\gamma-1}}\tan^{-1}\sqrt{\frac{\gamma-1}{\gamma+1}(Ma_1^2-1)}-\tan^{-1}\sqrt{Ma_1^2-1}\right]$$

为了方便计算,通常将式(8.6)和式(8.3)、(8.4)、(8.5)一起制成数值表格,列于附录 A.1.2(空气)和附录 A.1.3(燃气)。

附录 A.1.2 和 A.1.3 的普朗特-迈耶方程数值表的使用方法如下:

(1) 已知转折角 δ,确定超声速气流膨胀后的参数。这种情况的关键是确定 Ma_2,查表计算可分为两步进行:第一步,先假想气流由声速膨胀加速至 Ma_1,根据 Ma_1 即可查出第一步所假想的气流转折角 δ_{01};第二步,根据实际气流转折角 δ 和第一步得到的 δ_{01} 之和(即 $\delta_{02}=\delta+\delta_{01}$),再查出 Ma_2 以及相应的其他参数,从而计算得到气流膨胀后的参数。

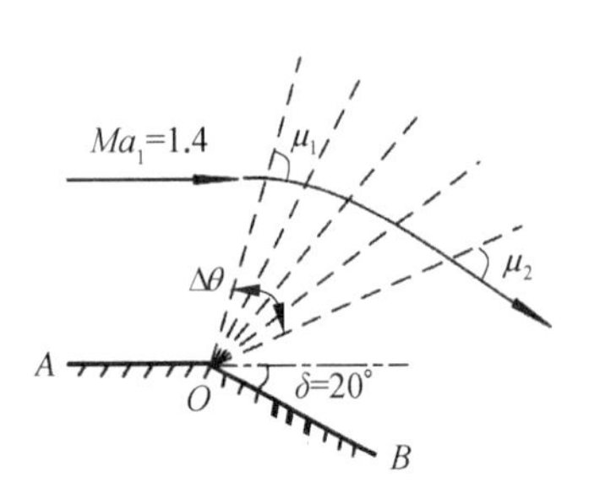

图 8.7 超声速气流绕外折壁面的流动

(2) 已知超声速气流的膨胀程度,确定气流的转折角 δ。针对这种情况,分别根据 Ma_1 和 Ma_2 查出气流转折角 δ_{01} 和 δ_{02},即可得到 $\delta=\delta_{02}-\delta_{01}$。

【例 8.1】 如图 8.7 所示,马赫数为 $Ma_1=1.4$、静压 p_1 为 0.81 bar 的超声速空气气流沿壁面平行流动,在 O 点处

壁面外折 20°。求:(1) 经过膨胀波组后的气流马赫数 Ma_2 和压力 p_2 为多大;(2) 所形成的膨胀波组的角度范围是多大。

解:(1) 首先假想 $Ma_1 = 1.4$ 的超声速气流是由马赫数为 1.0 的声速气流经过绕转折角 δ_{01} 膨胀加速而来的,所以根据 $Ma_1 = 1.4$,由附录 A.1.2 查得 $\delta_{01} = 9°$、$p_1/p_1^* = 0.3141$、$\mu_1 = 45.596°$。

再根据 $\delta_{02} = \delta_{01} + \delta = 9 + 20 = 29°$,由附录 A.1.2 查得 $Ma_2 = 2.0958$、$p_2/p_2^* = 0.1101$、$\mu_2 = 28.513°$。

所以,经过膨胀波组后,气流的马赫数为 $Ma_2 = 2.0958$,且气流是定熵绝能流动,$p_1^* = p_2^*$,所以气流的压力为

$$p_2 = \frac{p_2}{p_2^*} \cdot \frac{p_1^*}{p_1} \cdot p_1 = 0.1101 \times \frac{1}{0.3141} \times 0.81 = 0.2839 \text{ bar}$$

(2) 如图 8.7 所示,超声速气流绕转折角 δ 流动所形成的膨胀波组的角度范围,实际上就是第一道马赫波和最后一道马赫波的马赫角之差再加上气流转折角,即

$$\Delta\theta = 45.596 - 28.513 + 20 = 37.083°$$

【例 8.2】 已知某型涡扇发动机在 6 000 米高空以某一状态工作时,其超声速喷管出口截面上燃气的总压为 3.113 bar,气流马赫数为 1.42,喷管外的大气压力为 0.472 bar。求:(1) 燃气经过膨胀波组后的气流马赫数 Ma_2 和气流转折角为多大;(2) 所形成的膨胀波组的角度范围是多大。

解:(1) 因为燃气经过膨胀波组是绝能等熵流动,其总压不变,且气流膨胀后压力(静压)等于外界大气压力 p_a,所以有 $p_2^* = p_2\left(1 + \frac{\gamma - 1}{2}Ma_2^2\right)^{\frac{\gamma}{\gamma-1}}$,$p_2^* = p_1^* = 3.113$ bar,$p_2 = p_a = 0.472$ bar,故求得

$$Ma_2 = \sqrt{\frac{2}{\gamma - 1}\left[\left(\frac{p_2^*}{p_2}\right)^{\frac{\gamma-1}{\gamma}} - 1\right]} = \sqrt{\frac{2}{1.33 - 1}\left[\left(\frac{3.113 \times 10^5}{0.472 \times 10^5}\right)^{\frac{1.33-1}{1.33}} - 1\right]} = 1.902$$

在确定气流转折角时,首先假想 $Ma_1 = 1.42$ 的超声速气流是由马赫数为 1.0 的声速气流膨胀加速而得,所以可得到对应的转折角 δ_{01}。因此,根据 $Ma_1 = 1.42$ 由附录 A.1.3 查得 $\delta_{01} = 10°$,$\mu_1 = 44.765°$。再根据 $Ma_2 = 1.902$ 由附录 A.1.3 查得 $\delta_{02} = 25°$,$\mu_2 = 31.735°$。最后可得气流转折角为 $\delta = \delta_{02} - \delta_{01} = 15°$。

(2) 如图 8.6 所示,超声速气流在喷管外所形成的膨胀波组的角度范围,实际上也是第一道马赫波和最后一道马赫波的马赫角之差再加上气流转折角,即

$$\Delta\theta = \mu_1 - \mu_2 + \delta = 44.765 - 31.735 + 15 = 28.03°$$

8.3 激　　波

8.3.1 激波现象概述

实验观察表明，当超声速气流流过物体时，会在物体的前方或侧方的某些位置上，发生气流被突然压缩的现象，从而形成气流参数沿着流线不连续变化（间断）的界面。在气体动力学中，认为这种不连续界面实际上是由于较强的压缩扰动波传播而形成的，所以就把这种强扰动波称为激波。图 8.8 表示了超声速气流中所产生激波的纹影图像（注：纹影是一种流场测量与显示的光学方法，图中黑色箭头所指为激波）。可见，当超声速气流流过不同形状的物体时，所产生的激波形状和位置也不一样。例如，图 8.8(a) 和 (c) 中的物体比较圆钝，迎流阻滞面大，形成的激波呈弧形，且位于物体的前方及侧方，激波与物体不接触，这就是所谓的脱体激波。而图 8.8(b) 中的物体则很尖锐，迎流阻滞面很小，形成的激波基本是直线，且位于物体的侧方，与物体的尖头相接，这就是所谓的附体斜激波。实际上，在超声速流场中并不存在绝对的不连续面或间断面，精确的测量表明，激波的厚度大约为 10^{-5} cm 的数量级[7]，对于多数工程问题来说，这是一个非常小的尺寸。因此，在处理激波问题时，一般都忽略激波的厚度，把激波面当成间断面。

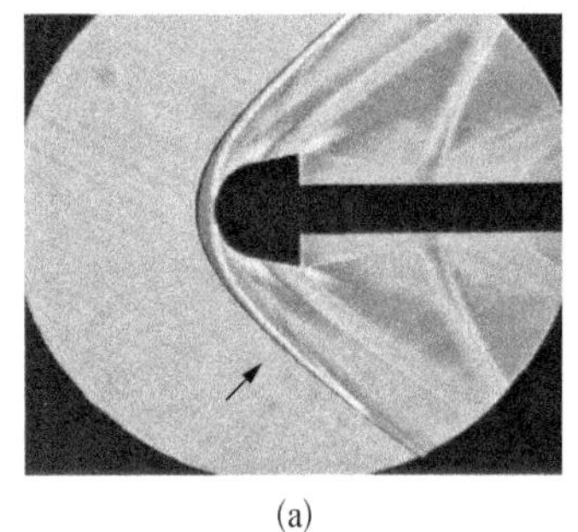
(a)

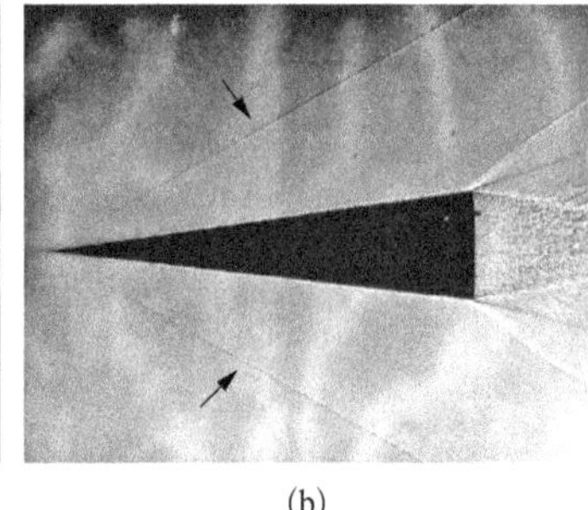
(b)

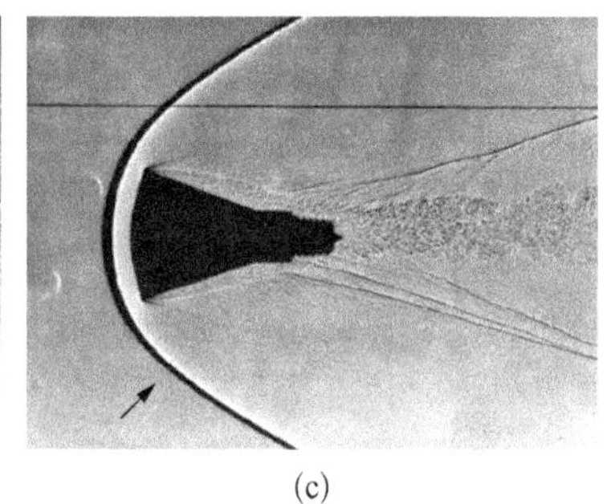
(c)

图 8.8　超声速气流中产生的激波现象

超声速气流穿过激波时，受到强烈的压缩扰动，急剧地减速增压，其密度、压力和温度都突跃式增大，而速度则突然减小，在某些条件下还可减速为亚声速气流。由于激波内部存在着黏性、导热性和质量扩散等效应，且气流是在一个极短的距离内发生参数剧烈变化，所以是一个不可逆过程，伴随着可用能的损失和熵的增大，导致气流的总压减小。但是由于是一个绝能的过程，所以总焓和总温仍保持不变。

8.3.2 激波的形成原理

激波实质上也是较强的扰动在流场中的传播，是流场中未受强扰动与受强扰动区域的分界面。由于是较强的扰动，所以可知激波的传播速度一定会高于弱扰动的传播速度（即声速），所以是以超声速进行传播的。因此，只有在定常的超声速流场中才能够产生定常激波，否则激波的位置就不可能是稳定的，成为运动的激波。本教材只研究讨论定常激波的情况,即在超声速流场中所产生的激波。

当超声速气流受到较强的压缩扰动时,例如超声速气流流过机翼、叶栅、进气道阻滞面等内折形壁面而受到方向转折,从喷管流出时由低压区流向高压区,或在管道内从低压区流向高压区,这些变化都是较强的压缩扰动,使气流压力增加、速度降低。这些有限幅值的压缩扰动在超声速气流中传播并形成一定的影响范围,从而形成激波,即未受扰动与受扰动区域的分界面。与8.2.1节对膨胀波现象的研究相类似,为了便于理解,也把常见的压缩扰动分为方向压缩扰动和压力压缩扰动两种典型形式,其对应的扰动源分别为流道壁面内折和低压区到高压区的压力差。下面分别讨论这两种典型情况下的激波形成及特点。

1. *超声速气流绕内折壁面流动的情形*

如图8.9所示,定常均匀的超声速气流 Ma_1 先沿着平直壁面流动,而壁面在 O 点处向内发生内折(其转折角为 δ),从而出现超声速气流绕内折壁面流动的情形。这时,超声速气流也将在 O 点发生流动方向的转折(其转折角也为 δ),受到减速增压的压缩扰动,O 点即成为扰动源,由扰动源处形成一道激波,并用实线来表示该激波。与前面所述的外折壁面扰动所产生的膨胀波组不一样,激波只有一道,而且气流经过激波后其方向发生突然的转折 δ,而后与壁面平行。激波与来流方向的夹角以 β 表示,称为激波角。

同样,要分析这种绕内折壁面的流动,也可以采用分析膨胀波的类似方法,将转折角 δ 等同于无数个微小转折角 $\mathrm{d}\delta$(转折角同样小到可满足产生弱扰动的条件)之和,把绕流看成是经历无数个绕微小内折壁面的流动。因此,下面首先分析超声速气流绕微小内折壁面的流动情形,再进一步分析绕转折角 δ 的流动。

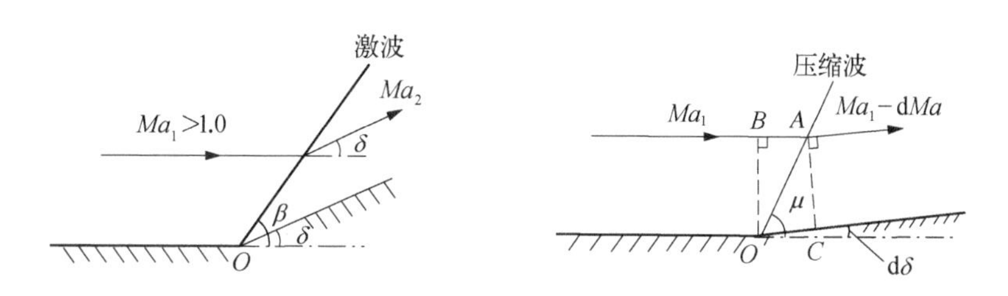

图8.9　绕内折壁面流动产生的激波　　图8.10　绕微小折转角的内折壁面的流动

图8.10所示为一微小转折角为 $\mathrm{d}\delta$ 的内折壁面流动。由于转折角非常小,故属于微弱扰动。折转点 O 是扰动源,当气流流过折转点 O 时,将由点 O 处产生一道马赫波 OA,马赫角为 μ。气流通过马赫波后受到扰动,流动方向将转折 $\mathrm{d}\delta$ 后而与下游壁面平行。由图中流线的几何关系可以看出,马赫波后的流通面积(AC)要小于波前的流通面积(BO)。而超声速气流流通面积减小时,将减速增压,气流的压力、温度和密度都将增大。因此,扰动源 O 形成的是弱压缩扰动,马赫波应该是压缩波。超声速气流经过该压缩波后,气流减速,而压力、温度和密度增大。

以此为基础,对于超声速气流绕转折角 δ 流动的情形,如图8.11所示,以分解为三个小转折角(即 $\delta=\mathrm{d}\delta_1+\mathrm{d}\delta_2+\mathrm{d}\delta_3$)为例进行分析。可知,壁面依次在 O_1、O_2、O_3 处完成转折,则在 O_1、O_2、O_3 处形成三道压缩波,超声速气流每经过一道压缩波,都会受到一次压

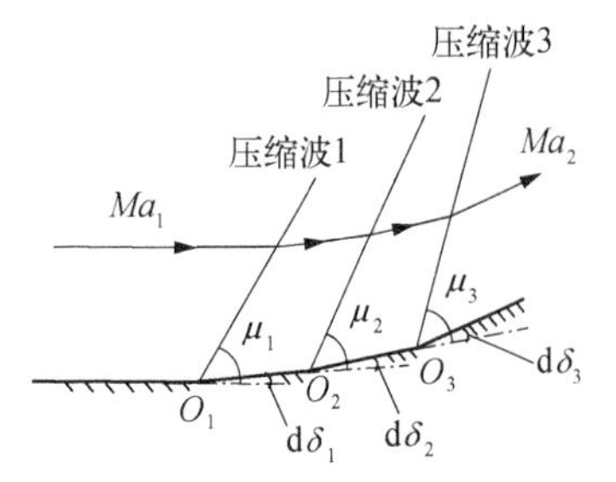

图 8.11　绕内折壁面流动分解示意图

缩扰动,减速增压,气流的波后马赫数都要有所减小,从而使得下游压缩波的马赫角逐次增大,即 $\mu_1 < \mu_2 < \mu_3$。现考虑重新将三个小的转折角叠加成为总的转折角 δ,同样需将 O_1、O_2、O_3 无限靠近成为 O 点。那么,当聚集为一点时,这三道压缩波并不能像各膨胀波聚集时一样而形成扇形的分布。这是因为:若能形成扇形的分布,因为下游的压缩波角度是依次增大,就会出现下游的压缩波越过上游的压缩波而稳定存在的情形,即压缩波 3 将成为扇形分布中最前面的压缩波,而压缩波 2 次之,压缩波 1 则在最后。但是,当压缩波 3 变成为最前面时,由马赫角的定义可知,其与来流的夹角将减小为 μ_1,从而又变成为原来的第一道压缩波。同时,当压缩波 1 成为扇形分布的最后一道波时,其波前马赫数又将是减小的,那么它的波角就应该增大为 μ_3。很显然,这种分布是不可能稳定存在的。因此,只有所有的压缩波汇聚叠加成为一道更强的压缩波才是合理的结果,这道更强的压缩波就是激波。

可见,激波的产生和传播有两个特点:一是激波是由无数多道压缩波汇聚叠加而成的,所以在空间上这样的扰动过程势必是一个突变的或间断的不连续过程,导致超声速气流经过激波时其参数也发生突变;二是激波的传播速度一定会比弱扰动的传播速度大,所以激波对于波前气流来说是以超声速进行传播的,因此激波与来流的夹角 β 也会大于波前马赫数所对应的马赫角 μ_1,即 $\beta > \mu_1$。就此分析可推知,随着扰动程度的加大(例如转折角变大),激波的传播速度也增大,激波的角度也将增大,最大可增大为 90°,即激波的传播速度与来流速度相等。

当超声速气流流过尖劈等尖锐物体时,如图 8.8(b)和图 8.12 所示,在上下壁面都受到有限幅值的内折偏转扰动(转折角为 δ_1 和 δ_2),因此在上下各形成一道激波(激波角分别为 β_1 和 β_2),气流经过激波后方向发生转折,且减速增压。

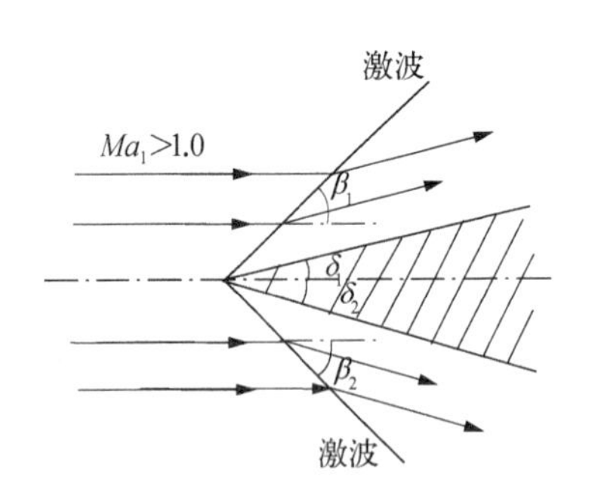

图 8.12　超声速气流流过尖劈产生的激波

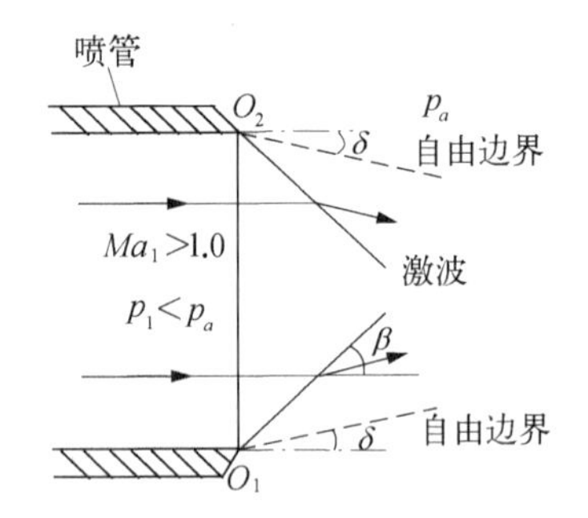

图 8.13　喷管外产生激波示意图

2. 超声速气流从低压区流向高压区的情形

以超声速喷管出口超声速气流流入高压力值外界环境的情形为例,如图 8.13 所示,马赫数为 Ma_1、压力为 p_1 的超声速气流由喷管流到压力为 p_a 的外界气体之中,因为 $p_1 < p_a$,所以超声速气流流出喷管时受到了压缩扰动,气流要减速增压。因此,喷管出口的边

界点 O_1 和 O_2 就成为扰动源，由于是压缩扰动而形成激波（注：因为 O_1 和 O_2 处所产生的激波在中心区域会存在相交现象，故图中未画完整，有关相交的问题将在 8.5 节中讨论）。超声速气流经过激波后减速增压，气流的压力增加为 $p_2 = p_a$，流动方向向内转折的转折角为 δ，并与外界气体之间形成收缩的自由边界。

同样，超声速气流的压力压缩扰动也是有一定幅值的压力差（$\Delta p = p_a - p_1$），所以会产生如图 8.13 所示的激波。对其产生过程的分析仍可采用分解为无数个微小压力扰动的方法，认为气流的压缩扰动是经历了无数个微小的压力差 dp 而形成的。因此，所产生的激波也是由无数多道压缩波聚集叠加而成，是一个突变的或间断的不连续过程，导致超声速气流经过激波时其参数的变化也是突变。

显然，激波的传播速度和激波角度 β 也取决于激波前后压力差的大小，当压力差增大时，激波的传播速度增大，激波角变大。反之则减小。

8.3.3　激波的描述

1. 激波的参数

（1）激波前与激波后的气流参数。通常分别用下标“1”和“2”来表示激波前与激波后的气流参数，主要包括压力、温度、密度、马赫数、速度、总压、总温等常用参数。例如 Ma_1、Ma_2 分别表示激波前气流马赫数和激波后的气流马赫数。

（2）激波强度。通常用激波后气流的压力 p_2 与激波前气流的压力 p_1 的比值（p_2/p_1）来表示激波强度。该比值越大，说明气流通过激波时压力的突增量越大，激波就越强，激波的传播速度也越快。反之，则激波就越弱。

（3）激波角。如前所述，把激波波面与激波前气流方向的夹角叫作激波角，用符号 β 来表示。注意，激波角通常是取锐角。如图 8.9、图 8.12 和图 8.13 中的激波角。

（4）总压恢复系数。激波后气流的总压 p_2^* 与激波前气流的压力 p_1^* 的比值（p_2^*/p_1^*）叫作激波的总压恢复系数，用 σ_s 表示，即 $\sigma_s = \dfrac{p_2^*}{p_1^*}$。总压恢复系数越大，说明激波的损失越小。

（5）气流转折角。把激波后气流的流动方向与激波前气流方向之间的夹角称为激波的气流转折角，用符号 δ 来表示。注意，转折角也是取锐角。如图 8.9、图 8.12 和图 8.13 中的气流转折角。

2. 激波的形状与类型

在超声速流场中，常见的激波形状与类型主要有：

（1）正激波。把激波波面与波前的气流方向相垂直的激波，称为正激波。显然，正激波的激波角为 $\beta = 90°$。

（2）斜激波。凡是波前气流方向不与激波波面相垂直的激波，都称为斜激波。例如图 8.8(b)、图 8.12 和图 8.13 中的激波都是斜激波。

（3）曲线激波。激波波面为一曲面的，称为曲线激波（或弓形脱体波）。例如图 8.8(a)(c)中的激波就是曲线激波。

（4）脱体激波。脱体激波是一种曲线激波，例如图 8.8(a)(c)中的激波就是脱体激波。可见,其特点是该曲线激波与阻滞气流的物体之间有一定的距离,脱离阻滞物体而存在,这也是脱体的含义。一般地,当超声速气流遇到钝头物体(如厚前缘的机翼、圆形前缘物体等)或顶角很大的楔形体(如图 8.14 所示)时,由于物体的阻滞作用很强,导致激波的强度很大,激波的传播速度增大,因而激波就会向上游运动,离开阻滞物体从而产生脱体激波。由图 8.14 可见,脱体激波是曲线激波,其中间的一部分近似与波前气流方向垂直,可以认为是正激波,而其他的部分则是斜激波。

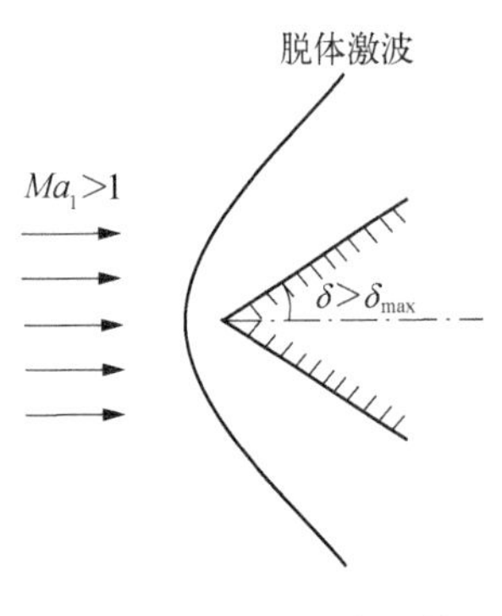

图 8.14　楔形体产生的脱体激波

(5) 附体斜激波。与产生脱体激波时的情形不同,当超声速气流遇到尖锐的阻滞物体(例如尖锐前缘的机翼、顶角很小的楔形体等)时,产生的激波强度较弱,传播速度较小,激波的位置就不可能离开扰动源,如同附着于阻滞物体一般,形象地称之为附体激波。附体激波均是斜激波。例如图 8.8(b)中的激波就是附体斜激波,图 8.12 和图 8.13 中的激波也是附体斜激波。

8.3.4　正激波前后气流参数的关系式

为定量描述超声速气流通过正激波时的参数变化规律,需要建立正激波前后气流参数的关系式。对于正激波,取包含正激波的微元体 1-1-2-2-1 为控制体,如图 8.15 所示,其中边界 1-1 和 2-2 都平行于并且非常靠近激波面,边界 1-2 垂直于激波面,因此,控制体进出口的面积相等(即 $A_1=A_2$)。分析时假定不考虑气体的黏性与导热性(但激波层内除外),并且气体的运动过程是绝热的,也不存在剪切力。但是由于激波层内部存在耗散效应,所以激波过程是一个绝热的熵增过程[7,9]。

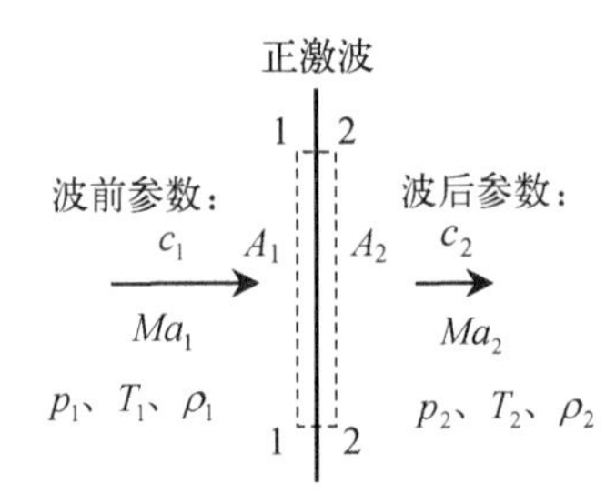

图 8.15　正激波的控制体

1. 普朗特方程

由上面给出的物理模型,将气体运动的基本方程应用于该控制体,可得:

(1) 连续方程:$\rho_1 c_1 A_1=\rho_2 c_2 A_2$

由于 $A_1=A_2$,所以有 $\rho_1 c_1=\rho_2 c_2$

(2) 动量方程(流动方向):$\sum F_{side}=J_2-J_1$

因为不存在剪切力且边界 1-2 垂直于激波面,故 $\sum F_{side}=0$,所以有　$J_1=J_2$

(3) 能量方程:$i_1^*=i_2^*$

因为是绝能流动,且 c_p 为常数,所以有　$T_1^*=T_2^*$

(4) 状态方程:$p=\rho RT$

将式(7.44)代入动量方程 $J_1=J_2$,可有

$$\frac{\gamma+1}{2\gamma}W_1 z(\lambda_1)\sqrt{\frac{2\gamma}{\gamma+1}RT_1^*}=\frac{\gamma+1}{2\gamma}W_2 z(\lambda_2)\sqrt{\frac{2\gamma}{\gamma+1}RT_2^*}$$

再代入 $W_1 = W_2$，$T_1^* = T_2^*$。

可得 $z(\lambda_1) = z(\lambda_2)$，即 $\lambda_1 + \frac{1}{\lambda_1} = \lambda_2 + \frac{1}{\lambda_2}$

它有两个解，即 $\lambda_1 = \lambda_2$ 和 $\lambda_1 = 1/\lambda_2$。其中第一个解 $\lambda_1 = \lambda_2$ 对应于不存在激波的情况，所以对于正激波应取第二个解。因此，即可得出正激波的普朗特方程：

$$\lambda_1 = \frac{1}{\lambda_2},\ 或\ \lambda_1 \cdot \lambda_2 = 1,\ 或\ c_1 \cdot c_2 = a_{cr}^2 \tag{8.8}$$

普朗特方程表明，超声速气流（$\lambda_1 > 1.0$）经过正激波后，必然减速为亚声速流动（$\lambda_2 < 1.0$）。并且，正激波前超声速气流的速度越大，正激波后的气流速度就越小，说明正激波的减速增压作用越强，正激波的强度也将越大。

2. 正激波前后其他气流参数的关系式

由上述的基本方程可得到其他气流参数的关系式

（1）马赫数

$$Ma_2^2 = \frac{Ma_1^2 + \frac{2}{\gamma - 1}}{\frac{2\gamma}{\gamma - 1}Ma_1^2 - 1} \tag{8.9}$$

（2）压力比

$$\frac{p_2}{p_1} = \frac{2\gamma}{\gamma + 1}Ma_1^2 - \frac{\gamma - 1}{\gamma + 1} \tag{8.10}$$

（3）温度比

$$\frac{T_2}{T_1} = \left(\frac{\gamma - 1}{\gamma + 1}\right)^2 \left(\frac{2\gamma}{\gamma - 1}Ma_1^2 - 1\right)\left(\frac{2}{\gamma - 1} \cdot \frac{1}{Ma_1^2} + 1\right) \tag{8.11}$$

（4）密度比

由连续方程可得

$$\frac{\rho_2}{\rho_1} = \frac{c_1}{c_2} = \frac{\lambda_1}{\lambda_2} = \lambda_1^2 \tag{8.12}$$

或

$$\frac{\rho_2}{\rho_1} = \frac{(\gamma + 1)Ma_1^2}{(\gamma - 1)Ma_1^2 + 2} \tag{8.13}$$

（5）总压比

$$\sigma_s = \frac{p_2^*}{p_1^*} = \frac{\left[\frac{(\gamma + 1)Ma_1^2}{2 + (\gamma - 1)Ma_1^2}\right]^{\frac{\gamma}{\gamma - 1}}}{\left(\frac{2\gamma}{\gamma + 1}Ma_1^2 - \frac{\gamma - 1}{\gamma + 1}\right)^{\frac{1}{\gamma - 1}}} \tag{8.14}$$

可见，超声速气流穿过正激波后，其总压必下降，即 $\sigma_s < 1$。

(6) 熵增量

由绝能流动熵变化量的计算式(7.16)，$\ln\dfrac{p_2^*}{p_1^*} = -\dfrac{s_2 - s_1}{R} = -\dfrac{\Delta s}{R}$，可得

$$\Delta s = -R\ln\frac{p_2^*}{p_1^*} = -R\ln\sigma_s \tag{8.15}$$

可见，超声速气流穿过正激波后，$\sigma_s < 1$，其熵值必增加，即 $\Delta s > 0$。

【例 8.3】 有一股超声速空气气流，马赫数为 2.5，压力为 1 bar，温度为 288 K。求气流通过正激波后的压力、密度、温度和马赫数。如果气流的马赫数变为 1.5，波后的气流参数又各为多少？

解：(1) 已知 $Ma_1 = 2.5$，$p_1 = 1.0$ bar，$T_1 = 288$ K，可求得 $\rho_1 = 1.21$ kg/m³

代入正激波前后气流参数关系式，可得

$$p_2 = p_1\left(\frac{2\gamma}{\gamma+1}Ma_1^2 - \frac{\gamma-1}{\gamma+1}\right) = 1\times\left(\frac{2\times1.4}{1.4+1}\times2.5^2 - \frac{1.4-1}{1.4+1}\right) = 7.13\ \text{bar}$$

$$\rho_2 = \rho_1\cdot\frac{(\gamma+1)Ma_1^2}{(\gamma-1)Ma_1^2+2} = 1.21\times\frac{(1.4+1)\times2.5^2}{(1.4-1)\times2.5^2+2} = 4.03\ \text{kg/m}^3$$

$$\begin{aligned}T_2 &= T_1\left(\frac{\gamma-1}{\gamma+1}\right)^2\left(\frac{2\gamma}{\gamma-1}Ma_1^2 - 1\right)\left(\frac{2}{\gamma-1}\cdot\frac{1}{Ma_1^2}+1\right)\\ &= 288\times\left(\frac{1.4-1}{1.4+1}\right)^2\times\left(\frac{2\times1.4}{1.4-1}\times2.5^2-1\right)\left(\frac{2}{1.4-1}\times\frac{1}{2.5^2}+1\right) = 615\ \text{K}\end{aligned}$$

$$Ma_2 = \sqrt{\frac{Ma_1^2 + \dfrac{2}{\gamma-1}}{\dfrac{2\gamma}{\gamma-1}Ma_1^2 - 1}} = \sqrt{\frac{2.5^2 + \dfrac{2}{1.4-1}}{\dfrac{2\times1.4}{1.4-1}\times2.5^2 - 1}} = 0.513$$

$$\sigma_s = \frac{p_2^*}{p_1^*} = \frac{p_2\left(1+\dfrac{\gamma-1}{2}Ma_2^2\right)^{\frac{\gamma}{\gamma-1}}}{p_1\left(1+\dfrac{\gamma-1}{2}Ma_1^2\right)^{\frac{\gamma}{\gamma-1}}} = 0.499$$

(2) 当 $Ma_1 = 1.5$ 时，用同样的方法可以求得：

$p_2 = 2.46$ bar；$\rho_2 = 2.25$ kg/m³；$T_2 = 380$ K；$Ma_2 = 0.701$；$\sigma_s = 0.93$。

由此例可见，超声速气流通过正激波后，它的压力、密度和温度都有相当大的增加，波后为亚声速气流，总压降低；而且波前气流的马赫数越大，气流参数的突变量越大。此外，当高马赫数的超声速气流经过正激波后其总压损失和温度增加也非常显著，这对于高速飞行器不仅造成推进系统效能大大下降，而且也会给前缘等部位带来一定程度的热负荷问题，因此要尽可能避免产生正激波。

例题中不同马赫数气流经过正激波时的热力过程及参数变化特点也可以利用 $T-s$ 图来说明。如图 8.16 所示，为方便比较，分别用 A 和 B 来表示 $Ma_1=2.5$ 和 $Ma_1=1.5$ 的流动情形，用"＊"表示所对应的滞止状态，图中还用点划线标出了各状态的等压线，用长虚线表示出了正激波的热力过程 1－2A 和 1－2B。由图示可见，当气流经过激波后，总压降低，熵增大，即有 $p_{1A}^* > p_{2A}^*$、$s_{2A} > s_1$ 和 $p_{1B}^* > p_{2B}^*$、$s_{2B} > s_1$。但是，对于不同的来流马赫数，正激波过程的熵增量是不同的，显然有 $s_{2A} > s_{2B}$，即 $\Delta s_A > \Delta s_B$，说明高来流马赫数时正激波的总压损失要更大一些。

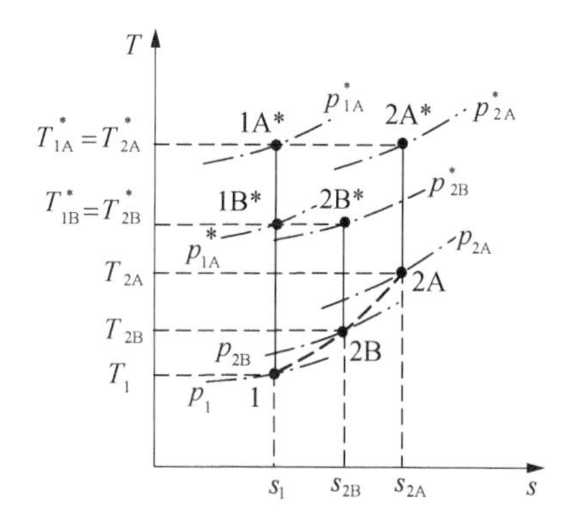

图 8.16　气流经过正激波热力过程示意图

8.3.5　斜激波前后气流参数的关系式

1. 斜激波前后气流参数关系式的推导

在 8.3.2 已经分析讨论了定常超声速流场中斜激波的产生原理及参数变化情形，基本规律是超声速气流经过斜激波后将减速增压，气流的压力、温度、密度增加，速度和马赫数减小，流动方向发生偏转，总压下降，总焓不变。在实际应用中，由于阻滞物体的形状、压力扰动的分布等比较复杂，所以实际流场中所形成的斜激波也是比较复杂的。在这里主要研究平面斜激波这种最为简单的情况，所谓的平面斜激波指的是激波面为一平面的斜激波，且波前和波后的气流都是均匀流动。

为简洁，将平面斜激波前后气流参数关系式的详细推导过程列于本教材的附录 A.2，这里只给出相关的结果，并且在后续统一将平面斜激波简称为斜激波。

2. 斜激波前后气流参数的关系式

（1）气流转折角 δ

$$\tan\delta=\cot\beta\frac{Ma_1^2\sin^2\beta-1}{1+Ma_1^2\left(\dfrac{\gamma+1}{2}-\sin^2\beta\right)} \tag{8.16}$$

该式表明，气流转折角 δ 与波前气流马赫数 Ma_1 和激波角 β 有关。利用此式可由 Ma_1、β 确定 δ，也可由 Ma_1、δ 确定 β。当 $\beta=90°$ 时，可得 $\delta=0°$，即正激波后的气流不发生转折。

（2）波后马赫数 Ma_2

$$Ma_2^2=\frac{Ma_1^2+\dfrac{2}{\gamma-1}}{\dfrac{2\gamma}{\gamma-1}Ma_1^2\sin^2\beta-1}+\frac{Ma_1^2\cos^2\beta}{\dfrac{\gamma-1}{2}Ma_1^2\sin^2\beta+1} \tag{8.17}$$

（3）压力比 $\dfrac{p_2}{p_1}$

$$\frac{p_2}{p_1}=\frac{2\gamma}{\gamma+1}Ma_1^2\sin^2\beta-\frac{\gamma-1}{\gamma+1} \tag{8.18}$$

激波前后气流的压力比也用来表征激波的强度。可见,当 $\beta=90°$ 时,压力比即为正激波的压力比,只与波前马赫数有关。

(4) 温度比 $\frac{T_2}{T_1}$

$$\frac{T_2}{T_1}=\left(\frac{\gamma-1}{\gamma+1}\right)^2\left(\frac{2\gamma}{\gamma-1}Ma_1^2\sin^2\beta-1\right)\left(\frac{2}{\gamma-1}\cdot\frac{1}{Ma_1^2\sin^2\beta}+1\right) \tag{8.19}$$

(5) 密度比 $\frac{\rho_2}{\rho_1}$

$$\frac{\rho_2}{\rho_1}=\frac{(\gamma+1)Ma_1^2\sin^2\beta}{(\gamma-1)Ma_1^2\sin^2\beta+2} \tag{8.20}$$

(6) 总压恢复系数 σ_s 或总压比 $\frac{p_2^*}{p_1^*}$

$$\sigma_s=\frac{p_2^*}{p_1^*}=\frac{\left[\frac{(\gamma+1)Ma_1^2\sin^2\beta}{2+(\gamma-1)Ma_1^2\sin^2\beta}\right]^{\frac{\gamma}{\gamma-1}}}{\left(\frac{2\gamma}{\gamma+1}Ma_1^2\sin^2\beta-\frac{\gamma-1}{\gamma+1}\right)^{\frac{1}{\gamma-1}}} \tag{8.21}$$

可见,超声速气流穿过斜激波后,其总压也必下降,即 $\sigma_s<1.0$。

(7) 熵增量

$$\Delta s=-R\ln\frac{p_2^*}{p_1^*}=-R\ln\sigma_s \tag{8.22}$$

可见,超声速气流穿过斜激波后,$\sigma_s<1.0$,其熵值必增加,即 $\Delta s>0$。

由上述的各参数关系式可知,经过斜激波时气流参数的变化主要取决于波前马赫数、激波角(实际也反映了转折角)和气体的比热比。对于确定的气体,就取决于波前马赫数和激波角(或转折角)的大小。当激波角 $\beta=90°$ 时,就成为式(8.9)~(8.14)所表示的正激波参数关系式了。

8.3.6 激波图线及其应用

上面给出了斜激波前后气流参数的关系式,利用这些公式,就可以准确地确定激波的位置与形状,并计算出超声速气流经过激波后气流参数的变化情形。但是,这些关系式一方面本身就比较复杂,另一方面很难从这些公式中整体分析把握激波的特性,例如当波前马赫数变化时,激波角度及波后参数有何变化规律?或者是当物体的阻滞角度变化时,又会引起激波角度及波后参数有何变化?等等。

为了解决这些问题，就可以根据这些参数关系式绘制出相应的函数图线以方便使用，并把这些函数图线称之为（平面）激波图线。常用的激波图线形式，一般是把参数表示为与波前马赫数 Ma_1 和气流转折角 δ 之间的关系。最常用的激波图线如图 8.17 所示，主要包括：① 激波角 β 与 Ma_1、δ 的关系曲线，如图 8.17(a) 所示；② 压力比 p_2/p_1 与 Ma_1、δ 的关系曲线，如图 8.17(b) 所示；③ 波后气流马赫数 Ma_2 与 Ma_1、δ 的关系曲线，如图 8.17(c) 所示；④ 总压恢复系数 σ_s 与 Ma_1、δ 的关系曲线，如图 8.17(d) 所示。

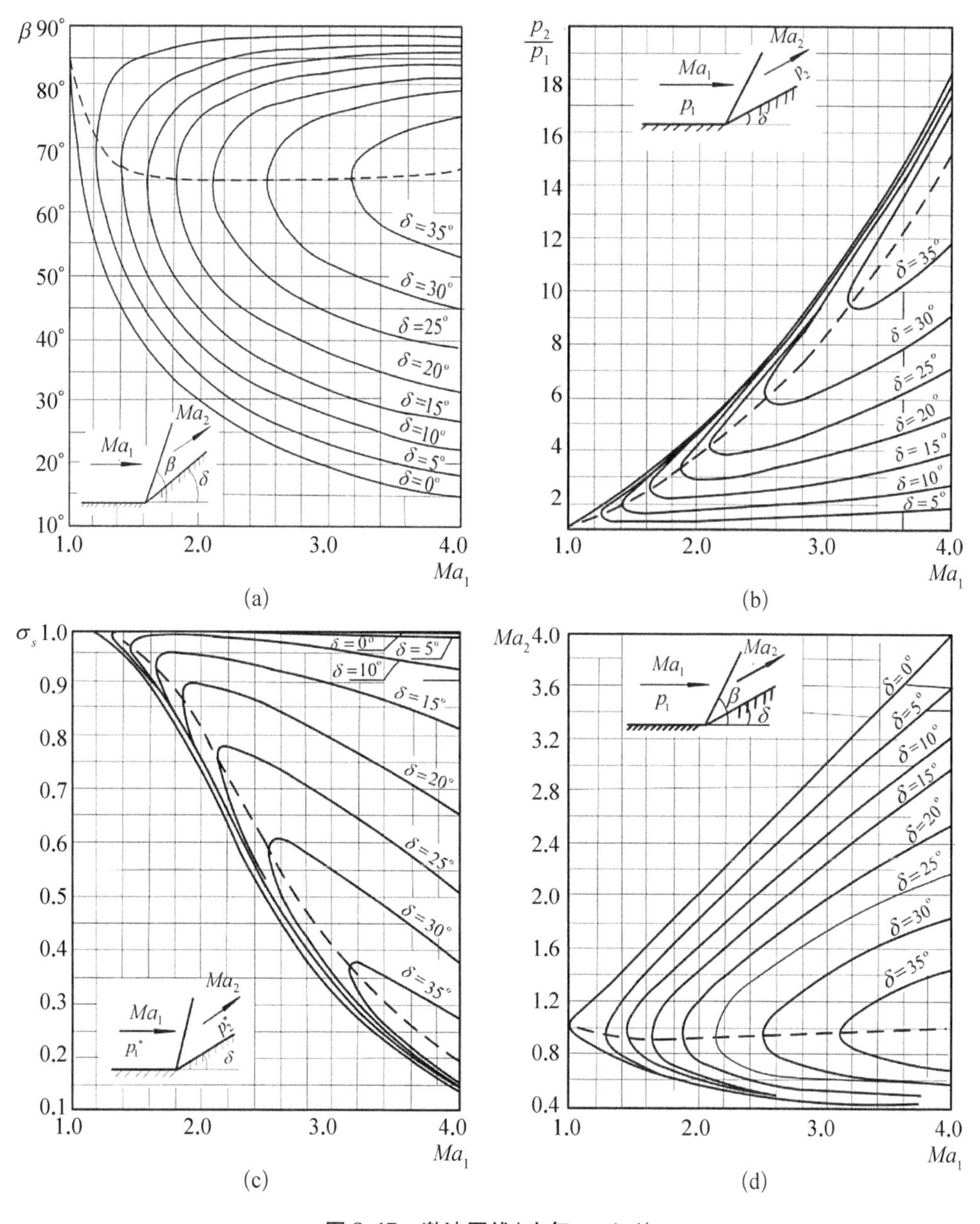

图 8.17　激波图线（空气 $\gamma=1.4$）

1. 激波图线的基本规律

分析激波图线中各条曲线的变化情形,可以得出如下基本规律:

1）斜激波分为强斜激波与弱斜激波两种情形

由激波图线可知,对于每一个给定的波前马赫数 Ma_1 和气流转折角 δ, 当有解时,总是有两个不同的激波参数值与之对应,即存在着解的双值性。其中的一个解叫作弱激波解,对应于斜激波是弱激波的情况;另一个解叫作强激波解,对应于斜激波是强激波的情况。这样,就把斜激波分为了弱斜激波与强斜激波两种情形。从宏观上来看,每个激波图线都可以以图中所示的虚线为分界线,基本上分成上下两个部分,分别对应于弱激波和强激波。具体情况是:在图 8.17(a)中,上面部分的激波角较大,对应于强激波,而下面部分的激波角较小,对应于弱激波;在图 8.17(b)中,上面部分的压力比大,对应于强激波,而下面部分的压力比小,对应于弱激波;在图 8.17(c)中,上面部分的总压恢复系数较大,对应于弱激波,而下面部分的总压恢复系数较小,对应于强激波;在图 8.17(d)中,上面部分的波后马赫数较大(仍为超声速),对应于弱激波,而下面部分的波后马赫数较小(基本上为亚声速),对应于强激波。

对于弱激波而言,其压力比比较小,说明该类激波的强度比较弱,因此激波的传播速度也比较小,激波角度就比较小;而且激波导致的总压损失较小,所以激波的总压恢复系数较高;同时由于激波强度较弱,所以激波对超声速气流的减速增压作用也就比较弱,因此激波后的气流仍然是超声速气流。而对于强激波来说则相反,其压力比较大,因而激波的传播速度就大,使得激波的角度也大,激波的总压恢复系数较小;同样因为激波的强度大,对气流的减速作用强,所以波后气流基本上都减速为亚声速气流。

2）超声速流流过楔形物体所形成的附体斜激波是弱激波

对于一定的 Ma_1 和 δ 来说,是取弱激波解还是强激波解需要根据形成斜激波的具体条件而定。已有的实验观察分析表明,当超声速气流流过尖锐的楔形物体(即发生方向扰动)时,如果产生的是如图 8.9 和图 8.12 所示的附体斜激波时,则这种附体斜激波是属于弱激波。这也可以这样来理解:若保持来流马赫数一定而减小转折角 δ, 随着 δ 的减小,楔形物体对气流的扰动强度也将减小,附体斜激波的强度减弱。特别地,当 $\delta \to 0$ 时,斜激波将变为马赫波(弱压缩波),显然,这只有在弱激波解的区域才能实现。而对于强激波解,当 $\delta \to 0$ 时,将只得到正激波解,但这是显然违反物理原理的,不可能成立。所以,超声速流流过楔形物体只可能形成弱激波。

而当超声速气流由低压区流向高压区而形成斜激波时(例如图 8.13 所示的情形),具体是形成弱激波还是强激波则要由激波前后的压力比来决定。这时是已知激波前后的压力比,就可以根据该压力比和 Ma_1 在激波图线上确定激波的解,从而确定所产生的斜激波是属于弱激波还是属于强激波。

还有,在已知激波后气流速度大小的情况下,也可以根据波后气流是超声速气流还是亚声速气流来确定斜激波的强弱属性。一般地,波后气流仍为超声速时是弱斜激波,而波后气流为亚声速时则为强激波。最为典型的是正激波,它一定是强激波,而且是同一 Ma_1 下最强的激波,激波角最大 $\beta = 90°$, 压力比最大,总压恢复系数最小(总压损失最大)。

3）存在最大气流转折角 δ_{max} 和最小波前气流马赫数 Ma_1

观察激波图线可以发现，对于某一给定的来流马赫数 Ma_1，存在着一个转折角 δ 的极限值 δ_{max}，当 $\delta > \delta_{max}$ 时就没有相应的斜激波解存在。这说明，当马赫数为 Ma_1 的超声速气流遇到方向扰动而发生转折时，通过附体斜激波而发生的转折角只能为 $\delta \leqslant \delta_{max}$。例如，超声速气流流过楔形物体时，如图 8.12 所示，如果尖楔的半顶角小于对应的 δ_{max}，则将在尖楔顶点处产生附体的斜激波，气流流过该斜激波后的转折角就等于尖楔的半顶角；但当尖楔的半顶角大于该 δ_{max} 时，则会由于扰动过大而使得激波的强度增大，激波的传播速度增大，从而在尖楔物体前面产生如图 8.18 所示的脱体激波，也就意味着在激波图线上找不到对应的弱激波解了。进一步分析可知，对于空气，当来流马赫数趋于无穷大（$Ma_1 \to \infty$）时，所对应的 $\delta_{max} \to 45.6°$。

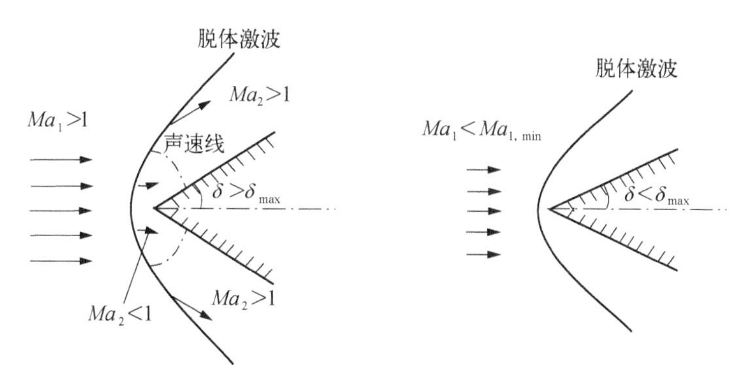

图 8.18　脱体激波形成条件示意图

对于某一给定的转折角 δ，则存在着一个最小的波前马赫数 $Ma_{1,min}$，当 $Ma_1 < Ma_{1,min}$ 时也没有相应的斜激波解存在。与上面的分析相类似，这说明对于相同幅值的方向转折扰动，激波的传播速度是一定的，而当波前气流速度减小时，激波的位置就会往上游移动，激波角增大；但是当波前马赫数小于 $Ma_{1,min}$ 时，激波再往前运动而形成脱体激波，如图 8.18 所示，这样也意味着在激波图线上找不到对应的弱激波解了。

综上所述，可得出附体激波变为脱体激波的条件为：对于一定的波前气流马赫数 Ma_1，存在着一个最大的气流转折角 δ_{max}，当 $\delta > \delta_{max}$ 时，形成脱体激波；对于一定的气流转折角 δ，则存在着一个最小的波前气流马赫数 $Ma_{1,min}$，当 $Ma_1 < Ma_{1,min}$ 时，激波也将脱体。如图 8.18 所示，脱体激波是曲面（曲线）激波，其中心部分可近似看成为正激波，是强激波，波后是亚声速气流，逐渐转变流动方向。从中心沿脱体激波向外，曲线斜激波逐渐变成为直线斜激波，强度也逐渐减弱成为弱激波，波后为超声速气流。最大转折角 δ_{max} 和最小波前马赫数 $Ma_{1,min}$ 之间的对应关系如图 8.19 所示，例如，当波前马赫数为

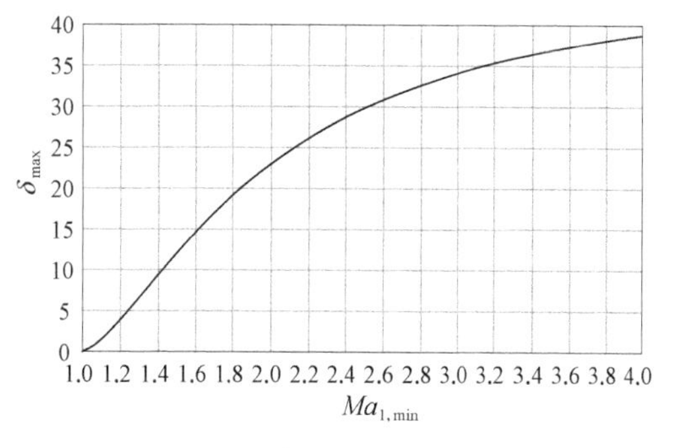

图 8.19　δ_{max} 与 $Ma_{1,min}$ 的对应关系（空气 γ=1.4）

2.2 时，$\delta > 26.1°$ 就会产生脱体激波，而当 $\delta = 15°$ 时，$Ma_{1,\min} < 1.614$ 也会产生脱体激波。

4）$\delta = 0°$ 曲线对应着正激波和马赫波两种极限情况

在图 8.17 所示的激波图线中，对于一定波前马赫数 Ma_1 的气流，$\delta = 0°$ 曲线实际上是对应着正激波和马赫波这两种极限情况。其中，正激波是强激波中的极限，即强度最大的激波，而马赫波则是弱激波中的极限，是强度为无穷小的弱压缩波。在图 8.17(a)中，$\delta = 0°$ 时，正激波的激波角为 $\beta = 90°$，而马赫波的角度则就等于马赫角 $\mu = \sin^{-1}\dfrac{1}{Ma_1}$。在图 8.17(b)中，正激波位于所有曲线的最上方，压力比最大，强度也最强；而马赫波的压力比为 1.0，属于无穷小的弱扰动。在图 8.17(c)中可见，正因为正激波的强度最大，所以其总压恢复系数最小，位于所有激波曲线的最下方，也意味着其总压损失最大；而马赫波由于是无穷小扰动，所以是等熵过程，总压恢复系数为 1.0。在图 8.17(d)中，马赫波的扰动为无穷小，所以其波后气流马赫数基本上就等于波前马赫数；而正激波曲线位于最下方，表明其波后气流马赫数最小，而且，当来流马赫数趋于无穷大（$Ma_1 \to \infty$）时，所对应的 $Ma_2 \to 0.378$（对于空气）。

2. 激波图线应用举例

【例 8.4】 如图 8.20 所示，已知超声速空气流的马赫数为 2.2，压力为 0.98 bar，当其流过转折角为 25°的内折壁面时，求：(1) 激波角度、波后气流的压力和马赫数是多大？(2) 激波的总压恢复系数是多大？

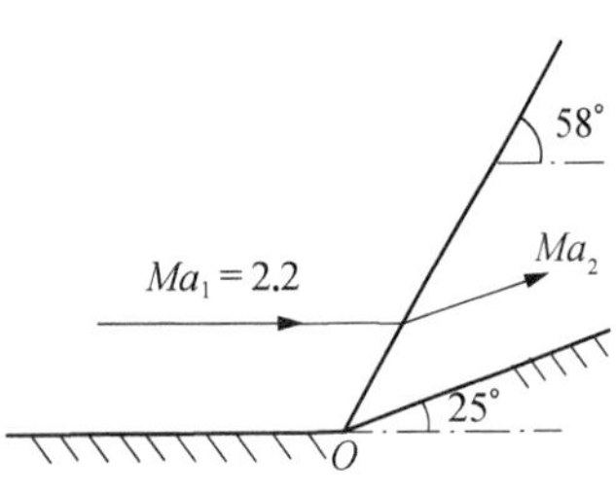

图 8.20　斜激波计算用图

解：(1) 已知 $Ma_1 = 2.2$，$p_1 = 0.98$ bar，$\delta = 25°$。

查激波图线可知，当 $Ma_1 = 2.2$ 时，在弱激波区域有解，所以激波为附体斜激波，是弱激波。

可得，激波角为 $\beta = 58°$，压力比为 $\dfrac{p_2}{p_1} = 3.9$，波后气流压力为

$$p_2 = \frac{p_2}{p_1} \cdot p_1 = 3.9 \times 0.98 = 3.82 \text{ bar}$$

波后气流马赫数为 $Ma_2 = 1.1$，可见波后仍为超声速气流。

查得激波的总压恢复系数为 $\sigma_s = p_2^*/p_1^* = 0.78$，可见，超声速气流经过该斜激波后总压损失为 22%。

【例 8.5】 气流参数与上一例题相同。但如图 8.21 所示，气流流过分两次转折的壁面，先是转折 10°，而后再转折 15°，总的转折角度仍是 25°。求经两次转折时：(1) 激波角度、波后气流的压力和马赫数是多大？(2) 激波的总压恢复系数是多大？

解：因为气流是经两次转折，所以需分两次进行计算。

(1) 第一次转折时，$Ma_1 = 2.2$，$p_1 = 0.98$ bar，$\delta_1 = 10°$。

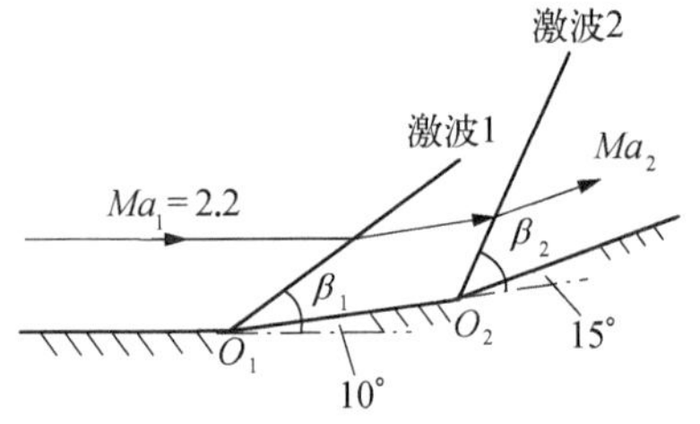

图 8.21　经两次转折形成的激波

查激波图线可得,激波为附体斜激波,激波 1 是弱激波。

所以,激波角为 $\beta_1 = 35.8°$, 压力比为 $\dfrac{p_2'}{p_1} = 1.76$,

波后气流压力为 $p_2' = \dfrac{p_2'}{p_1} \cdot p_1 = 1.76 \times 0.98 = 1.725$ bar,

波后气流马赫数为 $Ma_2' = 1.82$, 可见,波后仍为超声速气流。

第二次转折时, $Ma_1' = 1.82$, $p_1' = 1.725$ bar, $\delta_2 = 15°$。

查激波图线可得,激波为附体斜激波,激波 2 也是弱激波。

所以,激波角为 $\beta_2 = 50.5°$, 压力比为 $\dfrac{p_2}{p_1'} = 2.14$, 波后气流压力为

$$p_2 = \frac{p_2}{p_1'} \cdot p_1' = 2.14 \times 1.725 = 3.692 \text{ bar}$$

波后气流马赫数为 $Ma_2 = 1.27$, 可见,波后仍为超声速气流。

对比例题 8.4,与仅一次转折 25°相比,激波后气流压力相对减小的程度不大,而气流马赫数有所增加,说明分成二次转折经历二道斜激波后,气流减速增压的程度有所减小。

(2) 针对激波 1 和激波 2 查得激波的总压恢复系数分别为

第一次转折 $\delta_1 = 10°$, 激波 1,由 $Ma_1 = 2.2$ 得 $\sigma_{s1} = 0.98$

第二次转折 $\delta_2 = 15°$, 激波 2,由 $Ma_1' = 1.82$ 得 $\sigma_{s2} = 0.956$

所以,总的总压恢复系数为 $\sigma_s = \dfrac{p_2^*}{p_1^*} = \sigma_{s1} \cdot \sigma_{s2} = 0.98 \times 0.956 = 0.937$

可见,超声速气流经过两道斜激波后的总压损失只有 6.3%,显然要比仅经过一道激波达 22%的总压损失小很多。

3. 讨论

由该例题可以看到,在同一来流马赫数下,气流经激波转折同一角度时,通过若干道较弱的激波分多次转折与通过较强的激波一次转折相比较,激波后气流的压力是相差不大的,但激波的总压恢复系数值相差很大。通过多道激波的激波总压恢复系数比通过一道激波的激波的总压恢复系数大得多。这是因为分多次转折时,每道激波都较弱,激波损失很小,所以虽经多次转折,但总的激波损失仍比通过一道较强的激波的损失小,故激波的总压恢复系数高。这一结论有非常重要的应用价值,例如,如图 8.22 所

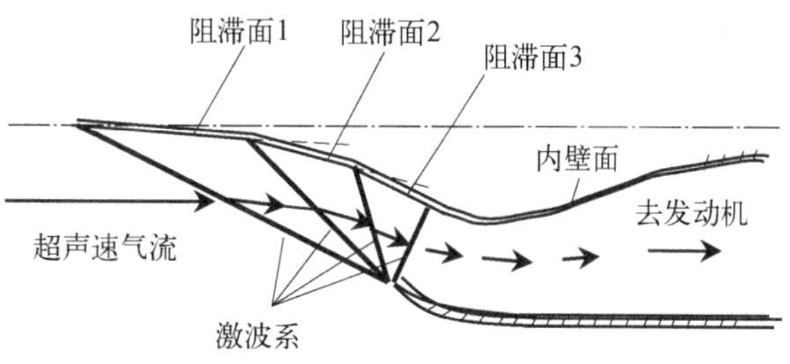

图 8.22　超声速进气道及波系示意图

示，在超声速飞行器的推进系统设计中，其超声速进气道进口的设计就充分利用了这一原理，即利用多道较弱的斜激波和正激波组成的波系来代替一道高强度的正激波或斜激波，从而显著地降低气流的总压损失，提高推进效能。进一步还可以由此推论：如果利用一个光滑的曲壁使气流连续地转折，这时将产生无数道微弱的压缩波，使气流接近于等熵压缩，总压损失将非常小。内压式超声速扩压器的设计就是应用了这一基本原理。

【例 8.6】 设有空气从如图 8.23 所示的超声速喷管流入外界大气。在喷管出口，气流的马赫数为 1.56，压力为 0.49 bar，外界大气压力为 0.98 bar。求出口处的激波角、气流转折角和波后气流马赫数。

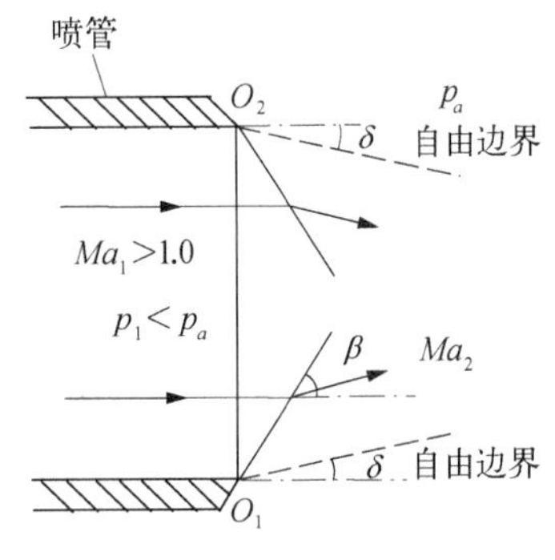

图 8.23　喷管出口激波计算用图

解： 已知 $Ma_1 = 1.56$，$p_1 = 0.49$ bar，$p_a = 0.98$ bar。

超声速气流流出喷管后，压力升高到与外界大气压力 p_a 相等，即 $p_2 = p_a = 0.98$ bar，这一增压过程是通过激波来完成的。

所以，激波的压力比为 $\dfrac{p_2}{p_1} = \dfrac{0.98}{0.49} = 2.0$

由图 8.17(b) 查得对应的 $\delta = 13°$。

这个角度处于弱激波部分，说明此时产生的是弱激波。再由图 8.17(a)、(d) 查得：$\beta = 60.7°$，$Ma_2 = 1.01$。可见，波后仍是超声速气流。

【例 8.7】 同上例，如果喷管出口气流的马赫数为 1.8，压力为 0.288 bar，外界大气压力仍为 0.98 bar。再求激波角、气流转折角和波后气流马赫数。

解： 已知 $Ma_1 = 1.8$，$p_1 = 0.288$ bar，$p_a = 0.98$ bar。

因为 $p_2 = p_a = 0.98$ bar，所以压力比为 $\dfrac{p_2}{p_1} = \dfrac{0.98}{0.288} = 3.4$。

由图 8.17(b) 查得 $\delta = 15.2°$。可见，这个角度处于强激波部分，说明此时产生的是强激波。再由图 8.17(a)、(d) 的强激波部分查得：$\beta = 76.5°$，$Ma_2 = 0.72$。可见，波后是亚声速气流。

8.4　膨胀波、激波的反射与相交

8.4.1　膨胀波在固体壁面上的反射与相交

超声速气流在管道内部流动以及从喷管流出时，会出现膨胀波碰到内部固体管壁以及不同位置产生的膨胀波相交等多种情形，研究超声速气流在这些情形下的后续扰动和流动问题，就是膨胀波在固体壁面上的反射与相交问题。为研究问题方便，在下面的分析中，主要以气流转折角不大的情况为例，并且在图上仅用一道膨胀波来代表实际的膨胀波组。

1. 膨胀波在固体壁面上的反射

图 8.24 表示了超声速气流在管道中的典型流动情形。假设管道的上壁面是平直的，

下壁面在 A 点处向外转折了一个不大的角度 $\Delta\delta$。根据前面的分析，A 点为膨胀扰动源，产生膨胀波 AB，且膨胀波 AB 与波前气流方向的夹角为 $\mu_1 = \sin^{-1}(1/Ma_1)$；超声速气流 Ma_1 经过该膨胀波后气流方向也向外发生转折 $\Delta\delta$（与 A 点以后的下壁面平行），而且经膨胀扰动后气流的马赫数增加为 Ma_2。在这种情况下，就出现了膨胀波 AB 传播时遇到上壁面的问题，那么气流的后续流动会有什么样的特点呢？

可以这样来分析，由于上壁面是平直的，转折后的气流假若一直与下壁面平行地流下去，就会在气流与上壁面之间形成一个楔形真空区（角度仍为 $\Delta\delta$），这相当于转折后的气流在 B 点再次受到向上折转的膨胀扰动。因此，在 B 点又产生了一道膨胀波 BC，BC 与该波前气流 Ma_2 方向的夹角为 $\mu_2 = \sin^{-1}(1/Ma_2)$，气流经过 BC 转折后就又与上壁面平行了。这种情形，从表面现象上看，就好像是由 A 点发射出一道膨胀波，遇到上壁面后又被“反射”回来一样。所以又把膨胀波 AB 叫作入射波，BC 叫作反射波。

应当注意，这里所说的反射波只是借用光学上的名词。实际上，就其性质来说，膨胀波的反射与光的反射是完全不同的，它也不符合入射角等于反射角的定律。例如，如图 8.24 中，膨胀波的入射角是 $90° - \mu_1$，而反射角则是 $90° - (\mu_2 + \Delta\delta)$，由于气流经过入射的膨胀波后膨胀加速，即 $Ma_2 > Ma_1$，因此，一般来说，反射角不等于入射角。

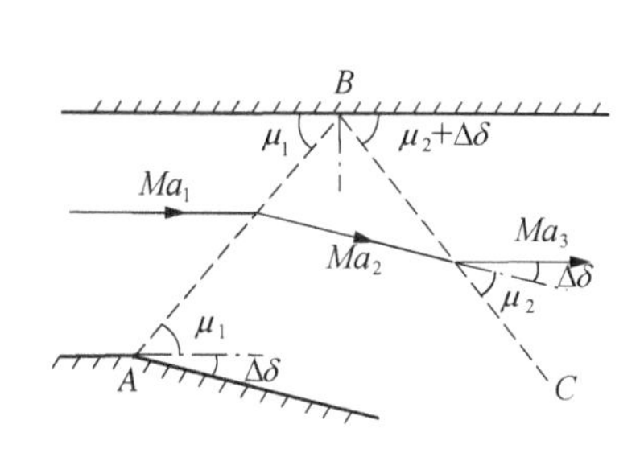

图 8.24 膨胀波在固体壁面上的反射

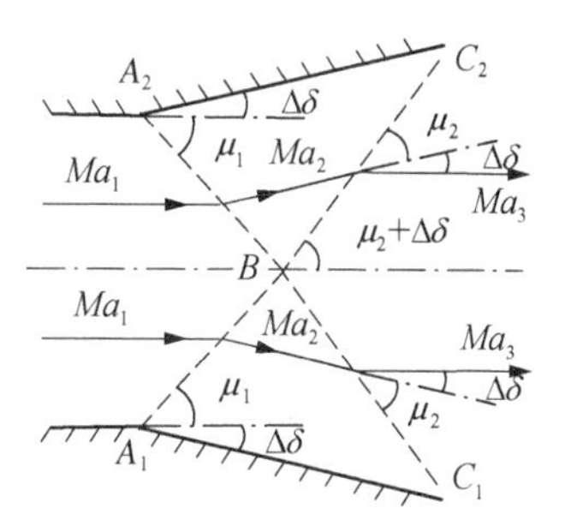

图 8.25 膨胀波的相交

2. 膨胀波的相交

如图 8.25 所示是膨胀波的相交情形。管道的上下壁面在 A_1 和 A_2 处都向外转折一个角度 $\Delta\delta$，当超声速气流流过的时候，会在 A_1 和 A_2 处各产生一道膨胀波 A_1B 和 A_2B，并相交于 B 点。气流通过膨胀波 A_1B 和 A_2B 后将发生转折，其流动方向分别与转折后的上壁面和下壁面平行。与上面分析膨胀波反射时一样，气流转折后，假如就一直地流下去，在交点 B 以后也将形成一个楔形真空区域，气流必将再次膨胀。因此，在膨胀波的交点 B 处又会产生两道膨胀波 BC_1 和 BC_2，气流经过这两道膨胀波后，又转折回到了水平方向继续流动。因此，两道膨胀波相交后，仍然是产生两道膨胀波，但是相交后再次产生的膨胀波的角度与原有膨胀波的并不一样，所以图中 A_1B 和 BC_2 并不是一条直线，其原因还是在于膨胀波后的气流马赫数增加所致。

对于超声速喷管外出现的膨胀波相交问题，与上面的分析相同。

8.4.2　激波的反射与相交

1. 激波在固体壁面上的反射

激波在固体壁面上的反射情形如图 8.26 所示。假设管道的上壁面是平直的，下管壁在 A 点向内转折了一个较小的角度 δ，超声速气流 Ma_1 流过时，就在 A 点产生一道斜激波 AB（激波角 β_1），气流通过激波 AB 后，将向上转折 δ。转折以后的气流若遇到上面的管壁，在 B 点再次受到压缩，所以在 B 点又产生了另一道激波 BC（注意激波角 β_2 是该激波与 Ma_2 方向的夹角），气流经过激波 BC 后再次转折 δ 至平行于上壁面。这种现象与膨胀波的反射现象有类似之处，也把激波 BC 叫作反射激波，激波 AB 叫作入射激波。当然，这里所说的“反射”，正如膨胀波的反射一样，也只是比拟光学现象，并不能应用光学反射定律来确定反射激波与上壁面的夹角。计算结果表明，由于气流经过激波 AB 之后气流马赫数 Ma_2 减小，激波角 β_2 增大，反射激波与上壁面的夹角要比 β_1 稍大一些。

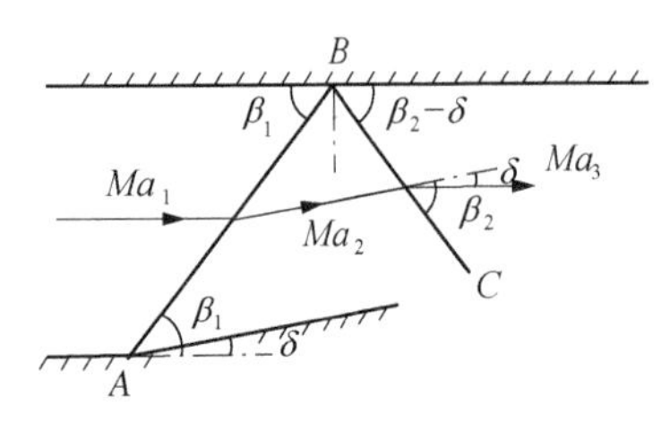

图 8.26　激波在固体壁面上的反射

实际上，激波在固体壁面上的反射问题还有一个重要的特点，就是存在正常反射与不正常反射现象。当壁面气流马赫数较大且转折角较小时，就会形成如图 8.26 所示的反射情形，这就称为是正常反射，即反射激波仍为一道附体斜激波。而当气流的马赫数 Ma_1 较小或者是转折角 δ 较大时，因为激波 AB 相对增强，波后气流的马赫数 Ma_2 减小过多，就可能出现气流马赫数小于 δ 所对应的最小马赫数（即 $Ma_2 < Ma_{1,\min}$）的情形（图 8.19），或者说对于 Ma_2 而言，转折角 δ 超过了其所对应的最大转折角（即 $\delta > \delta_{\max}$）。这样一来，在上壁面产生的反射激波就将成为脱体激波，并且该脱体激波又会与激波 AB 耦合作用，形成“λ”形激波，如图 8.27 所示。这种反射情形就叫作激波在固体壁面上的不正常反射，又称为马赫反射。由前面对脱体激波的讨论可知，脱体激波的中心部分是强激波，所以 λ 形激波靠近上壁面的部分是强激波，超声速气流通过后减速为亚声速气流，图中的滑移线表示波后的亚声速气流与超声速气流之间形成的滑移层。

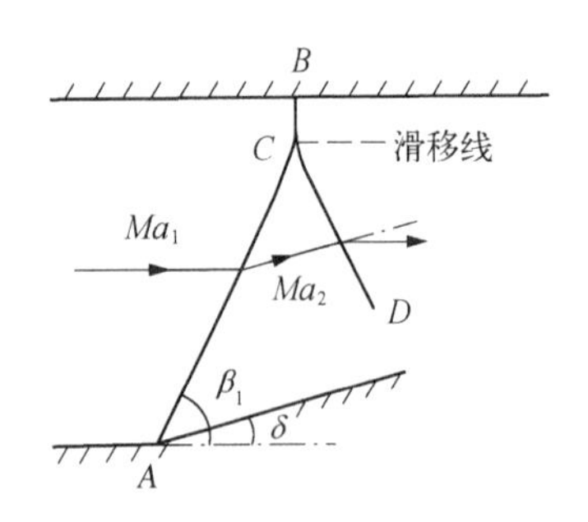

图 8.27　激波的不正常反射

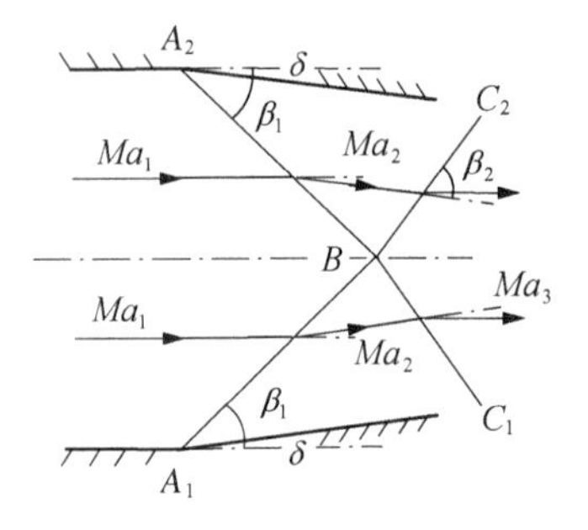

图 8.28　异侧激波的正常相交

2. 异侧激波的相交

异侧激波相交的情形如图 8.28 所示。管道两侧壁面分别向内转折角度 δ 形成斜激

波 A_1B 和 A_2B，两道激波将相交于 B 点。上半部的气流通过激波 A_2B 后，向下转折 δ，其流动方向转折为与上管壁平行；下半部的气流通过激波 A_1B 后，向上转折 δ，与下管壁平行。这样，上、下两部分气流通过激波后就会在 B 点相遇。对于上下两部分气流而言，是互为阻滞压缩的，所以在 B 点还将产生两道激波 BC_1 和 BC_2，气流再经过这两道激波后各自被转折角度 δ，再一次转向水平方向流动。这种相交的情形是在气流转折角不大或气流速度较大的情况下发生的，所以把这种激波的相交称为异侧激波的正常相交。

当管道两侧的壁面的转折角度较大而气流的马赫数又较小时，就会出现激波的不正常相交，如图 8.29 所示。这时，由于激波 A_1B 和 A_2B 的强度较大，使得激波后的气流马赫数减小较多，导致气流在 B 点后再次受到阻滞转折扰动时产生脱体激波，与图 8.27 中的情况一样，脱体激波与斜激波 A_1B 和 A_2B 相互作用，形成两个 λ 形激波，产生如图 8.29 所示的复杂流动情形，这种相交的情况叫作异侧激波的不正常相交。根据这种激波的形状，又称其为桥形激波。在流道的中心区域，形成较强的弓形激波，近似于正激波，而其他的区域则仍然是斜激波，气流经过这些激波后将继续转折。需要说明的是，图中没有再画出激波 BC_1 和 BC_2 的后续反射等变化情形。如果管道两侧壁面向内转折的角度再增大，激波进一步加强，桥形激波中的强激波范围不断增大，使得波后的气流都减速为亚声速气流，此时激波 BC_1 和 BC_2 就不会存在，管道内就只有一道弓形激波。如果壁面向内转折的角度更大，就会在管道内产生一道很强的正激波。

对于超声速喷管外出现的激波相交问题，与上面的分析相同。

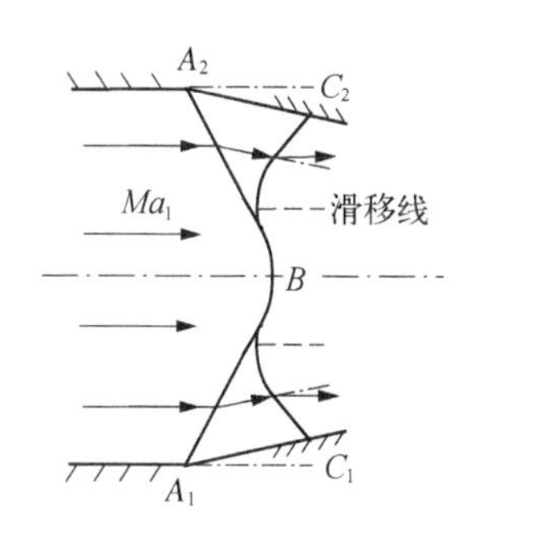

图 8.29　异侧激波的不正常相交

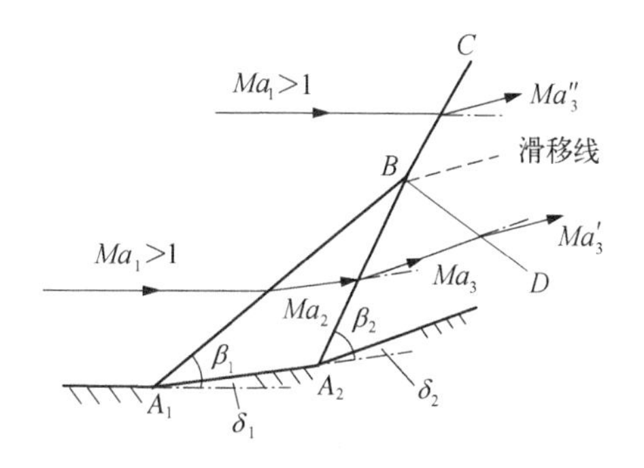

图 8.30　同侧激波的相交

3. 同侧激波的相交

当超声速气流流经多次转折的壁面时，由于波后气流马赫数减小，所以下游的激波角是逐渐增大的，因此就会出现同侧激波的相交问题。以图 8.30 所示的两次转折为例，在转折点 A_1 和 A_2 处，各产生一道斜激波 A_1B 和 A_2B，并且相交于 B 点。这两道斜激波相交后，依据压缩波和激波的叠加原理，其结果是必将形成一道更强的激波 BC。这样，超声速来流 Ma_1 就分成上下两个部分，下面部分的气流是通过二道较弱的斜激波 A_1B 和 A_2B，而上面部分则是通过一道更强的斜激波 BC。那么，分别经过了二道激波和一道激波的气流在 B 点之后的流动情形，这就主要取决于两部分气流的压力之间的差异。例如，参考例 8.3 和例 8.4 二道例题的计算结果，下面部分的气流压力要稍低于上面部分的压力，所以又将形成一道很弱的激波 BD，使得下面部分的气流 Ma_3 的压力增加且转折，减速为 Ma'_3；

而上面部分气流的阻滞程度也稍减弱一些,使得波后的压力与下面部分气流的压力相平衡。除此之外,上面部分气流和下面部分气流经过激波后的总压是不同的,结合例8.4的结果,一道较强激波的总压损失要大于经过二道较弱斜激波的,所以 $Ma_3' > Ma''_3$,两者波后的气流速度不等,中间存在着滑移层。

8.4.3 膨胀波、激波在自由边界上的反射

超声速气流由喷管流出进入外界大气时,周围的气体便成为超声速气流的边界。这种边界随着气流的状态变化是可变的,所以通常称为自由边界。

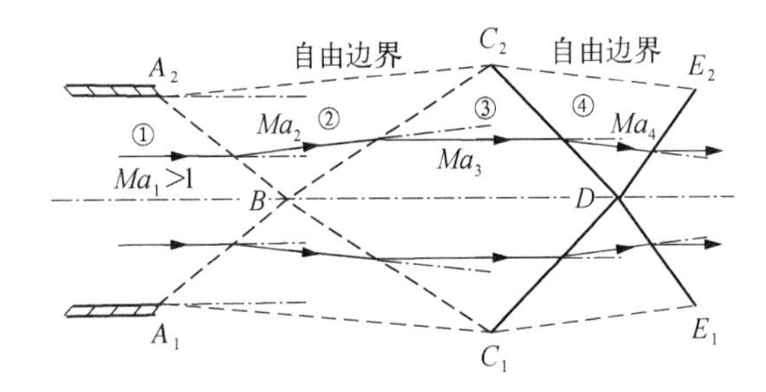

图 8.31 膨胀波在自由边界上的反射

1. 膨胀波在自由边界上的反射

如图8.31所示,当超声速气流在喷管出口处的压力 p_1 大于外界气体的压力 p_a 时,在喷管出口边缘的 A_1 和 A_2 处将各产生一膨胀波组 A_1B 和 A_2B(在图中仅以一道虚线表示),超声速气流经过这些膨胀波组后向外转折,形成扩张形的自由边界(A_1C_1 和 A_2C_2)。膨胀波 A_1B 和 A_2B 相交于 B 点,根据膨胀波相交原理,在交点 B 处还会产生两道膨胀波 BC_1 和 BC_2,并与自由边界相交于 C_1 和 C_2 点,这就是膨胀波在自由边界上的反射问题。为了便于分析,将喷管气流流出后的区域分为①②③④。气流 Ma_1 经过膨胀波 A_1B 和 A_2B 以后,膨胀加速为 Ma_2,它的压力也降低到与外界大气的压力相等(即 $p_2 = p_a$)。气流在继续流动中还会再次经过膨胀波 BC_1 和 BC_2 膨胀加速,方向又折转到水平方向,但是压力却进一步下降,从而低于外界气体的压力(即 $p_3 < p_a$)。这样,超声速气流 Ma_3 将受到外界气体的压缩,从而在交点 C_1 和 C_2 处产生激波 C_1D 和 C_2D 并交于 D 点。因此,超声速气流 Ma_3 再经过激波 C_1D 和 C_2D 减速增压,压力增大为外界压力(即 $p_4 = p_a$),而气流再次向内转折,形成收敛形的自由边界(C_1E_1 和 C_2E_2)。在 D 点之后,与异侧激波相交时一样,再产生两道激波 DE_1 和 DE_2,气流 Ma_4 经过激波 DE_1 和 DE_2 后再次减速增压,气流方向又转折为水平,但其压力却由于激波增压而又大于外界气体的压力,这就又与气流最初流出喷管时的情况基本一样了,在没有耗散的情况下就会"膨胀波-激波"地重复发展下去。而实际的流动是有黏性耗散等影响的,如图8.32所示[10]。

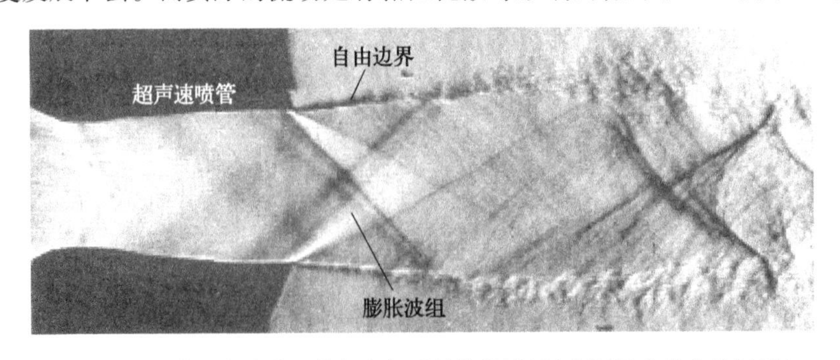

图 8.32 喷管外膨胀波及其相交与反射的纹影图(来源于参考文献[10])

可见，膨胀波在自由边界上是反射形成较弱的斜激波（或压缩波）。

2. 激波在自由边界上的反射

喷管外的激波相交以及在自由边界上的反射问题与膨胀波的相交和反射特点相反，激波在自由边界上是反射形成膨胀波。如图8.33所示，当超声速气流在喷管出口处的压力p_1小于外界气体的压力p_a时，在A_1和A_2处将各产生一道斜激波A_1B和A_2B，气流Ma_1经过这些激波后向内转折，形成收敛形的自由边界（A_1C_1和A_2C_2）。激波A_1B和A_2B相交于B点，再产生两道激波BC_1和BC_2，并与自由边界相交于C_1和C_2点，同样，后续的流动状态就是激波在自由边界上的反射问题。气流Ma_1经过激波A_1B和A_2B以后，其压力也增加到与外界大气的压力相等（即$p_2=p_a$）。但是，气流在后续流动中还会再次经过激波BC_1和BC_2进一步增压，从而又高于外界气体的压力（即$p_3>p_a$）。这样，超声速气流Ma_3将受到膨胀扰动，从而在交点C_1和C_2处产生膨胀波C_1D和C_2D并交于D点。因此，气流Ma_3再经过膨胀波C_1D和C_2D后其压力降低为外界压力（即$p_4=p_a$），而气流再次向外转折，形成扩张形的自由边界（C_1E_1和C_2E_2）。在膨胀波交于D点之后，又会再形成两道膨胀波DE_1和DE_2，使得气流Ma_4经过后又再次膨胀，气流方向又转折为水平，但其压力却由于再次膨胀而低于外界气体的压力，又基本上处于气流最初流出喷管时的状态，所以在没有耗散的情况下就会“激波-膨胀波”地交替发展下去。而实际的流动是有黏性耗散效应的，气流流出管道后，将带动周围的静止气体运动，致使气流速度下降，最后当气流的速度降为亚声速时，上述的波系就不复出现了。图8.34是实验中观察到的超声速喷管外的激波相交与反射的纹影图，可以看到真实的流动中存在着很强的耗散作用。

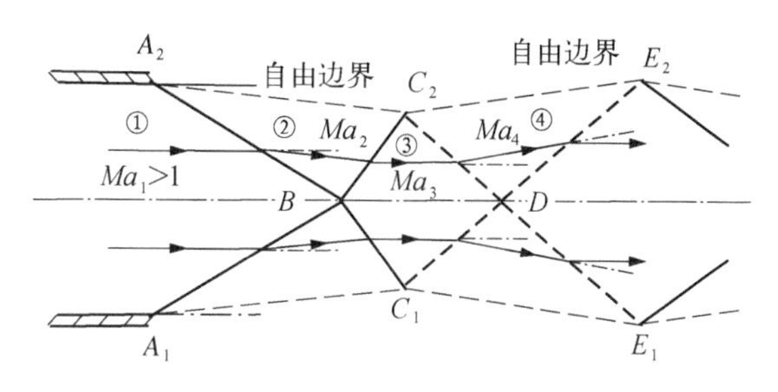

图8.33　激波在自由边界上的反射

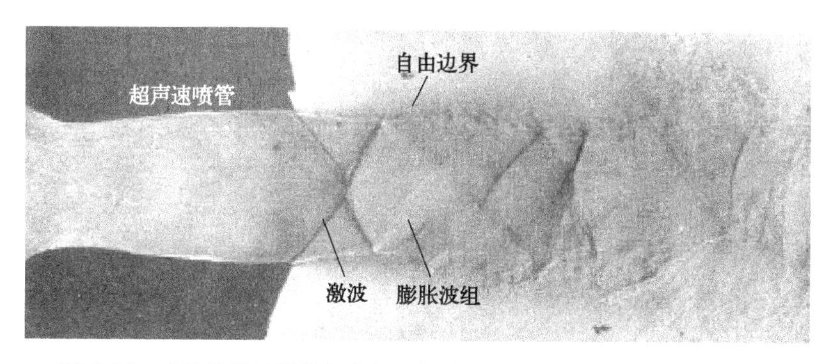

图8.34　喷管外激波及其相交与反射的纹影图（来源于参考文献[10]）

图8.35展示的是航空涡扇发动机工作时，其喷管外的气流流动时的波系情况，通过燃气流明暗交替地流动，可以看到超声速气流在喷管外形成了较为明显的波系。

图 8.35　航空发动机喷管外气流流动的波系图片

8.4.4　膨胀波与激波的相交

图 8.36 表示了异侧膨胀波与斜激波的相交情形。超声速气流 Ma_1 在下壁面 A_1 点遇到内折壁面产生激波 A_1B，在上壁面 A_2 点遇到外折壁面产生膨胀波 A_2B，二者相交点 B。可见，①区的超声速气流 Ma_1 的下面部分穿过激波 A_1B，向上折转 δ 进入③区，气流减速为 Ma_2，压力增加。气流 Ma_1 的上面部分气流则是穿过膨胀波 A_2B 向上折转进入②区，且气流速度增大为 Ma'_2，压力降低。所以，③区的气流压力大于②区的气流压力。这样，因为气流 Ma'_2 和气流 Ma_2 的压力不相等、方向也不相同，所以这两个区域的气流不可能直接汇合而形成平行的流动。二者之间实际上是相互影响的，对于②区的气流来说，必须要进一步提高压力，因而要受到压缩扰动；而对于③区的气流来说，则需要进一步降低压力，要受到膨胀扰动。因此，在交点 B 后，分别在②区产生激波 BC_2，在③区产生膨胀波 BC_1。所以，气流 Ma'_2 经过激波而进入④区，方向再次向上转折且压力增大；气流 Ma_2 经过膨胀波后进入⑤区，方向也再次向上转折，但是压力减小。最后，两股气流的流动方向相同，压力相等。计算结果表明，最后的气流总的转折角度接近于上下壁面转折角之和，气流的马赫数基本相等（即 $Ma'_3 \approx Ma_3$）。由此可知，异侧的膨胀波与激波相交时，两波基本上是互相贯穿，但将产生较大的气流转折。

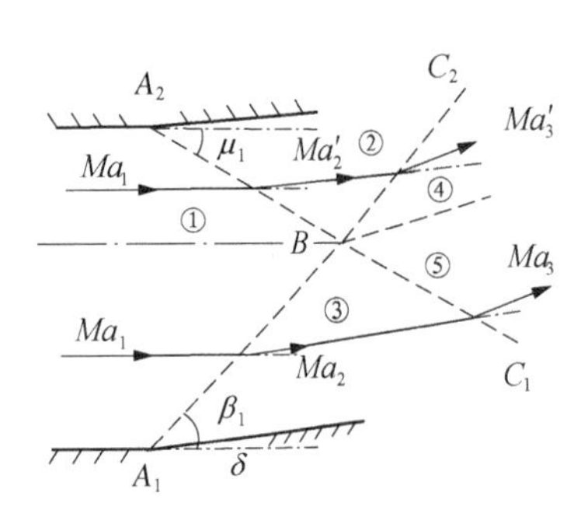

图 8.36　膨胀波与激波的相交

习　题

习题 8.1　请回答以下问题：

（1）膨胀波是怎样形成的？为什么超声速气流经过膨胀波是等熵过程？

（2）为什么超声速气流通过正激波以后，必然变为亚声速气流；而其通过斜激波以后，既可以是超声速气流也可以是亚声速气流？

（3）试分别说明马赫波、正激波、斜激波、弱激波、强激波的区别。

(4) 试说明波前气流马赫数、激波角、气流转折角的关系图线有哪些特点?

习题 8.2　实验中通过干涉仪测量得知,气流经过正激波后,其密度增大为波前气流的 2 倍,试确定正激波前气流的速度系数 λ_1 和马赫数。

习题 8.3　分析并用适当的图形来说明膨胀波、激波在固体壁面和自由边界上的反射特点。

习题 8.4　超声速气流通过一斜激波,激波前、后的气流参数分别为 c_1、Ma_1、T_1^*、T_1 与 c_2、Ma_2、T_2^*、T_2,试判别下列各式是否正确:

(1) $\lambda_1 \cdot \lambda_2 = 1$; (2) $\lambda_{1t} = \lambda_{2t}$; (3) $\lambda_{2n} = \dfrac{c_{2n}}{a_{\mathrm{crn}}}$; (4) $Ma_{1n} \cdot Ma_{2n} = 1$; (5) $Ma_{1t} = Ma_{2t}$;

(6) $\dfrac{c_{1n}}{c_{2n}} = \dfrac{Ma_{1n}}{Ma_{2n}}$。(注: 下标 t 和 n 分别代表沿激波面和垂直于激波面)

习题 8.5　已知超声速气流通过正激波后,气流速度降低为波前气流速度的三分之一,试确定波后气流的速度系数与波前气流的速度系数之比值。

习题 8.6　已知超声速空气流通过正激波后的速度系数为 0.5,试求波前超声速气流的速度系数为多大。

习题 8.7　对应于 $Ma_1 = 2.5$, 为了使激波不脱体,尖劈的半顶角 δ 所允许的最大值是多少?

习题 8.8　设一微弱扰动源在温度均匀的静止介质中以超声速运动,由初始瞬时所在的位置(A 点)经 2.15 s 运动到 B 点。若已知扰动源距离地面的高度为 H= 1 000 m,介质的声速 a = 336.43 m/s, 试求此微弱扰动源的运动速度 c 和马赫数 Ma。

习题 8.9　在绝能等熵的空气流中,已知点 1 的马赫角为 $\mu_1 = 27.7°$, 另一点 2 的马赫角为 $\mu_2 = 35.8°$, 试求这两点的压力比 p_1/p_2。

习题 8.10　设平面超声速喷管出口处的气流马赫数为 $Ma_1 = 1.5$, 压力 $p_1 = 1.25 \times 10^5$ Pa, $T_1 = 287$ K, 外界大气压力为 $p_a = 1.0 \times 10^5$ Pa, 求气流经过喷管外膨胀波后的参数 (Ma_2、p_2、T_2) 及气流转折角 δ。

习题 8.11　马赫数为 2.2 的超声速气流,流过半顶角分别为 10°、15°、25° 的楔形体,求相应的激波角、激波总压恢复系数、激波前后气体的压力比分别为多少?

习题 8.12　某喷管出口气流(空气)的马赫数为 1.8,压力为 0.288 bar,外界大气压力为 0.98 bar,求出口处的激波角、激波总压恢复系数。

习题 8.13　同上题,若气流马赫数为 2.2,压力为 0.326 4 bar,外界大气压力为 0.98 bar,求激波角和气流转折角。

习题 8.14　马赫数为 2.2、压力为 0.98 bar 的超声速空气流:

(1) 流过 $\delta = 25°$ 的向内转折的壁面,求激波后气流的压力及激波总压恢复系数;

(2) 若气流流过先转折 $\delta_1 = 15°$ 再转折 $\delta_2 = 10°$ 的内折壁面,求通过两道激波后气体的压力和总的总压恢复系数。

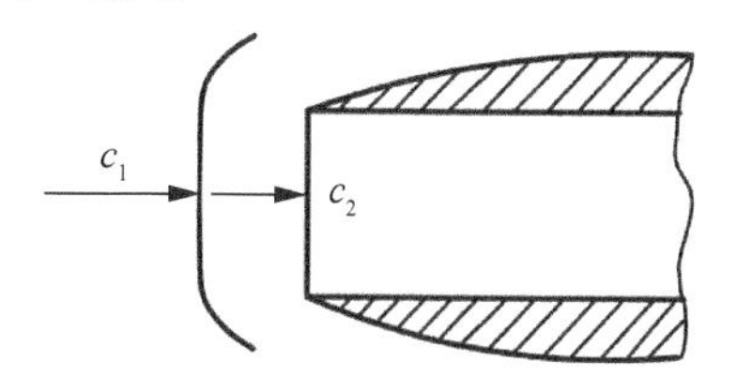

习题 8.15 用图

习题 8.15　如右图所示的一个简单的亚声速进气

道，当进行超声速飞行时，在唇口前产生一道正激波，若测得正激波后空气的速度为260 m/s，总温为400 K。求进气道前激波的总压恢复系数。

习题 8.16 已知马赫数为3.0、压力为0.99 bar、温度为216.5 K的空气流过顶角为30°的对称楔形体，求激波后气流的压力、温度、密度、速度、马赫数和总压。

习题 8.17 已知在超声速风洞的前室中，空气的滞止温度为288 K，在喷管的出口处，空气的速度为530 m/s，当流过试验段中的模型时产生正激波（如右图所示）。试求该正激波后的气流的速度。

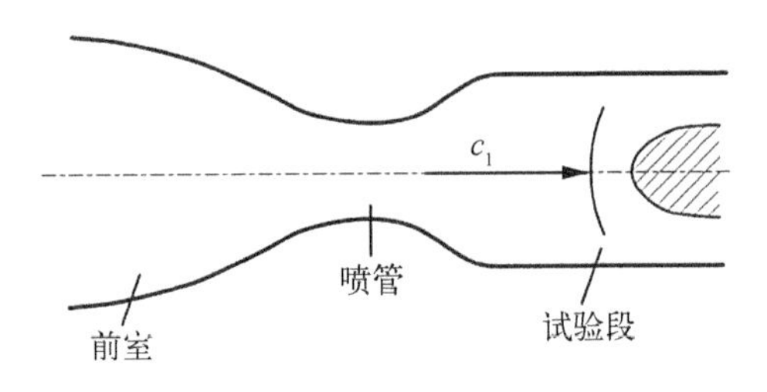

习题 8.17 用图

习题 8.18 速度为800 m/s的空气流经过半顶角为20°的尖劈时，测得激波角为$\beta = 53°$，试求波后气流的速度。

习题 8.19 总温为288 K、流速为400 m/s的空气流向内凹角产生平面激波，已知激波角为50°，试求激波后气流的速度和气流转折角。

习题 8.20 超声速空气流通过正激波时，速度最多减少多少？

习题 8.21 在均匀超声速气流中，放置一个皮托管式总压管。由总压管测得的总压为150 kPa，已知远前方来流的静压为43.9 kPa，求该气流的总压。（提示：皮托管式总压管属于圆钝头物体）

第9章
一维定常变截面管流

本章主要研究一维定常变截面管道流动，包括：影响一维定常管流的主要因素、收敛形喷管的流动、收敛-扩张形喷管(拉瓦尔喷管)的流动、扩张形管道内的减速流动、超声速气流在内压式扩压器中的减速流动。

学习要点：

(1) 知道影响一维定常管流的主要因素，掌握管道面积对气流参数的影响规律；

(2) 熟练掌握收敛形喷管工作状态的判断方法，能够正确计算其出口气流参数；

(3) 熟练掌握收敛-扩张形喷管(拉瓦尔喷管)工作状态的判断方法，能够正确计算其出口气流参数；

(4) 理解亚声速气流、超声速气流在扩压器中的流动特点，了解内压式扩压器的起动方法。

对于管道内的流动，例如航空燃气涡轮发动机各部件内的气体流动，其流动可能存在哪些状态，这些状态都是在哪些条件下发生的，各种状态下如何确定气体流动的相关参数等，这些都是管道流动相关理论所要解决的问题。一维定常管道流动理论是对实际复杂管道流动的适应性简化，在应用中又常简称为一维定常管流。一维定常管流主要包括变截面管流、换热管流、摩擦管流、变流量管流以及复杂管流等内容。本教材重点讨论其中最基础和最常见的部分——变截面管流，即截面积沿管轴变化的管道流动，这也是航空发动机进气道、扩压器和喷管等部件中常见的流动问题。

9.1 概　　述

9.1.1 影响一维定常管流的主要因素

影响一维定常管流的主要因素可分为以下两大类，而且必须给定这些条件，管流的状态才能够唯一地确定。

1. 边界条件

边界条件主要包括：

(1) 管流进口处的气流状态和相关参数，如气流的总温、总压以及流动速度（或马赫数）等；

(2) 管道出口处的环境压力，又称为反压。

应当指出，在前面的章节中，很少提到反压条件，以至于不能确切地描述流动状态的变化规律。例如，曾经提到气流由亚声速加速到超声速必须要通过收敛-扩张形管道的概念，而且要求在管道的喉道处要达到当地声速。但是，在仅满足上述管道形状要求的条件下，气流却未必一定能够实现从亚声速加速到出口的超声速，其原因就在于还要取决于一定的反压条件。又如，超声速气流由低压区流向高压区时要产生斜激波，并且可能存在强激波和弱激波两种情况。至于实际上能够实现的是哪一个解，也要取决于一定的反压条件。所以说，反压的影响是一个重要的边界条件。

2. 作用于气流内部的因素

作用于气流内部的因素主要有管道截面面积变化、摩擦、加热或放热、加入或抽取质量等。

要同时研究所有的影响因素是比较复杂和困难的，通常采取的研究方法是先单独地研究上述内部因素中的一种因素对流动的影响，然后，再通过一定的方式综合研究多种因素的影响。这样，就对应地形成了多种仅考虑单一影响因素的流动，例如：

(1) 变截面管流：即单独研究管道截面面积变化对流动状态和参数的影响，而忽略其他因素的影响，因此作出不考虑黏性摩擦、绝能流动、无通过侧壁面的质量交换等假设，这一类流动就称为一维定常变截面管流。

(2) 摩擦管流：这一类流动中仅单独研究黏性摩擦阻力的影响，而忽略其他因素的影响，因此作出等直管道、绝能流动、无通过侧壁面的质量交换等假设，所以把这一类流动称为一维摩擦管流，又叫作范诺流动（Fanno flow）。

(3) 换热管流：这一类流动中仅单独研究加热量或放热量等换热因素的影响，而忽略其他因素的影响，因而作出等直管道、不考虑黏性摩擦、无轴功作用、无通过侧壁面的质量交换等假设，所以把这一类流动称为一维换热管流，又叫作瑞利流动（Rayleigh flow）。

(4) 变流量（或变质量）管流：仅单独研究加入或抽取质量对气体流动的影响，而忽略其他因素的影响，因而作出等直管道、不考虑黏性摩擦、绝能流动等假设，所以把这一类流动称为一维变流量（或变质量）管流。

应当注意的是，虽然摩擦管流是专门研究摩擦阻力的影响，而其他各种单一因素管流都不考虑摩擦的影响，但是所有的管流理论中都要考虑激波的影响，因为这是超声速流动的客观存在，不能忽略。激波与摩擦都属于耗散因素，但是它们之间也有区别。摩擦的大小直接与气体的黏性有关，但是总可以设想某种理想流体的流动，其摩擦阻力的影响为零。而激波的产生及其影响是与整个流动同时存在而不能分别单独设定的，即使是假设的无黏流动，在超声速流动中也可能产生激波，例如超声速气流从低压区流向高压区时必然会产生激波，激波的强度也完全由压力比决定，而不是流体的黏性参数。因此，虽然在其他形式的管流中都不考虑摩擦的影响，但是绝不意味着就都是无耗散的流动。只能是在无激波的流动区域,流动才可以作为无耗散流动处理。

9.1.2　变截面管流的研究内容

如上所述,变截面管流是研究在下列条件下的流动规律:

(1) 给定边界条件:管道进口气流的总温 T_0^*、总压 p_0^* 及反压 p_a;

(2) 除要计入激波损失外,不包含激波的流动区域都为定熵绝能流动;

(3) 单独考虑管道截面面积变化这一内部影响因素的影响。

关于第三点管道截面面积变化的影响,包含两种情况:一种是对于同一个一维定常管流,研究沿管道的不同截面其面积变化所产生的影响,即同一条管流上下游流动状态的变化。前面所讨论的一维定常流基本方程、控制体以及其进出口等概念都是针对这种情况的,本章的变截面管流也主要研究的是这种情况。另外一种情况是,把某一特定的管流的某一截面加以改变,使之变为另一个管流,然后比较这两个管流的流动状态的变化。在分析问题时,这两种情况下的进口条件可能会发生变化,要注意加以区别,不能混淆,否则会得出一些不合理的结果。

9.1.3　定熵绝能流动的气流参数随管道截面面积的变化规律

在前面的内容中,曾经讨论过定熵绝能流动的基本运动规律,这里结合管道截面积的变化再作一简要的回顾。

对于没有质量添加或提取的定熵绝能管道流动,有:p^* = 常数,T^* = 常数和 $Aq(\lambda)$ = 常数。由这些条件可以得到以下一些气流参数随管道截面面积的变化规律。

1. 速度系数 λ 和马赫数 Ma

由 $Aq(\lambda)$ = 常数,可知对于亚声速气流($\lambda < 1.0$ 及 $Ma < 1.0$),截面积 A 增加将导致速度减小,λ 减小,Ma 减小。而对于超声速气流($\lambda > 1.0$ 及 $Ma > 1.0$),则有截面积 A 增加将导致速度增大,λ 增大,Ma 增大的相反规律。

因此,亚声速与超声速之间的过渡必须通过收敛-扩张形喷管(拉瓦尔喷管),而且临界截面必然发生在最小截面(喉道)处。但应注意,反过来说却不一定正确,即最小截面却不一定就是临界截面;而且,收敛-扩张形喷管的扩张段部分也不一定全是超声速流动(即使喉道已达到临界),这还要取决于气流的压力比。

2. 速度 c

由 $c = \lambda \cdot a_{cr}$,而临界声速 a_{cr} 因总温不变为一常数,故速度 c 与速度系数 λ 成正比变化。当管道截面积变化时,速度 c 与 λ 的变化规律一致。

3. 压力 p

由 $p = p^* \pi(\lambda)$ 可知,随着 λ 增加,压力将下降。由此不难得出压力随管道面积的变化规律,即随管道面积的增加,亚声速气流的压力将增加,而超声速气流的压力将下降。

4. 温度 T

由 $T = T^* \tau(\lambda)$ 可知,随着 λ 增加,温度将下降。由此可得气流温度随管道面积的变化规律,即随管道面积的增加,亚声速气流的温度将增加,而超声速气流的温度将下降。

概括地说,对于亚声速气流,收敛形管道使气流膨胀加速,而扩张形管道使气流减速增压。对于超声速气流，收敛形管道使气流减速增压，而扩张形管道使气流膨胀加速。

实际上，定熵绝能流动的气流参数随管道截面面积的变化规律，还可以通过一些公式加以定量化描述。

根据一维定常流动的基本方程，可以推导出以下以截面积变化为自变量的参数变化关系式，详细的推导过程见附录 A.3。

$$\frac{\mathrm{d}c}{c}=-\frac{1}{1-Ma^2}\frac{\mathrm{d}A}{A} \tag{9.1}$$

$$\frac{\mathrm{d}p}{p}=\frac{\gamma Ma^2}{1-Ma^2}\cdot\frac{\mathrm{d}A}{A} \tag{9.2}$$

$$\frac{\mathrm{d}T}{T}=\frac{(\gamma-1)Ma^2}{1-Ma^2}\cdot\frac{\mathrm{d}A}{A} \tag{9.3}$$

$$\frac{\mathrm{d}\rho}{\rho}=\frac{Ma^2}{1-Ma^2}\cdot\frac{\mathrm{d}A}{A} \tag{9.4}$$

$$\frac{\mathrm{d}Ma}{Ma}=-\frac{1+\frac{\gamma-1}{2}Ma^2}{1-Ma^2}\cdot\frac{\mathrm{d}A}{A} \tag{9.5}$$

由以上的公式可知，对于亚声速气流和超声速气流而言，由于 $(1-Ma^2)$ 的符号不同，所以各参数变化量与截面积变化量 $\mathrm{d}A$ 的关系恰好相反。例如，式(9.1)表明，对于亚声速气流，当 $\mathrm{d}A<0$ 时，有 $\mathrm{d}c>0$，说明收敛形管道使亚声速气流膨胀加速；而对于超声速气流，当 $\mathrm{d}A<0$ 时，有 $\mathrm{d}c<0$，说明收敛形管道使超声速气流减速增压。

通过上面的讨论可以清楚地看出，管道截面积的变化对亚声速气流和超声速气流有相反的影响。这种相反影响的物理原因是在不同马赫数时气流的压缩性不同。从表 9.1 可以看到，对处于不同马赫数的气流，相同的速度相对变化量 $\mathrm{d}c/c$ 所导致的密度变化程度 $\mathrm{d}\rho/\rho$ 是不同的；马赫数越大，相同的速度相对变化量所导致的密度变化量越大；二者在马赫数为 1.0 时是相等的。

表 9.1　不同气流马赫数下的速度、密度和截面积变化程度的比较

气流马赫数	0.4	0.8	1.0	1.2	1.4	1.6
$\mathrm{d}c/c$	1%	1%	1%	1%	1%	1%
$\mathrm{d}\rho/\rho$	−0.16%	−0.64%	−1.0%	−1.44%	−1.96%	−2.56%
$\mathrm{d}A/A$	−0.84%	−0.36%	0	0.44%	0.96%	1.56%

可见，在亚声速气流中，密度的相对变化量总是小于速度的变化；而对于超声速气流，则是密度的相对变化量要大于速度的变化。因此，在保持流量一定的条件下，亚声速气流中的速度变化起着主导作用，例如，$Ma=0.8$ 时，若流速增大 1%，密度只减小 0.64%，为了保持流量不变，截面积就应减小 0.36%；而对于超声速气流，则是密度变化起着主导作

用,例如,当 $Ma=1.4$ 时,同样是流速增大1%,这时密度将减小1.96%,必须要求截面积相应增大0.96%才能保持流量不变。

9.2 收敛形喷管的流动

所谓收敛形喷管是指管道截面逐渐缩小的管道。这里将主要研究亚声速气流在收敛形喷管中的加速流动情况。在实际发动机的应用中,收敛形喷管常用来作为设计速度为亚声速以及低超声速喷气式飞机的发动机喷管。其作用是将气体的焓转化为动能,气流膨胀加速,获得尽可能高的喷气速度,从而使发动机产生所需的推力。

对于进口为亚声速流的收敛形喷管,喷管内的气流流速均不会超过当地声速,所以在喷管内不会产生激波现象,再加上不考虑黏性摩擦,因此喷管内部的流动可认为是定熵绝能流动。

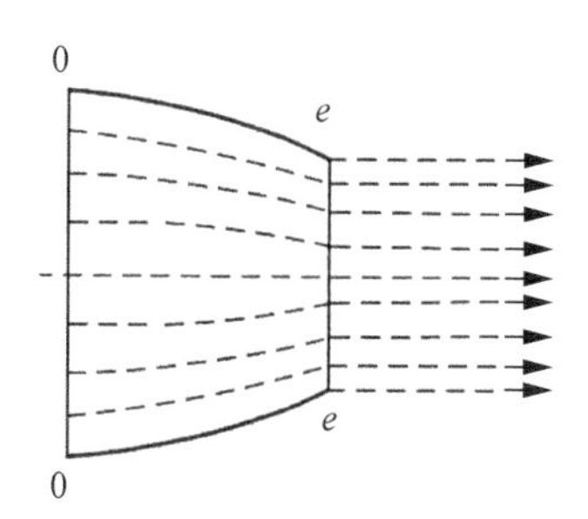

图9.1 亚临界状态收敛形喷管后的流动情形

收敛形喷管的研究内容主要有:喷管的三种工作状态及其与压力比的关系,喷管出口气流参数的计算,以及通过喷管的流量计算方法。

收敛形喷管的截面划分与标识:参见图9.1,收敛形喷管进口截面通常设为0-0截面,与该截面相关的参数用下标0来标识;其出口截面设为 $e-e$ 截面,与该截面相关的参数用下标 e 来标识。

9.2.1 收敛形喷管的压力比

1. 收敛形喷管的工作压力比

喷管进口的总温和总压分别为 T_0^* 和 p_0^*,由于气流在收敛形喷管内的流动为定熵绝能流动,因此喷管内任意一个截面的总温与总压都等于 T_0^* 和 p_0^*。喷管出口处的环境压力为 p_a,即反压。

将喷管进口的总压与管后反压的比值定义为收敛形喷管的工作压力比,也称为前后压力比,用 π_p 表示,即

$$\pi_p = p_0^* / p_a \tag{9.6}$$

工作压力比是喷管工作的一个重要参数,是决定收敛形喷管工作状态的判据参数。收敛形喷管的三种工作状态完全取决于工作压力比,而与气流的其他参数(如气流的总温)及喷管的具体几何尺寸无关。

从物理意义上来说,喷管的工作压力比代表的是气体所具有的膨胀能力的大小,即由进口的 p_0^* 状态膨胀加速至压力等于反压时转化为气流动能的能力,所以也将此压力比称为气体的可用压力比,或者是可用膨胀比。当然,这一可用膨胀能力是否能在喷管中完全实现,还取决于不同形式管道所提供的最大膨胀程度的大小。

工作压力比 π_p 受进口总压和管后反压的影响。

2. 收敛形喷管的临界压力比

通过前面的分析已知，亚声速气流在收敛形喷管中膨胀加速，所能够获得的最大速度就是在出口达到当地声速，即 $Ma_e = 1.0$。此时，气流在出口截面上达到临界状态。因此，将气流在出口截面为临界状态时的进口总压 p_0^* 与出口截面上的气流静压 $p_{e,\,cr}$ 的比值，称为收敛形喷管的临界压力比，记为 π_{cr}。即

$$\pi_{cr} = p_0^* / p_{e,\,cr} \tag{9.7}$$

代入临界状态的相关参数，可得 $\pi_{cr} = \dfrac{p_0^*}{p_{e,\,cr}} = \dfrac{p_e^*}{p_{e,\,cr}} = \left(\dfrac{\gamma+1}{2}\right)^{\frac{\gamma}{\gamma-1}}$。对于空气，$\gamma = 1.4$，所以 $\pi_{cr} = 1.89$；对于航空发动机中常见的燃气，$\gamma = 1.33$，所以 $\pi_{cr} = 1.85$。

从物理意义上来说，收敛形喷管的临界压力比所表征的是收敛形管道所能够提供给气流膨胀加速的最大程度，也就是在管道中所完成膨胀加速的最大程度。显然，这一压力比与喷管工作压力比之间的匹配关系，就决定了气流在喷管中的膨胀加速程度，也称作为喷管的工作状态。

9.2.2 收敛形喷管的三种工作状态

根据喷管工作压力比 π_p 与收敛形喷管临界压力比 π_{cr} 之间的匹配关系，可以将收敛形喷管的工作划分为三种工作状态，即亚临界工作状态、临界工作状态和超临界工作状态，分别对应于 $\pi_p < \pi_{cr}$、$\pi_p = \pi_{cr}$ 和 $\pi_p > \pi_{cr}$ 的情形。

为便于理解，在下面的分析中设定喷管进口的总压 p_0^* 保持不变，而将反压 p_a 从等于喷管进口总压的数值开始逐渐降低，使得喷管工作压力比 π_p 逐渐增大，以说明压力比变化对收敛形喷管流动状态的影响。

当反压等于喷管进口总压时（$\pi_p = 1$），气体没有膨胀能力，将处于静止状态。

当反压开始减小并略低于气流总压时，π_p 开始增加，气体在喷管内将逐渐加速流动，而且在一开始必然是亚声速流动。显然，这时喷管处于亚临界工作状态，喷管出口截面上的气流速度是亚声速。在第 8 章对弱扰动传播规律的分析中已经知道，扰动波在亚声速流场中可以传遍整个流场。而此时的反压变化对喷管内的气流就是一种扰动，因此，反压的扰动可以前传到整个喷管内部，使喷管出口截面上的气流压力始终等于反压，$p_e = p_a$。需要注意的是，亚声速气流的出口压力必定等于反压，这是一个非常重要的基本概念，需要牢牢掌握。此时，气体流出喷管后，不再继续膨胀，而是保持为平直流动，如图 9.1 所示。

当反压进一步降低时，气流的出口压力也不断降低，而出口速度则不断增加，马赫数也不断增大，但始终小于 1.0。这也是喷管的亚临界工作状态。喷管后的气流仍是图 9.1 所示的平直流动。

当反压降低到使喷管出口截面上的气流速度恰好等于当地声速时，即 $Ma_e = 1.0$，出口截面上的气流处于临界状态，则气流的出口压力就等于临界压力 $p_{e,\,cr}$，反压也就等于临界压力 $p_a = p_{e,\,cr}$，即有 $\pi_p = \pi_{cr}$。这就是喷管的临界工作状态。因为喷管出口截面上的气流压力仍等于反压，所以气流仍然继续保持图 9.1 所示的平直流动，只不过此时的气流速

度为马赫数等于1.0。

当反压进一步降低时，达到 $\pi_p > \pi_{cr}$，由于喷管出口速度已经达到当地声速，因而反压的扰动就不能再前传到喷管内部，喷管出口处的气流压力也就不可能再进行调整，因此，出口的气流压力将始终保持等于临界工作状态时的数值 $p_{e,cr}$，即 $p_e = p_{e,cr} > p_a$，此时出口截面上的气流速度也将仍保持等于当地声速不变。气流流出喷管出口后，由于其压力大于管后的环境压力，将会产生膨胀波以进一步膨胀，如图9.2所示，所产生的膨胀波会进一步产生相交和在自由边界上的反射，从而形成如第8章所讨论的膨胀波、激波交替出现的管外波系。这就是收敛形喷管的超临界工作状态。

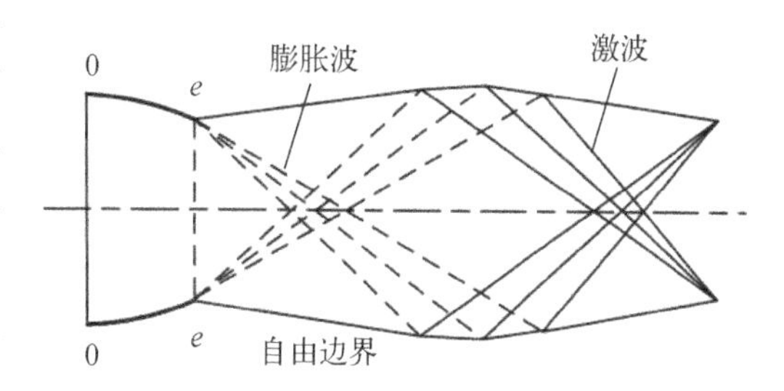

图9.2　超临界状态收敛形喷管后的流动情形

以上的分析是通过逐渐减小反压进行的，实际上也可以通过保持反压不变而逐渐增大进口总压的方式来进行分析，因为收敛形喷管的工作状态只取决于工作压力比 π_p，所以根据进口总压增大而使得工作压力比增大的情况，也可以得出相同的结论。

综上所述，可将收敛形喷管的三种工作状态总结如下。

1. 亚临界工作状态

（1）流动特征：气流在喷管内膨胀加速，但全部为亚声速气流；在喷管出口截面上，气流为亚声速，气流压力必定等于反压，即有：$Ma_e < 1.0$，$p_e = p_a$；气流在管外为平直流动。

（2）状态判据：$\pi_p < \pi_{cr}$。

（3）出口速度与流量的计算：喷管出口的气流速度系数 λ_e 可由 $\pi(\lambda_e) = p_e/p_e^* = p_a/p_0^*$ 来确定，因此，喷管出口的气流速度可通过 $c_e = \lambda_e a_{cr}$ 进行计算。

也可以由能量方程 $i_0^* = i_e^* = i_e + \frac{c_e^2}{2}$，可得

$$c_e = \sqrt{\frac{2\gamma}{\gamma-1}RT_e^*\left[1-\left(\frac{p_e}{p_e^*}\right)^{\frac{\gamma-1}{\gamma}}\right]} = \sqrt{\frac{2\gamma}{\gamma-1}RT_0^*\left[1-\left(\frac{p_a}{p_0^*}\right)^{\frac{\gamma-1}{\gamma}}\right]} \tag{9.8}$$

通过喷管的流量为

$$W = K_m\frac{p_e^*}{\sqrt{T_e^*}}A_e q(\lambda_e) = K_m\frac{p_0^*}{\sqrt{T_0^*}}A_e q(\lambda_e) \tag{9.9}$$

2. 临界工作状态

（1）流动特征：喷管出口的气流速度为当地声速，并且喷管出口处的气流压力仍等于反压，即有：$Ma_e = 1.0$，$p_e = p_{e,cr} = p_a$；气流在管外为平直流动。

但应注意，不能把收敛形喷管的临界工作状态与气流的临界状态简单地等同看待。

对于后者,只要气流的流速达到当地声速就是气流的临界状态。而对于前者,还必须满足出口静压等于反压的条件。例如对于喷管的超临界状态,喷管出口处的气流仍然是临界状态。因此,喷管出口气流的临界状态并不一定就是喷管的临界工作状态。

(2) 状态判据: $\pi_p = \pi_{cr}$。

(3) 出口速度与流量的计算: 喷管出口的气流速度为 $\lambda_e = 1.0$, 所以

$$c_e = \sqrt{\frac{2\gamma}{\gamma + 1}RT_e^*} = \sqrt{\frac{2\gamma}{\gamma + 1}RT_0^*} \tag{9.10}$$

因为 $q(\lambda_e) = 1.0$, 所以通过喷管的流量为

$$W = K_m \frac{p_e^*}{\sqrt{T_e^*}}A_e = K_m \frac{p_0^*}{\sqrt{T_0^*}}A_e \tag{9.11}$$

3. 超临界工作状态

(1) 流动特征: 喷管出口的气流速度仍为当地声速,并且喷管出口处的气流压力大于反压,即有: $Ma_e = 1.0$, $p_e = p_{e,cr} > p_a$; 气流在管外形成波系。

因为喷管出口处的气流压力大于反压,气流流出喷管出口后还将通过膨胀波进一步膨胀,故这一工作状态又属于不完全膨胀状态。还应该注意的是,超临界工作状态是对喷管的工作而言的。对于气流来说,在喷管的超临界工作状态下,喷管出口的气流仍处于临界状态。此外特别要注意的是,绝不能把喷管的超临界工作状态理解为超声速流态,因为这时喷管出口的气流速度仍是当地声速。并且,对于收敛形喷管来说,喷管出口截面上的气流速度在任何情况下也不会达到超声速。

(2) 状态判据: $\pi_p > \pi_{cr}$。

(3) 出口速度与流量的计算: 计算公式仍为式(9.10)与式(9.11)。实际上超临界工作状态的出口气流速度和流量与临界工作状态的完全相同。

9.2.3 收敛形喷管的壅塞状态

收敛形喷管的临界工作状态和超临界工作状态都是在喷管出口处气流达到临界状态,又把这样的状态称为喷管的壅塞状态。它具有以下的特征:

(1) 喷管出口处气流速度为当地声速,即出口马赫数等于 1.0;

(2) 在喷管进口参数一定时,反压的进一步下降对喷管内部的流动不再产生影响;

(3) 在给定的喷管进口参数下,通过喷管的流量达到最大值,喷管的流通能力也达到最大。反压的进一步降低也不会使得流量增大,这实际上也正是壅塞的含义。

需要再次强调,所谓通过喷管的流量达到最大值,是对给定的喷管进口参数以及给定的喷管出口面积而言的。当上述条件改变时,喷管的流量就会受到影响而变化。例如当喷管进口的总压增加时,从式(9.11)也可以看出,流量与进口总压成正比变化,流量也随之成正比地增大;当进口的总温增大时,则会使流量减小;而当喷管出口的面积增大时,也会使得流量增大,同时在进口总温总压不变的条件下使得进口的流动速度增大。

9.2.4　收敛形喷管计算举例

【例9.1】　涡轮喷气式发动机采用了收敛形喷管，其进口总温为625 K，总压为2.5 bar，喷管出口面积为0.3 m^2，外界大气压力为1.0 bar。设流动过程为定熵绝能过程，求流经喷管的燃气流量以及喷管出口的气流速度、静压和静温。

解：首先根据工作压力比判断收敛形喷管的工作状态。因为

$$\pi_p=\frac{p_0^*}{p_a}=\frac{2.5}{1.0}=2.5>\pi_{cr}=1.85$$

所以，喷管处于超临界工作状态。有 $Ma_e=1.0$、$\lambda_e=1.0$，
流经喷管的燃气流量为

$$W_g=K_m\frac{p_e^*}{\sqrt{T_e^*}}A_e=K_m\frac{p_0^*}{\sqrt{T_0^*}}A_e=0.0397\times\frac{2.5\times10^5}{\sqrt{625}}\times0.3=119.1\ \text{kg/s}$$

出口的气流速度等参数为

$$c_e=\sqrt{\frac{2\gamma}{\gamma+1}RT_e^*}=\sqrt{\frac{2\gamma}{\gamma+1}RT_0^*}=452.84\ \text{m/s}$$

$$p_e=p_e^*/1.85=1.35\ \text{bar}>p_a=1.0\ \text{bar}$$

$$T_e=T_e^*/1.165=536.48\ \text{K}$$

【例9.2】　对于例9.1，如果外界环境压力变为1.53 bar，则结果应当如何？

解：此时的工作压力比为

$$\pi_p=\frac{p_0^*}{p_a}=\frac{2.5}{1.53}=1.634<\pi_{cr}=1.85$$

因为工作压力比小于临界压力比，故喷管处于亚临界工作状态。所以，
喷管出口的气流静压 $p_e=p_a=1.53$ bar，
喷管出口的速度系数由下式确定：$\pi(\lambda_e)=p_e/p_e^*=p_e/p_0^*=0.612$，由气动函数表C.2可查得，$\lambda_e=0.90$、$q(\lambda_e)=0.9883$。
流经喷管的燃气流量为

$$W_g=K_m\frac{p_e^*}{\sqrt{T_e^*}}A_eq(\lambda_e)=K_m\frac{p_0^*}{\sqrt{T_0^*}}A_eq(\lambda_e)$$

$$W_g=0.0397\times\frac{2.5\times10^5}{\sqrt{625}}\times0.3\times0.9883=117.7\ \text{kg/s}$$

其他的出口气流参数为

$$p_e=p_a=1.53\ \text{bar},\ c_e=\lambda_e\sqrt{\frac{2\gamma}{\gamma+1}RT_e^*}=\lambda_e\sqrt{\frac{2\gamma}{\gamma+1}RT_0^*}=407.56\ \text{m/s},$$

$$T_e = T_e^* \tau(\lambda_e) = 625 \times 0.8853 = 553.31\ \text{K}$$

或直接通过式(9.8)计算出口气流速度,即

$$c_e = \sqrt{\frac{2 \times 1.33}{1.33 - 1} \times 287.4 \times 625 \left[1 - \left(\frac{1.53}{2.5}\right)^{\frac{1.33-1}{1.33}}\right]} = 407.56\ \text{m/s}$$

可见,在进口参数不变时,喷管亚临界工作状态下的流量和喷气速度都有所减小。

【例 9.3】 对于例 9.1,如果是喷管进口的气流总压减小为 1.634 bar,则结果又应当如何?

解: 此时的工作压力比为

$$\pi_p = \frac{p_0^*}{p_a} = \frac{1.634}{1.0} = 1.634 < \pi_{cr} = 1.85$$

因为工作压力比小于临界压力比,故喷管处于亚临界工作状态。所以:

喷管出口的气流压力 $p_e = p_a = 1.0$ bar;

喷管出口的速度系数由下式确定:$\pi(\lambda_e) = p_e/p_e^* = p_e/p_0^* = 0.612$,同样由气动函数表 C.2 可得,$\lambda_e = 0.90$、$q(\lambda_e) = 0.9883$。

流经喷管的燃气流量为

$$W_g = K_m \frac{p_e^*}{\sqrt{T_e^*}} A_e q(\lambda_e) = K_m \frac{p_0^*}{\sqrt{T_0^*}} A_e q(\lambda_e)$$

$$W_g = 0.0397 \times \frac{1.634 \times 10^5}{\sqrt{625}} \times 0.3 \times 0.9883 = 76.93\ \text{kg/s}$$

可见,虽然喷管的工作状态与例 9.2 一样,但是由于进口总压减小使得流过喷管的燃气流量也明显减小。

其他的出口气流参数为

$$p_e = p_a = 1.0\ \text{bar},\ c_e = \lambda_e \sqrt{\frac{2\gamma}{\gamma + 1} R T_e^*} = \lambda_e \sqrt{\frac{2\gamma}{\gamma + 1} R T_0^*} = 407.56\ \text{m/s},$$

$$T_e = T_e^* \tau(\lambda_e) = 625 \times 0.8853 = 553.31\ \text{K}$$

或直接通过式(9.8)计算出口气流速度,即

$$c_e = \sqrt{\frac{2 \times 1.33}{1.33 - 1} \times 287.4 \times 625 \left[1 - \left(\frac{1.0}{1.634}\right)^{\frac{1.33-1}{1.33}}\right]} = 407.53\ \text{m/s}$$

可见,由于喷管的工作压力比与例 9.2 一样,且进口总温相同,所以喷管出口的气流速度也相同。

【例 9.4】 某涡轮喷气发动机的收敛形喷管进、出口截面积分别为 0.2085 m^2 和 0.159 m^2,地面试车时测得喷管进口的总压为 1.433 bar,总温为 900 K。试求当大气压力

为0.987 bar时，喷管出口的喷气速度 c_e 和喷管进口的燃气压力，以及通过喷管的燃气流量。

解： 首先判断收敛形喷喷管的工作状态

因为
$$\pi_p = \frac{p_0^*}{p_a} = \frac{1.433}{0.987} = 1.45 < \pi_{cr} = 1.85$$

因此，收敛形喷管处于亚临界工作状态，喷管出口的气流压力 $p_e = p_a = 0.987$ bar。

由 $\pi(\lambda_e) = \dfrac{p_e}{p_e^*} = \dfrac{p_a}{p_0^*} = \dfrac{0.987}{1.433} = 0.6887$，查气动函数表C.2得 $\lambda_e = 0.79$，$q(\lambda_e) = 0.9481$

故
$$c_e = \lambda_e a_{cr} = 0.79 \times \sqrt{\frac{2 \times 1.33}{1.33 + 1} \times 287.4 \times 900} = 429.3\ \text{m/s}$$

又因为是等熵绝能流动，有 $A_0 q(\lambda_0) = A_e q(\lambda_e)$

所以
$$q(\lambda_0) = \frac{A_e}{A_0} q(\lambda_e) = \frac{0.159}{0.2085} \times 0.9481 = 0.723$$

再由 $q(\lambda_0)$ 查函数表C.2得 $\lambda_0 = 0.51$，$\pi(\lambda_0) = 0.8596$

所以喷管进口燃气的压力（静压）为　$p_0 = p_0^* \cdot \pi(\lambda_0) = 1.433 \times 0.8596 = 1.232$ bar

通过喷管的燃气流量为

$$W_g = K_m \frac{p_e^*}{\sqrt{T_e^*}} q(\lambda_e) A_e = 0.0397 \times \frac{1.433 \times 10^5}{\sqrt{900}} \times 0.9481 \times 0.159 = 28.59\ \text{kg/s}$$

9.3　收敛-扩张形喷管（拉瓦尔喷管）中的流动

收敛-扩张形喷管是指管道截面先逐渐缩小，达到最小截面（喉道）后再逐渐扩张的管道，是使气流由亚声速加速到超声速的必备管道形状。这种管道又以瑞典工程师拉瓦尔（Gustaf de Laval）的名字而被称为拉瓦尔喷管。在实际应用中，当涡喷/涡扇发动机涡轮后的气流总压较大或在高空飞行时外界大气压力很小时，气流在收敛形喷管内不能完全膨胀而造成较大的推力损失，就应当采用拉瓦尔喷管。所以，拉瓦尔喷管普遍应用于超声速飞机用涡喷和涡扇发动机以及冲压发动机的喷管，以获得大的发动机推力。航天用火箭发动机也都采用拉瓦尔喷管以获取大的推力。此外，拉瓦尔喷管还是超声速风洞试验系统的主要部件，用于在地面产生超声速气流，为开展各类飞行器气动性能研究提供所需的超声速来流试验条件。

本小节将主要研究进口为亚声速气流的条件下，气流在该类型喷管中的加速流动情况。具体包括：喷管的三种工作状态及其与压力比的关系；喷管扩张段出现激波时的流动状态及与压力比的关系；喷管出口气流速度等参数和通过喷管的流量的计算方法。在气体的流动中,拉瓦尔喷管的几何尺寸是固定不变的,其最小截面面积(又称为喉道面积) A_t 和出口截面面积 A_e 根据设计状态确定。应当注意的是,在某些工作条件下,拉瓦尔喷管中的气流加速至超声速后可能会出现激波现象,因此,不能简单笼统地把拉瓦尔喷管内部的流动看成是定熵绝能流动。但是对于不存在激波的流动区域,则可以作为定熵绝能流动处理。

拉瓦尔喷管的截面划分与标识:参见图 9.3,拉瓦尔喷管进口截面通常设为 0－0 截面,与该截面相关的参数用下标 0 来标识;其最小截面(喉道)设为 $t-t$ 截面,与该截面相关的参数用下标 t 来标识;其出口截面设为 $e-e$ 截面,与该截面相关的参数用下标 e 来标识。

9.3.1 拉瓦尔喷管的压力比

1. 拉瓦尔喷管的工作压力比

喷管进口的气流总温和总压分别为 T_0^* 和 p_0^*,由于拉瓦尔喷管中气流流动是绝能的,总温保持不变,所以喷管内任意截面的气流总温都等于 T_0^*。但是对于总压来说就不一样了,因为气流在拉瓦尔喷管内的流动并不一定全部是定熵流动,因此喷管内的总压不一定保持不变,要根据具体的条件而定。在其收敛段内,由于是亚声速气流,所以可认为是定熵绝能流动。而在扩张段中,在很多情况下是超声速流动,有可能会形成激波,造成熵增和总压损失,所以要具体分析。喷管出口处的外界环境压力或反压为 p_a。

同收敛形喷管类似,将喷管进口处的气流总压与管后反压的比值定义为拉瓦尔喷管的前后压力比,也称为喷管的工作压力比,即

$$\pi_p = p_0^* / p_a \tag{9.12}$$

与前面讨论收敛形喷管工作时一样,工作压力比也是喷管工作的一个重要参数,是决定拉瓦尔喷管各种工作状态的判据参数。但是与收敛形喷管不同的是,拉瓦尔喷管的工作状态不仅是取决于工作压力比,还与喷管的具体尺寸有关。只是对于给定几何尺寸的拉瓦尔喷管,其工作状态只取决于工作压力比的变化。

2. 拉瓦尔喷管的设计压力比

1) 设计压力比的计算

拉瓦尔喷管的设计状态是指,亚声速气流在拉瓦尔喷管中定熵绝能地膨胀加速并完全膨胀,在出口截面上达到设计的(或指定的)出口马赫数 Ma_{ed},并且其出口压力 p_e 与管后反压 p_a 相等($p_e = p_a$)。在此设计状态下工作时,拉瓦尔喷管的工作压力比就称为设计压力比,以 π_d 来表示。即

$$\pi_d = \left(\frac{p_0^*}{p_a}\right)_d = \left(\frac{p_0^*}{p_e}\right)_d = \left(\frac{p_e^*}{p_e}\right)_d = \left(1 + \frac{\gamma - 1}{2} Ma_{ed}^2\right)^{\frac{\gamma}{\gamma-1}} \tag{9.13}$$

拉瓦尔喷管的设计压力比是研究喷管工作状态的一个极为重要的参数,它是确定喷管工作状态的基准值。它的关键点有两个,一是出口气流速度达到设计的马赫数 Ma_{ed},二是出口气流压力必须与反压相等。

2）设计马赫数 Ma_{ed} 与面积比的关系

为了更好地理解并应用好设计压力比的概念，就需要了解拉瓦尔喷管设计马赫数 Ma_{ed} 与面积比的关系。

拉瓦尔喷管的喉道面积 A_t 与其出口面积 A_e 的比值，称为设计面积比，即 $\bar{A}_d = A_t/A_e$。根据流量连续方程，可知

$$K_m \frac{p_e^*}{\sqrt{T_e^*}} A_e q(\lambda_e) = K_m \frac{p_t^*}{\sqrt{T_t^*}} A_t q(\lambda_t)$$

在设计状态下，由于管内是定熵绝能流动，喷管内气流的总压和总温均保持不变，且气流在喉道截面上处于临界状态，有 $q(\lambda_t) = 1.0$，可知 $A_t/A_e = q(\lambda_e)$，所以有 $\bar{A}_d = A_t/A_e = q(\lambda_{ed})$。其中的 λ_{ed} 是与设计马赫数 Ma_{ed} 所对应的速度系数。

根据相关的参数关系，也可以得出设计面积比 $\bar{A}_d$ 与设计出口马赫数 Ma_{ed} 的关系为

$$\bar{A}_d = \frac{A_t}{A_e} = \frac{1}{q(\lambda_{ed})} = \frac{Ma_{ed}\left(\dfrac{\gamma+1}{2}\right)^{\frac{\gamma+1}{2(\gamma-1)}}}{\left(1+\dfrac{\gamma-1}{2}Ma_{ed}^2\right)^{\frac{\gamma+1}{2(\gamma-1)}}} \tag{9.14}$$

可见，要想在拉瓦尔喷管出口截面处获得速度为设计马赫数 Ma_{ed} 的超声速气流，就必须根据上述关系式来确定面积比。例如，对于空气来说，要得到设计马赫数为 1.5 的超声速气流，拉瓦尔喷管的设计面积比就应为 0.850 2；要得到设计马赫数等于 2.0 的超声速气流，拉瓦尔喷管的面积比则应设计为 0.592 6。

9.3.2　拉瓦尔喷管的三种工作状态

对于具有确定面积比 $\bar{A}_d = A_t/A_e$ 的拉瓦尔喷管，其对应的设计压力比是确定的。但是，在工作中喷管进口气流的总压和管后反压都可能会发生变化，使拉瓦尔喷管的工作压力比 $\pi_p = p_0^*/p_a$ 发生变化，出现等于、大于或小于设计压力比 π_d 的情况，所以拉瓦尔喷管就不可能始终保持为设计工作状态。因此，为方便分析计算气流在喷管中的流动参数，把拉瓦尔喷管的工作分为完全膨胀（设计状态）、不完全膨胀和过度膨胀三种工作状态。

1. 完全膨胀工作状态（设计状态）

完全膨胀工作状态实际上就是拉瓦尔喷管的设计状态，所以也叫作设计状态。其压力比关系为 $\pi_p = \pi_d$。

在这种工作状态下，气体流过拉瓦尔喷管时，首先在收敛段不断膨胀加速，气流的速度不断增大，马赫数增大，气体的压力、温度和密度不断减小。在喉道截面处，气流达到临界状态，气流速度等于当地声速（也等于临界声速）$Ma_t = 1.0$，压力、温度和密度则对应于临界状态值。在后续的扩散段中，气流进一步膨胀加速成为超声速流动（$Ma > 1.0$），且气流速度随着管道面积的增大而增大，气体的压力、温度和密度也随之减小。在管道出口截面处，出口气流马赫数等于设计马赫数 $Ma_e = Ma_{ed}$，气体的压力减小到等于管后反压（$p_e = p_a$），温度和密度都减小到相应的数值，其参数变化情形如图 9.3 所示。

由于管道出口截面处的气体压力 p_e 等于管后反压 p_a，所以气体流出管道以后，在管外既不会继续膨胀，也不会受压缩，管外气流呈平直流动。

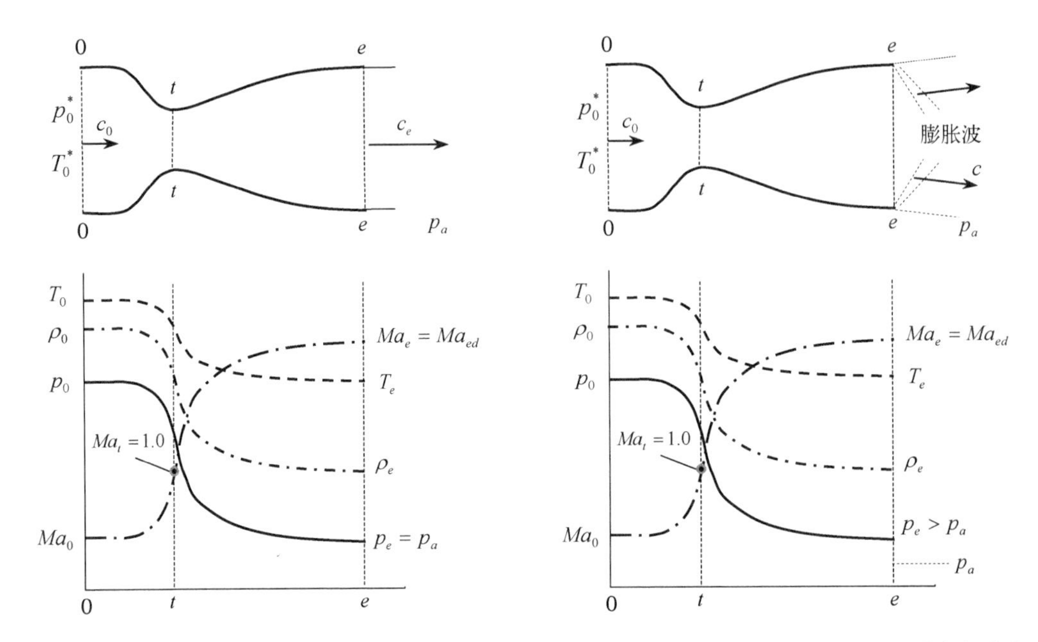

图 9.3　拉瓦尔喷管设计状态参数变化示意图　　**图 9.4　拉瓦尔喷管不完全膨胀状态的参数变化**

2. 不完全膨胀工作状态

在设计状态的基础上，当减小管后反压或增大喷管进口的气流总压时，拉瓦尔喷管的工作压力比大于设计压力比，即 $\pi_p > \pi_d$。在此种工作条件下，气体在喷管内膨胀加速，至出口截面处，其压力大于管后反压 ($p_e > p_a$)，这说明气体在管道内没有得到完全膨胀，拉瓦尔喷管的这种工作状态就叫作不完全膨胀工作状态。在这种工作状态下，气体在管内的流动情形以及气流参数沿管道的变化情形，与完全膨胀工作状态时一样，喷管出口的马赫数仍然是设计状态的马赫数，$Ma_e = Ma_{ed}$。

但是，气体流出喷管以后，由于管道出口截面处的气体压力大于管后反压 ($p_e > p_a$)，所以超声速气流在管外将继续膨胀。此时，出口截面上的超声速气流是由高压区流向低压区，将受到膨胀扰动，形成膨胀波组，而后膨胀波组相交并在自由边界上反射，形成膨胀波组与压缩波、激波交替出现的管外复杂波系，如图 8.31 和图 8.32 所讨论的膨胀波、激波相交与反射现象。

3. 过度膨胀工作状态

以设计状态为基础，当增大管后反压或减小喷管进口的气流总压时，拉瓦尔喷管的工作压力比就小于设计压力比，即 $\pi_p < \pi_d$。在这种工作条件下，若气流仍按照拉瓦尔喷管所设定的膨胀程度进行膨胀加速，势必会出现喷管出口截面上气流的压力要小于管后反压 ($p_e < p_a$) 的情况，说明气体在喷管内形成了过度的膨胀。所以，把拉瓦尔喷管的这种工作状态，叫作过度膨胀工作状态。

拉瓦尔喷管的过度膨胀工作状态比较复杂，为便于分析归纳，又把过度膨胀状态细分为三种情况，从而把气体在管内和管外的流动情形对应地归纳为三种类型。下面，以进口总压不变而管后反压变化的情形为例，来分析说明过度膨胀工作状态的三种类型。

1）第一种类型：喷管外形成激波，管后反压的范围是 $p_{a1} < p_a \leqslant p_{a2}$

在这种情况下，管后反压的变化中有两个特征值，对应着两种流动形态的转折点。一个是 p_{a1}，它实际上就是设计状态所对应的管后反压值，即 $p_{a1} = p_{ed} = p_e^*\pi(\lambda_{ed}) = p_0^*\pi(\lambda_{ed})$。另一个是 p_{a2}，它是在拉瓦尔喷管出口截面上恰好形成正激波时所对应的反压值。

当管后反压升高到 $p_a > p_{a1}$ 后，气体在喷管内膨胀加速，参数变化与完全膨胀工作状态时相同，在出口截面上形成超声速气流（注意：此时出口的气流速度与设计状态的相同），$Ma_e = Ma_{ed}$。但是由于是过度膨胀，管道出口截面上的气流压力就开始小于管后反压。在这种工作条件下，就出现了超声速气流从低压区流向高压区的情况。根据第8章中关于激波的讨论，可知将在管道出口外形成激波，气流通过激波增压后压力提高到与管后反压相等。激波的位置、形状和强度就由激波前后压力比（$p_2/p_1 = p_a/p_e = p_a/p_{a1}$）来决定。当管后反压 p_a 比 p_{a1} 大得不多时，激波前后压力比较小，在管外只形成较弱的管外斜激波，如图9.5所示。由于激波较弱，所以斜激波正常相交，并经自由边界的反射后在管外形成激波、膨胀波交替出现的波系（可参考图8.33）。

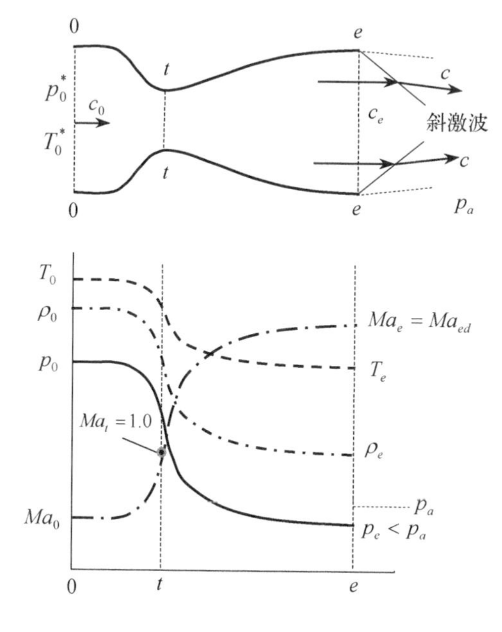

图9.5　过度膨胀工作状态参数变化示意图（管外斜激波）

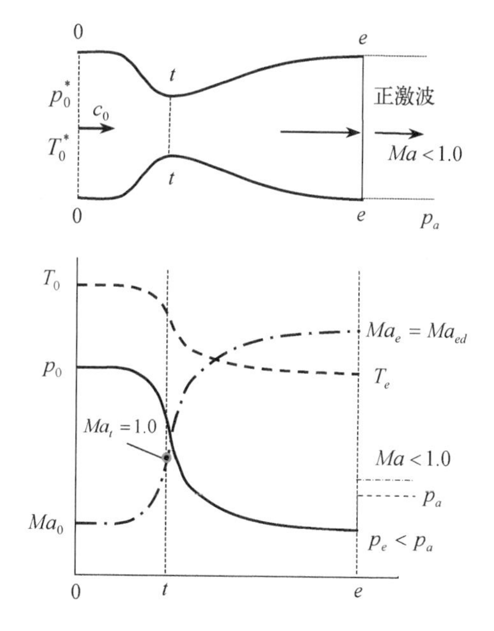

图9.6　过度膨胀工作状态参数变化示意图（管口形成正激波）

随着管后反压 p_a 的进一步增大，激波前后压力比也增大，因而激波的强度不断增强，激波角逐渐增大，激波逐渐向喷管出口靠近。当斜激波后的气流转折角大于对应于波后气流马赫数的最大转折角时，斜激波不能正常相交，于是形成桥形激波，如图9.7所示。桥形激波后的部分区域就不能得到超声速气流了。

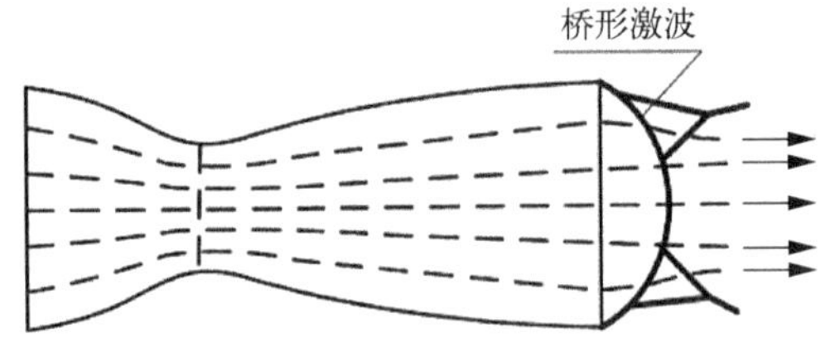

图 9.7　拉瓦尔喷管管外的桥形激波

当管后反压 p_a 增大到 p_{a2} 时，桥形激波就会前移到喷管的出口截面上，恰好在该截面上形成正激波（又称为贴口正激波）。如图 9.6 所示，在激波贴口的状态下，波前马赫数仍为 $Ma_e = Ma_{ed}$，而气流通过正激波后就减速成为亚声速气流。正激波前的气流压力仍为设计状态的压力（也即 p_{a1}），因此根据正激波前后的压力比关系式(8.10)，有

$$p_{a2} = p_{a1}\left(\frac{2\gamma}{\gamma + 1}Ma_{ed}^2 - \frac{\gamma - 1}{\gamma + 1}\right) \tag{9.15}$$

当 $p_{a1} < p_a \leqslant p_{a2}$ 时，气流在管道出口外通过不同强度的激波来达到与管后的反压相平衡。正由于超声速气流可以通过激波来提高压力，所以在这个管后反压的范围内，拉瓦尔喷管内的流动仍不受管后气体反压变化的影响，这一点与收敛形喷管不同，收敛形喷管出口截面上的气流压力不可能小于管后气体的反压。

2）第二种类型：在扩张段内形成激波，反压范围 $p_{a2} < p_a \leqslant p_{a3}$，喉道仍处于临界状态

在这种情况下，管后反压的变化也有两个特征值，对应着两个流动形态转折点。一个是 p_{a2}，它是在出口截面上形成贴口正激波时所对应的反压值。另一个是 p_{a3}，是在喉道处形成压缩扰动，使得扩张段内全部为亚声速气流时所对应的反压值。

当管后反压 p_a 大于 p_{a2} 之后，激波传播速度大于出口截面处气流的速度，所以激波向管内移动。随着激波向管内移动，波前气流马赫数降低，其传播速度减小。因此，当激波移动到管内扩张段的某一个截面处，激波传播速度与波前气流速度相等时，激波就会稳定在这一新的位置上，例如图 9.8 中的 $A-A$ 截面。对于一维流动，这种激波可看作正激波，气流经过该正激波后压力突升，并减速成为亚声速气流。而后，亚声速气流在后续的扩张形管道内不断减速增压，到出口截面处气流的压力与管后反压相等。这一过程的气流压力的变化情形如图 9.8 中的压力①曲线所示，在管内的激波位置 $A-A$ 处有一明显的压力突升。气流马赫数的变化如图 9.8 中的马赫数①曲线所示，在激波位置 $A-A$ 处有一明显的马赫数突降（成亚声速）。同时，由于管内激波后均是亚声速气流，随着管后反压的不断增高，扰动可以前传至激波后，使得激波的强度增大，导致

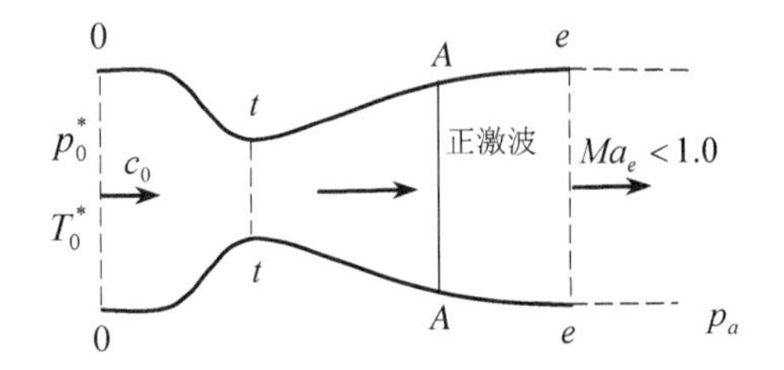

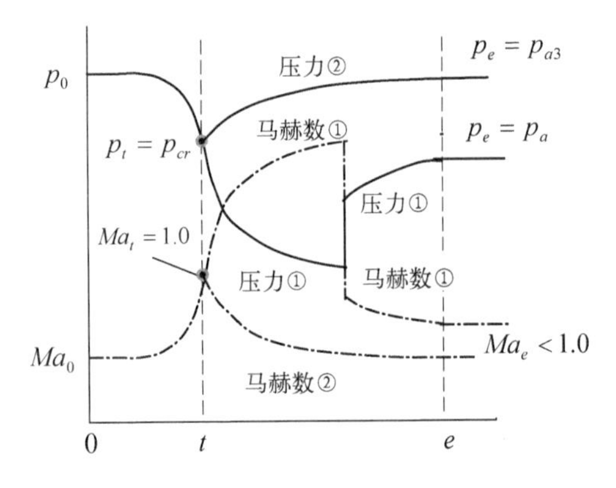

图 9.8　过度膨胀工作状态参数变化示意图（管内形成正激波）

激波的传播速度增大，所以激波的位置就会不断前移，逐步靠近喉道。管后气体的反压越高，激波就越靠近喉道。但越靠近喉道，波前的气流马赫数越小，则激波减弱。当管后反压提高到 $p_a = p_{a3}$ 时，管内激波恰好移到喉道，由于这时喉道的气流马赫数为 1.0，所以激波也就退化为弱压缩波。气流经过喉道后，仍为亚声速气流，继续在扩张段内减速增压，直至出口。在这种情况下，整个拉瓦尔喷管内的气流流动情形是：气流在收敛段内一直加速，到喉道处加速到当地声速 $Ma_t = 1.0$，而后气流又在扩张段内减速增压，直到出口截面处气流的压力等于管后反压 $p_e = p_{a3}$，气体压力的变化情形如图 9.8 中的压力②曲线，马赫数的变化如图 9.8 中的马赫数②曲线。

p_{a3} 是一个重要的特征反压值，其具体数值可这样确定。首先根据喉道与出口截面的流量连续方程先求得 $q(\lambda_e)$，再由 $q(\lambda_e)$ 得到出口截面处的气流 λ_e 或马赫数 Ma_e。但特别需要注意的是，这时出口截面处是亚声速气流，所以应取 $q(\lambda_e)$ 所对应的亚声速解，即 $\lambda_{e,sub}$ 或 $Ma_{e,sub}$，然后利用静压和总压的比值与 λ 的关系式求得 p_{a3}，即 $p_{a3} = p_0^* \pi(\lambda_{e,sub})$。

综上所述，反压 p_a 在 p_{a2} 与 p_{a3} 之间变化时，激波位于喷管的扩张段，管内气流流动只在喉道之后有一段超声速气流，然后通过激波减速为亚声速气流。所以管后反压变化产生的扰动可传进管内的亚声速气流区域，从而改变激波所在的位置，影响激波之后的管内气流流动，调整流速和压力，使气流在出口截面处的压力等于管后反压（$p_e = p_a$）。出口是亚声速气流，所以保持平直流动。

3）第三种类型：喷管内全部是亚声速气流，反压范围 $p_a > p_{a3}$

当管后反压高于 p_{a3} 时，由于工作压力比低，则整个拉瓦尔喷管内都是亚声速气流，气流在喉道处也不再是临界状态，这时喉道截面上的气流速度小于当地声速，是亚声速流动。因此，反压的扰动可以影响整个拉瓦尔喷管内的气流流动。同收敛形喷管亚临界工作状态的情况一样，出口截面处的气流速度不再与面积比有关，而是由喷管的工作压力比 p_0^*/p_a 直接确定。由 $\pi(\lambda_e) = p_e/p_0^* = p_a/p_0^* = 1/\pi_p$，即可确定出口气流的马赫数。这种情形下管内气流的压力和马赫数变化如图 9.9 所示。

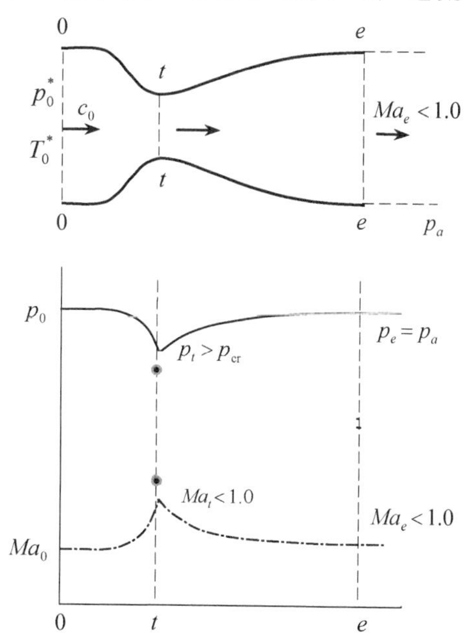

图 9.9　过度膨胀工作状态参数变化示意图（管内均为亚声速流动）

以上是以管后反压变化为例进行分析的，同样的道理也可以分析进口总压变化导致喷管工作压力比变化的情形。对于给定面积比的拉瓦尔喷管，若保持管后反压 p_a 不变，而让进口气流总压 p_0^* 从 p_a 值开始逐渐提高，那么拉瓦尔喷管中的流动必将从过度工作状态的第三种类型开始，随着进口气流总压的提高，依次出现第二种类型、第一种类型以及完全膨胀工作状态、不完全膨胀工作状态的流动情形。

9.3.3 拉瓦尔喷管工作状态的判断

由上面的分析可知，已知喷管的工作压力比时，即可对拉瓦尔喷管的工作状态作出判断。具体为：

(1) 当 $\pi_p > \pi_d$ 时，拉瓦尔喷管处于不完全膨胀工作状态。出口是超声速流动，管外流动的特征是有膨胀波和激波组成的波系。

(2) 当 $\pi_p = \pi_d$ 时，拉瓦尔喷管处于完全膨胀工作状态，也是设计状态。出口是超声速流动，管外流动的特征是平直流动。

(3) 当 $\dfrac{p_0^*}{p_{a2}} < \pi_p < \pi_d$ 时，拉瓦尔喷管处于过度膨胀状态下的第一种类型。出口截面上仍然是超声速流动，管外流动特征是管外有斜激波或桥形激波。

(4) 当 $\pi_p = \dfrac{p_0^*}{p_{a2}}$ 时，拉瓦尔喷管仍处于过度膨胀工作状态。出口截面上仍然是超声速流动，但是有贴口正激波，管外流动特征是亚声速的平直流动。

(5) 当 $\dfrac{p_0^*}{p_{a3}} < \pi_p < \dfrac{p_0^*}{p_{a2}}$ 时，拉瓦尔喷管处于过度膨胀工作状态下的第二种类型。出口截面上是亚声速流动，特征是管内扩张段有正激波，管外是亚声速的平直流动。

(6) 当 $\pi_p = \dfrac{p_0^*}{p_{a3}}$ 时，拉瓦尔喷管处于过度膨胀工作状态，特征是喷管中没有超声速气流，但气流在喉道仍处于临界状态。

(7) 当 $\pi_p < \dfrac{p_0^*}{p_{a3}}$ 时，拉瓦尔喷管处于过度膨胀工作状态的第三种类型，特征是喷管中全部是亚声速气流，喉道处的气流也是亚声速。

正确进行工作状态的判断，是进行详细流动分析与参数计算的重要基础。

9.3.4 拉瓦尔喷管气流参数的计算

从上面的分析可以看出，拉瓦尔喷管的流动情形比较复杂，气流参数的确定与喷管所处的工作状态密切相关，所以必须结合对流动状态特征的分析与判断来进行参数计算。

1. 设计状态的计算

(1) 由面积比确定设计马赫数：$q(\lambda_{ed}) = \dfrac{A_t}{A_e} = \bar{A}_d$，计算出 λ_{ed}、Ma_{ed}、$\lambda_{ed,\,sub}$

(2) 计算设计压力比：$\pi_d = \left(1 + \dfrac{\gamma - 1}{2}Ma_{ed}^2\right)^{\frac{\gamma}{\gamma-1}} = \dfrac{1}{\pi(\lambda_{ed})}$

(3) 计算其他参数：出口的气流压力 $p_e = p_{ed} = p_e^* \pi(\lambda_{ed}) = p_a$

气流温度 $T_e = T_{ed} = T_e^* \tau(\lambda_{ed})$，或 $T_e = T_{ed} = T_e^* \Big/ \left(1 + \dfrac{\gamma - 1}{2}Ma_{ed}^2\right)$

气体流量 $W = K_m \dfrac{p_t^*}{\sqrt{T_t^*}}A_t = K_m \dfrac{p_0^*}{\sqrt{T_0^*}}A_t$

2. 工作压力比特征值的计算

$$\frac{p_0^*}{p_{a1}} = \pi_d; \quad \frac{p_0^*}{p_{a2}} = \frac{1}{\pi(\lambda_{ed}) \cdot \left(\frac{2\gamma}{\gamma+1}Ma_{ed}^2 - \frac{\gamma-1}{\gamma+1}\right)}; \quad \frac{p_0^*}{p_{a3}} = \frac{1}{\pi(\lambda_{ed,\ sub})}$$

3. 不完全膨胀工作状态的计算

（1）气流参数：$\lambda_t = 1.0$，$\lambda_e = \lambda_{ed}$，$Ma_e = Ma_{ed}$，$c_e = \lambda_e a_{cr} = \lambda_e \sqrt{\frac{2\gamma}{\gamma+1}RT_e^*}$

$$p_e = p_e^* \pi(\lambda_e),\ T_e = T_e^* \tau(\lambda_e),\ \text{或}\ T_e = T_e^* \Big/ \left(1 + \frac{\gamma-1}{2}Ma_e^2\right)$$

（2）流量：$W = K_m \frac{p_t^*}{\sqrt{T_t^*}} A_t = K_m \frac{p_0^*}{\sqrt{T_0^*}} A_t$

4. 过度膨胀工作状态的计算

（1）当 $\frac{p_0^*}{p_{a2}} < \pi_p < \pi_d$ 时：$\lambda_t = 1.0$，$\lambda_e = \lambda_{ed}$，$Ma_e = Ma_{ed}$，$c_e = \lambda_e a_{cr} = \lambda_e \sqrt{\frac{2\gamma}{\gamma+1}RT_e^*}$

$$p_e = p_e^* \pi(\lambda_e),\ T_e = T_e^* \tau(\lambda_e),\ \text{或}\ T_e = T_e^* \Big/ \left(1 + \frac{\gamma-1}{2}Ma_e^2\right)$$

$$\text{流量}\ W = K_m \frac{p_t^*}{\sqrt{T_t^*}} A_t = K_m \frac{p_0^*}{\sqrt{T_0^*}} A_t$$

（2）当 $\frac{p_0^*}{p_{a3}} < \pi_p < \frac{p_0^*}{p_{a2}}$ 时：$\lambda_t = 1.0$，$\lambda_e < 1.0$，$Ma_e < 1.0$，$c_e = \lambda_e a_{cr} = \lambda_e \sqrt{\frac{2\gamma}{\gamma+1}RT_e^*}$

$$p_e = p_e^* \pi(\lambda_e) = p_a,\ T_e = T_e^* \tau(\lambda_e),\ \text{或}\ T_e = T_e^* \Big/ \left(1 + \frac{\gamma-1}{2}Ma_e^2\right)$$

$$\text{流量}\ W = K_m \frac{p_t^*}{\sqrt{T_t^*}} A_t = K_m \frac{p_0^*}{\sqrt{T_0^*}} A_t$$

应当注意，此时管内有激波，出口气流为亚声速。利用 $p_e = p_a$，其出口速度系数 λ_e 可以通过流量连续方程确定，即 $K_m \frac{p_t^*}{\sqrt{T_t^*}} A_t = K_m \frac{p_0^*}{\sqrt{T_0^*}} A_t = K_m \frac{p_e}{\sqrt{T_e^*}} A_e y(\lambda_e)$，通过气动函数 $y(\lambda_e)$ 即可求出 λ_e（可参见例9.7、例9.8）。

（3）当 $\pi_p < \frac{p_0^*}{p_{a3}}$ 时：$\lambda_t < 1.0$，$\lambda_e < 1.0$，$Ma_e < 1.0$，$c_e = \lambda_e a_{cr} = \lambda_e \sqrt{\frac{2\gamma}{\gamma+1}RT_e^*}$

$$p_e = p_e^* \pi(\lambda_e) = p_a,\ T_e = T_e^* \tau(\lambda_e),\ \text{或}\ T_e = T_e^* \Big/ \left(1 + \frac{\gamma-1}{2}Ma_e^2\right)$$

流量 $W = K_m \dfrac{p_e^*}{\sqrt{T_e^*}} A_e q(\lambda_e)$

应当注意,此时管内均为亚声速气流,是定熵绝能流动。利用 $p_e = p_a$,其出口速度系数 λ_e 可以通过 $\pi(\lambda_e) = \dfrac{p_e}{p_0^*}$ 确定,可参照收敛形喷管的情形进行计算(可参见例 9.6)。

9.3.5 拉瓦尔喷管计算举例

【例 9.5】 某型大推力混合排气式涡扇发动机在地面试车时,已知其喷管进口的燃气总压为 3.596 bar、总温为 800℃,喷管需流经的燃气流量为 120 kg/s,发动机试车时的环境大气压力为 1.013 bar。设不考虑黏性流动损失,试确定:(1)若燃气在喷管中完全膨胀,所能达到的出口气流速度是多大?(2)所采用的拉瓦尔喷管的喉道面积和出口面积应为多大?(3)与采用收敛形喷管相比,排气速度会增加多少?对发动机试车状态的推力有多大影响?

解:(1)首先确定喷管的工作压力比,即 $\pi_p = \dfrac{p_0^*}{p_a} = \dfrac{3.596}{1.013} = 3.549 > \pi_{cr} = 1.85$,可知该压力比高于收敛形喷管的临界压力比较多,为实现燃气在喷管中能够完全膨胀,必须采用拉瓦尔喷管。

在完全膨胀工作状态下,$p_e = p_a = 1.013$ bar,$p_e^* = p_0^*$,$T_e^* = T_0^*$,所以出口气流速度为

$$c_e = \sqrt{\frac{2\gamma}{\gamma - 1} R T_e^* \left[1 - \left(\frac{p_e}{p_e^*}\right)^{\frac{\gamma-1}{\gamma}}\right]} = \sqrt{\frac{2\gamma}{\gamma - 1} R T_0^* \left[1 - \left(\frac{p_a}{p_0^*}\right)^{\frac{\gamma-1}{\gamma}}\right]}$$

$$= \sqrt{\frac{2 \times 1.33}{1.33 - 1} \times 287.4 \times 1\,073 \times \left[1 - \left(\frac{1.013}{3.596}\right)^{\frac{1.33-1}{1.33}}\right]} = 818.81 \text{ m/s}$$

也可通过求解出口气流马赫数来计算气流速度,由 $\dfrac{p_e^*}{p_e} = \left(1 + \dfrac{\gamma - 1}{2} Ma_e^2\right)^{\frac{\gamma}{\gamma-1}}$,得到 $Ma_e = 1.496\,1$,再由 $\dfrac{T_e^*}{T_e} = \left(1 + \dfrac{\gamma - 1}{2} Ma_e^2\right)$,可得 $T_e = 783.61$ K,所以最后得

$$c_e = Ma_e \cdot a_e = 1.496\,1 \times \sqrt{1.33 \times 287.4 \times 783.61} = 818.81 \text{ m/s}$$

也可以由 $Ma_e = 1.496\,1$ 查气动函数表 C.2 求得 $\lambda_e = 1.38$,再计算出口气流速度为

$$c_e = \lambda_e a_{cr} = 1.38 \times \sqrt{\frac{2 \times 1.33}{1.33 + 1} \times 287.4 \times 1\,073} = 818.81 \text{ m/s}$$

(2)采用拉瓦尔喷管,其面积比应为 $\dfrac{A_t}{A_e} = q(\lambda_e) = 0.845\,7$。

在完全膨胀工作状态下，有燃气流量 $W_g = K_m \frac{p_t^*}{\sqrt{T_t^*}} A_t = 120\ \text{kg/s}$，所以可求得

$$A_t = 0.2753\ \text{m}^2$$

进一步可得 $A_e = 0.3256\ \text{m}^2$。

（3）若采用收敛形喷管，则其将处于超临界工作状态，喷管出口的气流马赫数最大为 $Ma_e' = 1.0$，出口的气流速度为 $c_e' = \lambda_e' a_{cr} = 1.0 \times \sqrt{\frac{2 \times 1.33}{1.33 + 1} \times 287.4 \times 1073} = 593.34\ \text{m/s}$，出口处的气流压力为 $p_e' = 1.944\ \text{bar}$。

可见，采用拉瓦尔喷管后，其排气速度比采用收敛形喷管增大了225.47 m/s，即1.38倍。

由第6章中介绍的发动机推力计算公式 $F = W_g c_9 - W_0 V + (p_9 - p_0) A_9$（需要注意：该公式中的下标0表示的是发动机未受扰动的0－0截面的参数，不是喷管进口参数；9截面即是喷管出口截面 $e-e$），在地面试车条件下，有 $V = 0$、$p_0 = p_a$，所以可计算得到采用不同喷管时的发动机推力分别为：

采用收敛形喷管时：燃气流量为120 kg/s、喷管出口面积为0.2753 m^2、排气速度为593.34 m/s、出口燃气压力为1.944 bar，所以发动机推力为 $F_{\text{conv}} = 96\,831.2\ \text{N}$；

采用拉瓦尔喷管时：燃气流量为120 kg/s、排气速度为818.81 m/s、出口燃气压力等于大气压力，所以发动机推力为 $F_{\text{Laval}} = 98\,257.2\ \text{N}$。

可见，采用拉瓦尔喷管后由于喷管出口速度增大，所以发动机的推力也增大了1426 N。

【例9.6】　有一暂冲式超声速风洞，如图9.10所示，图中左边的高压气罐为气源，右边有一个真空箱，以便得到较高的管道前后压力比。使用中，高压气罐中的压力不断下降，真空箱中的压力则不断升高，到了一定程度，上、下游的压力比不够高时，风洞试验段就得不到所需的气流马赫数，试验就不能进行。为了尽量保持试验段中的气体流动稳定，上游高压气罐的压力经过一个恒压开关保持稳压箱的总压 p^* 为一定值，下游真空箱则由于不断充气而使反压 p_a 不断升高。这样，就相当于拉瓦尔喷管进口气流的总压不变，管后反压升高的情况。

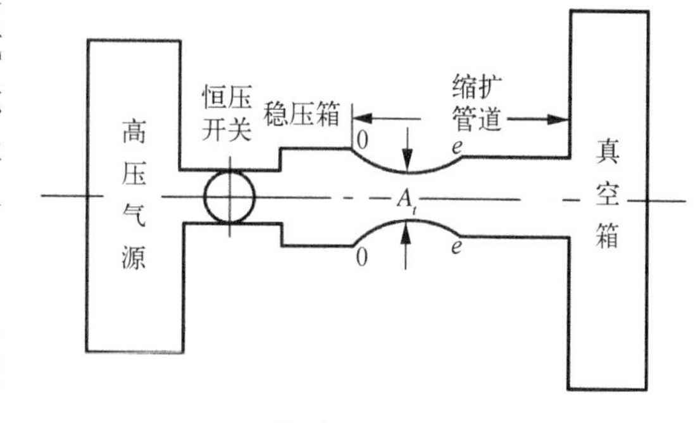

图9.10　暂冲式超声速风洞简图

设稳压箱的 $p_0^* = 15.1988\ \text{bar}$，$T_0^* = 500\ \text{K}$，喷管的 $A_t = 0.09184\ \text{m}^2$，$A_e = 0.16\ \text{m}^2$，试求该拉瓦尔喷管三种工作状态的反压范围及流量。

解：（1）首先确定设计状态的相关参数

若在出口截面上是超声速气流，其 λ_{ed} 应按面积比公式确定，即

$$q(\lambda_{ed}) = \frac{A_t}{A_e} = \frac{0.09184}{0.16} = 0.574$$

查气动函数表 C.1 可得 $\lambda_{ed}=1.65$, $Ma_{ed}=2.038$, $\pi(\lambda_{ed})=0.1205$

要得到出口气流 $Ma_{ed}=2.038$，所需要的设计压力比为：

$$\pi_d=\left(\frac{p_0^*}{p_e}\right)_d=\left(\frac{p_e^*}{p_e}\right)_d=\frac{1}{\pi(\lambda_{ed})}=\frac{1}{0.1205}=8.299$$

所以设计状态的反压为 $p_{ed}=p_0^*\pi(\lambda_{ed})=15.1988\times0.1205=1.8314$ bar。

(2) 确定三种工作状态的反压范围

由拉瓦尔喷管工作状态的判断方法，可知：出口反压在小于 1.831 4 bar 的范围时，拉瓦尔喷管为不完全膨胀工作状态；出口反压等于 1.831 4 bar 时，拉瓦尔喷管为完全膨胀工作状态；出口反压大于 1.831 4 bar 时为过度膨胀工作状态。

(3) 进一步计算过度膨胀工作状态的反压范围

若 $Ma_e=2.038$ 的气流恰好在管口产生正激波，查激波图线可得波后压力 p_{a2}。所以由 $Ma_e=2.038$、$\delta=0$ 查激波图线，或利用正激波前后压力比的计算公式，可得：

$$\frac{p_{a2}}{p_{a1}}=4.679$$

故

$$p_{a2}=\frac{p_{a2}}{p_{a1}}\cdot p_{a1}=4.679\times1.8314=8.5691\ \text{bar}$$

可见，出口反压在 1.831 4 bar 与 8.569 1 bar 之间时，气流在出口后的管外产生激波；当出口反压 $p_a=8.5691$ bar 时，在出口截面上形成一道正激波。

当喉道处出现弱压缩波时，则在扩张段内全是亚声速气流，出口速度按 $q(\lambda_e)=0.574$ 计算取亚声速解，得 $\lambda_{e,\,sub}=0.3877$, $\pi(\lambda_{e,\,sub})=0.915$。出口截面上的气流压力可由气动函数求得，即

$$p_{a3}=p_e=p_e^*\pi(\lambda_{e,\,sub})=15.1988\times0.915=13.907\ \text{bar}$$

故反压在 8.569 1 bar 与 13.907 bar 之间时，在管内产生正激波。当反压 $p_a=13.907$ bar 时，正激波移到喉道处并退化为弱压缩波。

(4) 计算各工作状态下的流量

当反压处于不大于 13.907 bar 的范围时，拉瓦尔喷管处于不完全膨胀工作状态、完全膨胀工作状态和部分过度膨胀工作状态，喷管喉道均为临界截面，进口总压和总温保持不变，气流的流量也就不变，所以气流的流量为

$$W=K_m\frac{p_t^*}{\sqrt{T_t^*}}A_t=K_m\frac{p_0^*}{\sqrt{T_0^*}}A_t$$

$$=0.0404\times\frac{15.1988\times10^5}{\sqrt{500}}\times0.09184=252.2\ \text{kg/s}$$

而当反压增大到高于 13.907 bar 后，拉瓦尔喷管内全部是亚声速气流，此时的流量就随着反压的变化而变化，需要根据反压的数值来进行计算。

例如,当 $p_a = 14.6516$ bar 时,可知 $\pi(\lambda_e) = \dfrac{p_e}{p_e^*} = \dfrac{p_a}{p_0^*} = \dfrac{14.6516}{15.1988} = 0.964$, 所以查气动函数表 C.1 可得: $Ma_e = 0.229$、$\lambda_e = 0.25$、$q(\lambda_e) = 0.3482$, 因此可以计算出气流的流量为

$$W = K_m \frac{p_e^*}{\sqrt{T_e^*}} A_e q(\lambda_e) = 0.0404 \times \frac{15.1988 \times 10^5}{\sqrt{500}} \times 0.16 \times 0.3482 = 152.98\ \text{kg/s}$$

当然,也可以通过计算喉道的流量来计算喷管的流量。由 $A_e q(\lambda_e) = A_t q(\lambda_t)$, 可得 $q(\lambda_t) = \dfrac{A_e}{A_t} q(\lambda_e) = \dfrac{0.16}{0.09184} \times 0.3482 = 0.6066$, 喉道处的气流马赫数为 $Ma_t = 0.383$, 流量为

$$W = K_m \frac{p_t^*}{\sqrt{T_t^*}} A_t q(\lambda_t) = 0.0404 \times \frac{15.1988 \times 10^5}{\sqrt{500}} \times 0.09184 \times 0.6066 = 152.98\ \text{kg/s}$$

【例 9.7】 图 9.11 表示另一种暂冲式超声速风洞简图。它主要由拉瓦尔喷管、等截面试验段、阀门和真空箱等组成。试验时,先把真空箱内的空气抽走,造成低压。当把阀门打开时,在管道前后压差的驱动作用下,大气从周围空间进入拉瓦尔喷管并得到加速,在试验段形成超声速气流。试验段出口反压近似地认为就是真空箱内气体的压力,随着试验的进行,气体不断充入真空箱,因而真空箱内气体的压力不断升高。设大气压力为 1.0 bar、大气温度为 30℃,假若试验所需的超声速气流马赫数 $Ma_e = 2.23$, 问:

(1) 拉瓦尔喷管的面积比 A_t/A_e 为多少?

(2) 真空箱内气体的压力升高到多大时,试验段就不能形成超声速气流?

(3) 当真空箱内气体的压力为 0.7108 bar 时,试确定试验段的气流速度是多大?

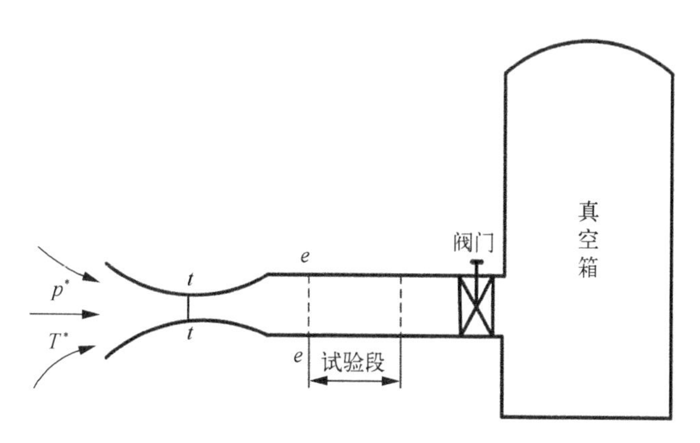

图 9.11　暂冲式超声速风洞简图

解: (1) 试验段所需的气流马赫数就是拉瓦尔喷管出口截面处的气流马赫数,也就是设计马赫数。所以,由 $Ma_{ed} = 2.23$, 查空气的气动函数表得 $q(\lambda_{ed}) = 0.4852$, 故面积比 $\dfrac{A_t}{A_e} = q(\lambda_{ed}) = 0.4852$。

(2) 当拉瓦尔喷管出口反压 $p_a = p_{a2}$ 时,在拉瓦尔喷管出口处出现正激波,激波后是亚声速气流,也即试验段中就形成不了超声速气流,因此需要确定 p_{a2}。

而
$$p_{a2} = \frac{p_{a2}}{p_{a1}} \cdot \frac{p_{a1}}{p_0^*} \cdot p_0^*$$

其中,p_{a2}/p_{a1} 是正激波前后的压力比,在本题中,可由波前气流马赫数 $Ma_e = 2.23$,查激波图线或利用正激波前后气流压力比的计算式得到,可知 $p_{a2}/p_{a1} = 5.635$,再由 $Ma_e = 2.23$ 查气动函数表得 $p_{a1}/p_0^* = p_e/p_e^* = \pi(\lambda_e) = 0.0891$。

本题中进口总压 p_0^* 就是大气压力,于是有

$$p_{a2} = 5.635 \times 0.0891 \times 1 = 0.5021 \text{ bar}$$

所以,当真空箱内气体压力等于或高于 0.502 1 bar 时,试验段就形成不了超声速气流。

(3) 根据该拉瓦尔喷管的设计面积比 0.485 2,查亚声速解,可得 $\lambda_{e,\,sub} = 0.321$,$\pi(\lambda_{e,\,sub}) = 0.9411$,所以,$p_{a3} = p_e = p_e^* \pi(\lambda_{e,\,sub}) = 1 \times 0.9411 = 0.9411$ bar。可知,当真空箱内气体的压力为 0.710 8 bar 时,有 $p_{a3} > p_a > p_{a2}$,说明拉瓦尔喷管的扩张段内有激波存在。

利用喉道与出口截面的流量连续关系 $K_m \frac{p_t^*}{\sqrt{T_t^*}} A_t = K_m \frac{p_e}{\sqrt{T_e^*}} A_e y(\lambda_e)$,而此时出口截面上气流是亚声速,所以有 $p_e = p_a = 0.7108$ bar,且 $p_t^* = p_0^*$、$T_t^* = T_0^* = T_e^*$,故可得 $y(\lambda_e) = 0.6826$。

再由气动函数表可查得 $\lambda_e = 0.42$、$Ma_e = 0.3892$、$\pi(\lambda_e) = 0.9008$。进一步可计算出试验段的气流速度为 $c_e = \lambda_e a_{cr} = 0.42 \times 318.55 = 133.79$ m/s。同时,可计算得到试验段气流总压为 $p_e^* = p_e/\pi(\lambda_e) = 0.7108/0.9008 = 0.7891$ bar,从而可确定激波的总压恢复系数为 $\sigma_s = 0.7891$。

【例 9.8】 已知空气在拉瓦尔喷管中流动时,喷管工作压力比 $p_0^*/p_a = 1.434$,面积比 $A_t/A_e = 0.452$。试问:(1) 拉瓦尔喷管中有无激波存在?(2) 若存在激波,激波的总压损失有多大?

解: (1) 首先求出拉瓦尔喷管出口截面处为超声速气流时的 λ 数和压力比,即设计马赫数和压力比。

由面积比公式 $q(\lambda_{ed}) = A_t/A_e = 0.452$,查气动函数表 C.1 得 $\lambda_{ed} = 1.76$,$Ma_{ed} = 2.31$,$p_{ed}/p_0^* = \pi(\lambda_{ed}) = 0.0787$,$\pi_d = (p_0^*/p_e)_d = 12.71$。

其次求出激波在出口截面时的压力比 $\frac{p_0^*}{p_{a2}} = \frac{p_0^*}{p_{a1}} \cdot \frac{p_{a1}}{p_{a2}}$

由于这时波前马赫数为 Ma_{ed},所以可按 Ma_{ed} 查激波图线或利用正激波前后压力比的计算式求得 $p_{a2}/p_{a1} = 6.0588$。

因此

$$\frac{p_0^*}{p_{a2}} = 12.71 \times \frac{1}{6.0588} = 2.098$$

再求出 p_0^*/p_{a3}，它对应出口截面是亚声速气流但喉道是临界的情形，故仍可由面积比公式得 $q(\lambda_{e,sub}) = \dfrac{A_t}{A_e} = 0.452$，再查气动函数表得 $\lambda_{e,sub} = 0.2974$，$\pi(\lambda_{e,sub}) = 0.9494$。

所以
$$\frac{p_0^*}{p_{a3}} = \frac{p_e^*}{p_e} = \frac{1}{\pi(\lambda_{e,sub})} = 1.053$$

又因为 $\dfrac{p_0^*}{p_a} = 1.434$，所以 $\dfrac{p_0^*}{p_{a3}} < \dfrac{p_0^*}{p_a} < \dfrac{p_0^*}{p_{a2}}$，故可判断在拉瓦尔喷管内有激波。

（2）利用喉道与出口截面的流量连续关系（注意，由于有激波存在，所以二者的总压不相等）

$$K_m \frac{p_t^*}{\sqrt{T_t^*}} A_t = K_m \frac{p_e}{\sqrt{T_e^*}} A_e y(\lambda_e)$$

再由 $p_t^* = p_0^*$、$T_t^* = T_0^* = T_e^*$，且 $p_e = p_a$，所以可得 $y(\lambda_e) = \dfrac{A_t}{A_e}\dfrac{p_0^*}{p_a} = 0.452 \times 1.434 = 0.6482$。

因此，$\lambda_e = 0.4$、$Ma_e = 0.3701$、$\pi(\lambda_e) = 0.9097$、$q(\lambda_e) = 0.5897$。

又因为 $\dfrac{p_0^*}{p_a} = \dfrac{p_0^*}{p_e^*}\dfrac{p_e^*}{p_a} = \dfrac{p_0^*}{p_e^*}\dfrac{p_e^*}{p_e} = \dfrac{p_0^*}{p_e^*}\dfrac{1}{\pi(\lambda_e)}$

所以 $\dfrac{p_0^*}{p_e^*} = \dfrac{p_0^*}{p_a}\pi(\lambda_e) = 1.434 \times 0.9097 = 1.3045$

从而可确定出激波的总压恢复系数为 $\sigma_s = \dfrac{p_e^*}{p_0^*} = 0.767$，可知激波造成23.3%的总压损失。

9.4　斜切口管道中的加速流动

与前面所研究的收敛形喷管和拉瓦尔喷管不同，一维流动的斜切口管道最显著的几何特征是其出口截面与管道轴线不相垂直。例如，燃气涡轮发动机中的涡轮导向器和转子叶片，其叶栅通道就是典型的斜切口管道，如图9.12(a)所示。进口亚声速的燃气在导向器叶栅通道中膨胀加速，且流动方向逐渐转折；在转子叶栅中，相对流动情形与在导向器中类似。此外，还有一些塞式喷管也可以看作是一种斜切口管道，如图9.12(b)所示。其中，以涡轮导向器中的应用最为广泛，所以下面主要以此为例讨论亚声速气流在其中的加速流动过程。

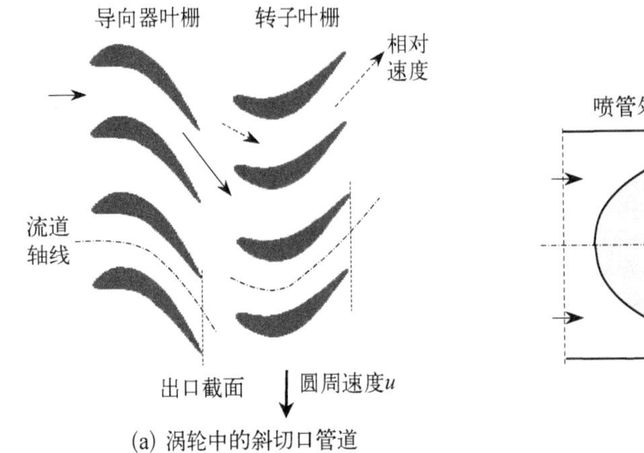

(a) 涡轮中的斜切口管道

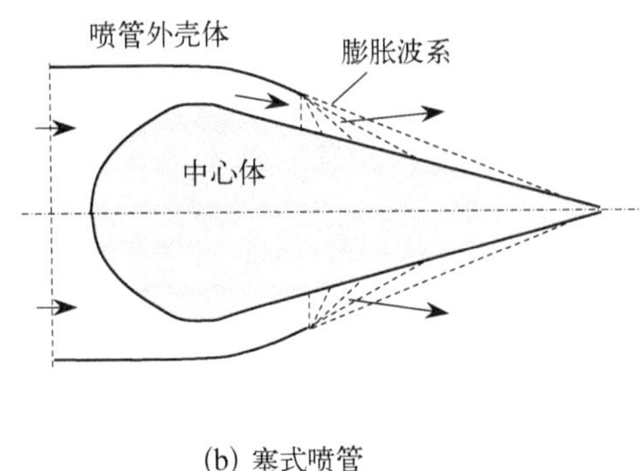

(b) 塞式喷管

图 9.12 斜切口管道

对于典型的涡轮导向器叶栅，如图 9.13 所示，由于出口截面不与管道轴线垂直，故在管道的出口部分形成一个斜切口区域 ABC。从一维流动的角度，涡轮导向器的叶栅通道本质上是一个收敛形喷管，其最小截面为 AB 截面（与叶栅通道的轴线垂直），又称为导向器的喉道截面，一般记为 A_{nb}。根据叶型的几何参数，这个斜切口区域具有拉瓦尔管道的扩张段作用。因此，在一定的压力比条件下，斜切口管道可以使气流从亚声速加速到超声速。

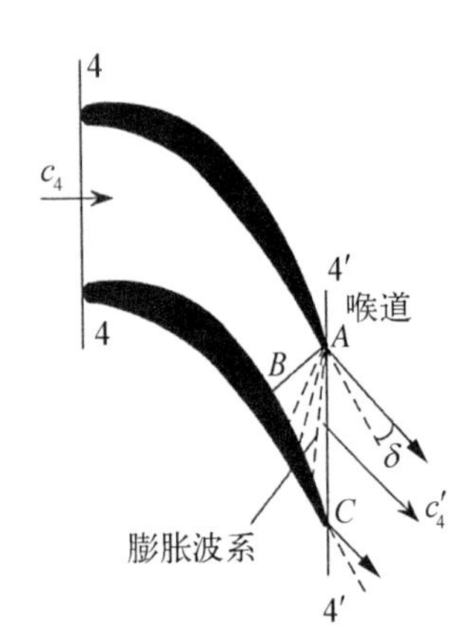

图 9.13 气流在涡轮导向器叶栅通道中的流动情形

仍不考虑黏性流动损失，在绝能定熵条件下，气流以亚声速进入斜切口管道，速度为 c_4（注：这里采用了发动机原理规定的截面序号，进口为 4，出口为 4'）。当导向器进口气流的总压较小或管后的反压较大时，气流的膨胀能力较弱，其管道的工作压力比（$\pi_p = p_4^*/p_4'$）较小，气流在收敛形管道中加速，但在喉道处并不能达到临界状态。与收敛形喷管一样，称其处于亚临界工作状态。此时，压力则与管道出口后的气体压力相等，气流在斜切口中，既不转折，也不膨胀，速度、压力、温度等参数都保持不变，斜切口只是起到引导气流方向的作用。

随着气流膨胀能力的增加，其工作压力比 π_p 增大，出口的气流速度增大。当工作压力比达到临界压力比（燃气为 1.85）时，气流在喉道处加速为临界状态，喉道截面的速度达到当地声速，$Ma_{nb} = 1.0$，$\lambda_{nb} = 1.0$。与收敛形喷管一样，也把这种工作情形称为导向器处于临界工作状态。此时，压力则与管道出口后的气体压力相等，这时，气流在斜切口中，既不转折，也不膨胀，速度、压力、温度等参数都保持不变。

当工作压力比大于临界压力比后，与收敛形喷管一样，也把这种工作情形称为导向器处于了超临界工作状态。在此状态下，气流在喉道处仍为临界状态，喉道截面的速度为当地声速，$Ma_{nb} = 1.0$，$\lambda_{nb} = 1.0$，$q(\lambda_{nb}) = 1.0$。但是，由于喉道截面的压力要高于管道后的压力，所以将在斜切口区域继续膨胀。以 A 点为扰动源，形成膨胀波系，使得气流在喉道后不断地膨胀加速,成为超声速气流, $Ma'_4 > 1.0$, 且流动方向也逐渐向外偏转一个角度 δ ,如图 9.13 所示。

在燃气涡轮发动机的工作中,当涡轮导向器处于临界和超临界工作状态时,就经常成为控制整机流量或内涵道流量的部件。此时,通过导向器的流量不受管道后气流压力 p'_4 的影响,也就是处于了所谓的壅塞或堵塞状态。根据一维定常流动的参数关系,可写出涡轮导向器喉道截面的气流流量为

$$W_g = K'_m \frac{p_{nb}^*}{\sqrt{T_{nb}^*}} A_{nb} q(\lambda_{nb}) = K'_m \frac{p_4^*}{\sqrt{T_4^*}} A_{nb}$$

进一步,又可表示成发动机中常用的流量相似参数

$$\frac{W_g \sqrt{T_4^*}}{p_4^*} = K'_m A_{nb} = \text{常数}$$

可见,在临界和超临界工作状态下,该流量相似参数为常数,保持不变。

9.5　扩张形管道内的减速流动

图 9.14 表示了气体流过扩张形管道时气流参数的变化情形。亚声速气流流过扩张形管道时,是一个减速增压过程,气体的焓增大,温度也升高,压力增大,密度增大,而速度减小。正是由于亚声速气流经过扩张形管道后压力增大,常采用扩张形管道来作为亚声速气流扩压器。这种亚声速气流扩压器在涡轮喷气发动机上也得到了应用,如进气道的内通道、燃烧室进口扩压器、混合器中的扩压器、加力燃烧室进口扩压器等。

气流压力在扩张形管道内增大的程度,可用管道出口截面处的气体压力 p_1 与管道进口截面处的气体压力 p_0 的比值 p_1/p_0 来表示。这个比值越大,说明气体的压力增大得越多。

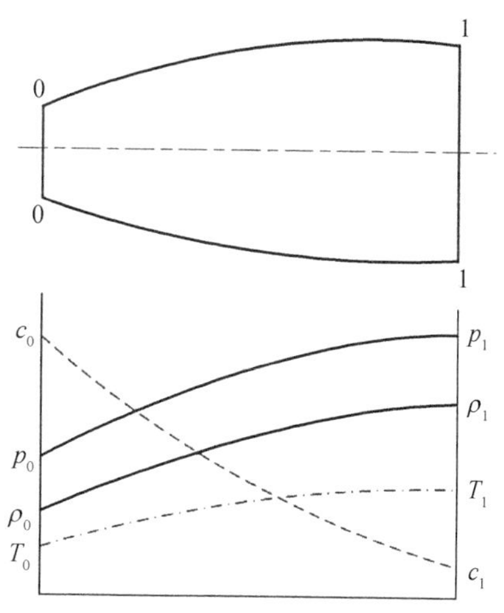

图 9.14　扩张形管道中的气流参数变化情形

气体流过扩张形管道,出口与进口压力比 p_1/p_0 的大小可由能量方程求得。写出 1 kg 气体流过扩张形管道的能量方程:

$$c_p T_0 + \frac{c_0^2}{2} = c_p T_1 + \frac{c_1^2}{2}$$

用 $c_p T_0$ 除等式两边并移项,得

$$\frac{T_1}{T_0} = 1 + \frac{c_0^2 - c_1^2}{2c_p T_0}$$

在等熵绝能流动的情况下,气体的温度和压力具有以下的关系:

$$\frac{T_1}{T_0}=\left(\frac{p_1}{p_0}\right)^{\frac{\gamma-1}{\gamma}}$$

将此关系式代入上式,可得到

$$\frac{p_1}{p_0}=\left(1+\frac{c_0^2-c_1^2}{2c_pT_0}\right)^{\frac{\gamma}{\gamma-1}} \tag{9.16}$$

从式(9.16)可以看出,气体流过扩张形管道,出口与进口压力比的大小,取决于气流动能减小量$\left(\frac{c_0^2-c_1^2}{2}\right)$的大小和管道进口截面处气体温度 T_0 的高低。

在扩张形管道进口截面处气体温度不变的情况下,气体在流动过程中,动能减小量越大,说明有较多的动能用来压缩气体以提高气体的压力,故管道出口与进口的压力比越大;反之,动能减小量越小,管道出口与进口的压力比越小。

若气流动能减小量为一定值,则管道进口截面处气体的温度越高,管道出口与进口的压力比越小;反之,温度越低,出口与进口的压力比越大。这是因为,在管道进口处的气体压力保持不变的条件下,温度越高,气体分子无规则运动的动能就越大,气体就难压缩,所以气体的压力提高得就少。

对于亚声速扩压器,在工程应用中还常用静压恢复系数或者静压升系数来表示扩压器的性能。静压恢复系数 C_p 定义为

$$C_p=\frac{p_1-p_0}{\frac{1}{2}\rho_0c_0^2} \tag{9.17}$$

即扩压器的静压升与进口气流动压的比值。

需要特别注意的是,上述的分析都是不考虑黏性的影响,而在实际的流动中,气体是有黏性的,在扩压器的壁面上形成边界层(附面层)。由黏性流体运动的规律可知,边界层内的流体由于黏性作用都是低能气流,不能抵抗较大的逆压梯度,容易形成流动分离。而在扩压器中,沿着流动方向气流是减速增压的,就意味着存在着一定大小的逆压梯度。在相同的轴向尺寸下,如果扩压器的面积扩张程度过大,势必造成较大的逆压梯度,会使得边界层气流流动分离,造成流动损失增大,同时也减小了增压程度,这种情况称作扩压器失速。所以,在实际工作中,一般都对扩压器的扩张程度有一定的限制,例如扩张角不大于10°。

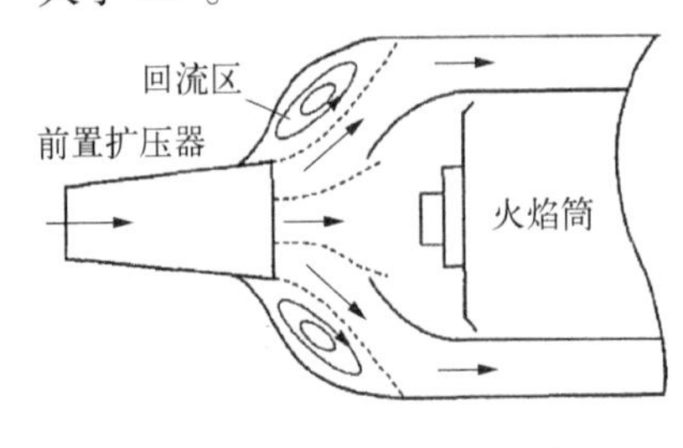

图 9.15　短突扩式扩压器

但是,在有的应用场景下,例如航空发动机的主燃烧室,其进口气流扩压器要受到严苛的长度限制,20世纪60年代后广泛采用了短突扩式扩压器,如图9.15所示。这种扩压器在前置扩压器出口后的突扩区域形成较大范围的分离回流区,气流的总压损失主要来源于回流区与主流的混合剪切作用。在合理设计流量分配和几何构型时,较先进的短突扩式扩压器

的静压恢复系数接近0.9,总压损失为12%左右。

在燃气涡轮发动机的轴流式压气机中,对于亚声速级而言,其转子和静子通道也是一个扩张形的通道,图9.16示出了亚声速压气机转子叶栅和静子叶栅通道面积沿通道轴线的变化情形。可见,从一维流动的角度来看,叶栅通道的面积沿着弯曲的轴线是逐渐增大的,即 $A_{exit} > A_{in}$。在转子中,由于有转子叶片的圆周运动,气流是以亚声速的相对速度进入转子叶栅,并在其中逐渐减速增压。在静子中,亚声速气流在扩张通道中减速增压。这样,转子叶栅和静子叶栅的出口压力高于进口压力,所以实现压气机增压的功能。

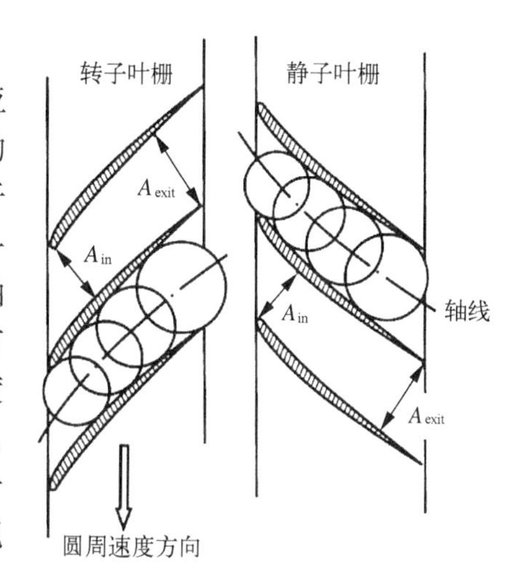

图9.16 压气机叶栅通道示意图

同理,对于实际的增压流动,由于有黏性的影响,叶栅通道的扩压程度也要受到限制,通常用扩散因子或等效压升系数等来反映。因此,单级压气机的增压程度有限,为了获得较大的增压能力,就需要采用多级压气机。

9.6 超声速气流在内压式扩压器中的减速流动

9.6.1 内压式扩压器的工作

在很多应用场景,需要将超声速气流减速成为亚声速。例如超声速飞机在作超声速飞行时,需要将来流的超声速气流减速为亚声速气流供给发动机;又例如在回流式超声速风洞中,需要将试验段的超声速气流再减速成为亚声速,以保持连续运行并减少运行功耗。因此,需要一种管道形式对超声速气流进行减速,这种管道就叫作超声速扩压器,也称作内压式扩压器。有的针对超声速飞机的应用也称为内压式超声速进气道,简称为内压式进气道。所谓的内压,指的是超声速气流的减速增压过程都是在管道内部完成。以与在管道进口前通过激波系减速的情形相区别。

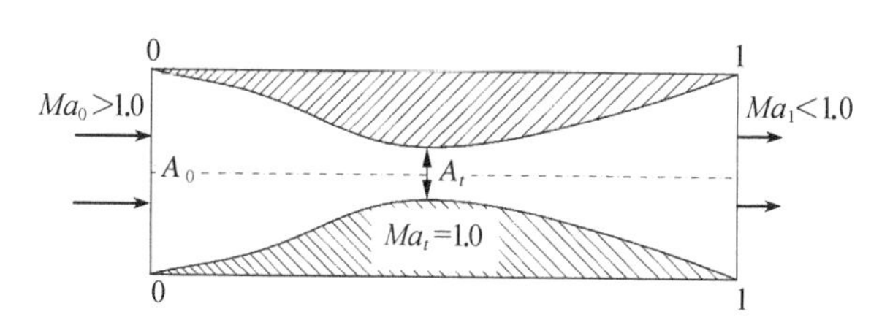

图9.17 内压式扩压器(内压式进气道)

内压式扩压器也是一种收敛-扩张形管道,相当于一个倒置的拉瓦尔管道。超声速气流($Ma_0 > 1.0$)先在收敛段中逐渐减速,在喉道截面处达到临界状态,$Ma_t = 1.0$,然后再在后面的扩散段中继续以亚声速流动减速增压,以达到出口规定的气流马赫数($Ma_1 < 1.0$),如图9.17所示。

在实际应用中,如果管壁曲线设计得很好,从进口起,气流每一次的压缩都是很微弱的压缩,因此,整个压缩过程也可以接近于等熵过程,不至于因产生激波而造成较大的总压损失。因此,可以近似认为减速过程是定熵绝能流动(有强激波时除外)。

9.6.2 内压式扩压器的壅塞现象

当内压式扩压器工作时，若从进口截面流进来的流量不能从喉道处全部通过，就会对上游的超声速气流形成堵塞而产生激波及溢流，这种现象就称之为壅塞。

1. 内压式扩压器的设计状态

在设计状态下，对于几何尺寸固定的内压式扩压器，其面积比 A_t/A_0 与设计的进口马赫数 Ma_{0d}（或 λ_{0d}）之间有着确定的关系。如图 9.14 的流动情形，列出进口截面与喉道的流量连续方程，有

$$K_m \frac{p_0^*}{\sqrt{T_0^*}} A_0 q(\lambda_{0d}) = K_m \frac{p_t^*}{\sqrt{T_t^*}} A_t$$

因为是定熵绝能流动，所以 $p_0^* = p_t^*$，$T_0^* = T_t^*$

得到

$$\frac{A_t}{A_0} = q(\lambda_{0d}) \tag{9.18}$$

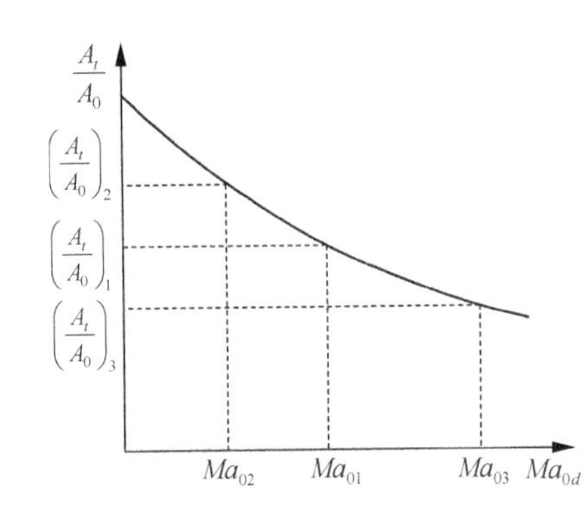

图 9.18 等熵流动面积比与设计马赫数的关系

按式(9.18)可作出如图 9.18 所示的曲线。可以看出，对于不同的设计马赫数，为了实现等熵流动，所需要的面积比 A_t/A_0 是不同的。设计马赫数 Ma_{0d} 越大，进口收敛段需要收缩的程度也越大，即面积比 A_t/A_0 越小。因此，设计面积比是与设计马赫数一一对应的。也就是说，一定面积比的内压式扩压器，只能在一个确定的进口马赫数下保证扩压器内的流动是等熵的。

2. 内压式扩压器的壅塞

根据对设计状态的分析，可知当进口气流马赫数偏离设计马赫数时，流动就不能保持等熵了。例如，对于已给定面积比为 $(A_t/A_0)_1$ 的扩压器，等熵流动所对应的进口气流马赫数为 Ma_{01}，那么 $(A_t/A_0)_1 = q(\lambda_{01})$。

若迎面气流马赫数比设计的大，即 $Ma_{03} > Ma_{01}$ 时，如图 9.19(a) 所示，则超声速气流在扩压器的收敛段内减速后，喉道截面处的气流马赫数并不能减小到 1.0。因为根据等熵流动的连续方程，可知

$$q(\lambda_t) = \frac{A_0 q(\lambda_{03})}{A_t} = \frac{q(\lambda_{03})}{q(\lambda_{01})}$$

因 $Ma_{03} > Ma_{01}$，故 $q(\lambda_{03})/q(\lambda_{01}) < 1.0$。这说明喉道的面积太大了，所以在喉道仍然是超声速气流（$Ma_t > 1.0$）。超声速气流在喉道后面的扩散段内又会膨胀加速，然后在反压的作用下在扩散段内产生正激波，气流经过正激波后才变为亚声速，参看图

9.19(a),由于激波的存在,将引起气流的总压损失增大。

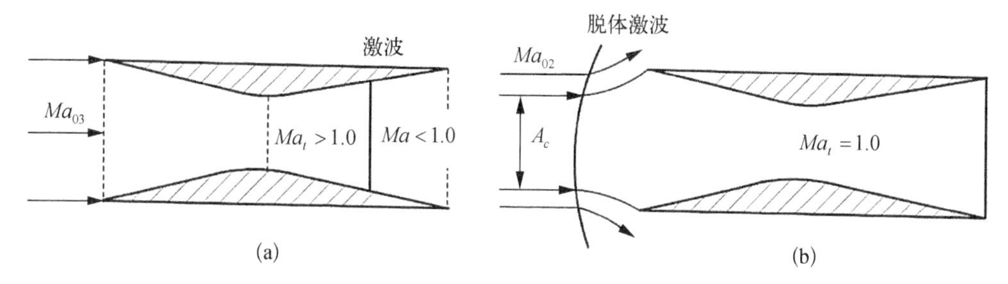

图9.19　进口气流马赫数偏离设计状态时内压式扩压器的流动情形

如图9.19(b)所示,若此扩压器的进口气流马赫数小于设计值,即 $Ma_{02} < Ma_{01}$ 时,则进口截面通过的气流流量将为

$$W = K_m \frac{p_0^*}{\sqrt{T_0^*}} A_0 q(\lambda_{02})$$

$$= K_m \frac{p_0^*}{\sqrt{T_0^*}} \cdot \frac{A_0}{A_t} \cdot A_t q(\lambda_{02})$$

$$= K_m \frac{p_0^*}{\sqrt{T_0^*}} A_t \cdot \frac{q(\lambda_{02})}{q(\lambda_{01})}$$

因为 $\dfrac{q(\lambda_{02})}{q(\lambda_{01})} > 1$, 所以

$$K_m \frac{p_0^*}{\sqrt{T_0^*}} A_t \cdot \frac{q(\lambda_{02})}{q(\lambda_{01})} > K_m \frac{p_0^*}{\sqrt{T_0^*}} A_t$$

即
$$W_0 > W_t$$

这说明面积比为 $(A_t/A_0)_1$ 的扩压器对于气流马赫数为 Ma_{02} 的超声速气流来说,喉道面积就显得太小了,从进口截面流进来的流量不能从喉道处全部通过,即产生壅塞现象。

由于喉道壅塞,气体在喉道上游就会迅速堆积起来,从而提高了喉道上游气体的压力,形成高压区。超声速气流流向高压区,必然会产生一道激波。这道激波在扩压器进口与喉道之间并不能稳定下来,这是因为激波并不消耗质量,波后气体流量仍然等于波前的流量,所以气体仍会在喉道上游继续堆积,压力继续升高,因此把产生的激波往前推,直到把激波推出进口外,形成一道脱体激波。这时,超声速气流通过脱体激波变为亚声速气流,波后的亚声速气流一部分从进口边缘溢走,一部分进入管内,直到管内喉道能通过与面积大小相适应的气体流量时(注意,此时喉道为最大的流通能力,即 $Ma_t = 1.0$),这道脱体激波才能在进口前某一位置稳定下来。总之,进口气流马赫数在未达到设计值前,由于喉道面积不变而嫌小,气流出现壅塞,在进口前方某一位置产生脱体激波,并在进口形成亚声速溢流,气流的流动情况如图9.19(b)所示。这时只有面积 A_c 中的气流能够流入扩压器,进入扩压器的亚声速气流在扩压器中的流动情形就如同拉瓦尔管道一样。

应当注意的是,在进口气流马赫数小于设计值而产生脱体激波后,即使再将来流马赫数增大到设计马赫数,也不可能恢复到等熵流动状态。这是因为,当上游有激波存在时,喉道所能通过的最大流量为 $W_t = K_m \dfrac{\sigma_s p_0^*}{\sqrt{T_0^*}} A_t$, σ_s 是上游激波的总压恢复系数。可见,由于扩压器进口前激波的存在,气流通过激波后总压减小,从而进一步减小了喉道的流量,因而按设计马赫数所设计的喉道面积仍然嫌小,壅塞现象并不会消除,在扩压器前仍会产生溢流,激波仍然存在,恢复不到等熵流动状态。

9.6.3 内压式扩压器的起动方法

1. 起动问题

由以上的分析可知,对于固定喉道的内压式扩压器,一旦出现壅塞现象,即使是在设计马赫数下工作时,也不能消除壅塞,于是就把内压式扩压器的这种特性称为不起动。在不起动状态下,进口前总会有脱体激波,流动损失很大,使气流的总压减小。

内压式扩压器的起动就是要消除内压式扩压器进口前的脱体激波,使得内压式扩压器前不存在溢流现象。

为了方便研究内压式扩压器的起动方法,需定义一个新的气动函数 $\theta(\lambda)$。即

$$\theta(\lambda) = \frac{q(\lambda)}{\sigma_{sN}} \tag{9.19}$$

其中, σ_{sN} 是正激波的总压恢复系数,只与波前马赫数有关。所以可得

$$\theta(\lambda) = \left(\frac{\gamma+1}{2}\right)^{\frac{1}{\gamma-1}} \frac{1}{\lambda}\left(1 - \frac{\gamma-1}{\gamma+1} \cdot \frac{1}{\lambda^2}\right)^{\frac{1}{\gamma-1}} = q\left(\frac{1}{\lambda}\right)$$

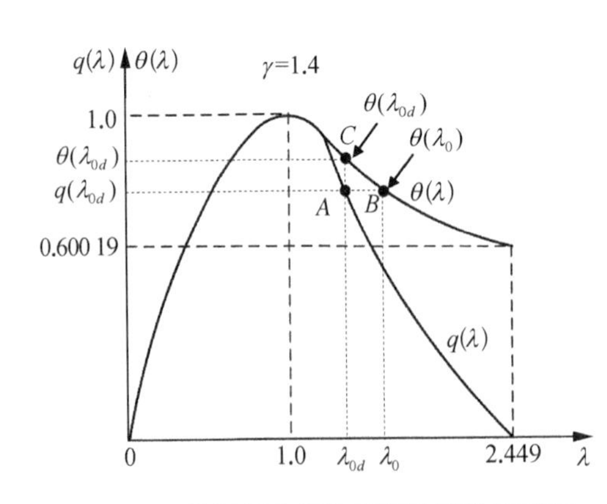

图 9.20 分析起动问题用气动函数关系图

在图 9.20 中绘出了 $\theta(\lambda)$ 与 λ 的关系曲线,同时也绘上了 $q(\lambda)$ 与 λ 的曲线。可见,当 $\lambda = 1.0$ 时,不形成激波, $\sigma_{sN} = 1.0$, 故 $\theta(\lambda) = q(\lambda) = 1.0$。当 $\lambda > 1.0$ 时, $\theta(\lambda) = q\left(\dfrac{1}{\lambda}\right)$。

对于空气, $\lambda = \lambda_{max} = \sqrt{\dfrac{\gamma+1}{\gamma-1}} = 2.449$ 时, $\theta(\lambda_{max}) = 0.600\,19$。

下面将应用气动函数 $\theta(\lambda)$ 来说明消除壅塞实现内压式扩压器起动的方法。

2. 内压式扩压器的起动方法

1) 增大来流马赫数

针对图 9.19(b)的壅塞情况,不断增大来流马赫数,将会使脱体激波逐渐向下游移

动。当来流马赫数达到某一值时,可使得激波恰好位于扩压器的进口截面上,这样即可消除脱体激波,从而消除壅塞,实现扩压器的起动。现在考察激波恰好位于扩压器进口截面上的状态,并取喉道处于最大的流通能力,$q(\lambda_t)=1.0$,可由流量连续方程得到 $q(\lambda_0)=\dfrac{\sigma_{sN}A_t}{A_0}$,而 $\dfrac{A_t}{A_0}=q(\lambda_{0d})$,所以有 $q(\lambda_0)=\sigma_{sN}q(\lambda_{0d})$。应用 $\theta(\lambda)$ 的定义,得到 $\theta(\lambda_0)=q(\lambda_{0d})$。其意义可通过图 9.20 来理解,其中"$A$"点是设计状态,对应于设计的进口 λ 数 λ_{0d};"B"点是增大来流速度进行起动的状态,对应的进口速度为 λ_0。可见,要达到 $\theta(\lambda_0)=q(\lambda_{0d})$ 的结果,必然有 $\lambda_0>\lambda_{0d}$,即必须增大进口马赫数才能满足消除脱体激波的要求。而且,设计的进口速度 λ_{0d} 越大,需要的起动进口速度 λ_0 就越大;反之,结果则相反。

值得注意的是,表面上看,增大来流速度到 λ_0 是消除了脱体激波,但是实际上激波位于进口时是不稳定的,这是因为,若有微小扰动使得激波位置稍向管内移动一点,波前马赫数将有所减小,激波强度就会减弱一点,所以波后压力就减小,致使激波传播速度减小,被超声速气流吹向下游,则波前气流马赫数进一步下降,激波的强度也进一步减弱,波后气流压力更为降低,激波就更加移向下游。这样下去,激波就一直移向下游,并越过喉道,稳定在扩散段内的某个截面位置上。但需要注意的是,此时喉道已是超声速气流。

采用这种增大来流马赫数的方法会受到设计马赫数的限制,不能应用于高设计马赫数的情况。例如,当设计马赫数为 1.98 时,其所对应的起动马赫数将趋于无穷大,这在现实中是不可能实现的。因此,当设计马赫数大于 1.98 时,即使在理论上也不能用提高来流马赫数的办法进行起动。

2)面积比 A_t/A_0 按照不发生壅塞的条件来设计(简称按不壅塞设计)

在工程实际中,通常采用增大喉道面积的办法来消除壅塞,起动内压式扩压器。具体地说,就是在设计时就预先考虑到激波存在的因素,使喉道面积适当放大到恰好与激波损失相适应,即把喉道面积放大到 A_{tx}。这时,虽然仍是固定喉道,但是,当进口气流马赫数从低到高增大到设计马赫数时,壅塞已不存在,内压式扩压器前的脱体激波也消失了。这种预先放大面积比到 A_{tx}/A_0 的方法,简称为按不壅塞设计,或叫作放大喉道设计。下面分析如何确定按不壅塞设计的面积比 A_{tx}/A_0。

由上分析可知,消除壅塞的条件是:在设计马赫数下,直接进入内压式扩压器进口截面积 A_0 的气体流量,能够从考虑了激波损失的喉道全部通过。即

$$K_m\frac{p_0^*}{\sqrt{T_0^*}}A_0q(\lambda_{0d})=K_m\frac{\sigma_{sN}p_0^*}{\sqrt{T_0^*}}A_{tx}$$

所以

$$\frac{A_{tx}}{A_0}=\frac{q(\lambda_{0d})}{\sigma_{sN}}=\theta(\lambda_{0d})=q\left(\frac{1}{\lambda_{0d}}\right)\tag{9.20}$$

运用式(9.20)即可确定按不壅塞设计的面积比 A_{tx}/A_0。其意义同样可通过图 9.20 来理解,其中"A"点仍是设计状态,对应于设计的进口 λ 数 λ_{0d} 和面积比 A_t/A_0;在相

同的 λ_{0d} 下，由 $\theta(\lambda_{0d})$ 得到的"C"点是放大喉道面积进行起动的状态。可见，在来流速度为 λ_{0d} 和 Ma_{0d} 时，有 $\theta(\lambda_{0d}) > q(\lambda_{0d})$，即 $A_{tx}/A_0 > A_t/A_0$。而且，设计的进口速度 λ_{0d} 越大，需要的起动喉道面积就越大；反之，结果则相反。

需要指出的是，按不壅塞设计的固定喉道的内压式扩压器，在进口气流马赫数小于设计马赫数时，仍然会发生壅塞现象。只有当进口气流马赫数增大到等于设计马赫数时，壅塞才能消除。前面已经分析过，当脱体激波一旦后移到进口截面上时，激波在进口截面上是不稳定的，很容易向下游移动且越过喉道稳定在扩张段。因此，在这种情况下，这个面积比 A_{tx}/A_0 又嫌大了。这是因为面积比 A_{tx}/A_0 是按不壅塞设计的，是在考虑了激波损失的前提下而将喉道面积适当放大的，而此时喉道前并不存在激波，但面积比不变化，因此喉道面积 A_{tx} 就相对变大了。其后果是，超声速气流通过收敛段减速到达喉道时，其马赫数并不等于 1.0，而仍然是马赫数大于 1.0 的超声速气流。由于喉道以后是扩张段，为了获得亚声速气流，只有靠管后反压的作用在扩张段形成一道正激波，使超声速气流通过正激波减速为亚声速气流。但这样会带来较大的总压损失，给下游部件的工作和性能带来不利影响。

3）采用喉道面积可调节的扩压器

对于内压式扩压器，在工作中若能根据进口马赫数的变化，相应地调整喉道面积，壅塞就可以避免，同时还能够获得良好的流动品质。因此，采用喉道面积可调节的扩压器是消除内压式扩压器壅塞最理想的方法。但是，根据进口马赫数的变化及时调整喉道面积在工程有一定的实现难度，尤其是圆形截面的扩压器要改变喉道面积是很困难的。目前，可调喉道式扩压器已用于可变壁面式超声速风洞、带可调斜板的矩形超声速进气道等，具有良好的效果。

4）采用放气调节的方法

除了放大喉道设计和可调喉道面积，还可以在内压式扩压器的收敛段进行放气调节，相当于增加扩压器的流通能力，将进口前的脱体激波后移至进口截面，实现扩压器的起动。只是这种放气调节方法需要比较复杂的放气结构和控制系统，在工程上有较大的实现难度。放气调节方法已经在超声速风洞中得到了应用。

习　题

习题 9.1　涡轮喷气发动机收敛形喷管的进口总温为 900 K，总压为 2.2 bar，喷管出口面积为 0.3 m^2，大气压力为 1.0 bar。假设流动过程为定熵绝能过程，求流经喷管的燃气流量，以及喷管出口的气流速度、压力和静温。

习题 9.2　对于习题 9.1，如果环境压力变为 1.4 bar，则结果又是怎样？

习题 9.3　已知拉瓦尔喷管的工作条件为：进口空气总压 2.0 bar，总温 900 K，喉道面积 0.5 m^2，出口面积 1.0 m^2，大气压力为 98 kPa。求拉瓦尔喷管的流量和出口气流速度。

习题 9.4　保持管道进口的气流总温不变，收敛形喷管工作压力比（p_0^*/p_a）从 1.6 增大到了 1.7、1.89、2.0 时，喷管出口的气流（空气）速度如何变化？为什么？

习题9.5 收敛形喷管在亚临界和超临界工作状态时，喷管进口气流总温的变化对喷管出口气流速度的影响是否相同？为什么？

习题9.6 有人说收敛形喷管在超临界工作状态，当进口气流的总压增大时，由于气体的膨胀程度不变，所以气体的流量不变，这种说法对不对？

习题9.7 已知收敛形喷管在超临界状态下工作时，出口截面积是进口截面积的0.86倍，求进口截面上燃气气流的速度系数（不计流动损失）。

习题9.8 某风洞的收敛形喷管进口气流总压为 1.722×10^5 Pa，总温为324 K，喷管出口通大气，出口截面积为0.03 m^2，试验时的大气压力为 1.0234×10^5 Pa，若不考虑喷管内的流动损失，试计算喷管出口的气流速度、压力及通过喷管的空气流量。

习题9.9 某涡喷发动机在标准大气条件下工作时，收敛形喷管进口燃气的总压为 1.66×10^5 Pa，总温为955 K，求喷管出口的压力和速度。（不计流动损失）

习题9.10 压缩空气由容积为1.0 m^3 的气瓶通过收敛形喷管流入大气，喷管的出口截面面积为0.000 05 m^2，气瓶内的初始压力为 9.8×10^5 Pa，求在容积流量不变的条件下，压缩空气的流出时间（近似认为气瓶中的空气温度保持288 K不变，外界大气压为1.013 25 bar）。

习题9.11 空气在等直径的圆管中作等熵流动，已知空气的压力为1.398 bar，气流马赫数为0.6，空气流量为2.0 kg/s，圆管的截面积为0.006 m^2。如果圆管的截面积逐渐减小而形成一收敛形管，要求保持总压、总温和流量不变，试求面积减小的最大百分数。

习题9.12 已知贮气箱内空气的总压为5.978 bar，拉瓦尔喷管出口通真空箱，其出口面积与喉道面积之比为4。试求当空气处于完全膨胀、不完全膨胀和过度膨胀状态时，真空箱内的压力分别为多大？

习题9.13 空气在拉瓦尔喷管中作加速流动，已知管道出口截面面积为最小截面面积的3倍，试求当拉瓦尔喷管出口得到超声速气流时的喷管工作压力比。

习题9.14 由压气机供给风洞使用的压缩空气，其压力（总压）为7.84 bar，总温为400 K，流量为1.5 kg/s，为了在风洞实验段建立起马赫数为2.0的超声速气流，问实验段（即拉瓦尔喷管出口）的面积和拉瓦尔喷管的最小截面面积应为多少？

习题9.15 在飞机起飞时，某发动机超声速喷管内的燃气总压为2.297 6 bar，总温为928.5 K，外界大气压力为 9.8×10^4 Pa。若要使燃气在喷管内完全膨胀，应采用面积比为多大的拉瓦尔喷管？这时，喷管出口的速度比采用收敛形喷管增大多少？

习题9.16 给定拉瓦尔喷管的出口截面面积和最小截面面积之比为2.0，在计算通过喷管的流量时，喷管工作压力比在什么范围内才可采用流量计算公式 $W = K_m \dfrac{p_0^*}{\sqrt{T_0^*}} A_{\min}$ 进行计算（流体为空气）。

习题9.17 拉瓦尔喷管的出口截面面积与最小截面面积的比值为1.565 2，进口的空气总压为2.003 1 bar，试确定形成管外激波时的管后大气压力变化范围。

习题9.18 某拉瓦尔管的喉道面积为4.0 cm^2，出口面积为6.76 cm^2，喷管周围的大气压力为 9.996×10^4 Pa，拉瓦尔喷管进口的空气总温为288 K，求当进口气流的总压分别

为 9.996×10^5 Pa、1.992×10^5 Pa 和 1.4994×10^5 Pa 时，喷管出口的气流马赫数和流量为多大？

习题 9.19 空气在拉瓦尔喷管中流动时，进口气流的总压与管后反压的比值为 1.5，面积比为 $A_t/A_e = 0.2898$，试问喷管中有无激波存在？

习题 9.20 有一简单的下吹式超声速风洞（试验段后的气流直排大气），试验段的面积为 100 cm^2，大气压力为 1.01 bar。如果要在验段获得马赫数为 2.0 的超声速气流，求

（1）气流的总压最少需要多大和喷管的最小截面尺寸；

（2）若要求在试验段出口处不产生激波，试求气流的总压需要多大？通过风洞的空气流量是出口处存在激波时的多少倍？

习题 9.21 设总压为 13.59 bar 的空气流过面积比为 0.4965 的平面拉瓦尔喷管，试求：

（1）当喷管管外的气体压力为 1.096 bar 时，出口气流的激波角为多大？

（2）若管口出现正激波，则管外的压力应为多大？

习题 9.22 某飞机的设计飞行马赫数为 2.038，若其进气道采用内压式扩压器，当进口面积为 300 cm^2 时，其喉道截面的面积 A_t 应为多大（忽略摩擦损失）？并进一步分析：

（1）飞行中当飞行马赫数为 1.625 时，而 A_t 不变，此时是否会产生壅塞？喉道面积 A_t 应为多大时才能消除壅塞？

（2）设飞机起飞后，A_t 不变。随着飞行速度的不断增大，当达到设计马赫数时，是否还有壅塞？如有壅塞应怎样消除，请给出方案。

习题 9.23 若有一内压式超声速进气道，在设计飞行马赫数和高度分别为 2.31 和 18 km 使用，已知 $A_0 = 0.15\ \text{m}^2$。

（1）当在 18 km 高度以马赫数 1.95 飞行时，描述进气道进口的流动图形；若飞行马赫数增大到 2.9，进口的流动图形会有何变化？

（2）为了起动该内压式进气道，喉道面积最少应放大到多大？

（3）试说明当马赫数为 2.31 时，具有喉道面积已放大的进气道进口前的流动图形，并计算此时喉道气流的马赫数及通过进气道的空气流量。

习题 9.24 有一内压式超声速进气道，在飞行马赫数为 1.5 时，进口截面上恰好有一道正激波，问喉道截面与进口截面的面积之比应等于多少？如果喉道截面积为 0.1 m^2，飞机在 10 000 m 的高空以马赫数 1.5 的速度飞行时，问在激波被吞入进气道之前以及在飞行速度略高一点使激波被吞入进气道之后，经过进气道的流量各是多少？

参考文献

[1] 马文蔚,周雨青,解希顺. 物理学(下册). 北京: 高等教育出版社,2014.

[2] Cengel Y A, Boles M A. Thermodynamics: An engineering approach. 5th ed. New York: McGraw Hill, 2006.

[3] 何立明,骆广琦,王旭. 工程热力学. 北京: 航空工业出版社,2004.

[4] 范作民. 热工气动基础. 北京: 海洋出版社,2000.

[5] 黄晓明,刘志春,范爱武. 工程热力学. 武汉:华中科技大学出版社,2011.

[6] 何立明,赵罡,程邦勤. 气体动力学. 北京: 国防工业出版社,2009.

[7] Greitzer E M, Tan C S, Graf M E. Internal flow: Concepts and application. Cambridge: Cambridge University Press, 2004.

[8] M. J. 左克罗,J. D. 霍夫曼. 气体动力学(上册). 王汝涌等译. 北京: 国防工业出版社,1984.

[9] White F M. Fluid mechanics. 4th ed. New York: McGraw Hill, 2006.

[10] Zucker R D, Oscar Biblarz. Fundamentals of gas dynamics. 2nd ed. Hoboken: John Weily & Sons, 2002.

附录 A
有关公式的推导

A.1 普朗特-迈耶流动(膨胀波)参数关系公式的推导

A.1.1 普朗特-迈耶方程

在整个膨胀波组中任意取一条膨胀波 OL_i 来分析,选取控制体为 $abcda$,如图 A.1 所示。设波前的气流速度为 c(对应的马赫数为 Ma),波 OL_i 与速度 c 的夹角即为所对应的马赫角 $\mu=\sin^{-1}\frac{1}{M_a}$,气流穿过膨胀波 OL_i 之后,向外转折 $d\delta$(这里规定波后气流速度方向相对波前气流速度方向顺时针偏转为正,逆时针偏转为负),速度增大到 $c'=c+dc$,为了分析方便,将波前、波后的气流速度 c 和 c' 分解为两个分量,一个是平行于波面的速度 c_t 和 c_t',另一个是垂直于波面的速度 c_n 和 c'_n,如图 A.1 所示。

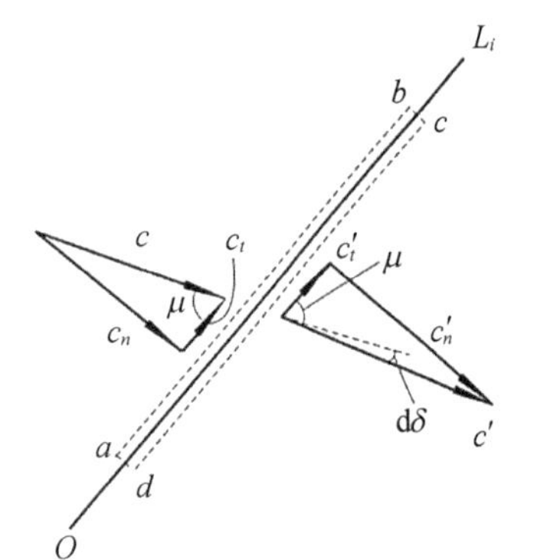

图 A.1 超声速气流经过膨胀波的速度分解图

对于控制体 $abcda$,其中 ab 和 cd 与波面平行,且紧邻波 OL_i 的两侧,而 ad 和 bc 与波面垂直。对此控制体沿波面方向应用动量方程,平行于波面取单位面积,并注意到气流参数沿着同一条马赫线是不变的,因而作用在 ad 和 bc 面上的压力相等。故有

$$\rho'c_n'c_t'-\rho c_n c_t=0$$

因为流动是定常的,由流量连续方程可知 $\rho'c_n'=\rho c_n$

因此 $$c_t=c_t' \tag{A.1}$$

式(A.1)说明超声速气流经过膨胀波 OL_i 时,平行于波面的速度分量 c_t 保持不变,而气流速度的变化仅由垂直于波面的速度分量 c_n 的变化来决定。

由图 A.1 可见 $$c_t=c\cdot\cos\mu$$

$$c_t'=c'\cdot\cos(\mu+d\delta)=(c+dc)\cdot\cos(\mu+d\delta)$$

则由式(A.1)得

$$c\cdot\cos\mu=(c+dc)\cdot\cos(\mu+d\delta) \tag{A.2}$$

展开 $\cos(\mu+\mathrm{d}\delta)$ 得

$$\cos(\mu+\mathrm{d}\delta)=\cos\mu\cos(\mathrm{d}\delta)-\sin\mu\sin(\mathrm{d}\delta)$$

由于 $\mathrm{d}\delta$ 为无限小量,故 $\cos(\mathrm{d}\delta)\approx 1$, $\sin(\mathrm{d}\delta)\approx\mathrm{d}\delta$, 代入上式得

$$\cos(\mu+\mathrm{d}\delta)=\cos\mu-\mathrm{d}\delta\cdot\sin\mu \tag{A.3}$$

将式(A.3)代入式(A.2),并略去二阶无限小量,则得

$$\frac{\mathrm{d}c}{c}=\tan\mu\cdot\mathrm{d}\delta \tag{A.4}$$

注意到

$$\sin\mu=\frac{1}{Ma}$$

而

$$\tan\mu=\frac{\sin\mu}{\cos\mu}=\frac{\sin\mu}{\sqrt{1-\sin^2\mu}}$$

故

$$\tan\mu=\frac{1}{\sqrt{Ma^2-1}} \tag{A.5}$$

将式(A.5)代入式(A.4),得

$$\frac{\mathrm{d}c}{c}=\frac{1}{\sqrt{Ma^2-1}}\mathrm{d}\delta \tag{A.6}$$

为了积分式(A.6),必须知道速度 c 与 Ma 数之间的关系。

由于 $c=Ma\cdot a$, 两边微分,得

$$\frac{\mathrm{d}c}{c}=\frac{\mathrm{d}Ma}{Ma}+\frac{\mathrm{d}a}{a} \tag{A.7}$$

而

$$\frac{\gamma+1}{2}\frac{a_{\mathrm{cr}}^2}{a^2}=\frac{T^*}{T}=1+\frac{\gamma-1}{2}Ma^2$$

故

$$\frac{\gamma+1}{2}a_{\mathrm{cr}}^2=a^2+\frac{\gamma-1}{2}a^2Ma^2$$

因为气流经过膨胀波为等熵绝能过程,则 $a_{\mathrm{cr}}=$ 常数, 对上式微分,并经整理后得

$$\frac{\mathrm{d}a}{a}=-\frac{\frac{\gamma-1}{2}M_a\mathrm{d}Ma}{1+\frac{\gamma-1}{2}Ma^2}$$

将上式代入式(A.7),得

$$\frac{\mathrm{d}c}{c}=\frac{\mathrm{d}Ma^2}{2Ma^2\left(1+\frac{\gamma-1}{2}Ma^2\right)}=\frac{\mathrm{d}Ma}{Ma\left(1+\frac{\gamma-1}{2}Ma^2\right)} \tag{A.8}$$

将式(A.8)代入式(A.6),得

$$d\delta = \frac{\sqrt{Ma^2 - 1}}{1 + \frac{\gamma - 1}{2}Ma^2} \frac{dMa}{Ma} \tag{A.9}$$

对式(A.9)进行积分,气流经过膨胀波由 Ma_1 加速到 Ma_2,气流转折角由 0 变到 δ,即

$$\int_0^{\delta} d\delta = \int_{Ma_1}^{Ma_2} \frac{\sqrt{Ma^2 - 1}}{1 + \frac{\gamma - 1}{2}Ma^2} \frac{dMa}{Ma}$$

得

$$\delta = \left[\sqrt{\frac{\gamma + 1}{\gamma - 1}}\tan^{-1}\sqrt{\frac{\gamma - 1}{\gamma + 1}(Ma_2^2 - 1)} - \tan^{-1}\sqrt{Ma_2^2 - 1}\right] - \left[\sqrt{\frac{\gamma + 1}{\gamma - 1}}\tan^{-1}\sqrt{\frac{\gamma - 1}{\gamma + 1}(Ma_1^2 - 1)} - \tan^{-1}\sqrt{Ma_1^2 - 1}\right] \tag{A.10}$$

A.1.2 普朗特-迈耶方程数值表(空气,$\gamma = 1.4$)

δ_0/(°)	Ma	λ	p/p^*	T/T^*	ρ/ρ^*	μ/(°)
0.00	1.000 0	1.000 0	0.528 3	0.833 3	0.633 9	90.000
1.00	1.081 8	1.066 8	0.479 0	0.810 3	0.591 1	67.612
2.00	1.132 6	1.106 8	0.449 7	0.795 8	0.565 0	62.033
3.00	1.176 8	1.140 8	0.425 0	0.783 1	0.542 7	58.215
4.00	1.217 7	1.171 4	0.403 0	0.771 3	0.522 4	55.238
5.00	1.256 4	1.199 9	0.382 8	0.760 1	0.503 6	52.771
6.00	1.293 7	1.226 6	0.364 0	0.749 2	0.485 9	50.650
7.00	1.329 9	1.252 1	0.346 5	0.738 7	0.469 0	48.784
8.00	1.365 4	1.276 5	0.329 9	0.728 4	0.452 8	47.112
9.00	1.400 3	1.300 1	0.314 1	0.718 3	0.437 3	45.596
10.00	1.434 8	1.322 8	0.299 1	0.708 4	0.422 3	44.206
11.00	1.469 0	1.344 9	0.284 9	0.698 5	0.407 8	42.923
12.00	1.503 0	1.366 5	0.271 2	0.688 8	0.393 8	41.729
13.00	1.536 9	1.387 5	0.258 2	0.679 2	0.380 1	40.613
14.00	1.570 7	1.408 0	0.245 7	0.669 6	0.366 9	39.564
15.00	1.604 5	1.428 0	0.233 7	0.660 1	0.354 1	38.574
16.00	1.638 3	1.447 7	0.222 3	0.650 7	0.341 6	37.637
17.00	1.672 2	1.467 0	0.211 3	0.641 3	0.329 4	36.747
18.00	1.706 2	1.485 9	0.200 7	0.632 0	0.317 6	35.900
19.00	1.740 3	1.504 5	0.190 6	0.622 8	0.306 1	35.090
20.00	1.774 6	1.522 7	0.180 9	0.613 5	0.294 9	34.316

普朗特-迈耶方程数值表(空气, $\gamma = 1.4$) 续 表

$\delta_0/(°)$	Ma	λ	p/p^*	T/T^*	ρ/ρ^*	$\mu/(°)$
21.00	1.809 2	1.540 7	0.171 6	0.604 4	0.284 0	33.573
22.00	1.843 9	1.558 4	0.162 7	0.595 2	0.273 4	32.859
23.00	1.878 9	1.575 8	0.154 2	0.586 1	0.263 0	32.172
24.00	1.914 2	1.593 0	0.146 0	0.577 1	0.253 0	31.510
25.00	1.949 8	1.609 9	0.138 2	0.568 1	0.243 2	30.870
26.00	1.985 8	1.626 5	0.130 7	0.559 1	0.233 7	30.253
27.00	2.022 1	1.642 9	0.123 5	0.550 1	0.224 5	29.655
28.00	2.058 7	1.659 1	0.116 6	0.541 2	0.215 5	29.075
29.00	2.095 8	1.675 1	0.110 1	0.532 3	0.206 8	28.513
30.00	2.133 3	1.690 9	0.103 8	0.523 5	0.198 3	27.967
31.00	2.171 3	1.706 4	0.097 8	0.514 7	0.190 1	27.437
32.00	2.209 7	1.721 7	0.092 1	0.505 9	0.182 1	26.921
33.00	2.248 6	1.736 9	0.086 7	0.497 2	0.174 3	26.419
34.00	2.288 1	1.751 8	0.081 5	0.488 5	0.166 8	25.929
35.00	2.328 0	1.766 6	0.076 5	0.479 9	0.159 5	25.452
36.00	2.368 6	1.781 2	0.071 8	0.471 2	0.152 4	24.986
37.00	2.409 7	1.795 5	0.067 4	0.462 7	0.145 6	24.531
38.00	2.451 5	1.809 7	0.063 1	0.454 1	0.139 0	24.086
39.00	2.493 9	1.823 7	0.059 1	0.445 7	0.132 6	23.652
40.00	2.536 9	1.837 6	0.055 3	0.437 2	0.126 4	23.226
41.00	2.580 7	1.851 2	0.051 6	0.428 8	0.120 4	22.810
42.00	2.625 2	1.864 7	0.048 2	0.420 5	0.114 6	22.402
43.00	2.670 5	1.878 0	0.044 9	0.412 2	0.109 1	22.003
44.00	2.716 5	1.891 2	0.041 9	0.403 9	0.103 7	21.611
45.00	2.763 4	1.904 2	0.039 0	0.395 7	0.098 5	21.226
46.00	2.811 1	1.917 0	0.036 2	0.387 5	0.093 5	20.849
47.00	2.859 7	1.929 6	0.033 6	0.379 4	0.088 7	20.478
48.00	2.909 3	1.942 1	0.031 2	0.371 4	0.084 0	20.114
49.00	2.959 8	1.954 4	0.028 9	0.363 4	0.079 6	19.757
50.00	3.011 3	1.966 6	0.026 8	0.355 4	0.075 3	19.405
51.00	3.063 9	1.978 6	0.024 7	0.347 5	0.071 2	19.059
52.00	3.117 5	1.990 4	0.022 8	0.339 7	0.067 3	18.719
53.00	3.172 3	2.002 1	0.021 1	0.331 9	0.063 5	18.384
54.00	3.228 3	2.013 6	0.019 4	0.324 2	0.059 9	18.054
55.00	3.285 5	2.025 0	0.017 8	0.316 6	0.056 4	17.729
56.00	3.344 0	2.036 2	0.016 4	0.309 0	0.053 1	17.409
57.00	3.403 8	2.047 3	0.015 0	0.301 5	0.049 9	17.093
58.00	3.465 1	2.058 2	0.013 8	0.294 0	0.046 9	16.782

普朗特-迈耶方程数值表(空气, γ = 1.4)　　续 表

$\delta_0/(°)$	Ma	λ	p/p^*	T/T^*	ρ/ρ^*	$\mu/(°)$
59.00	3.527 8	2.068 9	0.012 6	0.286 6	0.044 0	16.475
60.00	3.592 1	2.079 5	0.011 5	0.279 3	0.041 2	16.172
61.00	3.657 9	2.089 9	0.010 5	0.272 0	0.038 6	15.874
62.00	3.725 4	2.100 2	0.009 6	0.264 8	0.036 1	15.579
63.00	3.794 7	2.110 3	0.008 7	0.257 7	0.033 7	15.287
64.00	3.865 8	2.120 3	0.007 9	0.250 7	0.031 5	14.999
65.00	3.938 8	2.130 2	0.007 1	0.243 7	0.029 3	14.715
66.00	4.013 8	2.139 8	0.006 5	0.236 8	0.027 3	14.434
67.00	4.090 9	2.149 4	0.005 8	0.230 0	0.025 4	14.156
68.00	4.170 2	2.158 7	0.005 3	0.223 3	0.023 6	13.881
69.00	4.251 9	2.168 0	0.004 7	0.216 7	0.021 8	13.610
70.00	4.336 0	2.177 0	0.004 2	0.210 1	0.020 2	13.341
71.00	4.422 6	2.186 0	0.003 8	0.203 6	0.018 7	13.075
72.00	4.511 9	2.194 7	0.003 4	0.197 2	0.017 3	12.812
73.00	4.604 1	2.203 4	0.003 0	0.190 9	0.015 9	12.551
74.00	4.699 3	2.211 9	0.002 7	0.184 6	0.014 6	12.293
75.00	4.797 6	2.220 2	0.002 4	0.178 5	0.013 5	12.037
76.00	4.899 2	2.228 4	0.002 1	0.172 4	0.012 3	11.784
77.00	5.004 4	2.236 4	0.001 9	0.166 4	0.011 3	11.533
78.00	5.113 2	2.244 3	0.001 7	0.160 5	0.010 3	11.284
79.00	5.226 0	2.252 0	0.001 5	0.154 7	0.009 4	11.037
80.00	5.343 0	2.259 6	0.001 3	0.149 0	0.008 6	10.793

A.1.3　普朗特-迈耶方程数值表(燃气, γ = 1.33)

$\delta_0/(°)$	Ma	λ	p/p^*	T/T^*	ρ/ρ^*	$\mu/(°)$
0.00	1.000 0	1.000 0	0.540 4	0.858 4	0.629 5	90.000
1.00	1.080 0	1.067 5	0.491 9	0.838 6	0.586 6	67.843
2.00	1.129 5	1.108 0	0.463 1	0.826 1	0.560 5	62.329
3.00	1.172 5	1.142 5	0.438 7	0.815 1	0.538 2	58.559
4.00	1.212 0	1.173 7	0.417 0	0.804 9	0.518 0	55.623
5.00	1.249 5	1.202 6	0.397 0	0.795 2	0.499 3	53.191
6.00	1.285 4	1.229 8	0.378 5	0.785 8	0.481 7	51.102
7.00	1.320 2	1.255 8	0.361 0	0.776 6	0.464 9	49.264
8.00	1.354 3	1.280 7	0.344 6	0.767 7	0.448 8	47.620
9.00	1.387 7	1.304 8	0.328 9	0.758 9	0.433 4	46.130
10.00	1.420 6	1.328 1	0.314 0	0.750 2	0.418 5	44.765

普朗特-迈耶方程数值表(燃气, γ = 1.33) 续表

$\delta_0/(°)$	Ma	λ	p/p^*	T/T^*	ρ/ρ^*	$\mu/(°)$
11.00	1.453 2	1.350 7	0.299 7	0.741 6	0.404 2	43.505
12.00	1.485 5	1.372 8	0.286 1	0.733 1	0.390 3	42.335
13.00	1.517 6	1.394 3	0.273 1	0.724 6	0.376 8	41.241
14.00	1.549 5	1.415 4	0.260 5	0.716 3	0.363 7	40.214
15.00	1.581 3	1.436 1	0.248 5	0.707 9	0.351 1	39.245
16.00	1.613 1	1.456 3	0.237 0	0.699 6	0.338 7	38.329
17.00	1.644 9	1.476 2	0.225 9	0.691 3	0.326 8	37.459
18.00	1.676 7	1.495 8	0.215 3	0.683 1	0.315 1	36.632
19.00	1.708 6	1.515 0	0.205 0	0.674 9	0.303 8	35.842
20.00	1.740 5	1.533 9	0.195 2	0.666 7	0.292 8	35.086
21.00	1.772 5	1.552 6	0.185 8	0.658 6	0.282 1	34.363
22.00	1.804 6	1.571 0	0.176 7	0.650 5	0.271 7	33.668
23.00	1.836 9	1.589 1	0.168 0	0.642 4	0.261 5	32.999
24.00	1.869 4	1.606 9	0.159 6	0.634 3	0.251 7	32.356
25.00	1.902 0	1.624 6	0.151 6	0.626 2	0.242 1	31.735
26.00	1.934 9	1.642 0	0.143 9	0.618 1	0.232 8	31.135
27.00	1.968 0	1.659 2	0.136 5	0.610 1	0.223 7	30.555
28.00	2.001 3	1.676 1	0.129 4	0.602 1	0.214 9	29.994
29.00	2.034 9	1.692 9	0.122 6	0.594 1	0.206 4	29.449
30.00	2.068 7	1.709 5	0.116 1	0.586 1	0.198 1	28.921
31.00	2.102 9	1.725 8	0.109 9	0.578 2	0.190 1	28.409
32.00	2.137 3	1.742 0	0.103 9	0.570 2	0.182 3	27.910
33.00	2.172 1	1.758 0	0.098 2	0.562 3	0.174 7	27.425
34.00	2.207 2	1.773 8	0.092 8	0.554 4	0.167 3	26.953
35.00	2.242 7	1.789 5	0.087 6	0.546 5	0.160 2	26.494
36.00	2.278 6	1.804 9	0.082 6	0.538 6	0.153 3	26.045
37.00	2.314 8	1.820 2	0.077 8	0.530 7	0.146 7	25.607
38.00	2.351 5	1.835 3	0.073 3	0.522 9	0.140 2	25.180
39.00	2.388 5	1.850 3	0.069 0	0.515 1	0.134 0	24.763
40.00	2.426 1	1.865 1	0.064 9	0.507 3	0.127 9	24.355
41.00	2.464 0	1.879 7	0.061 0	0.499 6	0.122 1	23.956
42.00	2.502 5	1.894 2	0.057 3	0.491 8	0.116 4	23.565
43.00	2.541 4	1.908 6	0.053 7	0.484 1	0.111 0	23.183
44.00	2.580 9	1.922 7	0.050 4	0.476 4	0.105 7	22.808
45.00	2.620 9	1.936 8	0.047 2	0.468 7	0.100 7	22.441
46.00	2.661 4	1.950 6	0.044 2	0.461 1	0.095 8	22.081
47.00	2.702 5	1.964 3	0.041 3	0.453 5	0.091 1	21.728
48.00	2.744 2	1.977 9	0.038 6	0.445 9	0.086 5	21.382

普朗特-迈耶方程数值表(燃气，$\gamma = 1.33$)　　续　表

$\delta_0/(°)$	Ma	λ	p/p^*	T/T^*	ρ/ρ^*	$\mu/(°)$
49.00	2.786 5	1.991 4	0.036 0	0.438 4	0.082 2	21.041
50.00	2.829 5	2.004 6	0.033 6	0.430 8	0.078 0	20.707
51.00	2.873 1	2.017 8	0.031 3	0.423 4	0.073 9	20.379
52.00	2.917 4	2.030 8	0.029 1	0.415 9	0.070 1	20.056
53.00	2.962 4	2.043 6	0.027 1	0.408 5	0.066 3	19.738
54.00	3.008 2	2.056 3	0.025 2	0.401 1	0.062 8	19.426
55.00	3.054 7	2.068 9	0.023 4	0.393 8	0.059 4	19.119
56.00	3.101 9	2.081 3	0.021 7	0.386 5	0.056 1	18.816
57.00	3.150 0	2.093 6	0.020 1	0.379 2	0.052 9	18.519
58.00	3.199 0	2.105 8	0.018 6	0.372 0	0.049 9	18.225
59.00	3.248 8	2.117 8	0.017 2	0.364 8	0.047 1	17.936
60.00	3.299 5	2.129 7	0.015 9	0.357 6	0.044 3	17.651
61.00	3.351 2	2.141 5	0.014 6	0.350 5	0.041 7	17.370
62.00	3.403 8	2.153 1	0.013 5	0.343 4	0.039 2	17.094
63.00	3.457 5	2.164 5	0.012 4	0.336 4	0.036 8	16.820
64.00	3.512 2	2.175 9	0.011 4	0.329 5	0.034 6	16.551
65.00	3.568 0	2.187 1	0.010 5	0.322 5	0.032 4	16.285
66.00	3.624 9	2.198 2	0.009 6	0.315 7	0.030 4	16.022
67.00	3.683 0	2.209 1	0.008 8	0.308 8	0.028 4	15.763
68.00	3.742 3	2.219 9	0.008 0	0.302 0	0.026 6	15.507
69.00	3.802 8	2.230 6	0.007 3	0.295 3	0.024 8	15.254
70.00	3.864 7	2.241 1	0.006 7	0.288 6	0.023 2	15.003
71.00	3.928 0	2.251 5	0.006 1	0.282 0	0.021 6	14.756
72.00	3.992 7	2.261 8	0.005 5	0.275 5	0.020 1	14.512
73.00	4.058 8	2.271 9	0.005 0	0.268 9	0.018 7	14.270
74.00	4.126 6	2.281 9	0.004 6	0.262 5	0.017 4	14.031
75.00	4.195 9	2.291 8	0.004 1	0.256 1	0.016 1	13.795
76.00	4.266 9	2.301 6	0.003 7	0.249 8	0.014 9	13.561
77.00	4.339 6	2.311 2	0.003 4	0.243 5	0.013 8	13.330
78.00	4.414 1	2.320 7	0.003 0	0.237 2	0.012 8	13.100
79.00	4.490 6	2.330 0	0.002 7	0.231 1	0.011 8	12.873
80.00	4.569 0	2.339 2	0.002 4	0.225 0	0.010 9	12.649

A.2　斜激波前后气流参数关系公式的推导

A.2.1　基本方程

图 A.2 和图 A.3 表示了所选取的控制体、斜激波前后气流速度的分解。

（1）设定参数。激波角为β；波前气流速度为c_1、压力为p_1、温度为T_1、密度为ρ_1。经激波后，气流往上转折了δ角而沿楔面流动，流速变为c_2，其余的参数分别为压力p_2、温度T_2、密度ρ_2。

（2）选取控制体。如图 A.2 所示，选取的控制体为由线段 1－1′、2′－2、2－2、2－2′、1′－1、1－1 所围成的区域，并包含斜激波 1′－1′段在内。其中边界 1－1 和 2－2 非常靠近激波，且与激波平行；边界 1－1′和 2′－2 则分别与波前和波后的气流平行。

（3）气流速度分解。如图 A.3 所示，将激波前、后的气流速度都分解为平行于激波面的分量（用下标t标识）和垂直于激波面的分量（用下标n标识）。因此，激波前后的速度可分解为c_{1t}、c_{2t}和c_{1n}、c_{2n}。

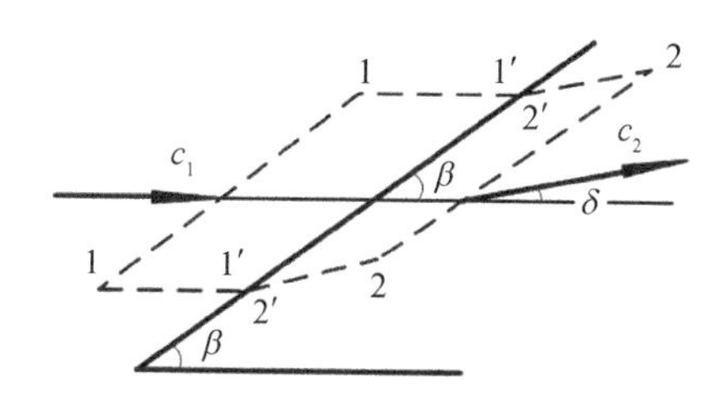

图 A.2　控制体示意图

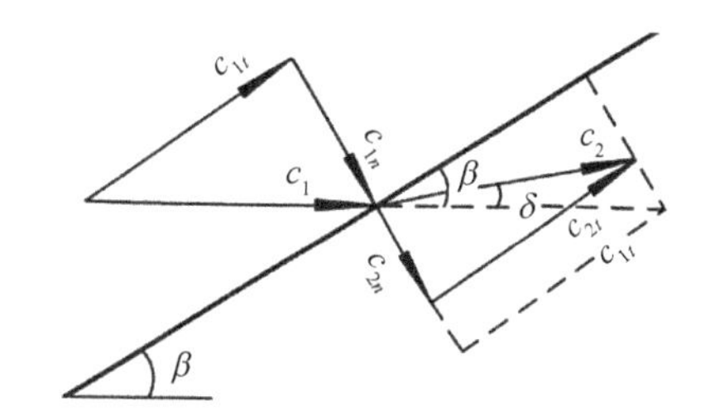

图 A.3　斜激波前后气流速度分解图

（4）对控制体应用基本方程。

① 连续方程
$$\rho_1 c_{1n} = \rho_2 c_{2n} \tag{A.11}$$

② 动量方程法向
$$p_1 - p_2 = \rho_2 c_{2n}^2 - \rho_1 c_{1n}^2 \tag{A.12}$$

切向
$$\rho_2 c_{2n} c_{2t} - \rho_1 c_{1n} c_{1t} = 0$$

将连续方程代入切向的关系式，得
$$c_{2t} = c_{1t} = c_t \tag{A.13}$$

③ 能量方程
$$c_p T_1 + \frac{1}{2}c_1^2 = c_p T_2 + \frac{1}{2}c_2^2 = c_p T^* = \frac{1}{2}\frac{\gamma+1}{\gamma-1}a_{\mathrm{cr}}^2 \tag{A.14}$$

考虑到$c_1^2 = c_{1t}^2 + c_{1n}^2$和$c_2^2 = c_{2t}^2 + c_{2n}^2$，将式（A.13）代入式（A.14），可得

$$c_p T_1 + \frac{1}{2}c_{1n}^2 = c_p T_2 + \frac{1}{2}c_{2n}^2 \tag{A.15}$$

④ 状态方程
$$p = \rho R T \tag{A.16}$$

A.2.2　朗金-雨贡纽关系式

朗金-雨贡纽关系式揭示了激波前后压力比、密度比、温度比之间的关系。

将状态方程式（A.16）代入能量方程式（A.15），并注意到$c_p = \dfrac{\gamma}{\gamma-1}R$，得

$$\frac{\gamma}{\gamma-1}\left(\frac{p_2}{\rho_2} - \frac{p_1}{\rho_1}\right) = \frac{1}{2}(c_{1n}^2 - c_{2n}^2) \tag{A.17}$$

又根据动量方程式(A.12)和连续方程式(A.11),得

$$p_2 - p_1 = \rho_1 c_{1n}^2 - \rho_2 c_{2n}^2 = \rho_1 c_{1n}^2\left(1 - \frac{\rho_2 c_{2n}^2}{\rho_1 c_{1n}^2}\right) = \rho_1 c_{1n}^2\left(1 - \frac{\rho_1}{\rho_2}\right)$$

从上式可解得
$$c_{1n}^2 = \frac{p_2 - p_1}{\rho_2 - \rho_1}\frac{\rho_2}{\rho_1} \tag{A.18}$$

同理可得
$$c_{2n}^2 = \frac{p_2 - p_1}{\rho_2 - \rho_1}\frac{\rho_1}{\rho_2} \tag{A.19}$$

将式(A.18)、式(A.19)代入式(A.17),得

$$\frac{2\gamma}{\gamma - 1}\left(\frac{p_2}{\rho_2} - \frac{p_1}{\rho_1}\right) = \frac{p_2 - p_1}{\rho_2 - \rho_1}\left(\frac{\rho_2}{\rho_1} - \frac{\rho_1}{\rho_2}\right)$$

化简,并解得

$$\frac{p_2}{p_1} = \frac{\dfrac{\gamma + 1}{\gamma - 1}\dfrac{\rho_2}{\rho_1} - 1}{\dfrac{\gamma + 1}{\gamma - 1} - \dfrac{\rho_2}{\rho_1}} \tag{A.20}$$

类似地,可推得
$$\frac{\rho_2}{\rho_1} = \frac{\dfrac{\gamma + 1}{\gamma - 1}\dfrac{p_2}{p_1} + 1}{\dfrac{\gamma + 1}{\gamma - 1} + \dfrac{p_2}{p_1}} \tag{A.21}$$

$$\frac{T_2}{T_1} = \frac{\dfrac{p_2}{p_1}\left(1 + \dfrac{\gamma - 1}{\gamma + 1}\dfrac{p_2}{p_1}\right)}{\dfrac{p_2}{p_1} + \dfrac{\gamma - 1}{\gamma + 1}} \tag{A.22}$$

以上三式就是朗金-雨贡纽关系式。此关系式中不包含激波角 β,它可适用于任何激波。

A.2.3 普朗特关系式

普朗特关系式反映了激波前后气流速度之间的关系。

由式(A.11)和式(A.12)可得

$$c_{1n} - c_{2n} = \frac{p_2}{\rho_2 c_{2n}} - \frac{p_1}{\rho_1 c_{1n}} \tag{A.23}$$

将式(A.16)代入式(A.14),可得

$$\frac{\gamma}{\gamma - 1}\frac{p_1}{\rho_1} + \frac{1}{2}c_1^2 = \frac{\gamma}{\gamma - 1}\frac{p_2}{\rho_2} + \frac{1}{2}c_2^2 = \frac{\gamma}{\gamma - 1}RT^* = \frac{1}{2}\frac{\gamma + 1}{\gamma - 1}a_{cr}^2 \tag{A.24}$$

可解得

$$\frac{p_1}{\rho_1}=\frac{\gamma+1}{2\gamma}a_{\text{cr}}^2-\frac{\gamma-1}{2\gamma}c_1^2 \tag{A.25}$$

$$\frac{p_2}{\rho_2}=\frac{\gamma+1}{2\gamma}a_{\text{cr}}^2-\frac{\gamma-1}{2\gamma}c_2^2 \tag{A.26}$$

将式(A.25)、式(A.26)代入式(A.23),对于斜激波,并经整理后得

$$c_{1n}\cdot c_{2n}=a_{\text{cr}}^2-\frac{\gamma-1}{\gamma+1}c_t^2 \tag{A.27}$$

或

$$\lambda_{1n}\cdot\lambda_{2n}=1-\frac{\gamma-1}{\gamma+1}\left(\frac{c_t}{a_{\text{cr}}}\right)^2 \tag{A.28}$$

式(A.27)和(A.28)即为普朗特关系式。

A.2.4 斜激波前后气流参数的关系式

要确定斜激波前后气流参数的关系,只要联立斜激波前后气流参数的基本方程,就可得到斜激波前后气流参数的关系式。

1. 斜激波前后气流速度的关系式

沿激波波面,激波前后气流速度的关系式是 $c_{2t}=c_{1t}=c_t$

垂直于波面,激波前后气流速度的关系式 $c_{1n}\cdot c_{2n}=a_{\text{cr}}^2-\dfrac{\gamma-1}{\gamma+1}c_t^2$

2. 斜激波前后气体的压力、密度和温度的关系式

由普朗特关系式(A.27)知

$$\begin{aligned}
c_{1n}\cdot c_{2n}&=a_{\text{cr}}^2-\frac{\gamma-1}{\gamma+1}c_t^2=\frac{2\gamma}{\gamma+1}RT^*-\frac{\gamma-1}{\gamma+1}c_t^2\\
&=\frac{2\gamma}{\gamma+1}RT_1\left(1+\frac{\gamma-1}{2}Ma_1^2\right)-\frac{\gamma-1}{\gamma+1}c_t^2\\
&=\frac{2}{\gamma+1}a_1^2\left(1+\frac{\gamma-1}{2}Ma_1^2\right)-\frac{\gamma-1}{\gamma+1}c_t^2\\
&=\frac{2}{\gamma+1}a_1^2+\frac{\gamma-1}{\gamma+1}c_1^2-\frac{\gamma-1}{\gamma+1}c_t^2\\
&=\frac{2}{\gamma+1}a_1^2+\frac{\gamma-1}{\gamma+1}c_{1n}^2
\end{aligned}$$

等式两边同除以 c_{1n}^2,得

$$\frac{c_{2n}}{c_{1n}}=\frac{2}{\gamma+1}\frac{a_1^2}{c_{1n}^2}+\frac{\gamma-1}{\gamma+1}=\frac{2}{\gamma+1}\frac{1}{Ma_1^2\sin^2\beta}+\frac{\gamma-1}{\gamma+1} \tag{A.29}$$

将上式再代入连续方程式(A.11),得

$$\frac{\rho_2}{\rho_1}=\frac{(\gamma+1)Ma_1^2\sin^2\beta}{(\gamma-1)Ma_1^2\sin^2\beta+2} \tag{A.30}$$

由动量方程(A.12)、连续方程式(A.11)及状态方程(A.16),得

$$\frac{p_2}{p_1}=1+\frac{\rho_1 c_{1n}^2-\rho_2 c_{2n}^2}{p_1}=1+\frac{\rho_1}{p_1}c_1^2\sin^2\beta\left(1-\frac{c_{2n}}{c_{1n}}\right)$$
$$=1+\gamma Ma_1^2\sin^2\beta\left(1-\frac{c_{2n}}{c_{1n}}\right)$$

将式(A.29)代入上式,得

$$\frac{p_2}{p_1}=\frac{2\gamma}{\gamma+1}Ma_1^2\sin^2\beta-\frac{\gamma-1}{\gamma+1} \tag{A.31}$$

由状态方程(A.16),得

$$\frac{T_2}{T_1}=\frac{p_2}{p_1}\frac{\rho_1}{\rho_2}$$

将式(A.30)、(A.31)代入上式,并经整理得

$$\frac{T_2}{T_1}=\left(\frac{\gamma-1}{\gamma+1}\right)^2\left(\frac{2\gamma}{\gamma-1}Ma_1^2\sin^2\beta-1\right)\left(\frac{2}{\gamma-1}\cdot\frac{1}{Ma_1^2\sin^2\beta}+1\right) \tag{A.32}$$

式(A.13)、(A.29)、(A.30)、(A.31)、(A.32)就是斜激波前后气流参数的关系式。已知波前气流参数 c_1、p_1、ρ_1、T_1 和激波角 β,通过上述五式,就可以求出波后气流参数 c_2、p_2、ρ_2、T_2。

3. 斜激波前后气流 Ma 数的关系式

由于气流通过激波是一个绝能过程,则激波前后气流的总温不变,因此

$$\frac{T_2}{T_1}=\frac{T_2/T^*}{T_1/T^*}=\frac{1+\frac{\gamma-1}{2}Ma_1^2}{1+\frac{\gamma-1}{2}Ma_2^2}$$

将式(A.32)代入上式,解出 Ma_2^2,可得

$$Ma_2^2=\frac{Ma_1^2+\frac{2}{\gamma-1}}{\frac{2\gamma}{\gamma-1}Ma_1^2\sin^2\beta-1}+\frac{Ma_1^2\cos^2\beta}{\frac{\gamma-1}{2}Ma_1^2\sin^2\beta+1} \tag{A.33}$$

4. 斜激波的气流转折角

由图 A.3 可知

$$\tan(\beta-\delta)=\frac{c_{2n}}{c_{2t}},\quad \tan\beta=\frac{c_{1n}}{c_{1t}}$$

由于 $\rho_1 c_{1n} = \rho_2 c_{2n}$，$c_{1t} = c_{2t}$，故 $\dfrac{c_{2n}}{c_{2t}} = \dfrac{\rho_1 c_{1n}}{\rho_2 c_{1t}}$

所以有
$$\tan(\beta - \delta) = \frac{\rho_1}{\rho_2}\tan\beta$$

将式(A.30)代入上式，得

$$\tan(\beta - \delta) = \frac{(\gamma - 1)Ma_1^2\sin^2\beta + 2}{(\gamma + 1)Ma_1^2\sin^2\beta} \cdot \tan\beta = \left(\frac{\gamma - 1}{\gamma + 1} + \frac{2}{\gamma + 1} \cdot \frac{1}{Ma_1^2\sin^2\beta}\right)\tan\beta$$

再将 $\tan(\beta - \delta)$ 的三角函数公式代入上式，化简得

$$\tan\delta = \cot\beta \frac{Ma_1^2\sin^2\beta - 1}{1 + Ma_1^2\left(\dfrac{\gamma + 1}{2} - \sin^2\beta\right)} \tag{A.34}$$

5. 激波的总压恢复系数 σ_s

对于激波前后的气流滞止状态，有 $p_1^* = \rho_1^* RT_1^*$，$p_2^* = \rho_2^* RT_2^*$

而
$$T_1^* = T_2^*$$

故
$$\frac{p_2^*}{p_1^*} = \frac{\rho_2^*}{\rho_1^*} \tag{A.35}$$

由滞止状态的定义，可得

$$\rho_2^* = \rho_2\left(\frac{p_2^*}{p_2}\right)^{\frac{1}{\gamma}},\ \rho_1^* = \rho_1\left(\frac{p_1^*}{p_1}\right)^{\frac{1}{\gamma}}$$

故
$$\frac{\rho_2^*}{\rho_1^*} = \left(\frac{p_2^*}{p_1^*}\right)^{\frac{1}{\gamma}}\left(\frac{p_1}{p_2}\right)^{\frac{1}{\gamma}} \cdot \frac{\rho_2}{\rho_1} \tag{A.36}$$

将(A.36)式代入(A.35)式，得

$$\frac{p_2^*}{p_1^*} = \left(\frac{p_1}{p_2}\right)^{\frac{1}{\gamma-1}} \cdot \left(\frac{\rho_2}{\rho_1}\right)^{\frac{\gamma}{\gamma-1}}$$

再将式(A.30)、(A.31)代入上式，化简可得

$$\sigma_s = \frac{p_2^*}{p_1^*} = \frac{\left[\dfrac{(\gamma + 1)Ma_1^2\sin^2\beta}{2 + (\gamma - 1)Ma_1^2\sin^2\beta}\right]^{\frac{\gamma}{\gamma-1}}}{\left[\dfrac{2\gamma}{\gamma + 1}Ma_1^2\sin^2\beta - \dfrac{\gamma - 1}{\gamma + 1}\right]^{\frac{1}{\gamma-1}}} \tag{A.37}$$

6. 激波的熵增

$$s_2 - s_1 = c_p \ln\left[\left(\frac{T_2}{T_1}\right) \Big/ \left(\frac{p_2}{p_1}\right)^{\frac{\gamma-1}{\gamma}}\right]$$

因为
$$T_2 = T_2^* \left(\frac{p_2}{p_2^*}\right)^{\frac{\gamma-1}{\gamma}};\ T_1 = T_1^* \left(\frac{p_1}{p_1^*}\right)^{\frac{\gamma-1}{\gamma}}$$

则有

$$\frac{T_2}{T_1} = \frac{T_2^*}{T_1^*} \cdot \left(\frac{p_2}{p_1} \cdot \frac{p_1^*}{p_2^*}\right)^{\frac{\gamma-1}{\gamma}}$$

因气流通过激波为绝能流动,故 $T_1^* = T_2^*$,再将上式代入熵增计算式,得

$$s_2 - s_1 = c_p \ln\left(\frac{p_1^*}{p_2^*}\right)^{\frac{\gamma-1}{\gamma}} = -\frac{\gamma-1}{\gamma} c_p \ln\left(\frac{p_2^*}{p_1^*}\right)$$

因 $c_p = \dfrac{\gamma}{\gamma-1} R$,故 $R = c_p \cdot \dfrac{\gamma-1}{\gamma}$,并将此式代入上式,得

$$s_2 - s_1 = -R \ln \frac{p_2^*}{p_1^*} \tag{A.38}$$

A.3 一维定常管流气流参数与管道截面积的关系公式推导

根据微分形式的一维定常流动基本方程,可导出气流参数与管道截面积的关系式。

(1) 连续方程　由 $\rho A c =$ 常数,可得微分形式

$$\frac{d\rho}{\rho} + \frac{dc}{c} + \frac{dA}{A} = 0 \tag{A.39}$$

(2) 因为变截面管流是绝能等熵流动,故 $\delta l_m = 0$, $\delta l_r = 0$,伯努利方程可写为

$$d\,\frac{c^2}{2} + \frac{dp}{\rho} = 0$$

或
$$dp = -\rho c dc \tag{A.40}$$

又因
$$Ma^2 = \frac{c^2}{a^2} = \frac{\rho c^2}{\gamma p}$$

所以
$$p = \frac{\rho c^2}{\gamma Ma^2} \tag{A.41}$$

将(A.40)式除以(A.41)式,并整理可得

$$\frac{\mathrm{d}p}{p}+\gamma Ma^{2}\cdot\frac{\mathrm{d}c}{c}=0 \tag{A.42}$$

(3) 绝能流动的能量方程为

$$c_p\mathrm{d}T+\mathrm{d}\frac{c^2}{2}=0$$

或

$$c_p\mathrm{d}T+c\mathrm{d}c=0$$

上式除以 c_pT 后,得

$$\frac{\mathrm{d}T}{T}+\frac{c\mathrm{d}c}{c_pT}=0$$

将 $Ma^2=\frac{c^2}{\gamma RT}$, $c_p=\frac{\gamma}{\gamma-1}R$ 代入上式,可得

$$\frac{\mathrm{d}T}{T}+(\gamma-1)Ma^{2}\cdot\frac{\mathrm{d}c}{c}=0 \tag{A.43}$$

将状态方程 $p=\rho RT$ 取对数后,并进行微分可得

$$\frac{\mathrm{d}p}{p}-\frac{\mathrm{d}\rho}{\rho}-\frac{\mathrm{d}T}{T}=0 \tag{A.44}$$

再将 $Ma=\frac{c}{a}=\frac{c}{\sqrt{\gamma RT}}$ 取对数后,再进行微分可得

$$\frac{\mathrm{d}Ma}{Ma}-\frac{\mathrm{d}c}{c}+\frac{\mathrm{d}T}{2T}=0 \tag{A.45}$$

在式(A.39)、(A.42)、(A.43)、(A.44)和(A.45)的五个方程中,包含有六个变量:$\frac{\mathrm{d}\rho}{\rho}$、$\frac{\mathrm{d}p}{p}$、$\frac{\mathrm{d}T}{T}$、$\frac{\mathrm{d}c}{c}$、$\frac{\mathrm{d}Ma}{Ma}$ 和 $\frac{\mathrm{d}A}{A}$。若将 $\frac{\mathrm{d}A}{A}$ 看作独立变量,则可以从以上的方程组中解出其余五个变量,表示为与 $\frac{\mathrm{d}A}{A}$ 的关系式如下:

$$\frac{\mathrm{d}c}{c}=-\frac{1}{1-Ma^{2}}\frac{\mathrm{d}A}{A} \tag{A.46}$$

$$\frac{\mathrm{d}p}{p}=\frac{\gamma Ma^{2}}{1-Ma^{2}}\cdot\frac{\mathrm{d}A}{A} \tag{A.47}$$

$$\frac{\mathrm{d}\rho}{\rho}=\frac{Ma^2}{1-Ma^2}\cdot\frac{\mathrm{d}A}{A} \tag{A.48}$$

$$\frac{\mathrm{d}T}{T}=\frac{(\gamma-1)Ma^2}{1-Ma^2}\cdot\frac{\mathrm{d}A}{A} \tag{A.49}$$

$$\frac{\mathrm{d}Ma}{Ma}=-\frac{1+\frac{\gamma-1}{2}Ma^2}{1-Ma^2}\cdot\frac{\mathrm{d}A}{A} \tag{A.50}$$

附录 B
明渠水流模拟超声速流动现象的原理

B.1 实验概述

为了更好地观察超声速流动中所产生的膨胀波和激波现象，深入理解扰动的传播和激波、膨胀波产生的原理，可以运用水在平底变宽度明渠中的流动来模拟超声速流动现象。

该模拟方法以二维水动力学微分方程与可压缩气体运动方程的相似性原理为基础，利用一套水流模拟设备，将水流实验结果与气体流场仿真结果相对比，从而直观地揭示出超声速流动现象的特征。

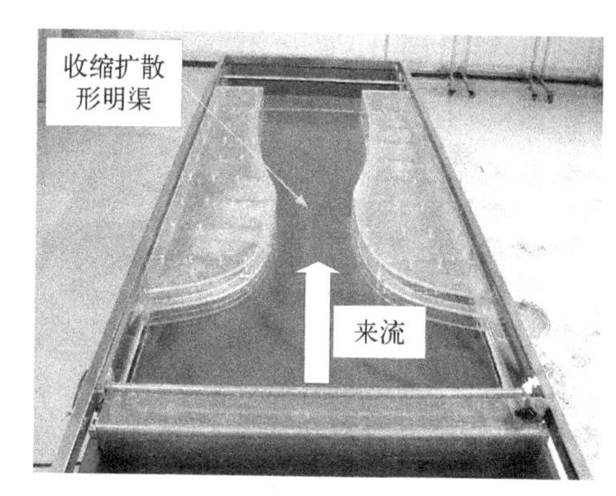

图 B.1　实验用的明渠

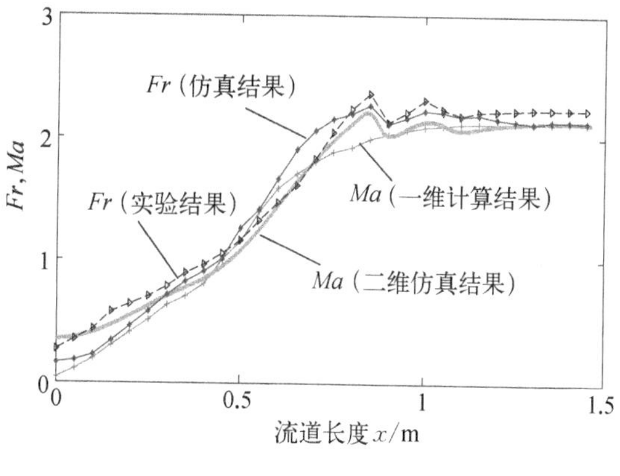

图 B.2　弗汝德数 *Fr* 和马赫数 *Ma* 对比分析图

图 B.1 中展示了进行模拟实验用的明渠，它有一个变宽度的流道，其平面形状类似于一个拉瓦尔管道(收敛-扩张形)，水流在进口的收缩段、喉道和扩张段分别是缓流、临界流和急流状态。描述水流运动特性的水力学参数是弗汝德数，具有与气流中的马赫数相同的作用，其定义和计算公式见表 B.1。图 B.2 表示的是弗汝德数沿明渠流道长度 x 的分布规律，图中还同时绘出了相同平面形状的拉瓦尔管道中的气流马赫数的分布，可以看到，二者基本是一致的，这说明明渠中的水流特性与拉瓦尔管道中的气流特性是相似的，因此可以模拟出超声速气流中的一些流动现象。

B.2 实验模拟的原理

根据明渠中浅水表面波(重力波)与气体中扰动波的微分方程的相似性(见表B.1),可利用浅水表面波的分布来直观地模拟气体中的激波和膨胀波等流动现象。

可以看出,二者运动的微分方程形式上完全一样,进一步可以推导,当取气体的绝热指数为2时,气体的密度即可与水流的深度完全比拟,气流的马赫数即可与水流的弗汝德数完全比拟。

表B.1 明渠流动与气体运动微分方程对比(二维流动)

平底的明渠流动(设沿水深度方向流动参数均匀)	气体流动(等熵流动)
连续方程 $\dfrac{\partial(hc_x)}{\partial x}+\dfrac{\partial(hc_y)}{\partial y}=0$	连续方程 $\dfrac{\partial(\rho c_x)}{\partial x}+\dfrac{\partial(\rho c_y)}{\partial y}=0$
动量方程 $c_x\dfrac{\partial c_x}{\partial x}+c_y\dfrac{\partial c_x}{\partial y}=-g\dfrac{\partial h}{\partial x}$ $c_x\dfrac{\partial c_y}{\partial x}+c_y\dfrac{\partial c_y}{\partial y}=-g\dfrac{\partial h}{\partial y}$	动量方程 $c_x\dfrac{\partial c_x}{\partial x}+c_y\dfrac{\partial c_x}{\partial y}=-\dfrac{1}{\rho}\dfrac{\partial p}{\partial x}$ $c_x\dfrac{\partial c_y}{\partial x}+c_y\dfrac{\partial c_y}{\partial y}=-\dfrac{1}{\rho}\dfrac{\partial p}{\partial y}$
弗汝德数 $Fr=\dfrac{c}{\sqrt{gh}}$	马赫数 $Ma=\dfrac{c}{\sqrt{\dfrac{\gamma p}{\rho}}}$
式中 h、c、g 分别为水的深度、水流速度和重力加速度	式中 c、ρ、p 分别为气流速度、密度和压力

根据气体动力学原理,将亚声速气流加速为超声速气流,流道截面积须先收缩至最小截面使气流达到声速,然后流道截面积扩大,使声速气流继续加速至超声速。与此过程相似,在明渠中要把水的缓流流动加速为急流流动,同样需要流道截面先要收缩,收缩至水流的速度等于当地重力波的传播速度,流道截面再扩大。在收敛-扩张形明渠中,当水的流动趋于稳定时,水在收敛为缓流,最小截面为临界流,扩张段为急流,可对应模拟出亚声速、声速、超声速气流的流动特性,如表B.2所示。

表B.2 气流马赫数与水流弗汝德数的对应关系

介 质	准则数	收敛段	最小截面	扩张段	波形及参数对比
气体	马赫数 Ma	$Ma<1.0$ 亚声速	$Ma=1.0$ 声速	$Ma>1.0$ 超声速	激 波:压力↑;速度↓ 膨胀波:压力↓;速度↑
水	弗汝德数 Fr	$Fr<1.0$ 缓流	$Fr=1.0$ 临界流	$Fr>1.0$ 急流	水跃波:水深↑;速度↓ 水跌波:水深↓;速度↑

附录 C 气动函数表与标准大气数值表

C.1 一维等熵气动函数表(空气, $\gamma=1.4$)

λ	$\tau(\lambda)$	$\pi(\lambda)$	$\varepsilon(\lambda)$	$q(\lambda)$	$y(\lambda)$	$f(\lambda)$	$r(\lambda)$	Ma
0.00	1.000 0	1.000 0	1.000 0	0.000 0	0.000 0	1.000 0	1.000 0	0.000 0
0.01	1.000 0	0.999 9	0.999 9	0.015 8	0.015 8	1.000 0	0.999 9	0.009 1
0.02	0.999 9	0.999 8	0.999 8	0.031 5	0.031 6	1.000 2	0.999 6	0.018 3
0.03	0.999 8	0.999 5	0.999 7	0.047 3	0.047 3	1.000 6	0.998 9	0.027 4
0.04	0.999 7	0.999 0	0.999 3	0.063 1	0.063 1	1.000 9	0.998 1	0.036 5
0.05	0.999 6	0.998 6	0.999 0	0.078 8	0.078 9	1.001 5	0.997 1	0.045 7
0.06	0.999 4	0.997 9	0.998 5	0.094 5	0.094 7	1.002 1	0.995 8	0.054 8
0.07	0.999 2	0.997 1	0.997 9	0.110 2	0.110 5	1.002 8	0.994 3	0.063 9
0.08	0.998 9	0.996 3	0.997 4	0.125 9	0.126 3	1.003 8	0.992 5	0.073 1
0.09	0.998 7	0.995 3	0.996 7	0.141 5	0.142 2	1.004 7	0.990 6	0.082 2
0.10	0.998 3	0.994 2	0.995 9	0.157 1	0.158 0	1.005 8	0.988 5	0.091 4
0.11	0.998 0	0.992 9	0.994 9	0.172 6	0.173 9	1.007 0	0.986 0	0.100 5
0.12	0.997 6	0.991 6	0.994 0	0.188 2	0.189 7	1.008 3	0.983 4	0.109 7
0.13	0.997 2	0.990 1	0.992 9	0.203 6	0.205 6	1.010 0	0.980 6	0.119 0
0.14	0.996 7	0.988 6	0.991 8	0.219 0	0.221 6	1.011 3	0.977 6	0.128 0
0.15	0.996 2	0.987 0	0.990 7	0.234 4	0.237 5	1.012 9	0.974 4	0.137 2
0.16	0.995 7	0.985 1	0.989 3	0.249 7	0.253 5	1.014 7	0.970 9	0.146 0
0.17	0.995 2	0.983 2	0.988 0	0.264 9	0.269 5	1.016 5	0.967 3	0.156 0
0.18	0.994 6	0.981 2	0.986 6	0.280 1	0.285 5	1.018 5	0.963 4	0.165 0
0.19	0.994 0	0.979 1	0.985 0	0.295 2	0.301 5	1.020 6	0.959 4	0.174 0
0.20	0.993 3	0.976 8	0.983 4	0.310 3	0.317 6	1.022 7	0.955 1	0.183 0
0.21	0.992 7	0.974 5	0.981 7	0.325 2	0.333 7	1.025 0	0.950 7	0.192 0
0.22	0.991 9	0.972 0	0.979 9	0.340 1	0.349 9	1.027 4	0.946 1	0.202 0
0.23	0.991 2	0.969 5	0.978 1	0.354 9	0.366 0	1.029 8	0.941 4	0.210 9
0.24	0.990 4	0.966 8	0.976 2	0.369 6	0.382 3	1.032 4	0.937 3	0.220 2
0.25	0.989 6	0.964 0	0.974 2	0.384 2	0.398 5	1.035 0	0.931 4	0.229 0
0.26	0.988 7	0.961 1	0.972 1	0.398 7	0.414 8	1.037 8	0.926 1	0.238 7

一维等熵气动函数表(空气, γ = 1.4)　　续　表

λ	$\tau(\lambda)$	$\pi(\lambda)$	$\varepsilon(\lambda)$	$q(\lambda)$	$y(\lambda)$	$f(\lambda)$	$r(\lambda)$	Ma
0.27	0.987 9	0.958 1	0.969 9	0.413 1	0.431 1	1.040 6	0.920 7	0.248 0
0.28	0.986 9	0.955 0	0.967 7	0.427 4	0.447 5	1.043 5	0.915 2	0.257 3
0.29	0.986 0	0.951 8	0.965 3	0.441 6	0.4 640	1.046 5	0.909 5	0.267 0
0.30	0.985 0	0.948 5	0.962 9	0.455 7	0.480 4	1.049 6	0.903 7	0.276 0
0.31	0.984 0	0.945 1	0.960 5	0.469 7	0.497 0	1.052 8	0.897 7	0.285 0
0.32	0.982 9	0.941 5	0.957 9	0.483 5	0.513 5	1.055 9	0.891 7	0.294 7
0.33	0.981 9	0.937 9	0.955 2	0.497 3	0.530 2	1.059 3	0.885 4	0.304 0
0.34	0.980 7	0.934 2	0.952 5	0.510 9	0.546 9	1.062 6	0.879 1	0.313 4
0.35	0.979 6	0.930 3	0.949 7	0.524 2	0.563 6	1.066 1	0.872 7	0.322 8
0.36	0.978 4	0.926 5	0.946 9	0.537 7	0.580 4	1.069 6	0.866 2	0.332 2
0.37	0.977 2	0.922 4	0.943 9	0.550 9	0.597 3	1.073 2	0.859 5	0.341 7
0.38	0.975 9	0.918 3	0.940 9	0.564 0	0.614 2	1.076 8	0.852 8	0.351 1
0.39	0.974 7	0.914 1	0.937 8	0.576 9	0.631 2	1.080 5	0.846 0	0.360 6
0.40	0.973 3	0.909 7	0.934 6	0.589 7	0.648 2	1.084 2	0.839 1	0.370 1
0.41	0.972 0	0.905 3	0.931 4	0.602 4	0.665 4	1.088 0	0.832 1	0.379 6
0.42	0.970 6	0.900 8	0.928 1	0.614 9	0.682 6	1.091 8	0.825 1	0.389 2
0.43	0.969 2	0.896 2	0.924 7	0.627 2	0.699 8	1.095 7	0.817 9	0.398 7
0.44	0.967 7	0.891 5	0.921 2	0.639 4	0.717 2	1.099 6	0.810 8	0.408 3
0.45	0.966 3	0.886 8	0.917 8	0.651 5	0.734 6	1.103 6	0.803 5	0.417 9
0.46	0.964 7	0.881 9	0.914 2	0.663 3	0.752 1	1.107 6	0.796 3	0.427 5
0.47	0.963 2	0.877 0	0.910 5	0.675 0	0.769 7	1.111 6	0.788 9	0.437 2
0.48	0.961 6	0.871 9	0.906 7	0.686 5	0.787 4	1.115 6	0.781 6	0.446 8
0.49	0.960 0	0.866 8	0.902 9	0.697 9	0.805 2	1.119 7	0.774 1	0.456 5
0.50	0.958 3	0.861 6	0.899 1	0.709 1	0.823 0	1.123 9	0.766 6	0.466 3
0.51	0.956 7	0.856 3	0.895 1	0.720 1	0.840 9	1.127 9	0.759 2	0.476 0
0.52	0.954 9	0.850 9	0.891 1	0.730 9	0.859 0	1.132 0	0.751 7	0.485 8
0.53	0.953 2	0.845 5	0.887 1	0.741 6	0.877 1	1.136 2	0.744 2	0.495 6
0.54	0.951 4	0.840 0	0.882 9	0.752 0	0.895 3	1.140 3	0.736 6	0.505 4
0.55	0.949 6	0.834 4	0.878 7	0.762 3	0.913 6	1.144 5	0.729 0	0.515 2
0.56	0.947 7	0.828 7	0.874 4	0.772 4	0.932 1	1.148 6	0.721 5	0.525 1
0.57	0.945 9	0.823 0	0.870 1	0.782 3	0.950 6	1.152 8	0.713 9	0.535 0
0.58	0.943 9	0.817 2	0.865 7	0.792 0	0.969 2	1.156 9	0.706 4	0.545 0
0.59	0.942 0	0.811 2	0.861 2	0.801 5	0.988 0	1.161 0	0.698 7	0.554 9
0.60	0.940 0	0.805 3	0.856 7	0.810 9	1.006 9	1.165 1	0.691 2	0.564 9
0.61	0.938 0	0.799 2	0.852 1	0.819 8	1.025 8	1.169 1	0.683 6	0.575 0
0.62	0.935 9	0.793 2	0.847 5	0.828 8	1.044 9	1.173 3	0.676 0	0.585 0
0.63	0.933 9	0.787 0	0.842 8	0.837 5	1.064 1	1.177 2	0.668 5	0.595 1
0.64	0.931 7	0.780 8	0.838 0	0.845 9	1.084 2	1.181 2	0.661 0	0.605 3

一维等熵气动函数表(空气，γ = 1.4)　　续 表

λ	$\tau(\lambda)$	$\pi(\lambda)$	$\varepsilon(\lambda)$	$q(\lambda)$	$y(\lambda)$	$f(\lambda)$	$r(\lambda)$	Ma
0.65	0.9296	0.7745	0.8332	0.8543	1.1030	1.1852	0.6535	0.6154
0.66	0.9274	0.7681	0.8283	0.8623	1.1226	1.1891	0.6460	0.6256
0.67	0.9252	0.7617	0.8233	0.8701	1.1423	1.1929	0.6386	0.6359
0.68	0.9229	0.7553	0.8183	0.8778	1.1622	1.1967	0.6311	0.6461
0.69	0.9207	0.7488	0.8133	0.8852	1.1822	1.2005	0.6237	0.6565
0.70	0.9183	0.7422	0.8082	0.8924	1.2024	1.2042	0.6163	0.6668
0.71	0.9160	0.7356	0.8030	0.8993	1.2227	1.2078	0.6090	0.6772
0.72	0.9136	0.7289	0.7978	0.9061	1.2431	1.2114	0.6017	0.6876
0.73	0.9112	0.7221	0.7925	0.9126	1.2637	1.2148	0.5944	0.6981
0.74	0.9087	0.7154	0.7872	0.9189	1.2845	1.2183	0.5872	0.7086
0.75	0.9063	0.7086	0.7819	0.9250	1.3054	1.2216	0.5800	0.7192
0.76	0.9037	0.7017	0.7764	0.9308	1.3265	1.2249	0.5729	0.7298
0.77	0.9012	0.6948	0.7710	0.9364	1.3478	1.2280	0.5658	0.7404
0.78	0.8986	0.6878	0.7655	0.9418	1.3692	1.2311	0.5587	0.7511
0.79	0.8960	0.6809	0.7599	0.9469	1.3908	1.2341	0.5517	0.7619
0.80	0.8933	0.6738	0.7543	0.9518	1.4126	1.2370	0.5447	0.7727
0.81	0.8907	0.6668	0.7486	0.9565	1.4346	1.2398	0.5378	0.7835
0.82	0.8879	0.6597	0.7429	0.9610	1.4567	1.2425	0.5309	0.7944
0.83	0.8852	0.6526	0.7372	0.9652	1.4790	1.2451	0.5241	0.8053
0.84	0.8824	0.6454	0.7314	0.9691	1.5016	1.2475	0.5174	0.8163
0.85	0.8796	0.6382	0.7256	0.9729	1.5243	1.2498	0.5107	0.8274
0.86	0.8767	0.6310	0.7197	0.9764	1.5473	1.2520	0.5040	0.8384
0.87	0.8739	0.6238	0.7138	0.9796	1.5704	1.2541	0.4974	0.8496
0.88	0.8709	0.6165	0.7079	0.9826	1.5938	1.2560	0.4908	0.8608
0.89	0.8680	0.6092	0.7019	0.9854	1.6174	1.2579	0.4843	0.8721
0.90	0.8650	0.6019	0.6959	0.9879	1.6412	1.2595	0.4779	0.8833
0.91	0.8620	0.5946	0.6898	0.9902	1.6652	1.2611	0.4715	0.8947
0.92	0.8589	0.5873	0.6838	0.9923	1.6895	1.2625	0.4652	0.9062
0.93	0.8559	0.5800	0.6776	0.9941	1.7140	1.2637	0.4589	0.9177
0.94	0.8527	0.5726	0.6715	0.9957	1.7388	1.2648	0.4527	0.9292
0.95	0.8496	0.5653	0.6653	0.9970	1.7638	1.2658	0.4466	0.9409
0.96	0.8464	0.5579	0.6591	0.9981	1.7891	1.2666	0.4405	0.9526
0.97	0.8432	0.5505	0.6528	0.9989	1.8146	1.2671	0.4344	0.9644
0.98	0.8399	0.5431	0.6466	0.9993	1.8404	1.2676	0.4285	0.9761
0.99	0.8367	0.5357	0.6403	0.9999	1.8665	1.2678	0.4225	0.9880
1.00	0.8333	0.5283	0.6340	1.0000	1.8929	1.2679	0.4167	1.0000
1.01	0.8300	0.5209	0.6276	0.9999	1.9195	1.2678	0.4109	1.0120
1.02	0.8266	0.5135	0.6212	0.9995	1.9464	1.2675	0.4051	1.0241

一维等熵气动函数表(空气，$\gamma = 1.4$)　　续表

λ	$\tau(\lambda)$	$\pi(\lambda)$	$\varepsilon(\lambda)$	$q(\lambda)$	$y(\lambda)$	$f(\lambda)$	$r(\lambda)$	Ma
1.03	0.8232	0.5061	0.6148	0.9989	1.9737	1.2671	0.3994	1.0363
1.04	0.8197	0.4987	0.6084	0.9980	2.0013	1.2664	0.3938	1.0486
1.05	0.8163	0.4913	0.6019	0.9969	2.0291	1.2655	0.3882	1.0609
1.06	0.8127	0.4840	0.5955	0.9957	2.0573	1.2646	0.3827	1.0733
1.07	0.8092	0.4766	0.5890	0.9941	2.0858	1.2633	0.3773	1.0858
1.08	0.8056	0.4693	0.5826	0.9924	2.1147	1.2620	0.3719	1.0985
1.09	0.8020	0.4619	0.5760	0.9903	2.1439	1.2602	0.3665	1.1111
1.10	0.7983	0.4546	0.5694	0.9880	2.1734	1.2584	0.3613	1.1239
1.11	0.7947	0.4473	0.5629	0.9856	2.2034	1.2564	0.3560	1.1367
1.12	0.7909	0.4400	0.5564	0.9829	2.2337	1.2543	0.3508	1.1496
1.13	0.7872	0.4328	0.5498	0.9800	2.2643	1.2519	0.3457	1.1627
1.14	0.7834	0.4255	0.5432	0.9768	2.2954	1.2491	0.3407	1.1758
1.15	0.7796	0.4184	0.5366	0.9735	2.3269	1.2463	0.3357	1.1890
1.16	0.7757	0.4111	0.5300	0.9698	2.3588	1.2432	0.3307	1.2023
1.17	0.7719	0.4040	0.5234	0.9659	2.3911	1.2398	0.3258	1.2157
1.18	0.7679	0.3969	0.5168	0.9620	2.4238	1.2364	0.3210	1.2292
1.19	0.7640	0.3898	0.5102	0.9577	2.4570	1.2326	0.3162	1.2428
1.20	0.7600	0.3827	0.5035	0.9531	2.4906	1.2286	0.3115	1.2566
1.21	0.7560	0.3753	0.4969	0.9484	2.5247	1.2244	0.3068	1.2704
1.22	0.7519	0.3687	0.4903	0.9435	2.5593	1.2200	0.3022	1.2843
1.23	0.7478	0.3617	0.4837	0.9384	2.5944	1.2154	0.2976	1.2984
1.24	0.7437	0.3548	0.4770	0.9331	2.6300	1.2105	0.2931	1.3126
1.25	0.7396	0.3479	0.4704	0.9275	2.6660	1.2054	0.2886	1.3268
1.26	0.7354	0.3411	0.4638	0.9217	2.7026	1.2000	0.2842	1.3413
1.27	0.7312	0.3343	0.4572	0.9159	2.7398	1.1946	0.2798	1.3558
1.28	0.7269	0.3275	0.4505	0.9096	2.7775	1.1887	0.2755	1.3705
1.29	0.7227	0.3208	0.4439	0.9033	2.8158	1.1826	0.2713	1.3853
1.30	0.7183	0.3142	0.4374	0.8969	2.8547	1.1765	0.2670	1.4002
1.31	0.7140	0.3075	0.4307	0.8901	2.8941	1.1699	0.2629	1.4153
1.32	0.7096	0.3010	0.4241	0.8831	2.9343	1.1632	0.2574	1.4305
1.33	0.7052	0.2945	0.4176	0.8761	2.9750	1.1562	0.2547	1.4458
1.34	0.7007	0.2880	0.4110	0.8688	3.0164	1.1490	0.2507	1.4613
1.35	0.6962	0.2816	0.4045	0.8614	3.0586	1.1417	0.2467	1.4769
1.36	0.6917	0.2753	0.3980	0.8538	3.1013	1.1341	0.2427	1.4927
1.37	0.6872	0.2690	0.3914	0.8459	3.1448	1.1261	0.2389	1.5087
1.38	0.6826	0.2628	0.3850	0.8380	3.1889	1.1180	0.2350	1.5248
1.39	0.6780	0.2566	0.3785	0.8299	3.2340	1.1098	0.2312	1.5410

一维等熵气动函数表(空气, $\gamma = 1.4$) 续 表

λ	$\tau(\lambda)$	$\pi(\lambda)$	$\varepsilon(\lambda)$	$q(\lambda)$	$y(\lambda)$	$f(\lambda)$	$r(\lambda)$	Ma
1.40	0.673 3	0.250 5	0.372 0	0.821 6	3.279 8	1.101 2	0.227 5	1.557 5
1.41	0.668 7	0.244 5	0.365 6	0.813 1	3.326 3	1.092 4	0.223 8	1.574 1
1.42	0.663 9	0.238 5	0.359 2	0.804 6	3.373 7	1.083 5	0.220 1	1.590 9
1.43	0.659 2	0.232 6	0.352 8	0.795 8	3.421 9	1.074 2	0.216 5	1.607 8
1.44	0.654 4	0.226 7	0.346 4	0.786 9	3.471 0	1.064 8	0.212 9	1.625 0
1.45	0.649 6	0.220 9	0.340 1	0.777 8	3.521 1	1.055 1	0.209 4	1.642 3
1.46	0.644 7	0.215 2	0.333 8	0.768 7	3.572 0	1.045 3	0.205 9	1.659 9
1.47	0.639 8	0.209 5	0.327 5	0.759 3	3.624 0	1.035 1	0.202 4	1.677 6
1.48	0.634 9	0.204 0	0.321 2	0.749 9	3.676 8	1.024 9	0.199 0	1.695 5
1.49	0.630 0	0.198 5	0.315 0	0.740 4	3.730 8	1.014 4	0.195 6	1.713 7
1.50	0.625 0	0.193 0	0.308 8	0.730 7	3.785 8	1.003 7	0.192 3	1.732 1
1.51	0.620 0	0.187 6	0.302 7	0.720 9	3.841 8	0.992 7	0.189 0	1.750 6
1.52	0.614 9	0.182 4	0.296 5	0.711 0	3.899 0	0.981 6	0.185 8	1.769 5
1.53	0.609 9	0.177 1	0.290 4	0.700 9	3.957 4	0.970 3	0.182 5	1.788 5
1.54	0.604 7	0.172 0	0.284 4	0.690 9	4.017 2	0.959 0	0.179 4	1.807 8
1.55	0.599 6	0.166 9	0.278 4	0.680 7	4.077 8	0.947 2	0.176 2	1.827 3
1.56	0.594 4	0.161 9	0.272 4	0.670 3	4.139 8	0.935 3	0.173 1	1.847 1
1.57	0.589 2	0.157 0	0.266 5	0.659 9	4.203 4	0.923 3	0.170 0	1.867 2
1.58	0.583 9	0.152 2	0.260 6	0.649 4	4.268 0	0.911 1	0.167 0	1.887 5
1.59	0.578 6	0.147 4	0.254 7	0.638 9	4.334 5	0.898 8	0.164 0	1.908 1
1.60	0.573 3	0.142 7	0.248 9	0.628 2	4.402 0	0.886 1	0.161 1	1.929 0
1.61	0.568 0	0.138 1	0.243 1	0.617 5	4.471 3	0.873 4	0.158 1	1.950 1
1.62	0.562 6	0.133 6	0.237 4	0.606 7	4.542 2	0.860 4	0.155 2	1.971 6
1.63	0.557 2	0.129 1	0.231 7	0.595 8	4.614 4	0.847 4	0.152 4	1.993 4
1.64	0.551 7	0.124 8	0.226 1	0.585 0	4.688 7	0.834 3	0.149 5	2.015 5
1.65	0.546 3	0.120 5	0.220 5	0.574 0	4.764 7	0.821 0	0.146 7	2.038 0
1.66	0.540 7	0.116 3	0.215 0	0.563 0	4.842 4	0.807 5	0.144 0	2.060 7
1.67	0.535 2	0.112 1	0.209 5	0.552 0	4.922 1	0.793 9	0.141 3	2.083 9
1.68	0.529 6	0.108 1	0.204 1	0.540 9	5.003 7	0.780 2	0.138 6	2.107 3
1.69	0.524 0	0.104 1	0.198 8	0.529 8	5.087 7	0.766 4	0.135 9	2.131 3
1.70	0.518 3	0.100 3	0.193 4	0.518 7	5.173 5	0.752 4	0.133 3	2.155 5
1.71	0.512 6	0.096 5	0.188 1	0.507 5	5.261 7	0.738 3	0.130 6	2.180 2
1.72	0.506 9	0.092 8	0.183 0	0.496 5	5.352 0	0.724 3	0.128 1	2.205 3
1.73	0.501 2	0.089 1	0.177 8	0.485 2	5.444 9	0.710 0	0.125 5	2.230 8
1.74	0.495 4	0.085 6	0.172 7	0.474 1	5.540 3	0.695 7	0.123 0	2.256 7
1.75	0.489 6	0.082 1	0.167 7	0.463 0	5.638 3	0.681 3	0.120 5	2.283 1
1.76	0.483 7	0.078 7	0.162 8	0.452 0	5.739 0	0.666 9	0.118 1	2.310 0
1.77	0.477 9	0.075 4	0.157 8	0.440 7	5.842 7	0.652 3	0.115 6	2.337 4

一维等熵气动函数表(空气, γ = 1.4)　　续　表

λ	$\tau(\lambda)$	$\pi(\lambda)$	$\varepsilon(\lambda)$	$q(\lambda)$	$y(\lambda)$	$f(\lambda)$	$r(\lambda)$	Ma
1.78	0.471 9	0.072 2	0.153 0	0.429 6	5.949 5	0.637 8	0.113 2	2.365 3
1.79	0.466 0	0.069 1	0.148 2	0.418 5	6.059 3	0.623 2	0.110 8	2.393 7
1.80	0.460 0	0.066 0	0.143 5	0.407 5	6.172 3	0.608 5	0.108 5	2.422 7
1.81	0.454 0	0.063 0	0.138 9	0.396 5	6.289 3	0.593 8	0.106 2	2.452 3
1.82	0.447 9	0.060 2	0.134 3	0.385 5	6.409 1	0.579 1	0.103 9	2.482 4
1.83	0.441 8	0.057 3	0.129 8	0.374 6	6.533 5	0.564 4	0.101 6	2.513 2
1.84	0.435 7	0.054 6	0.125 3	0.363 8	6.660 7	0.549 7	0.099 4	2.544 9
1.85	0.429 6	0.052 0	0.121 0	0.353 0	6.793 4	0.534 9	0.097 1	2.576 6
1.86	0.423 4	0.049 4	0.116 7	0.342 3	6.929 8	0.520 2	0.094 9	2.609 4
1.87	0.417 2	0.046 9	0.112 4	0.331 6	7.070 7	0.505 5	0.092 8	2.642 9
1.88	0.410 9	0.044 5	0.108 3	0.321 1	7.216 2	0.490 9	0.090 6	2.677 2
1.89	0.404 7	0.042 2	0.104 2	0.310 5	7.367 3	0.476 2	0.088 5	2.712 3
1.90	0.398 3	0.039 9	0.100 2	0.300 2	7.524 3	0.461 7	0.086 4	2.748 1
1.91	0.392 0	0.037 7	0.096 2	0.289 8	7.685 8	0.447 2	0.084 3	2.784 9
1.92	0.385 6	0.035 6	0.092 3	0.279 7	7.854 0	0.432 7	0.082 3	2.822 5
1.93	0.379 2	0.033 6	0.088 5	0.269 5	8.028 9	0.418 3	0.080 3	2.861 2
1.94	0.372 7	0.031 6	0.084 8	0.259 6	8.209 8	0.404 1	0.078 2	2.900 7
1.95	0.366 2	0.029 7	0.081 2	0.249 7	8.398 5	0.389 9	0.076 3	2.941 4
1.96	0.359 7	0.027 9	0.077 6	0.240 0	8.594 3	0.375 8	0.074 3	2.983 1
1.97	0.353 2	0.026 2	0.074 1	0.230 4	8.798 4	0.361 8	0.072 4	3.030 1
1.98	0.346 6	0.024 5	0.070 7	0.220 9	9.011 2	0.348 0	0.070 4	3.070 1
1.99	0.340 0	0.022 9	0.067 4	0.211 6	9.232 9	0.334 3	0.068 5	3.115 5
2.00	0.333 3	0.021 4	0.064 2	0.202 4	9.464	0.320 3	0.066 8	3.162 2
2.01	0.326 7	0.019 9	0.061 0	0.193 4	9.706	0.307 4	0.064 8	3.210 4
2.02	0.319 9	0.018 5	0.057 9	0.184 5	9.961	0.294 2	0.063 0	3.260 3
2.03	0.313 2	0.017 2	0.054 9	0.175 8	10.224	0.281 1	0.061 2	3.311 3
2.04	0.306 4	0.015 9	0.052 0	0.167 2	10.502	0.268 3	0.059 4	3.364 2
2.05	0.299 6	0.014 7	0.049 1	0.158 8	10.794	0.255 6	0.057 6	3.419 0
2.06	0.292 7	0.013 6	0.046 4	0.150 7	11.102	0.243 1	0.055 8	3.475 9
2.07	0.285 9	0.012 5	0.043 7	0.142 7	11.422	0.230 9	0.054 1	3.534 3
2.08	0.278 9	0.011 5	0.041 1	0.134 8	11.762	0.218 9	0.052 4	3.595 1
2.09	0.272 0	0.010 5	0.038 6	0.127 2	12.121	0.207 0	0.050 7	3.658 3
2.10	0.265 0	0.009 6	0.036 1	0.119 8	12.500	0.195 6	0.049 0	3.724 0
2.11	0.258 0	0.008 7	0.033 8	0.112 5	12.901	0.184 3	0.047 3	3.792 2
2.12	0.250 9	0.007 9	0.031 5	0.105 5	13.326	0.173 3	0.045 7	3.863 3
2.13	0.243 9	0.007 2	0.029 4	0.098 6	13.778	0.162 6	0.044 0	3.937 6
2.14	0.236 7	0.006 5	0.027 3	0.092 1	14.259	0.152 2	0.042 4	4.015 0

一维等熵气动函数表(空气, γ = 1.4)　　续表

λ	$\tau(\lambda)$	$\pi(\lambda)$	$\varepsilon(\lambda)$	$q(\lambda)$	$y(\lambda)$	$f(\lambda)$	$r(\lambda)$	Ma
2.15	0.229 6	0.005 8	0.025 3	0.085 7	14.772	0.142 0	0.040 8	4.096 1
2.16	0.222 4	0.005 2	0.023 3	0.079 5	15.319	0.132 2	0.039 3	4.179 1
2.17	0.215 2	0.004 6	0.021 5	0.073 5	15.906	0.122 6	0.037 7	4.270 2
2.18	0.207 9	0.004 1	0.019 7	0.067 8	16.537	0.113 4	0.036 1	4.364 2
2.19	0.200 6	0.003 6	0.018 0	0.062 3	17.218	0.104 5	0.034 6	4.463 3
2.20	0.193 3	0.003 2	0.016 4	0.057 0	17.949	0.096 0	0.033 1	4.567 4
2.21	0.186 0	0.002 8	0.014 9	0.052 0	18.742	0.087 8	0.031 6	4.677 8
2.22	0.178 6	0.002 4	0.013 5	0.047 2	19.607	0.079 9	0.030 1	4.795 4
2.23	0.171 2	0.002 1	0.012 1	0.042 7	20.548	0.072 4	0.028 7	4.920 1
2.24	0.163 7	0.001 8	0.011 6	0.040 8	21.581	0.065 3	0.025 5	5.053 5

C.2 一维等熵气动函数表(燃气, $\gamma = 1.33$)

λ	$\tau(\lambda)$	$\pi(\lambda)$	$\varepsilon(\lambda)$	$q(\lambda)$	$y(\lambda)$	$f(\lambda)$	$r(\lambda)$	Ma
0.00	1.000 0	1.000 0	1.000 0	0.000 0	0.000 0	1.000 0	1.000 0	0.000 0
0.01	1.000 0	0.999 9	0.999 9	0.015 9	0.015 9	1.000 0	1.000 0	0.009 3
0.02	0.999 9	0.999 8	0.999 9	0.031 8	0.031 8	1.000 3	0.999 5	0.018 5
0.03	0.999 9	0.999 5	0.999 7	0.047 6	0.047 7	1.000 6	0.999 0	0.027 8
0.04	0.999 8	0.999 1	0.999 3	0.063 5	0.063 6	1.000 9	0.998 2	0.037 1
0.05	0.999 7	0.998 6	0.999 0	0.079 3	0.079 5	1.001 5	0.997 2	0.046 3
0.06	0.999 5	0.998 0	0.998 5	0.095 3	0.095 4	1.002 1	0.995 9	0.055 6
0.07	0.999 3	0.997 2	0.997 9	0.111 0	0.111 3	1.002 8	0.994 4	0.064 9
0.08	0.999 1	0.996 4	0.997 3	0.126 7	0.127 2	1.003 7	0.992 8	0.074 2
0.09	0.998 9	0.995 4	0.996 5	0.142 5	0.143 1	1.004 6	0.990 8	0.083 4
0.10	0.998 6	0.994 4	0.995 8	0.158 2	0.159 1	1.005 7	0.988 7	0.092 7
0.11	0.998 3	0.993 2	0.994 9	0.173 8	0.175 0	1.006 9	0.986 4	0.102 0
0.12	0.998 0	0.991 8	0.993 8	0.189 4	0.191 0	1.008 1	0.983 8	0.111 3
0.13	0.997 6	0.990 4	0.992 8	0.205 2	0.207 2	1.009 6	0.981 0	0.120 6
0.14	0.997 2	0.988 9	0.991 7	0.220 5	0.222 0	1.011 1	0.978 1	0.129 9
0.15	0.996 8	0.987 2	0.990 3	0.236 0	0.239 0	1.012 6	0.974 9	0.139 2
0.16	0.996 4	0.985 4	0.989 0	0.251 4	0.255 1	1.014 3	0.971 5	0.148 5
0.17	0.995 9	0.983 6	0.987 7	0.266 7	0.271 2	1.016 2	0.967 9	0.157 8
0.18	0.995 4	0.981 6	0.986 2	0.282 0	0.287 3	1.018 1	0.964 2	0.167 2
0.19	0.994 9	0.979 6	0.984 6	0.297 2	0.303 4	1.020 2	0.960 2	0.176 5
0.20	0.994 3	0.977 4	0.983 0	0.312 3	0.319 5	1.022 3	0.956 1	0.185 8
0.21	0.993 8	0.975 1	0.981 2	0.327 3	0.335 7	1.024 5	0.951 8	0.195 2
0.22	0.993 2	0.972 8	0.979 5	0.342 3	0.351 9	1.026 9	0.947 3	0.204 5
0.23	0.992 5	0.970 2	0.977 5	0.357 1	0.368 1	1.029 2	0.942 7	0.213 9
0.24	0.991 8	0.967 5	0.975 5	0.371 9	0.384 4	1.031 7	0.937 8	0.223 3
0.25	0.991 2	0.964 8	0.973 4	0.386 6	0.400 7	1.034 3	0.932 9	0.232 7
0.26	0.990 4	0.961 9	0.971 2	0.401 1	0.417 0	1.036 9	0.927 7	0.242 0
0.27	0.989 7	0.959 0	0.969 0	0.415 6	0.433 4	1.039 6	0.922 4	0.251 5
0.28	0.988 9	0.956 0	0.966 7	0.430 0	0.449 8	1.042 5	0.917 0	0.260 9
0.29	0.988 1	0.952 9	0.964 4	0.444 3	0.4 662	1.045 5	0.911 4	0.270 3
0.30	0.987 3	0.949 6	0.961 9	0.458 4	0.482 7	1.048 5	0.905 7	0.279 7
0.31	0.986 4	0.946 3	0.959 4	0.472 4	0.499 2	1.051 6	0.899 9	0.289 2
0.32	0.985 5	0.942 8	0.956 7	0.486 3	0.515 8	1.054 7	0.894 0	0.298 6
0.33	0.984 6	0.939 3	0.954 0	0.500 1	0.532 4	1.057 9	0.887 9	0.308 1
0.34	0.983 6	0.935 6	0.951 2	0.513 7	0.549 1	1.061 2	0.881 7	0.317 6

一维等熵气动函数表(燃气, $\gamma = 1.33$)　　续　表

λ	$\tau(\lambda)$	$\pi(\lambda)$	$\varepsilon(\lambda)$	$q(\lambda)$	$y(\lambda)$	$f(\lambda)$	$r(\lambda)$	Ma
0.35	0.982 7	0.931 9	0.948 4	0.527 3	0.565 8	1.064 5	0.875 4	0.327 1
0.36	0.981 7	0.928 1	0.945 5	0.540 7	0.582 6	1.068 0	0.869 0	0.336 6
0.37	0.980 6	0.924 1	0.942 4	0.553 9	0.599 4	1.071 4	0.862 5	0.346 2
0.38	0.979 6	0.920 1	0.939 3	0.567 0	0.616 2	1.075 0	0.856 0	0.355 7
0.39	0.978 5	0.915 9	0.936 1	0.579 9	0.633 2	1.078 5	0.849 3	0.365 3
0.40	0.977 3	0.911 8	0.932 9	0.592 8	0.650 1	1.082 2	0.842 5	0.374 9
0.41	0.976 2	0.907 5	0.929 6	0.605 5	0.667 2	1.085 9	0.835 7	0.384 5
0.42	0.975 0	0.903 0	0.926 2	0.617 9	0.684 3	1.089 6	0.828 8	0.394 1
0.43	0.973 8	0.898 5	0.922 7	0.630 3	0.701 4	1.093 3	0.821 8	0.403 7
0.44	0.972 6	0.894 0	0.919 2	0.642 5	0.718 7	1.097 2	0.814 8	0.413 4
0.45	0.971 3	0.889 3	0.915 6	0.654 5	0.735 9	1.101 0	0.807 8	0.423 0
0.46	0.970 0	0.885 0	0.912 3	0.666 6	0.753 3	1.105 3	0.800 6	0.430 5
0.47	0.968 7	0.879 7	0.908 1	0.678 0	0.770 7	1.108 8	0.793 4	0.442 4
0.48	0.967 4	0.874 9	0.904 4	0.689 6	0.788 2	1.112 8	0.786 2	0.452 2
0.49	0.966 0	0.869 9	0.900 5	0.700 9	0.805 8	1.116 7	0.779 0	0.461 9
0.50	0.964 6	0.864 8	0.896 6	0.712 1	0.823 4	1.120 7	0.771 7	0.471 7
0.51	0.963 2	0.859 6	0.892 5	0.723 0	0.841 1	1.124 6	0.764 4	0.481 5
0.52	0.961 7	0.854 4	0.888 4	0.733 9	0.858 9	1.128 7	0.757 0	0.491 3
0.53	0.960 2	0.849 1	0.884 3	0.744 5	0.876 8	1.132 7	0.749 6	0.501 1
0.54	0.958 7	0.843 6	0.879 9	0.754 8	0.894 7	1.136 5	0.742 3	0.511 0
0.55	0.957 2	0.838 2	0.875 7	0.765 1	0.912 8	1.140 6	0.734 9	0.520 8
0.56	0.955 6	0.832 7	0.871 4	0.775 2	0.930 9	1.144 7	0.727 5	0.530 8
0.57	0.954 0	0.827 1	0.867 0	0.785 0	0.949 1	1.148 7	0.720 0	0.540 7
0.58	0.952 4	0.821 4	0.862 5	0.794 6	0.967 4	1.152 6	0.712 6	0.550 6
0.59	0.950 7	0.815 6	0.857 9	0.804 0	0.985 8	1.156 5	0.705 2	0.560 6
0.60	0.949 0	0.809 8	0.853 3	0.813 3	1.004 3	1.160 5	0.697 8	0.570 6
0.61	0.947 3	0.804 0	0.848 7	0.822 4	1.022 9	1.164 5	0.690 4	0.580 7
0.62	0.945 6	0.798 0	0.843 9	0.831 2	1.041 6	1.168 4	0.683 0	0.590 7
0.63	0.943 8	0.792 1	0.839 3	0.839 9	1.060 4	1.172 4	0.675 6	0.600 8
0.64	0.942 0	0.786 0	0.834 4	0.848 3	1.079 2	1.176 2	0.668 3	0.610 9
0.65	0.940 2	0.779 8	0.829 4	0.856 4	1.098 2	1.179 9	0.660 9	0.621 1
0.66	0.938 3	0.773 7	0.824 6	0.864 5	1.117 3	1.183 8	0.653 6	0.631 3
0.67	0.936 4	0.767 4	0.819 5	0.872 2	1.136 6	1.187 4	0.646 3	0.641 5
0.68	0.934 5	0.761 2	0.814 5	0.879 8	1.155 9	1.191 1	0.639 0	0.651 7
0.69	0.932 6	0.754 8	0.809 4	0.887 1	1.175 3	1.194 7	0.631 8	0.662 0
0.70	0.930 6	0.748 3	0.804 1	0.894 1	1.194 9	1.198 1	0.624 6	0.672 3
0.71	0.928 6	0.741 9	0.798 9	0.901 1	1.214 6	1.201 7	0.617 4	0.682 6
0.72	0.926 6	0.735 4	0.793 7	0.907 7	1.234 3	1.205 1	0.610 2	0.693 0

一维等熵气动函数表(燃气, γ = 1.33) 续 表

λ	$\tau(\lambda)$	$\pi(\lambda)$	$\varepsilon(\lambda)$	$q(\lambda)$	$y(\lambda)$	$f(\lambda)$	$r(\lambda)$	Ma
0.73	0.924 5	0.728 9	0.788 4	0.914 3	1.254 3	1.208 6	0.603 1	0.703 4
0.74	0.922 4	0.722 3	0.783 0	0.920 4	1.274 3	1.211 8	0.596 1	0.713 9
0.75	0.920 3	0.715 7	0.777 7	0.926 5	1.294 5	1.215 1	0.589 0	0.724 3
0.76	0.918 2	0.709 0	0.772 2	0.932 2	1.314 8	1.218 2	0.582 0	0.734 8
0.77	0.916 0	0.702 3	0.766 6	0.937 7	1.335 3	1.221 2	0.575 1	0.745 4
0.78	0.913 8	0.695 5	0.761 1	0.943 0	1.355 9	1.224 1	0.568 2	0.756 1
0.79	0.911 6	0.688 7	0.755 5	0.948 1	1.376 6	1.227 0	0.561 3	0.766 6
0.80	0.909 4	0.681 9	0.749 9	0.952 9	1.397 5	1.229 8	0.554 5	0.777 2
0.81	0.907 1	0.675 0	0.744 2	0.957 5	1.418 5	1.232 4	0.547 7	0.788 0
0.82	0.904 8	0.668 1	0.738 4	0.961 8	1.439 7	1.234 9	0.541 0	0.798 7
0.83	0.902 4	0.661 2	0.732 6	0.966 0	1.461 0	1.237 4	0.534 3	0.809 5
0.84	0.900 1	0.654 2	0.726 8	0.969 8	1.482 5	1.239 7	0.527 7	0.820 3
0.85	0.897 7	0.647 2	0.721 0	0.973 5	1.504 2	1.241 9	0.521 1	0.831 2
0.86	0.895 3	0.640 2	0.715 1	0.976 9	1.526 0	1.244 0	0.514 6	0.842 1
0.87	0.892 8	0.633 2	0.709 2	0.980 2	1.547 9	1.246 1	0.508 2	0.853 1
0.88	0.890 3	0.626 1	0.703 2	0.983 0	1.570 1	1.247 8	0.501 8	0.864 1
0.89	0.887 8	0.619 1	0.697 3	0.985 9	1.592 4	1.249 7	0.495 4	0.875 1
0.90	0.885 3	0.612 0	0.691 3	0.988 3	1.614 9	1.251 5	0.489 1	0.886 2
0.91	0.882 7	0.604 8	0.685 2	0.990 4	1.637 6	1.252 5	0.482 9	0.897 4
0.92	0.880 1	0.597 7	0.679 1	0.992 5	1.660 5	1.253 9	0.476 7	0.908 6
0.93	0.877 5	0.590 6	0.673 0	0.994 3	1.683 5	1.255 2	0.470 5	0.919 8
0.94	0.874 9	0.583 4	0.666 9	0.995 7	1.706 8	1.256 1	0.464 5	0.931 1
0.95	0.872 2	0.576 3	0.660 8	0.997 2	1.730 2	1.257 2	0.458 4	0.942 4
0.96	0.869 5	0.569 1	0.654 5	0.998 1	1.753 9	1.257 7	0.452 5	0.953 8
0.97	0.866 7	0.561 9	0.648 3	0.998 9	1.777 8	1.258 3	0.446 6	0.965 3
0.98	0.864 0	0.554 7	0.642 0	0.999 5	1.801 8	1.258 6	0.440 7	0.976 8
0.99	0.861 2	0.547 6	0.635 9	1.000 0	1.826 1	1.259 1	0.434 9	0.988 4
1.00	0.858 4	0.540 4	0.629 6	1.000 0	1.850 6	1.259 1	0.429 2	1.000 0
1.01	0.855 5	0.533 2	0.623 3	1.000 0	1.875 4	1.259 0	0.423 5	1.011 7
1.02	0.852 7	0.526 0	0.616 9	0.999 5	1.900 3	1.258 7	0.417 9	1.023 4
1.03	0.849 7	0.518 8	0.610 5	0.998 9	1.925 5	1.258 3	0.412 3	1.035 2
1.04	0.846 8	0.511 6	0.604 2	0.998 1	1.950 9	1.257 6	0.406 8	1.047 1
1.05	0.843 9	0.504 5	0.597 9	0.997 2	1.976 6	1.257 0	0.401 4	1.059 0
1.06	0.840 9	0.497 3	0.591 4	0.995 8	2.002 5	1.255 9	0.396 0	1.071 0
1.07	0.837 9	0.490 2	0.585 0	0.994 4	2.028 6	1.254 8	0.390 6	1.083 0
1.08	0.834 8	0.483 0	0.578 6	0.992 6	2.055 0	1.253 4	0.385 4	1.095 1
1.09	0.831 7	0.475 9	0.572 2	0.990 7	2.081 8	1.252 0	0.380 1	1.107 3

一维等熵气动函数表(燃气, $\gamma = 1.33$) 续 表

λ	$\tau(\lambda)$	$\pi(\lambda)$	$\varepsilon(\lambda)$	$q(\lambda)$	$y(\lambda)$	$f(\lambda)$	$r(\lambda)$	Ma
1.10	0.828 6	0.468 8	0.565 8	0.988 6	2.108 7	1.250 3	0.375 0	1.119 6
1.11	0.825 5	0.461 7	0.559 3	0.986 2	2.136 0	1.248 4	0.369 8	1.131 9
1.12	0.822 3	0.454 6	0.552 8	0.983 5	2.163 5	1.246 3	0.364 8	1.144 3
1.13	0.819 2	0.447 5	0.546 3	0.980 6	2.191 3	1.243 9	0.359 8	1.156 7
1.14	0.815 9	0.440 5	0.539 9	0.977 7	2.219 4	1.241 5	0.354 8	1.169 3
1.15	0.812 7	0.433 5	0.533 4	0.974 4	2.247 8	1.238 8	0.349 9	1.181 9
1.16	0.809 4	0.426 5	0.526 9	0.970 9	2.276 5	1.235 9	0.345 1	1.194 6
1.17	0.806 1	0.419 6	0.520 5	0.967 4	2.305 5	1.233 0	0.340 3	1.207 3
1.18	0.802 8	0.412 6	0.514 0	0.963 4	2.334 9	1.229 6	0.335 6	1.220 2
1.19	0.799 4	0.405 7	0.507 5	0.959 3	2.364 6	1.226 1	0.330 9	1.233 1
1.20	0.796 1	0.398 6	0.500 7	0.954 5	2.394 0	1.221 8	0.326 3	1.246 1
1.21	0.792 6	0.392 0	0.494 6	0.950 5	2.424 9	1.218 6	0.321 7	1.259 2
1.22	0.789 2	0.385 2	0.488 1	0.945 9	2.455 6	1.214 6	0.317 2	1.272 3
1.23	0.785 7	0.378 4	0.481 6	0.941 0	2.486 7	1.210 2	0.312 7	1.285 6
1.24	0.782 2	0.371 6	0.475 1	0.935 7	2.518 1	1.205 5	0.308 3	1.299 0
1.25	0.778 7	0.364 9	0.468 6	0.930 5	2.550 0	1.200 8	0.303 9	1.312 4
1.26	0.775 2	0.358 3	0.462 2	0.925 2	2.582 1	1.196 1	0.299 6	1.325 9
1.27	0.771 6	0.351 6	0.455 7	0.919 3	2.614 7	1.190 7	0.295 3	1.339 6
1.28	0.768 0	0.345 0	0.449 3	0.913 5	2.647 7	1.185 3	0.291 1	1.353 3
1.29	0.764 3	0.338 5	0.442 9	0.907 5	2.681 1	1.179 9	0.286 9	1.367 1
1.30	0.760 6	0.332 0	0.436 5	0.901 4	2.714 9	1.174 1	0.282 8	1.382 0
1.31	0.757 0	0.325 5	0.430 0	0.894 9	2.749 2	1.168 0	0.278 7	1.395 0
1.32	0.753 2	0.319 1	0.423 6	0.888 3	2.783 8	1.161 8	0.274 7	1.409 1
1.33	0.749 5	0.312 8	0.417 3	0.881 6	2.819 0	1.155 5	0.270 7	1.423 4
1.34	0.745 7	0.306 5	0.411 0	0.874 9	2.854 5	1.149 1	0.266 7	1.437 7
1.35	0.741 9	0.300 2	0.404 6	0.867 7	2.890 5	1.142 1	0.262 9	1.452 1
1.36	0.738 0	0.294 0	0.398 7	0.860 6	2.927 1	1.135 1	0.259 0	1.466 7
1.37	0.734 2	0.287 8	0.392 0	0.853 1	2.964 2	1.127 7	0.255 2	1.481 4
1.38	0.730 3	0.281 7	0.385 8	0.845 7	3.001 7	1.120 2	0.251 5	1.496 1
1.39	0.726 4	0.275 7	0.379 6	0.838 1	3.039 8	1.112 9	0.247 7	1.511 0
1.40	0.722 4	0.269 7	0.373 3	0.830 3	3.078 4	1.105 1	0.244 1	1.526 0
1.41	0.718 4	0.263 7	0.367 1	0.822 1	3.117 6	1.096 8	0.240 4	1.541 2
1.42	0.714 4	0.257 8	0.360 9	0.814 0	3.157 3	1.088 5	0.236 8	1.556 4
1.43	0.710 4	0.252 0	0.354 8	0.806 0	3.197 7	1.080 3	0.233 3	1.571 9
1.44	0.706 3	0.246 3	0.348 7	0.797 6	3.238 6	1.071 7	0.229 8	1.587 5
1.45	0.702 2	0.240 6	0.342 6	0.789 1	3.280 2	1.062 9	0.226 3	1.603 1
1.46	0.698 1	0.234 9	0.336 5	0.780 5	3.322 2	1.053 9	0.222 9	1.618 8
1.47	0.694 0	0.229 4	0.330 5	0.771 8	3.364 9	1.044 7	0.219 5	1.634 9
1.48	0.689 8	0.223 8	0.324 5	0.762 9	3.408 3	1.035 3	0.216 2	1.651 0
1.49	0.685 6	0.218 4	0.318 6	0.754 0	3.452 4	1.025 8	0.212 9	1.667 2

一维等熵气动函数表(燃气,γ = 1.33) 续表

λ	$\tau(\lambda)$	$\pi(\lambda)$	$\varepsilon(\lambda)$	$q(\lambda)$	$y(\lambda)$	$f(\lambda)$	$r(\lambda)$	Ma
1.50	0.681 3	0.213 0	0.312 6	0.744 9	3.497 2	1.016 0	0.209 7	1.683 6
1.51	0.677 1	0.207 7	0.306 7	0.735 7	3.542 6	1.006 1	0.206 4	1.700 2
1.52	0.672 8	0.202 4	0.300 9	0.726 5	3.589 0	0.996 1	0.203 2	1.716 9
1.53	0.668 5	0.197 2	0.295 1	0.717 2	3.635 8	0.985 8	0.200 1	1.733 8
1.54	0.664 1	0.192 1	0.289 3	0.707 7	3.683 6	0.975 4	0.197 0	1.750 8
1.55	0.659 7	0.187 1	0.283 6	0.698 2	3.732 1	0.964 9	0.193 9	1.768 0
1.56	0.655 3	0.182 1	0.277 9	0.688 6	3.781 3	0.954 1	0.190 9	1.785 4
1.57	0.650 9	0.177 2	0.272 2	0.678 9	3.831 6	0.943 2	0.187 9	1.802 9
1.58	0.646 4	0.172 3	0.266 6	0.669 1	3.882 5	0.932 1	0.184 9	1.820 7
1.59	0.642 0	0.167 6	0.261 0	0.659 3	3.934 5	0.920 9	0.182 0	1.838 6
1.60	0.637 4	0.162 8	0.255 4	0.649 2	3.987 4	0.909 3	0.179 1	1.856 7
1.61	0.632 9	0.158 2	0.250 0	0.639 4	4.041 0	0.898 1	0.176 2	1.875 0
1.62	0.628 3	0.153 7	0.244 6	0.629 4	4.095 7	0.886 5	0.173 4	1.893 5
1.63	0.623 7	0.149 2	0.239 2	0.619 3	4.151 4	0.874 6	0.170 6	1.912 2
1.64	0.619 1	0.144 8	0.233 8	0.609 2	4.208 0	0.862 8	0.167 8	1.931 1
1.65	0.614 4	0.140 4	0.228 6	0.599 1	4.265 9	0.850 8	0.165 1	1.950 3
1.66	0.609 7	0.136 2	0.223 3	0.588 9	4.325 0	0.838 7	0.162 3	1.969 6
1.67	0.605 0	0.132 0	0.218 1	0.578 6	4.384 9	0.826 4	0.159 7	1.989 2
1.68	0.600 3	0.127 8	0.213 0	0.568 3	4.445 8	0.814 1	0.157 0	2.008 9
1.69	0.595 5	0.123 8	0.207 9	0.558 8	4.508 2	0.801 6	0.154 4	2.029 0
1.70	0.590 7	0.119 8	0.202 9	0.547 8	4.571 8	0.789 0	0.151 9	2.049 3
1.71	0.585 9	0.115 9	0.197 9	0.537 4	4.636 2	0.776 4	0.149 3	2.069 8
1.72	0.581 0	0.112 1	0.192 9	0.527 1	4.702 7	0.763 7	0.146 8	2.090 6
1.73	0.576 1	0.108 3	0.188 1	0.516 8	4.770 3	0.750 9	0.144 3	2.111 2
1.74	0.571 2	0.104 7	0.183 3	0.506 5	4.839 0	0.738 1	0.141 8	2.133 0
1.75	0.566 3	0.101 1	0.178 5	0.496 1	4.909 0	0.725 0	0.139 4	2.154 6
1.76	0.561 3	0.097 5	0.173 8	0.485 8	4.980 8	0.712 0	0.137 0	2.176 5
1.77	0.556 3	0.094 1	0.169 1	0.475 5	5.054 3	0.699 0	0.134 6	2.198 7
1.78	0.551 3	0.090 7	0.164 5	0.465 2	5.129 1	0.685 8	0.132 3	2.221 1
1.79	0.546 2	0.087 4	0.160 0	0.455 0	5.205 7	0.672 7	0.129 9	2.243 9
1.80	0.541 1	0.084 2	0.155 5	0.444 7	5.283 9	0.659 5	0.127 6	2.267 0
1.81	0.536 0	0.081 0	0.151 1	0.434 5	5.364 2	0.646 2	0.125 4	2.290 5
1.82	0.530 9	0.077 9	0.146 8	0.424 3	5.445 9	0.632 9	0.123 1	2.314 3
1.83	0.525 7	0.074 9	0.142 5	0.414 2	5.529 7	0.619 7	0.120 9	2.338 4
1.84	0.520 5	0.072 0	0.138 3	0.404 1	5.615 5	0.606 3	0.118 7	2.362 9
1.85	0.515 3	0.069 1	0.134 1	0.392 7	5.703 3	0.593 0	0.116 5	2.387 7
1.86	0.510 0	0.066 3	0.130 0	0.384 1	5.793 2	0.579 7	0.114 4	2.413 0
1.87	0.504 7	0.063 6	0.126 0	0.374 1	5.885 0	0.566 4	0.112 2	2.438 6
1.88	0.499 4	0.060 9	0.122 0	0.364 3	5.979 7	0.553 1	0.110 1	2.464 7
1.89	0.494 1	0.058 3	0.118 1	0.354 5	6.076 4	0.539 8	0.108 1	2.491 1

一维等熵气动函数表(燃气, γ = 1.33)　　　续　表

λ	$\tau(\lambda)$	$\pi(\lambda)$	$\varepsilon(\lambda)$	$q(\lambda)$	$y(\lambda)$	$f(\lambda)$	$r(\lambda)$	Ma
1.90	0.488 7	0.055 8	0.114 2	0.344 7	6.175 7	0.526 6	0.106 0	2.518 0
1.91	0.483 3	0.053 4	0.110 5	0.335 1	6.277 9	0.513 4	0.104 0	2.545 4
1.92	0.477 9	0.051 0	0.106 7	0.325 6	6.382 0	0.500 2	0.102 0	2.573 1
1.93	0.472 4	0.048 7	0.103 1	0.316 1	6.489 9	0.487 1	0.100 0	2.601 5
1.94	0.467 0	0.046 5	0.099 5	0.306 4	6.599 5	0.474 0	0.098 0	2.630 2
1.95	0.461 5	0.044 3	0.096 0	0.297 3	6.712 8	0.460 9	0.096 1	2.659 6
1.96	0.455 9	0.042 2	0.092 5	0.288 1	6.828 9	0.448 0	0.094 2	2.689 4
1.97	0.450 4	0.040 2	0.089 2	0.279 0	6.948 7	0.435 2	0.092 3	2.719 8
1.98	0.444 8	0.038 2	0.085 8	0.270 0	7.072 0	0.422 4	0.090 4	2.750 7
1.99	0.439 1	0.036 3	0.082 6	0.261 1	7.198 5	0.409 7	0.088 5	2.782 2
2.00	0.433 5	0.034 4	0.079 4	0.252 3	7.328 8	0.397 1	0.086 7	2.814 3
2.01	0.427 8	0.032 6	0.076 3	0.243 6	7.463 5	0.384 5	0.084 9	2.847 1
2.02	0.422 1	0.030 9	0.073 3	0.235 1	7.602 0	0.372 3	0.083 1	2.880 6
2.03	0.416 4	0.029 3	0.070 3	0.226 7	7.744 8	0.360 0	0.081 3	2.914 7
2.04	0.410 6	0.027 7	0.067 4	0.218 3	7.892 3	0.347 7	0.079 5	2.949 6
2.05	0.404 8	0.026 1	0.064 5	0.210 1	8.044 4	0.335 7	0.077 8	2.985 2
2.06	0.399 0	0.024 7	0.061 8	0.202 2	8.201 6	0.324 0	0.076 1	3.021 5
2.07	0.393 1	0.023 2	0.059 1	0.194 2	8.363 9	0.312 2	0.074 4	3.058 7
2.08	0.387 3	0.021 9	0.056 4	0.184 6	8.532 3	0.300 5	0.072 7	3.096 7
2.09	0.381 4	0.020 5	0.053 9	0.178 8	8.705 9	0.289 1	0.071 0	3.135 6
2.10	0.375 4	0.019 3	0.051 4	0.171 3	8.885 4	0.277 8	0.069 4	3.175 4
2.11	0.369 5	0.018 1	0.048 9	0.164 0	9.072 5	0.266 8	0.067 8	3.216 2
2.12	0.363 5	0.016 9	0.046 6	0.156 9	9.265 2	0.255 9	0.066 2	3.257 9
2.13	0.357 4	0.015 8	0.044 3	0.150 0	9.482 9	0.245 1	0.064 6	3.300 7
2.14	0.351 4	0.014 8	0.042 0	0.142 9	9.673 4	0.234 5	0.063 0	3.344 6
2.15	0.345 3	0.013 8	0.039 9	0.136 2	9.890 3	0.224 2	0.061 4	3.389 7
2.16	0.339 2	0.012 8	0.037 8	0.129 6	10.116	0.214 0	0.059 9	3.436 0
2.17	0.333 1	0.011 9	0.035 7	0.123 2	10.349	0.204 1	0.058 3	3.483 6
2.18	0.326 9	0.011 0	0.033 8	0.117 0	10.592	0.194 3	0.056 8	3.532 4
2.19	0.320 7	0.010 2	0.031 9	0.110 9	10.847	0.184 7	0.055 3	3.582 8
2.20	0.314 5	0.009 4	0.030 0	0.105 0	11.111	0.175 5	0.053 9	3.634 4
2.21	0.308 3	0.008 7	0.028 2	0.099 3	11.388	0.166 4	0.052 4	3.687 7
2.22	0.302 0	0.008 0	0.026 6	0.093 7	11.678	0.157 6	0.050 9	3.742 8
2.23	0.295 7	0.007 4	0.024 9	0.088 3	11.980	0.148 8	0.049 5	3.799 5
2.24	0.289 4	0.006 8	0.023 3	0.083 0	12.297	0.140 4	0.048 1	3.857 9

C.3 国际标准大气数值表

高度 H/m	大气压力 p_H/(kPa)	温度 T_H/K	密度 ρ_H/(kg/m^3)	声速 a_H/(m/s)
0	101.325	288.15	1.225 5	340.2
50	100.726	287.68	1.219 6	340.0
100	100.129	287.35	1.213 8	339.8
150	99.536	287.02	1.208 0	339.6
200	98.944	286.70	1.202 1	339.5
250	98.356	286.38	1.196 4	339.2
300	97.771	286.05	1.190 6	339.1
350	97.189	285.72	1.184 8	338.8
400	96.609	285.40	1.179 1	338.7
450	96.032	285.08	1.173 4	338.5
500	95.458	284.75	1.167 7	338.3
550	94.888	284.43	1.162 0	338.1
600	94.319	284.10	1.156 4	337.9
650	93.753	283.78	1.150 8	337.8
700	93.190	283.45	1.145 2	337.5
750	92.630	283.12	1.139 6	337.4
800	92.073	282.80	1.134 1	337.1
850	91.518	282.48	1.128 5	337.0
900	90.966	282.15	1.123 0	336.8
950	90.416	281.82	1.117 5	336.6
1 000	89.870	281.50	1.112 1	336.4
1 050	89.326	281.18	1.106 6	336.2
1 100	88.785	280.85	1.101 2	336.0
1 150	88.246	280.52	1.095 8	335.8
1 200	87.710	280.20	1.090 4	335.6
1 250	87.177	279.88	1.085 0	335.4
1 300	86.646	279.55	1.079 6	335.2
1 350	86.118	279.23	1.074 3	335.0
1 400	85.593	278.90	1.069 0	334.8
1 450	85.070	278.58	1.063 8	334.6
1 500	84.550	278.25	1.058 4	334.4
1 600	83.517	277.60	1.048 0	334.0
1 700	82.494	276.95	1.037 6	333.6
1 800	81.482	276.30	1.027 2	333.2
1 900	80.479	275.65	1.017 0	332.8
2 000	79.487	275.00	1.006 8	332.5
2 100	78.505	274.35	0.996 73	332.1

国际标准大气数值表

续　表

高度 H/m	大气压力 p_H/(kPa)	温度 T_H/K	密度 ρ_H/(kg/m^3)	声速 a_H/(m/s)
2 200	77.532	273.70	0.986 72	331.7
2 300	76.569	273.05	0.976 79	331.3
2 400	75.616	272.40	0.966 94	330.9
2 500	74.613	271.75	0.957 16	330.5
2 600	73.739	271.10	0.947 45	330.1
2 700	72.815	270.45	0.937 82	329.7
2 800	71.900	269.80	0.928 27	329.3
2 900	70.994	269.15	0.918 79	328.9
3 000	70.098	268.50	0.909 38	328.5
3 100	69.210	267.85	0.900 05	328.1
3 200	68.332	267.20	0.890 80	327.7
3 300	67.463	266.55	0.881 61	327.3
3 400	66.603	265.90	0.872 50	326.9
3 500	65.752	265.25	0.863 46	326.5
3 600	64.909	264.60	0.854 49	326.1
3 700	64.076	263.95	0.845 59	325.7
3 800	63.251	263.30	0.836 77	325.3
3 900	62.435	262.65	0.828 01	324.9
4 000	61.627	262.00	0.819 33	324.5
4 100	60.828	261.35	0.810 71	324.1
4 200	60.037	260.70	0.802 17	323.7
4 300	59.254	260.05	0.793 69	323.3
4 400	58.480	259.40	0.785 29	322.9
4 500	57.715	258.75	0.776 95	322.5
4 600	56.956	258.10	0.768 68	322.1
4 700	56.206	257.45	0.760 47	321.7
4 800	55.465	256.80	0.752 33	321.3
4 900	54.731	256.15	0.744 26	320.9
5 000	54.005	255.50	0.736 26	320.5
5 100	53.287	254.85	0.728 32	320.0
5 200	52.576	254.20	0.720 45	319.6
5 300	51.874	253.55	0.712 64	319.2
5 400	51.179	252.90	0.704 90	318.8
5 500	50.419	252.25	0.697 22	318.4
5 600	49.811	251.60	0.689 61	318.0
5 700	49.138	250.95	0.682 06	317.6
5 800	48.473	250.30	0.674 58	317.2
5 900	47.815	249.65	0.667 15	316.8
6 000	47.165	249.00	0.659 79	316.3

国际标准大气数值表 续 表

高度 H/m	大气压力 p_H/(kPa)	温度 T_H/K	密度 ρ_H/(kg/m^3)	声速 a_H/(m/s)
6 100	46.521	248.35	0.652 50	615.9
6 200	45.885	247.70	0.645 26	315.5
6 300	45.256	247.05	0.638 08	315.1
6 400	44.654	246.40	0.630 97	314.7
6 500	44.018	245.75	0.623 92	314.3
6 600	43.410	245.10	0.616 93	314.9
6 700	42.808	244.45	0.609 99	313.4
6 800	42.213	243.80	0.603 12	313.0
6 900	41.625	243.15	0.596 31	312.6
7 000	41.044	242.50	0.589 55	312.2
7 100	40.469	241.85	0.582 86	311.8
7 200	39.901	241.20	0.576 22	311.4
7 300	39.339	240.55	0.569 64	310.9
7 400	38.783	239.90	0.563 12	310.5
7 500	38.234	239.25	0.556 66	310.1
7 600	37.692	238.60	0.550 25	309.7
7 700	37.155	237.95	0.543 90	309.3
7 800	36.625	237.30	0.537 61	308.8
7 900	36.101	236.65	0.531 37	308.4
8 000	35.583	236.00	0.525 19	308.0
8 100	35.070	235.35	0.519 06	307.6
8 200	34.564	234.70	0.512 98	307.1
8 300	34.064	234.05	0.506 97	306.7
8 400	33.570	233.40	0.501 00	306.3
8 500	33.082	232.75	0.495 09	305.9
8 600	32.599	232.10	0.489 24	305.4
8 700	32.122	231.45	0.483 43	305.0
8 800	31.651	230.80	0.477 68	304.6
8 900	31.185	230.15	0.471 98	304.1
9 000	30.725	229.50	0.466 34	303.7
9 100	30.270	228.85	0.460 74	303.3
9 200	29.822	228.20	0.455 20	302.8
9 300	29.378	227.55	0.449 71	302.4
9 400	28.939	226.90	0.444 27	302.0
9 500	28.506	226.25	0.438 88	301.6
9 600	28.079	225.60	0.433 54	301.1
9 700	27.656	224.95	0.428 24	300.7
9 800	27.239	224.30	0.423 00	300.2
9 900	26.826	223.65	0.417 81	299.8

国际标准大气数值表

续 表

高度 H/m	大气压力 p_H/(kPa)	温度 T_H/K	密度 ρ_H/(kg/m^3)	声速 a_H/(m/s)
10 000	26. 419	223. 00	0. 412 67	299. 4
10 100	26. 017	222. 35	0. 407 58	298. 9
10 200	25. 620	221. 70	0. 402 53	298. 5
10 300	25. 227	221. 05	0. 397 53	298. 1
10 400	24. 840	220. 40	0. 392 58	297. 6
10 500	24. 457	219. 75	0. 387 68	297. 2
10 600	24. 086	219. 10	0. 382 82	296. 7
10 700	23. 706	218. 45	0. 378 01	296. 3
10 800	23. 338	217. 80	0. 373 25	295. 9
10 900	22. 974	217. 15	0. 368 53	295. 4
11 000	22. 615	216. 50	0. 363 86	295. 0
11 100	22. 261	216. 50	0. 358 16	295. 0
11 200	21. 913	216. 50	0. 352 56	295. 0
11 300	21. 570	216. 50	0. 347 04	295. 0
11 400	21. 232	216. 50	0. 341 61	295. 0
11 500	20. 900	216. 50	0. 336 26	295. 0
11 600	20. 573	216. 50	0. 331 00	295. 0
11 700	20. 251	216. 50	0. 325 81	295. 0
11 800	19. 934	216. 50	0. 320 71	295. 0
11 900	19. 622	216. 50	0. 315 69	295. 0
12 000	19. 314	216. 50	0. 310 75	295. 0
12 100	19. 013	216. 50	0. 305 89	295. 0
12 200	18. 715	216. 50	0. 301 10	295. 0
12 300	18. 422	216. 50	0. 296 38	295. 0
12 400	18. 433	216. 50	0. 291 74	295. 0
12 500	17. 849	216. 50	0. 287 18	295. 0
12 600	17. 570	216. 50	0. 282 68	295. 0
12 700	17. 295	216. 50	0. 278 26	295. 0
12 800	17. 024	216. 50	0. 273 90	295. 0
12 900	16. 758	216. 50	0. 266 91	295. 0
13 000	16. 495	216. 50	0. 265 39	295. 0
13 100	16. 237	216. 50	0. 261 24	295. 0
13 200	15. 983	216. 50	0. 257 15	295. 0
13 300	15. 732	216. 50	0. 253 12	295. 0
13 400	15. 486	216. 50	0. 249 16	295. 0
13 500	15. 244	216. 50	0. 245 26	295. 0
13 600	15. 005	216. 50	0. 241 42	295. 0
13 700	14. 770	216. 50	0. 237 64	295. 0
13 800	14. 539	216. 50	0. 233 92	295. 0

国际标准大气数值表　　　　续　表

高度 H/m	大气压力 p_H/(kPa)	温度 T_H/K	密度 ρ_H/(kg/m^3)	声速 a_H/(m/s)
13 900	14.312	216.50	0.230 26	295.0
14 000	14.088	216.50	0.226 66	295.0
14 100	13.867	216.50	0.223 11	295.0
14 200	13.650	216.50	0.219 62	295.0
14 300	13.436	216.50	0.216 18	295.0
14 400	13.226	216.50	0.212 79	295.0
14 500	13.019	216.50	0.209 46	295.0
14 600	12.815	216.50	0.206 18	295.0
14 700	12.614	216.50	0.202 96	295.0
14 800	12.417	216.50	0.199 78	295.0
14 900	12.213	216.50	0.196 65	295.0
15 000	12.031	216.50	0.193 57	295.0
15 100	11.843	216.50	0.190 54	295.0
15 200	11.658	216.50	0.187 56	295.0
15 300	11.475	216.50	0.184 62	295.0
15 400	11.295	216.50	0.181 73	295.0
15 500	11.119	216.50	0.178 89	295.0
15 600	10.945	216.50	0.176 09	295.0
15 700	10.773	216.50	0.173 33	295.0
15 800	10.605	216.50	0.170 62	295.0
15 900	10.439	216.50	0.167 95	295.0
16 000	10.275	216.50	0.165 32	295.0
16 100	10.114	216.50	0.162 73	295.0
16 200	9.956 0	216.50	0.160 18	295.0
16 300	9.800 2	216.50	0.157 68	295.0
16 400	9.646 7	216.50	0.155 21	295.0
16 500	9.495 7	216.50	0.152 78	295.0
16 600	9.347 1	216.50	0.150 39	295.0
16 700	9.200 8	216.50	0.148 03	295.0
16 800	9.056 7	216.50	0.145 71	295.0
16 900	8.915 0	216.50	0.143 43	295.0
17 000	8.775 4	216.50	0.141 19	295.0
17 100	8.638 0	216.50	0.138 98	295.0
17 200	8.502 8	216.50	0.136 80	295.0
17 300	8.369 7	216.50	0.134 66	295.0
17 400	8.238 7	216.50	0.132 55	295.0
17 500	8.109 7	216.50	0.130 48	295.0
17 600	7.982 8	216.50	0.128 44	295.0
17 700	7.857 8	216.50	0.126 42	295.0

国际标准大气数值表

续　表

高度 H/m	大气压力 p_H/(kPa)	温度 T_H/K	密度 ρ_H/(kg/m^3)	声速 a_H/(m/s)
17 800	7.734 8	216.50	0.124 44	295.0
17 900	7.613 7	216.50	0.122 50	295.0
18 000	7.494 5	216.50	0.120 58	295.0
18 100	7.377 2	216.50	0.118 69	295.0
18 200	7.261 7	216.50	0.116 83	295.0
18 300	7.148 0	216.50	0.115 01	295.0
18 400	7.036 1	216.50	0.113 21	295.0
18 500	6.926 0	216.50	0.111 43	295.0
18 600	6.817 6	216.50	0.109 69	295.0
18 700	6.710 8	216.50	0.107 97	295.0
18 800	6.605 8	216.50	0.106 28	295.0
18 900	6.502 4	216.50	0.104 62	295.0
19 000	6.400 6	216.50	0.102 98	295.0
19 100	6.300 4	216.50	0.101 37	295.0
19 200	6.201 8	216.50	0.099 781	295.0
19 300	6.104 7	216.50	0.098 219	295.0
19 400	6.009 1	216.50	0.096 681	295.0
19 500	5.915 1	216.50	0.095 168	295.0
19 600	5.822 5	216.50	0.093 678	295.0
19 700	5.731 3	216.50	0.092 212	295.0
19 800	5.646 1	216.50	0.090 768	295.0
19 900	5.553 3	216.50	0.089 347	295.0
20 000	5.466 4	216.50	0.087 949	295.0
20 500	5.051 7	216.50	0.081 277	295.0
21 000	4.668 5	216.50	0.075 112	295.0
21 500	4.314 3	216.50	0.069 419	295.0
22 000	3.987 0	216.50	0.064 148	295.0
22 500	3.684 6	216.50	0.059 282	295.0
23 000	3.405 1	216.50	0.054 785	295.0
23 500	3.146 8	216.50	0.050 629	295.0
24 000	2.908 1	216.50	0.046 788	295.0
24 500	2.687 5	216.50	0.043 239	295.0
25 000	2.483 6	216.50	0.039 959	295.0
25 500	2.295 2	216.50	0.036 928	295.0
26 000	2.121 1	216.50	0.034 126	295.0
26 500	1.960 2	216.50	0.031 538	295.0
27 000	1.811 5	216.50	0.029 145	295.0
27 500	1.674 1	216.50	0.026 934	295.0
28 000	1.547 1	216.50	0.024 891	295.0

国际标准大气数值表

续 表

高度 H/m	大气压力 p_H/(kPa)	温度 T_H/K	密度 ρ_H/(kg/m^3)	声速 a_H/(m/s)
28 500	1.429 7	216.50	0.023 003	295.0
29 000	1.321 3	216.50	0.021 258	295.0
29 500	1.221 0	216.50	0.019 645	295.0
30 000	1.128 4	216.50	0.018 155	295.0